安徽省高等学校一流教材
安徽省高等学校“十三五”省级规划教材

运筹学教程

第3版

主　编　殷志祥　王　林
副主编　王军秀　耿显亚　倪晋波

中国科学技术大学出版社

内 容 简 介

运筹学是现代数学的重要分支.本书系统地介绍了运筹学中线性规划、运输问题、目标规划、整数规划、非线性规划、动态规划、图与网络分析、网络计划、排队论、存贮论、对策论、决策论的基本理论和方法.本书结构严谨,条理清晰,理论与实际相结合,例题与习题难易适中,书后附有习题参考答案,便于教学或自学.

本书适合高等理工院校本科生教学,可作为数学、管理、工科等专业本科生的教材,也可作为各行业管理者及工程技术人员的自学参考书.

图书在版编目(CIP)数据

运筹学教程/殷志祥,王林主编.—3版.—合肥:中国科学技术大学出版社,2020.7

安徽省高等学校一流教材

安徽省高等学校“十三五”省级规划教材

ISBN 978-7-312-05002-2

Ⅰ.运… Ⅱ.①殷… ②王… Ⅲ.运筹学—高等学校—教材 Ⅳ.O22

中国版本图书馆CIP数据核字(2020)第114658号

YUNCHOUXUE JIAOCHENG

出版 中国科学技术大学出版社
安徽省合肥市金寨路96号,230026
http://press.ustc.edu.cn
https://zgkxjsdxcbs.tmall.com

印刷 合肥华苑印刷包装有限公司

发行 中国科学技术大学出版社

经销 全国新华书店

开本 710 mm × 1000 mm 1/16

印张 20.75

字数 430千

版次 2012年8月第1版 2020年7月第3版

印次 2020年7月第3次印刷

定价 48.00元

第 3 版前言

本书是在第 2 版的基础上，根据近几年的教学实践，特别是信息化教学改革的成果，进行全面修订而成的. 本次修订的主要思想是：对教材中的基础知识不做大变动，在文字表达和内容阐述方面力求简明准确. 修订陈旧的内容，个别章节增加实际应用方面的例子，强调利用相应软件实现模型的计算和检验，以增强学生的动手能力. 特别强调运筹学中的一些基础模型在经济管理、数学建模等方面的应用.

参与本次修订工作的老师有：殷志祥、周维、王林、耿显亚、王守业、沈楠、王军秀、刘建新、倪晋波、房明磊. 本书主编为上海工程技术大学殷志祥和安徽理工大学王林；副主编是安徽工业大学王军秀，安徽理工大学耿显亚和倪晋波.

最后特别感谢安徽理工大学数学与大数据学院、上海工程技术大学数理与统计学院、安徽省精品资源共享课程项目和中国科学技术大学出版社对本书出版给予的支持和帮助.

本书难免存在错误与不妥之处，欢迎专家、同行和广大读者批评指正.

编　者

2020 年 5 月

前　言

运筹学是现代数学的重要分支.它运用数学方法,在建立数学模型的基础上,研究解决有关复杂系统的优化等方面的问题.

目前,各高校开设运筹学课程的专业越来越多,为适应运筹学教学的需要,编写一本适合理工科以及管理学科使用的运筹学教材非常重要.本教材的最大特点是:在理论上力求严谨,在应用上辅以大量实例.

本书适合数学、管理、信息与计算机等专业选用,同时兼顾相关专业的研究生和实际应用人员的使用.

在本书的编写过程中,我们参考了很多运筹学教材,在此向相关参考书目的作者(见参考文献)及支持和帮助我们的朋友和同事们致以深深的谢意.

本书由殷志祥、周维任主编,王军秀、王根杰、刘家保任副主编.第1章由殷志祥编写,第2章由肖肖编写,第3章由殷月竹编写,第4章由周继振编写,第5,6章由王守业编写,第7,8章由王根杰编写,第9,10章由王军秀编写,第11章由周维编写,第12章由张晓亮编写,第13章由刘家保编写,第14章由张丽丽编写.全书最后由殷志祥、周维统稿、定稿.

由于编者水平有限,书中有许多不足之处,敬请读者批评指正.

编　者

2012年5月

目　录

第1章　绪　　论

1.1　运筹学释义与发展简史

运筹学是一门应用数学方法来研究各种系统最优化问题的学科.顾名思义,运筹学就是对如何“运作”进行研究的一门科学,但至今运筹学并无一个统一的定义.西方学者莫斯和金博尔给出的定义是:“运筹学是为决策机构在对其控制下的业务活动进行决策时,提供以数量化为基础的科学方法.”在《大英百科全书》中的定义为:“运筹学是一门应用于管理有组织系统的科学”,“运筹学为掌管这类系统的人提供决策目标和数量分析的工具”.我国《辞海》(1979年版)中有关运筹学的释义为:“运筹学主要研究经济活动与军事活动中能用数量来表达有关运用、筹划与管理方面的问题,它根据问题的要求,通过数学的分析与运算,做出综合性的合理安排,以达到较经济较有效地使用人力物力.”《中国大百科全书》对运筹学的释义为:“用数学方法研究经济、民政和国防等部门在内外环境的约束条件下合理分配人力、物力、财力等资源,使实际系统有效运行的技术科学,它可以用来预测发展趋势,制定行动规划或优选可行方案.”

“运筹学”一词来自 Operations Research(OR),其意为运行、操作或作战研究.在第二次世界大战期间,为了研究兵力配备、武器船舶使用、作战指挥、物资供应,以及采取的战略与策略,首先在英国(1940),继之在美国(1942)建立了一个由各方面专家组成的顾问组.后来,在美、英两国分别成立了运筹学会.两个典型的战役是不列颠之战和直布罗陀海峡之战.

1. 不列颠之战

1941年,希特勒为了实施在英伦三岛登陆的计划,命令德国空军轮番对英国进行狂轰滥炸.当时英国皇家空军以1∶7的数量劣势迎战,为此需要尽可能地保持飞机处于飞行状态.于是,空军司令部规定保持70%的飞机在天上巡逻.但是,英军很快发现要保持这么高的飞行比例有困难,因为飞机有被击落的、有需要维修的,飞行员也有伤亡.这一决策的后果是在空中飞行的飞机数量越来越少.那么,究竟保持多大比例的飞机在巡逻才能持久作战呢?OR小组的数学家、物理学家纷纷研究这个问题.出乎意料的是,这个问题最后被生物学家康顿解决了.他根据计算生物平均寿命的方法,运用飞机飞行时间、维修时间、空战特点和飞机被击落击伤状况等数据，得出的结论是：只要保持35%的飞机在飞行状态，就能使全部飞机的飞行战斗时间最多.这一研究成果为取得不列颠之战的胜利做出了贡献.

2. 直布罗陀海峡之战（猎潜战例）

1994年初，为帮助美国海军在连接大西洋和地中海的直布罗陀海峡封锁过往的德军潜艇，美军OR小组的约翰·佩芝姆博士提出了一种“屏障巡逻”飞行战术，即在深水航道的最窄处划出一个4千米长、1千米宽的长方形，两架飞机保持在长方形两边线的对称位置上，同时以固定的速度绕长方形飞行.这样，在长方形上的每一点，每隔三分钟就有一架飞机巡逻通过.潜艇通过这个区域时，巡逻的飞机至少有两次机会去发现它.就这样，在2月24日到3月16日短短三周内，一个巡逻机中队就击沉击伤德军潜艇三艘，美军无一伤亡.

近代的运筹学起源于美国和英国，一些分支的成形则还要早.例如，20世纪初，丹麦的爱尔朗(A. K. Erlang)关于电话局中继线数目的话务理论就形成了排队论的雏形；20世纪30年代，苏联的康德洛维奇（Канторович）对于生产过程中的组织与管理，提出了三个典型的线性规划模型和它们的求解方法，无论从理论上还是实际应用上都优先于美国丹齐格（Dantzig）的单纯形法.这一成就，足以使得康德洛维奇成为近代运筹学以及数量经济学的先驱和奠基人.

我国运筹学的研究开始于20世纪50年代推广的粮食调运中的图上作业法.同时，苏联、美国和欧洲对线性规划的理论与方法、对策论、排队论方法以及数理经济等方面较系统的基本理论研究，已开始在社会进步、生产发展、经济繁荣和科学与技术的创新等方面起到了积极作用.我国对运筹学的研究和应用也做出了自己的贡献，主要有：优选法、运输问题图上作业法、中国邮递员问题等.除中国运筹学学会外，中国系统工程学学会以及与国民经济各部门有关的其他学会，也都把运筹学应用作为重要的研究领域，我国各高等院校，特别是在各经济管理类专业中已普遍把运筹学作为一门专业的主干课程列入教学计划之中.

1.2 运筹学研究的基本特征与基本方法

1.2.1 主要特点

运筹学采用定量化的方法为管理决策提供科学依据，其涉及的主要领域是管理问题，它采用的研究方法是先应用数学语言来描述实际系统，再建立相应的数学模型，然后用数学方法进行定量研究和分析，据此求得模型的最优解，可供管理人员和决策人员参考.

运筹学的研究内容是在需要对有限的资源进行分配时，做出人机系统最优设计和最优操作的科学决策；其研究的核心是将科学方法应用到对具体事物的分析中去;其研究对象是各种社会系统,既可对新系统进行优化设计,又可对已有系统研究最优运营问题;其目的是制定合理的运用人力、物力和财力的最优方案,为决策者提供科学决策的依据.因此,从方法论来讲,运筹学和一些相邻学科有着密切的关系.

运筹学研究的特点可以简单地归纳如下:

(1) 科学性和综合性.运筹学研究是建立在科学的基础上的.运筹学研究的科学性表现在两个方面:首先,它是在科学方法论的指导下通过一系列规范化步骤进行的;其次,它是广泛利用多种学科的科学技术知识进行研究的.运筹学研究是一种综合性的研究,它涉及问题的方方面面,应用多种学科的知识,体现出其跨学科性,例如,它不仅仅涉及数学,还涉及经济科学、系统科学、工程物理科学等其他学科.

(2) 实践性.运筹学是一门实践的科学,它完全是面向应用的.离开实践,运筹学就失去了存在的意义.运筹学以实际问题为分析对象,通过鉴别问题的性质、系统的目标以及系统内主要变量之间的关系,利用数学方法达到对系统进行优化的目的.更为重要的是分析获得的结果要经得起实践检验,并被用来指导实际系统的运行.运筹学已被广泛应用于工商企业、军事部门、民政事业等研究组织内的统筹协调问题,故其应用不受行业、部门的限制;运筹学既对各种经营进行创造性的科学研究,又可以对组织进行实际管理,它具有很强的实践性,最终应能向决策者提供建设性意见,并有实效.

(3) 系统性.运筹学是从系统的观点出发研究问题的,研究全局性的问题,研究综合优化的规律,它是系统工程的基础.系统的整体优化是运筹学系统性的一个重要标志.一个系统(如企业经营管理系统)一般由很多子系统组成,运筹学不是对每一个子系统的每一个决策行为孤立地进行评价,而是把相互影响的各方面作为统一体,从总体利益的观点出发,寻找一个优化协作的方案.所以它也可看成是一门优化技术,提供的是解决各类问题的优化方法.

1.2.2 研究方法

运筹学的研究方法有:

(1) 从现实生活中抽出本质的要素来构造数学模型,因而可寻求一个跟决策者的目标有关的解.

(2) 探索求解的结构并导出系统的求解过程.

(3) 从可行方案中寻求系统的最优解法.

1.3 运筹学的主要分支

按照所解决问题的性质差异可将实际问题归结为不同类型的数学模型,而这些各异的数学模型就构成了运筹学的各个分支.主要的分支有:

1.3.1 线性规划

线性规划主要研究:在经营管理中如何有效地利用现有的人力、物力和财力来完成更多的任务,或在预定的任务目标下,如何耗用最少的人力、物力和财力去实现.此类统筹规划的问题需要用数学语言来表达,首先根据问题的具体目标来选取适当的变量,通过用变量的函数形式(称为目标函数)来表达出该问题的目标,然后用有关变量的等式或不等式(称为约束条件)来表示出对该问题的限制条件.当变量连续取值,且目标函数和约束条件的表达式均为线性时,则称这类模型为线性规划的模型.对线性规划进行建模是相对简单的,有通用的算法和较成熟的计算机软件来解决此类问题,它也是运筹学中应用最为广泛的一个分支.用线性规划求解的典型问题包括运输问题、生产计划问题、下料问题、混合配料问题等等.

1.3.2 非线性规划

非线性规划主要研究:如果在以上线性规划模型中目标函数或约束条件不全是线性的,则对该类问题的研究就构成了非线性规划分支.由于大多数工程物理量的表达式是非线性的,因此,非线性规划在各类工程的优化设计中得到较多的应用,它是优化设计中常用的有效工具.

1.3.3 动态规划

动态规划主要研究:它是研究多阶段决策过程最优化的运筹学分支.有些管理活动是由一系列的阶段组成的,在每个阶段依次进行决策,而且上一阶段的输出状态即是下一阶段的输入状态,各阶段的决策之间是互相关联的,因而构成一个多阶段的决策过程.动态规划研究多阶段决策过程的总体优化,即从系统总体出发,要求各阶段决策所构成的决策序列使得目标函数值达到最优.

可以将上述线性规划、非线性规划、动态规划统称为规划论.

1.3.4 图与网络分析

生产管理中经常遇到工序间的合理衔接问题,设计中经常遇到研究各种管道、线路的负载能力以及仓库、附属设施的布局等问题.把这些问题的研究对象抽象为顶点,对象之间的联系抽象为边,则点、边的集合就构成图.图论是研究顶点和边所组成的图形的数学理论和方法,而图是网络分析的基础,如果根据研究的具体网络对象(如铁路网、电力网、通信网等)赋予图中各边某个具体的参数(如时间、流量、费用、距离等),并指定了起点、中转点和终点,则称这样的图为网络图.网络分析主要是利用图论方法来研究各类网络结构和流量的优化分析.

1.3.5 存储论

为了保证企业生产正常进行,需要一定数量的原材料和零部件的储备,以调节供需之间的不平衡.存储论研究在各种供应和需求的条件下,应当在什么时间、提出多大的订货批量来补充储备,使得用于采购、存储和有可能发生的短缺导致的费用损失的总和最小等问题.

1.3.6 排队论

在生产和生活中存在着大量有形和无形的拥挤和排队现象;排队系统由服务机构(服务员)及被服务的对象(顾客)组成.排队论就是一种研究排队服务系统工作过程优化的数学理论和方法.它通过找出这类系统工作特性的数值,为设计新的服务系统和改进现有系统提供数量依据.

1.3.7 对策论

多用于具有对抗局势的模型.在该类模型中,参与对抗的各方(称为局中人)均有一组策略可供选择,当各局中人分别采用不同策略时,就对应一个收益或需要支付的函数.对策论就是为局中人在这种高度不确定和充满竞争的环境中,提供一套完整的、定量化的和程序化的选择策略的理论和方法.

1.3.8 决策论

为最优地达到目标,依据一定的准则,对若干备选行动的方案进行抉择.在决策过程中一般包括:形成决策问题,即提出方案;确定目标和效果的度量;确定各方案对应的结果以及出现的概率;确定决策者对不同结果的效用值;综合评价,做出方案的取舍.决策论就是对整个决策过程中涉及的问题进行综合研究,以便确定决策准则,并选择最优的决策方案.

综上所述,运筹学的内容有数学规划、图与网络分析、排队论、存储论、对策论和决策论等,其中数学规划又包括线性规划、整数规划、非线性规划、目标规划和动态规划等.虽然运筹学包括的内容较多,但是它们有两个共同的特点:一是以全局最优作为研究问题的出发点;二是通过建立数学模型,运用优化技术求得系统最佳的运营方案.

1.4 运筹学研究问题的步骤

任何一门学科研究问题的过程大致可分为以下四个步骤:从观察现象得到结果;建立理论或模型;将理论与观察相结合,并从结果进行预测;将这些预测与新的观察相比较,并加以证实.运筹学也不例外,它围绕着模型的建立、修正和实施来进行.运筹学研究问题可分为以下步骤:

1.4.1 提出和分析问题

任何决策问题在进行定量分析前,必须先认真地进行定性分析.一是要确定决策目标,明确主要应决策什么,选取决策时的有效性度量以及在对方案比较时这些度量的权衡;二是要辨认哪些是决策中的关键因素,在选取这些关键因素时存在哪些资源或环境的限制.分析时往往先提出一个初步的目标,通过对系统中各种因素和相互关系的研究,使这个目标进一步明确化.此外还需要同有关人员进一步讨论,明确有关研究问题的过去与未来、问题的边界、环境以及包含这个问题在内的更大系统的有关情况,以便在对问题的表述中明确要不要把整个问题分成若干较小的子问题.在上述分析的基础上,可以列出表述问题的各种基本要素,包括哪些是可控的决策变量,哪些是不可控的决策变量,确定限制变量取值的各种条件以及确定对方案进行优化和改进的目标.

1.4.2 建立模型

模型是对现实世界的事物、现象、过程或系统的简化描述或其部分属性的模仿,是对实际问题的抽象概括和严格的逻辑表达.模型表达了问题中可控的决策变量、不可控变量、工艺技术条件及目标有效度量之间的相互关系.正确建立模型是运筹学研究中的关键一步,研制模型是一项艺术,它是将实际问题、经验、科学方法三者进行有机结合的创造性工作.建立模型的好处,一是使问题的描述高度规范化,以便掌握其本质规律.如在管理中,对人力、设备、材料、资金的利用安排都可以归纳为所谓的资源的分配利用问题,可建立起一个统一的规划模型,而且规划模型的研究代替了对每个具体问题的分析研究.二是建立模型后,可以通过输入各种数据资料,分析各种因素同系统整体目标之间的因果关系,从而建立一套逻辑的分析问题的程序方法.三是建立系统的模型可为应用电子计算机来解决实际问题架设起了桥梁.建立模型时既要尽可能包含系统的各种信息资料,又要抓住问题本质的因素.一般建模时应尽可能选择建立数学模型,即用数学语言和符号描述的模型.

但有时问题中的各种关系难以用数学语言描绘，或问题中包含的随机因素较多，也可以建立起一个模拟的模型，即将问题的因素、目标及运行时的关系用逻辑框图的形式表示出来.

1.4.3 求解和优化方案

用数学方法或其他工具(如编写程序)对模型求解，根据问题的要求不同，可求出最优解、次最优解或满意解；依据对解的精度的要求及算法上实现的可能性，又可区分为精确解和近似解等.近年来，出现的启发式算法和一些软件计算方法为一些结构复杂的运筹学模型的求解提供了有力的工具.当求解出现问题时，返回到提出问题和建模阶段.

1.4.4 评价分析

将实际问题的数据资料代入模型，找出精确或近似解.但这毕竟是模型的解.为了检验得到的解是否正确，常采用回溯的方法，即将历史的资料输入模型，研究得到的解与历史实际的符合程度，以判断模型是否正确.当发现有较大误差时，要将实际问题同模型重新对比，检查实际问题中的重要因素在模型中是否已考虑，检查模型中各公式的表达是否前后一致，当输入发生微小变化时，检验输出变化的相对大小是否合适.当模型中各参数取极值时检验问题的解，还要检查模型是否容易求解，并在规定时间内算出所需的结果，等等，以便发现问题进行修正.

任何模型都有一定的适用范围.确认模型的解是否有效，首先要注意模型是否持续有效，并依据灵敏度分析的方法，确定最优解保持稳定时的参数变化范围.一旦外界条件、参数变化超出这个范围，就要及时对模型推导出的解进行修正.

1.4.5 决策支持

模型的结果为决策提供所需的依据、信息和方案，帮助决策者决定处理问题的方针和行动，将方案付诸实施.在方案实施中需要明确：方案由谁去实施，什么时间去实施，如何实施，要求估计实施过程中可能遇到的阻力，并为此制定相应的克服困难的措施.

综上所述，在运筹学的研究中，以上步骤往往需要反复进行，除了对系统进行定性分析和收集必要的材料以外，主要工作就是建立一个用以描述现实世界复杂问题的数学模型.这个模型是近似的，它既精确到足以反映问题的本质，又粗略到足以求出数值解.

习 题 1

1. 运筹学的主要分支有哪些？
2. 运筹学研究的特点是什么？
3. 运筹学研究问题的步骤是什么？
4. 研究运筹学的意义是什么？

第 2 章　线性规划及单纯形法

2.1　线性规划问题及其数学模型

线性规划是运筹学中最重要的一种系统优化方法.它的理论和算法已十分成熟,应用领域十分广泛,包括生产计划、物资调运、资源优化配置、物料配方、任务分配、经济规划等问题.

线性规划问题最早是苏联学者康德洛维奇于 1939 年提出的,但他的工作当时并未广为人知.第二次世界大战中,美国空军的一个研究小组 SCOOP(Scientific Computation of Optimum Programs)在研究战时稀缺资源的最优化分配这一问题时,提出了线性规划问题,并且由丹齐格于 1947 年提出了求解线性规划问题的单纯形法.单纯形法至今还是求解线性规划最有效的方法.20 世纪 50 年代初,电子计算机研制成功,较大规模的线性规划问题的计算已经成为可能.因此,线性规划和单纯形法受到数学家、经济学家和计算机工作者的重视,得到迅速发展,很快发展成一门完整的学科并得到广泛的应用.1952 年,美国国家标准局(NBS)在当时的 SEAC 电子计算机上首次实现单纯形算法.1976 年,IBM 研制出功能十分强大、计算效率极高的线性规划软件 MPS,后来又发展成为更为完善的 MPSX.这些软件的研制成功,为线性规划的实际应用提供了强有力的工具.

2.1.1　线性规划问题

在实际生产和经营管理中经常提出所谓规划问题,即在充分利用各种资源的条件下,如何合理安排,以获得最优预期目标.下面列举两种最常见的规划问题.

例 2.1(生产计划问题)　某工厂拥有 A,B,C 三种设备,生产甲、乙、丙三种产品.每件产品在生产中需要占用的设备机时数、每件产品可以获得的利润以及三种设备可利用的时数如表 2.1 所示.试制定使总利润最大的生产计划.

表 2.1 设备能力、产品耗时及利润表

每件产品占用的机时数(小时/件)	产品甲	产品乙	产品丙	设备能力(小时)
设备 A	1	1	1	100
设备 B	10	4	5	600
设备 C	2	2	6	300
利润(元/件)	10	6	4	

解 假设变量 x_1,x_2,x_3 分别为甲、乙、丙产品的生产数量,此时可获得的总利润为 $10x_1+6x_2+4x_3$,令 $z=10x_1+6x_2+4x_3$,问题中要求获得的总利润最大,即 $\max z$. z 是相应的生产计划可以获得的总利润的目标值,它是变量 x_1,x_2,x_3 的函数,称为目标函数. x_1,x_2,x_3 的取值受到设备 A,B,C 能力的限制,用于描述限制条件的数学表达式称为约束条件.因此,可以建立如下的规划模型:

$$\max z=10x_1+6x_2+4x_3 \qquad \text{利润最大化}$$

$$\text{s.t.}\begin{cases} x_1+x_2+x_3\leqslant 100 \\ 10x_1+4x_2+5x_3\leqslant 600 \qquad \text{设备的利用时间不超过设备能力} \\ 2x_1+2x_2+6x_3\leqslant 300 \\ x_1,x_2,x_3\geqslant 0 \qquad \text{产品产量非负} \end{cases}$$

这是一个典型的利润最大化的生产计划问题.

例 2.2(运输问题) 设某种物资从两个供应地 A_1,A_2 运往三个需求地 B_1, B_2,B_3.各供应地的供应量、各需求地的需求量、每个供应地到每个需求地的单位物资运价如表 2.2 所示.问产品如何调运才能使总运费最小?

表 2.2 运输单价及需求量表

运价(元/10^3 kg)	B_1	B_2	B_3	供应量(10^3 kg)
A_1	2	3	5	35
A_2	4	7	8	25
需求量(10^3 kg)	10	30	20	

解 这个问题也可以用图解表示,如图 2.1 所示,其中节点 A_1,A_2 表示供应地,节点 B_1,B_2,B_3 表示需求地,从每一供应地到每一需求地都有相应的运输路线,共有六条不同的运输路线.

设 x_{ij} 为从供应地 A_i 运往需求地 B_j 的物资数量($i=1,2;j=1,2,3$),z 为总运费,则总运费最小的规划模型为

$$\min z = 2x_{11}+3x_{12}+5x_{13}+4x_{21}+7x_{22}+8x_{23}$$

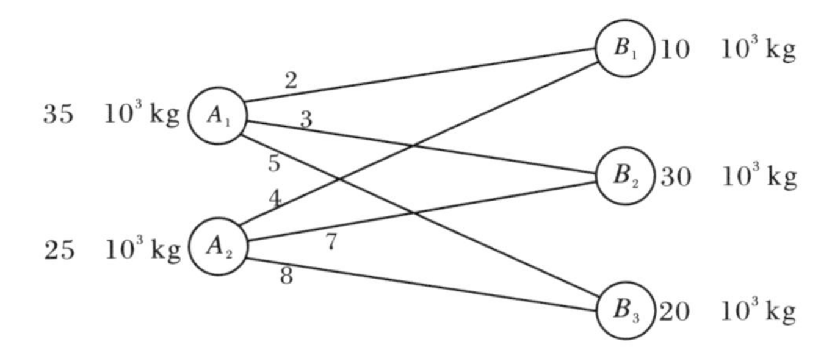

图 2.1　运输问题图解

$$
\text{s.t.}\begin{cases}
x_{11}+x_{12}+x_{13}=35 & (2.1)\\
x_{21}+x_{22}+x_{23}=25 & (2.2)\\
x_{11}+x_{21}=10 & (2.3)\\
x_{12}+x_{22}=30 & (2.4)\\
x_{13}+x_{23}=20 & (2.5)\\
x_{ij}\geqslant 0
\end{cases}
$$

模型中约束条件(2.1),(2.2)称为供应地约束,(2.3),(2.4),(2.5)称为需求地约束.

根据以上两个例子,规划问题的数学模型由三个要素组成:

(1) 决策变量,它是问题中需要确定的未知量,表示决策者为实现预期目标采取的方案、措施.

(2) 目标函数,它是决策变量的函数,表示问题中需要达到的最优目标.

(3) 约束条件,它是决策变量的等式或不等式,表示决策变量取值时受到的各种资源条件的限制.

如果在规划问题的数学模型中,决策变量是连续变量,目标函数是决策变量的线性函数,约束条件是决策变量的线性等式或不等式,则这类数学模型称为线性规划问题的数学模型.

2.1.2　线性规划问题的数学模型

线性规划问题的数学模型的一般形式为:

目标函数　$\max(\min) z=c_1x_1+c_2x_2+\cdots+c_jx_j+\cdots+c_nx_n$

约束条件

$$
\text{s.t.}\begin{cases}
a_{11}x_1+a_{12}x_2+\cdots+a_{1j}x_j+\cdots+a_{1n}x_n\leqslant(=,\geqslant)b_1\\
a_{21}x_1+a_{22}x_2+\cdots+a_{2j}x_j+\cdots+a_{2n}x_n\leqslant(=,\geqslant)b_2\\
\cdots\cdots\\
a_{m1}x_1+a_{m2}x_2+\cdots+a_{mj}x_j+\cdots+a_{mn}x_n\leqslant(=,\geqslant)b_m\\
x_1,x_2,\cdots,x_j,\cdots,x_n\geqslant 0
\end{cases}
$$

线性规划问题由向量和矩阵符号表示为

$$\max(\min)\ z = \boldsymbol{CX}$$

$$\text{s.t.}\begin{cases}\sum_{j=1}^{n}\boldsymbol{P}_j x_j \leqslant (=,\geqslant)\boldsymbol{b}\\ x_j \geqslant 0\quad (j=1,2,\cdots,n)\end{cases}$$

其中向量和矩阵分别为

$$\boldsymbol{C}=(c_1,c_2,\cdots,c_n),\ \boldsymbol{X}=\begin{bmatrix}x_1\\x_2\\\vdots\\x_n\end{bmatrix},\ \boldsymbol{P}_j=\begin{bmatrix}a_{1j}\\a_{2j}\\\vdots\\a_{mj}\end{bmatrix},\ \boldsymbol{b}=\begin{bmatrix}b_1\\b_2\\\vdots\\b_m\end{bmatrix}$$

向量 $\boldsymbol{P}_j$ 对应的决策变量是 x_j.

线性规划问题由矩阵表示为

$$\max(\min) z = \boldsymbol{CX}$$

$$\text{s.t.}\begin{cases}\boldsymbol{AX}\leqslant(=,\geqslant)\boldsymbol{b}\\ \boldsymbol{X}\geqslant\boldsymbol{0}\end{cases}$$

其中

$$\boldsymbol{A}=\begin{bmatrix}a_{11}&a_{12}&\cdots&a_{1n}\\a_{21}&a_{22}&\cdots&a_{2n}\\\vdots&\vdots&&\vdots\\a_{m1}&a_{m2}&\cdots&a_{mn}\end{bmatrix}=(\boldsymbol{P}_1,\boldsymbol{P}_2,\cdots,\boldsymbol{P}_n);\ \boldsymbol{0}=\begin{bmatrix}0\\0\\\vdots\\0\end{bmatrix}$$

2.1.3 线性规划问题的标准形式

称以下线性规划的形式为标准形式：

$$\max z = \sum_{j=1}^{n} c_j x_j$$

$$\text{s.t.}\begin{cases}\sum_{j=1}^{n} a_{ij}x_j = b_i & (i=1,2,\cdots,m)\\ x_j\geqslant 0 & (j=1,2,\cdots,n)\end{cases}$$

对于各种非标准形式的线性规划问题,我们总可以通过以下的变换将其转化为标准形式.

1. 极小化目标函数的问题

设目标函数为

$$\min z = c_1x_1 + c_2x_2 + \cdots + c_nx_n$$

令 $z' = -z$,则以上极小化问题和以下极大化问题有相同的最优解.

$$\max z' = -c_1x_1 - c_2x_2 - \cdots - c_nx_n$$

但它们最优解的目标函数值相差一个符号.

2. 约束条件右端项小于0的问题

若右端项 $b_i<0$,将约束条件等式两端同乘 -1,则等式右端项 $-b_i>0$.

3. 约束条件是不等式的问题

设约束条件为

$$a_{i1}x_1+a_{i2}x_2+\cdots+a_{in}x_n\leqslant b_i\quad(i=1,2,\cdots,m)$$

引入一个新的变量 $x_{n+i}\geqslant 0$,这时新的约束条件为

$$a_{i1}x_1+a_{i2}x_2+\cdots+a_{in}x_n+x_{n+i}=b_i$$

当约束条件为

$$a_{i1}x_1+a_{i2}x_2+\cdots+a_{in}x_n\geqslant b_i$$

时,类似地,令 $x_{n+i}\geqslant 0$,新的约束条件为

$$a_{i1}x_1+a_{i2}x_2+\cdots+a_{in}x_n-x_{n+i}=b_i$$

为了使约束由不等式成为等式而引入的变量 x_{n+i} 称为“松弛变量”.

4. 变量取值无约束的问题

在标准形式中,每一个决策变量都有非负约束.当一个变量 x_j 没有非负约束时,可以令

$$x_j=x_j'-x_j''$$

其中 $x_j'\geqslant 0$,$x_j''\geqslant 0$.

5. 变量小于等于0的问题

若 $x\leqslant 0$,令 $x'=-x$,显然 $x'\geqslant 0$.

例 2.3　将以下线性规划问题转化为标准形式.

$$\min z=2x_1+3x_2+x_3$$

$$\text{s.t.}\begin{cases}x_1-x_2+2x_3\leqslant 3\\2x_1+3x_2-x_3\geqslant 5\\x_1+x_2+x_3=4\\x_1,x_3\geqslant 0,x_2\text{ 取值无约束}\end{cases}$$

解　上述问题中令 $z'=-z$,引入松弛变量 $x_4,x_5\geqslant 0$,并令 $x_2=x_2'-x_2''$,其中,$x_2',x_2''\geqslant 0$,得到该问题等价的标准形式

$$\max z'=-2x_1-3x_2'+3x_2''-x_3$$

$$\text{s.t.}\begin{cases}x_1-x_2'+x_2''+2x_3+x_4=3\\2x_1+3x_2'-3x_2''-x_3-x_5=5\\x_1+x_2'-x_2''+x_3=4\\x_1,x_2',x_2'',x_3,x_4,x_5\geqslant 0\end{cases}$$

2.2　线性规划问题的几何意义

2.2.1　图解法

对于只含两个变量的线性规划问题，可在二维直角坐标平面上作图求解.

例 2.4

$$\max z = x_1 + 3x_2$$

$$\text{s.t.}\begin{cases} x_1 + x_2 \leqslant 6 & (2.6) \\ -x_1 + 2x_2 \leqslant 8 & (2.7) \\ x_1, x_2 \geqslant 0 \end{cases}$$

如图 2.2 所示，建立以变量 x_1 为横坐标轴，x_2 为纵坐标轴的平面直角坐标系.其中满足约束条件(2.6)的点 $\boldsymbol{X} = (x_1, x_2)$ 位于直线 $x_1 + x_2 = 6$ 上以及这条直线左下方半平面内.同样，满足约束条件(2.7)的点位于直线 $-x_1 + 2x_2 = 8$ 上以及这条直线右下方半平面内.而变量 x_1, x_2 的非负约束表明满足约束条件的点应同时位于第一象限内.这样，以上几个区域的交集就是满足以上所有约束条件的点的全体.

我们称满足线性规划问题所有约束条件(包括变量非负约束)的向量

$$\boldsymbol{X} = (x_1, x_2, \cdots, x_n)^{\mathrm{T}}$$

为线性规划的**可行解**，称可行解的集合为**可行域**.

例 2.4 的线性规划问题的可行域如图 2.2 中阴影部分所示.

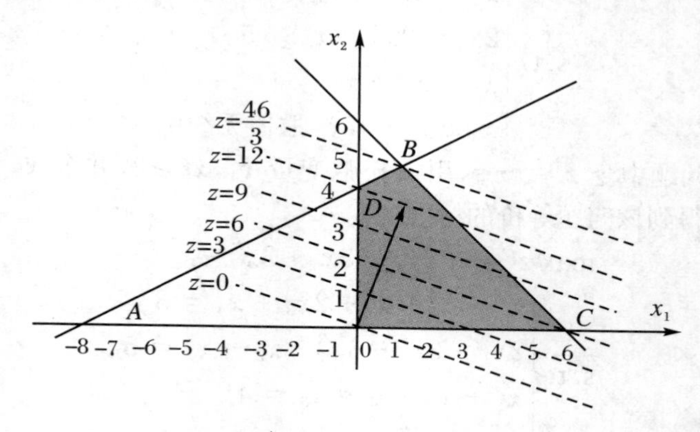

图 2.2　线性规划图解

为了在图上表示目标函数 $z = x_1 + 3x_2$，令 $z = z_0$ 为某一确定的目标函数值，取一组不同的 z_0 值，在图上得到一组相应的平行线，称为目标函数等值线.在同一条等值线上的点，相应的可行解的目标函数值相等. 在图 2.2 中，给出了 $z=0$，$z=3$，$z=6$，…，$z=46/3$ 等一组目标函数等值线，对于目标函数极大化问题，这一组目标函数等值线沿目标函数增大而平行移动的方向（即目标函数梯度方向）就是目标函数的系数向量 $\boldsymbol{C}=(c_1,c_2,\cdots,c_n)$；对于极小化问题，目标函数则沿 $-\boldsymbol{C}$ 方向平行移动.

在以上问题中，目标函数等值线在平行移动过程中与可行域的最后一个交点是 B 点，这就是线性规划问题的最优解，这个最优解可以由两直线

$$\begin{cases} x_1 + x_2 = 6 \\ -x_1 + 2x_2 = 8 \end{cases}$$

的交点求得

$$x_1 = \frac{4}{3},\quad x_2 = \frac{14}{3}$$

最优解的目标函数值为

$$z = 1 \times \frac{4}{3} + 3 \times \frac{14}{3} = \frac{46}{3}$$

2.2.2　凸集及其顶点

在图 2.2 中，我们看到，线性规划问题的可行域是一个凸多边形. 容易想象，在一般的 n 维空间中，n 个变量、m 个约束的线性规划问题的可行域也应具备这一性质. 为此我们引入如下的定义.

定义 2.1　设 C 是 n 维空间中的一个点集，若对任意 n 维向量 $\boldsymbol{X}_1\in C$，$\boldsymbol{X}_2\in C$，且 $\boldsymbol{X}_1\neq\boldsymbol{X}_2$，以及任意实数 $\lambda(0\leqslant\lambda\leqslant1)$，有

$$\boldsymbol{X} = \lambda\boldsymbol{X}_1 + (1-\lambda)\boldsymbol{X}_2 \in C$$

则称 C 为 n 维空间中的一个凸集. 点 $\boldsymbol{X}$ 称为点 $\boldsymbol{X}_1$ 和 $\boldsymbol{X}_2$ 的凸组合.

从图 2.2 还可以看出，线性规划如果有最优解，其最优解必定位于可行域边界的某些点上. 在平面多边形中，这些点就是多边形的顶点.

在凸集中，不能表示为不同点的凸组合的点称为凸集的顶点.

定义 2.2　设 C 为一凸集，且 $\boldsymbol{X}\in C$，$\boldsymbol{X}_1\in C$，$\boldsymbol{X}_2\in C$. 对于 $0<\lambda<1$，若

$$\boldsymbol{X} = \lambda\boldsymbol{X}_1 + (1-\lambda)\boldsymbol{X}_2$$

则必定有 $\boldsymbol{X}=\boldsymbol{X}_1=\boldsymbol{X}_2$，则称 $\boldsymbol{X}$ 为 C 的一个顶点.

运用以上的定义，线性规划的可行域以及最优解有以下性质：

(1) 若线性规划的可行域非空，则可行域必定为一凸集.

(2) 若线性规划有最优解，则最优解至少位于一个顶点上.

这样，求线性规划最优解的问题，从在可行域内无限个可行解中搜索的问题转化为在其可行域的有限个顶点上搜索的问题.

最后，来讨论线性规划的可行域和最优解的几种可能的情况.

1. 可行域为封闭的有界区域

(1) 唯一最优解,如图 2.3(a)所示.

(2) 无穷多个最优解,如图 2.3(b)所示.当目标函数直线向右上方移动时,它与凸多边形相切时不是一个点,而是在整个线段上相切,此时线段上任意点都使目标函数值达到最优,即该线性规划问题有无穷多最优解.

2. 可行域开放的无界区域

(1) 唯一最优解,如图 2.3(c)所示.

(2) 无穷多个最优解,如图 2.3(d)所示.

(3) 无界解或无最优解,如图 2.3(e)所示.目标函数无界,即虽有可行解,但在可行域中,目标函数可以无限增大或无限减小,此时称该线性规划问题具有无界解或无最优解.

3. 可行域为空集

无可行解,如图 2.3(f)所示.用图解法求解时找不到满足所有约束条件的公共范围,此时称该线性规划问题无可行解.

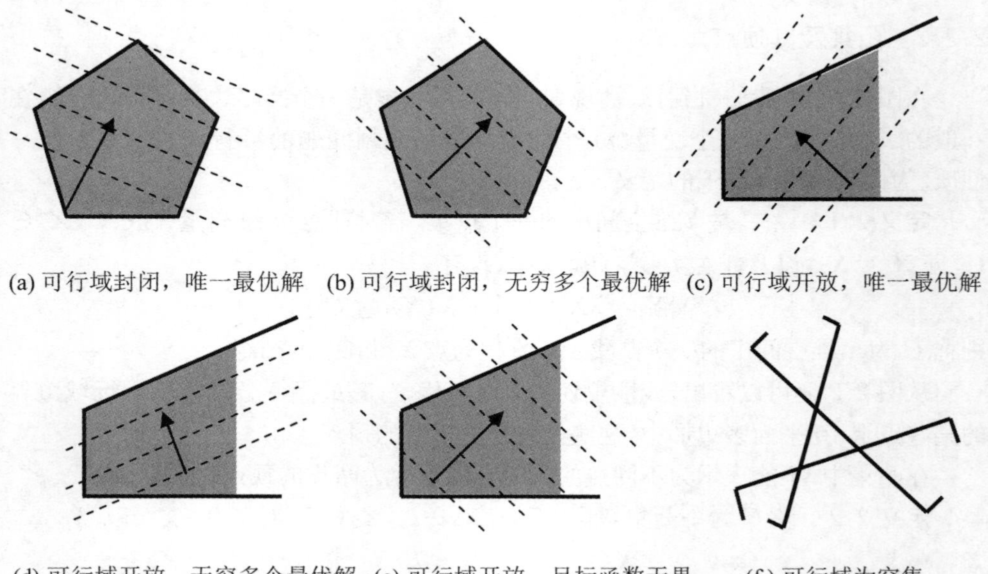
(a) 可行域封闭,唯一最优解 (b) 可行域封闭,无穷多个最优解 (c) 可行域开放,唯一最优解
(d) 可行域开放,无穷多个最优解 (e) 可行域开放,目标函数无界 (f) 可行域为空集

图 2.3 可行域和最优解的几种类型

2.2.3 线性规划问题的解的概念

由于图解法无法解决三个变量以上的线性规划问题,我们必须用代数方法来求得可行域的顶点.先从以下的例子来看.

例 2.5 设有线性规划问题

$$\max z = x_1 + 2x_2$$

$$\text{s.t.}\begin{cases} x_1 + x_2 \leqslant 3 \\ x_2 \leqslant 1 \\ x_1, x_2 \geqslant 0 \end{cases}$$

解　此问题的图解如图 2.4 所示. 引入松弛变量 $x_3, x_4 \geqslant 0$,问题变成为标准形式

$$\max z = x_1 + 2x_2$$

$$\text{s.t.}\begin{cases} x_1 + x_2 + x_3 = 3 & (2.8) \\ x_2 + x_4 = 1 & (2.9) \\ x_1, x_2, x_3, x_4 \geqslant 0 \end{cases}$$

由图 2.4 可以看出,直线 AD 对应于约束条件(2.8),位于 AD 左下侧半平面上的点满足约束条件 $x_1 + x_2 < 3$,即该半平面上的点,满足 $x_3 > 0$. 直线 AD 右上侧半平面上的点满足约束条件 $x_1 + x_2 > 3$,即该半平面上的点,满足 $x_3 < 0$,而直线 AD 上的点,相应的 $x_3 = 0$. 同样,直线 BC 上的点满足 $x_4 = 0$,BC 以下半平面中的点,满足 $x_4 > 0$. BC 以上半平面中的点,满足 $x_4 < 0$. 另外,OA 上的点满足 $x_2 = 0$,OD 上的点满足 $x_1 = 0$.

由此可见,图 2.4 中约束直线的交点 O,A,B,C 和 D 可以由以下方法得到:在标准化的等式约束中,令其中某两个变量为零,得到其他变量的唯一解,这个解就是相应交点的坐标,如果某一交点的坐标(x_1, x_2, x_3, x_4)全非负,则该交点就对应于线性规划可行域的一个顶点(如点 A,B,C 和 O);如果某一交点的坐标中至少有一个分量为负值(如点 D),则该交点不是可行域的顶点.

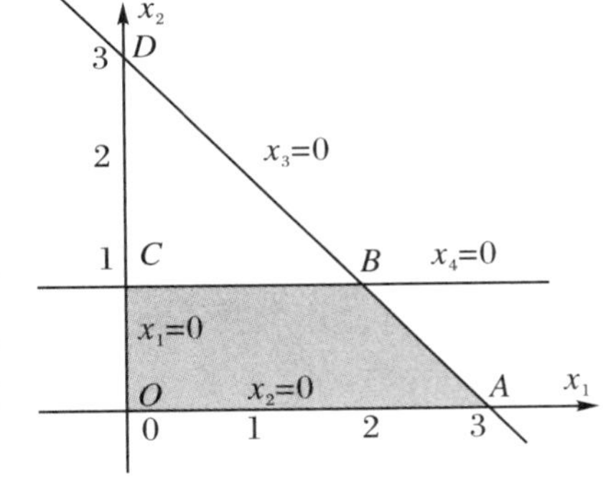

图 2.4　三个变量的线性规划图解

由图 2.4 可知,O 点对应于 $x_1 = 0, x_2 = 0$,在等式约束中令 $x_1 = 0, x_2 = 0$,得到 $x_3 = 3, x_4 = 1$. 即 O 点对应于顶点 $\boldsymbol{X} = (x_1, x_2, x_3, x_4)^{\mathrm{T}} = (0,0,3,1)^{\mathrm{T}}$. 由于所有分量都非负,因此 O 点是一可行域的顶点.

同样,A 点对应于 $x_2 = 0, x_3 = 0, x_1 = 3, x_4 = 1$;$B$ 点对应于 $x_3 = 0, x_4 = 0, x_1 = 2, x_2 = 1$;$C$ 点对应于 $x_1 = 0, x_4 = 0, x_2 = 1, x_3 = 2$. 以上都是顶点. 而 D 点对应于 $x_1 = 0, x_3 = 0, x_2 = 3, x_4 = -2$,$x_4$ 的值小于 0,因而不是顶点.

同时,我们也注意到,如在等式约束中令 $x_2 = 0, x_4 = 0$,由于线性方程组的系数行列式等于 0,因而 x_1, x_3 无解. 这在图 2.4 中也容易得到解释,这是由于对应的直线 $x_2 = 0$ 和 $x_4 = 0$ 平行,没有交点的缘故.

对于一般的线性规划问题

$$\max z = \sum_{j=1}^{n} c_j x_j$$

$$\text{s.t.}\begin{cases}\sum_{j=1}^{n} a_{ij}x_j = b_i & (i = 1,2,\cdots,m)\\ x_j \geqslant 0 & (j = 1,2,\cdots,n)\end{cases}$$

其中,系数矩阵 $\boldsymbol{A}$ 为 $m \times n$ 矩阵,假设 $\boldsymbol{A}$ 的秩为 m.在约束等式中,令 $\boldsymbol{X} = (x_1, x_2, \cdots, x_n)^{\mathrm{T}}$ 中 $n - m$ 个变量都等于0,如果剩下的 m 个变量在线性方程组中的系数矩阵是非奇异的,根据克拉姆规则,由 m 个约束方程可解出 m 个变量的唯一解,如此得到的 n 个变量的值组成的向量 $\boldsymbol{X}$ 就对应于 n 维空间中若干个超平面的一个交点.当这 n 个变量的值都非负时,这个交点就是线性规划可行域的一个顶点.

定义 2.3(线性规划的基、基变量、非基变量) 线性规划问题标准型的约束系数为 $m \times n$ 矩阵($m < n$),其秩为 m.系数矩阵中的一个非奇异的 $m \times m$ 子矩阵 $\boldsymbol{B}$ 称为线性规划的一个基.设

$$\boldsymbol{B}_{m\times m} = \begin{bmatrix} a_{11} & a_{12} & \cdots & a_{1m} \\ a_{21} & a_{22} & \cdots & a_{2m} \\ \vdots & \vdots & & \vdots \\ a_{m1} & a_{m2} & \cdots & a_{mm} \end{bmatrix} = (\boldsymbol{P}_1, \boldsymbol{P}_2, \cdots, \boldsymbol{P}_m)$$

$\boldsymbol{B}$ 中的每一个列向量 $\boldsymbol{P}_j$ $(j = 1,2,\cdots,m)$ 称为基向量,与基向量 $\boldsymbol{P}_j$ 对应的变量 x_j 称为基变量,线性规划中除基变量以外的其余变量称为非基变量.

定义 2.4(线性规划问题的基解、基可行解和可行基) 对应线性规划的一个基($m \times m$ 矩阵),n 个变量划分为 m 个基变量、$n - m$ 个非基变量.令 $n - m$ 个非基变量 $x_{m+1} = x_{m+2} = \cdots = x_n = 0$,则 m 个基变量有唯一解 $\boldsymbol{X}_B = (x_1, x_2, \cdots, x_m)^{\mathrm{T}}$.将 $\boldsymbol{X}_B$ 加上非基变量取 0 的值得到 n 个变量的一个解 $\boldsymbol{X} = (x_1, x_2, \cdots, x_m, 0, \cdots, 0)^{\mathrm{T}}$,称 $\boldsymbol{X}$ 为线性规划问题的基解.如果基解中所有变量都满足非负约束条件,这个解称为基可行解.对应于基可行解的基称为可行基.

2.2.4 几个基本定理的证明

定理 2.1 若线性规划问题存在可行解,则问题的可行域是凸集.

证明 若满足线性规划约束条件 $\sum_{j=1}^{n} \boldsymbol{P}_j x_j = \boldsymbol{b}$ 的所有点组成的几何图形 C 是凸集,根据凸集定义,C 内任意两点 $\boldsymbol{X}_1$,$\boldsymbol{X}_2$ 连线上的点也必然在 C 内,下面给予证明.

设 $\boldsymbol{X}_1 = (x_{11}, x_{12}, \cdots, x_{1n})^{\mathrm{T}}$,$\boldsymbol{X}_2 = (x_{21}, x_{22}, \cdots, x_{2n})^{\mathrm{T}}$ 为 C 内任意两点,即 $\boldsymbol{X}_1 \in C$,$\boldsymbol{X}_2 \in C$,将 $\boldsymbol{X}_1$,$\boldsymbol{X}_2$ 代入约束条件有

$$\sum_{j=1}^{n} \boldsymbol{P}_j x_{1j} = \boldsymbol{b}, \quad \sum_{j=1}^{n} \boldsymbol{P}_j x_{2j} = \boldsymbol{b} \tag{2.10}$$

$\boldsymbol{X}_1, \boldsymbol{X}_2$ 连线上任意一点可以表示为

$$\boldsymbol{X} = a\boldsymbol{X}_1 + (1-a)\boldsymbol{X}_2 \quad (0 \leqslant a \leqslant 1) \tag{2.11}$$

将(2.10)式代入(2.11)式得

$$\begin{aligned}\sum_{j=1}^{n} \boldsymbol{P}_j x_j &= \sum_{j=1}^{n} \boldsymbol{P}_j [a x_{1j} + (1-a) x_{2j}] \\ &= \sum_{j=1}^{n} \boldsymbol{P}_j a x_{1j} + \sum_{j=1}^{n} \boldsymbol{P}_j x_{2j} - \sum_{j=1}^{n} \boldsymbol{P}_j a x_{2j} \\ &= a\boldsymbol{b} + \boldsymbol{b} - a\boldsymbol{b} = \boldsymbol{b}\end{aligned}$$

所以 $\boldsymbol{X} = a\boldsymbol{X}_1 + (1-a)\boldsymbol{X}_2 \in C$. 由于集合中任意两点连线上的点均在集合内，所以 C 为凸集. 证毕.

引理　线性规划问题的可行解 $\boldsymbol{X} = (x_1, x_2, \cdots, x_n)^{\mathrm{T}}$ 为基可行解的充分必要条件是 $\boldsymbol{X}$ 的正分量所对应的系数列向量是线性无关的.

证明　必要性　由基可行解的定义可知，$\boldsymbol{X}$ 为基可行解⇒其正分量的系数列向量线性无关.

充分性　若向量 $\boldsymbol{P}_1, \boldsymbol{P}_2, \cdots, \boldsymbol{P}_k$ 线性独立，则必有 $k \leqslant m$；当 $k = m$ 时，它们恰好构成一个基，从而 $\boldsymbol{X} = (x_1, x_2, \cdots, x_m, 0, \cdots, 0)^{\mathrm{T}}$ 为相应的基可行解. 当是 $k < m$ 时，则一定可以从其余列向量中找出 $m-k$ 个与 $\boldsymbol{P}_1, \boldsymbol{P}_2, \cdots, \boldsymbol{P}_k$ 构成一个基，其对应的解恰为 $\boldsymbol{X}$，所以根据定义它是基可行解. 证毕.

定理 2.2　线性规划问题的基可行解 $\boldsymbol{X}$ 对应线性规划问题可行域(凸集)的顶点.

证明　本定理需要证明：$\boldsymbol{X}$ 是可行域的顶点⇔$\boldsymbol{X}$ 是基可行解. 下面采用反证法，即：$\boldsymbol{X}$ 不是可行域的顶点⇔$\boldsymbol{X}$ 不是基可行解. 分两步来证明.

(1) $\boldsymbol{X}$ 不是基可行解⇒$\boldsymbol{X}$ 不是可行域的顶点.

不失一般性，假设 $\boldsymbol{X}$ 的前 m 个分量为正值，故有

$$\sum_{j=1}^{n} \boldsymbol{P}_j x_j = \boldsymbol{b} \tag{2.12}$$

由引理知：$\boldsymbol{X}$ 不是基可行解，所以 $\boldsymbol{P}_1, \boldsymbol{P}_2, \cdots, \boldsymbol{P}_m$ 线性相关，即存在一组不全为 0 的数 $\delta_i (i = 1, 2, \cdots, m)$，使得

$$\delta_1 \boldsymbol{P}_1 + \delta_2 \boldsymbol{P}_2 + \cdots + \delta_m \boldsymbol{P}_m = \boldsymbol{0} \tag{2.13}$$

(2.13)式乘上一个不为 0 的数 μ 得

$$\mu\delta_1 \boldsymbol{P}_1 + \mu\delta_2 \boldsymbol{P}_2 + \cdots + \mu\delta_m \boldsymbol{P}_m = \boldsymbol{0} \tag{2.14}$$

(2.14)式 + (2.12)式得

$$(x_1 + \mu\delta_1)\boldsymbol{P}_1 + (x_2 + \mu\delta_2)\boldsymbol{P}_2 + \cdots + (x_m + \mu\delta_m)\boldsymbol{P}_m = \boldsymbol{b}$$

(2.12)式 − (2.14)式得

$$(x_1 - \mu\delta_1)\boldsymbol{P}_1 + (x_2 - \mu\delta_2)\boldsymbol{P}_2 + \cdots + (x_m - \mu\delta_m)\boldsymbol{P}_m = \boldsymbol{b}$$

令

$$\boldsymbol{X}^{(1)} = (x_1 + \mu\delta_1, x_2 + \mu\delta_2, \cdots, x_m + \mu\delta_m, 0, \cdots, 0)$$
$$\boldsymbol{X}^{(2)} = (x_1 - \mu\delta_1, x_2 - \mu\delta_2, \cdots, x_m - \mu\delta_m, 0, \cdots, 0)$$

又可以取 $\mu = \min\limits_{1\leqslant i\leqslant m}\left\{\left|\frac{x_i}{\delta_i}\right| \middle| \delta_i \neq 0\right\}$，则有 $|\mu\delta_i| \leqslant x_i$，使得对所有 $i=1,2,\cdots,m$，$x_i \pm \mu\delta_i \geqslant 0$，且 $\boldsymbol{X}^{(1)} \neq \boldsymbol{X}^{(2)}$.

由此得 $\boldsymbol{X}^{(1)} \in C, \boldsymbol{X}^{(2)} \in C$，又 $\boldsymbol{X} = \frac{1}{2}\boldsymbol{X}^{(1)} + \frac{1}{2}\boldsymbol{X}^{(2)}$，故 $\boldsymbol{X}$ 不是可行域的顶点.

(2) $\boldsymbol{X}$ 不是可行域的顶点 $\Rightarrow \boldsymbol{X}$ 不是基可行解.

不失一般性，设 $\boldsymbol{X} = (x_1, x_2, \cdots, x_r, 0, \cdots, 0)$ 不是可行域的顶点，因而可以找到可行域内另外两个不同点 $\boldsymbol{Y}$ 和 $\boldsymbol{Z}$，有 $x_j = ay_j + (1-a)z_j\ (0<a<1; j=1,2,\cdots,n)$，或写为 $\boldsymbol{X} = a\boldsymbol{Y} + (1-a)\boldsymbol{Z}\ (0<a<1)$.

因 $a>0, 1-a>0$，故当 $x_j = 0$ 时，必有 $y_j = z_j = 0$.

因有

$$\sum_{j=1}^{n}\boldsymbol{P}_j x_j = \sum_{j=1}^{r}\boldsymbol{P}_j x_j = \boldsymbol{b}$$

故有

$$\sum_{j=1}^{n}\boldsymbol{P}_j y_j = \sum_{j=1}^{r}\boldsymbol{P}_j y_j = \boldsymbol{b} \tag{2.15}$$

$$\sum_{j=1}^{n}\boldsymbol{P}_j z_j = \sum_{j=1}^{r}\boldsymbol{P}_j z_j = \boldsymbol{b} \tag{2.16}$$

(2.15)式 − (2.16)式得

$$\sum_{j=1}^{r}(y_j - z_j)\boldsymbol{P}_j = \boldsymbol{0}$$

因 $y_j - z_j$ 不全为 0，故 $\boldsymbol{P}_1, \boldsymbol{P}_2, \cdots, \boldsymbol{P}_r$ 线性相关，即 $\boldsymbol{X}$ 不是基可行解. 证毕.

定理 2.2 指出了一种求解线性规划问题的可能途径，这就是先确定线性规划问题的基，如果是可行基，则计算相应的基可行解以及相应解的目标函数值. 由于基的个数是有限的（最多 C_n^m 个），因此必定可以从有限个基可行解中找到使目标函数最优（极大或极小）的解.

而线性规划的基的个数是随着问题规模的增大而很快增加的. 举例来说，一个有 50 个变量、20 个约束等式的线性规划问题，其最多可能有 $C_{50}^{20} = \frac{50!}{20!\,30!} = 4.7 \times 10^{13}$ 个基.

为了说明计算所有基可行解的计算量有多大，我们假定计算一个基可行解（即求解一个 20×20 的线性方程组）只需要一秒钟，那么计算以上所有的基可行解需要 $\frac{4.7\times10^{13}}{3\,600\times24\times365} \approx 1.5\times10^6$ 年，即约 150 万年.

很显然,借助于定理 2.2 来求解线性规划问题,哪怕是规模不大的问题,也是不可能的.而下面介绍的一种算法——单纯形法,可以极为有效地解决大规模的线性规划问题.

定理 2.3　若线性规划问题有最优解,则一定存在一个基可行解是最优解.

2.3　单纯形法原理

2.3.1　用消元法描述单纯形法原理

根据上述定理 2.3,如果线性规划问题存在最优解,则一定有一个基可行解是最优解.因此单纯形法迭代的基本思路是:先找出一个基可行解,判断其是否为最优解,如果不是,则转换到相邻的基可行解,并使目标函数值不断增大,一直找到最优解为止.为了避免搜索可行域的所有顶点,我们采用以下搜索策略(图 2.5):

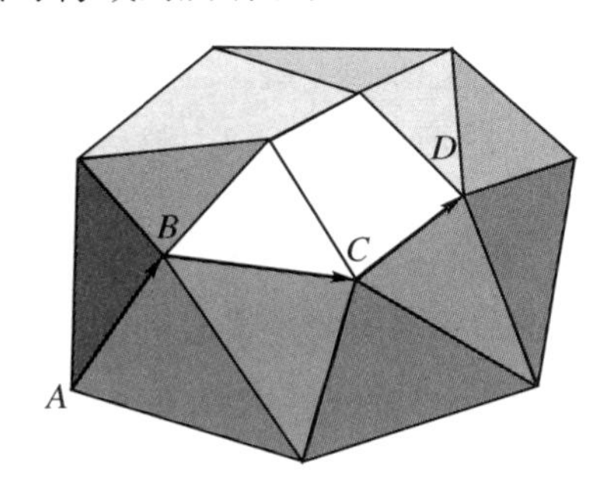

图 2.5　搜索策略

首先找到可行域的一个顶点 A.以这个顶点作为起点,检查与这个顶点相邻的顶点.判断可行解从初始顶点到一个相邻的顶点移动,目标函数是否增大.如果目标函数增大,就将可行解移动到新的顶点 B 上.继续判断可行解从顶点 B 向与它相邻的顶点移动时,目标函数是否增大.如果是,就继续移动,依次进行.当可行解移动到某一个顶点 D,发现从 D 点向与它相邻的所有顶点移动时,目标函数都不会增大,这个最后到达的顶点 D 就是线性规划的最优解.这样的搜索策略可以极大地减少访问顶点的数量.这就是单纯形法的基本思想.

单纯形法是描述可行解从可行域的一个顶点沿着可行域的边界移到另一个相邻的顶点时,目标函数和基变量随之变化的方法.由上面的讨论可知,对于线性规划的一个基,当非基变量确定以后,基变量和目标函数的值也随之确定.因此,可行解从一个顶点到相邻顶点的移动,以及移动时基变量和目标函数值的变化可以分别由基变量和目标函数用非基变量的表达式来表示.

例 2.6 用单纯形法原理求解例 2.5 的线性规划问题

$$\max z = x_1 + 2x_2$$

$$\text{s.t.}\begin{cases} x_1 + x_2 \leqslant 3 \\ x_2 \leqslant 1 \\ x_1, x_2 \geqslant 0 \end{cases}$$

解 首先将以上问题转换成标准形式.在约束中增加松弛变量 x_3, x_4,得

$$\max z = x_1 + 2x_2$$

$$\text{s.t.}\begin{cases} x_1 + x_2 + x_3 = 3 \\ x_2 + x_4 = 1 \\ x_1, x_2, x_3, x_4 \geqslant 0 \end{cases}$$

(1) 第一次迭代

步骤 1:确定初始基可行解.x_3, x_4 为基变量,x_1, x_2 为非基变量.将基变量和目标函数用非基变量表示为

$$z = x_1 + 2x_2$$
$$x_3 = 3 - x_1 - x_2$$
$$x_4 = 1 - x_2$$

当非基变量 $x_1, x_2 = 0$ 时,相应的基变量和目标函数值为 $x_3 = 3, x_4 = 1, z = 0$,得到当前的基可行解

$$(x_1, x_2, x_3, x_4) = (0,0,3,1), \quad z = 0$$

初始基可行解位于顶点 O.图 2.6 中的两个箭头分别(定性地)表示当前基变量 x_3 和 x_4 的大小.

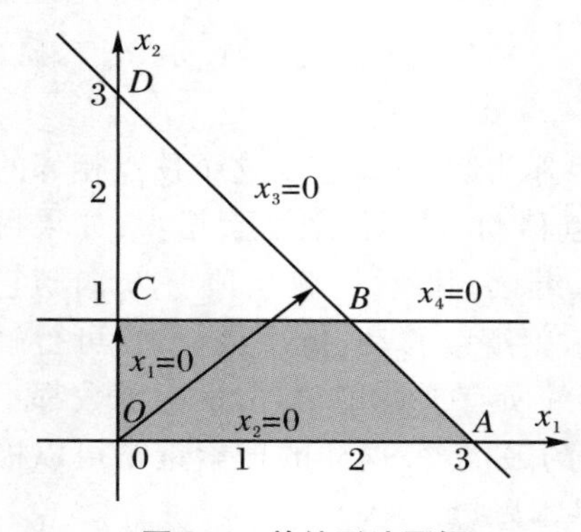

图 2.6 单纯形法图解

步骤 2:选择换入基的变量.在目标函数 $z = x_1 + 2x_2$ 中,非基变量 x_1, x_2 的系数都是正数,因此 x_1, x_2 作为换入基的变量都可以使目标函数 z 增大,但 x_2 的系数为 2,比 x_1 的系数 1 大,因此 x_2 作为换入基的变量可以使目标函数 z 增大更快.选择 x_2 作为换入基的变量,使 x_2 的值从 0 开始增加,另一个非基变量 $x_1 = 0$ 保持不变.可行解从顶点 O 向顶点 C 移动.

步骤 3:确定换出基的变量.在约束条件

$$x_3 = 3 - x_1 - x_2$$
$$x_4 = 1 - x_2$$

中,由于 x_2 在两个约束条件中的系数都是负数,当 x_2 的值从 0 开始增加时,基变量 x_3, x_4 的值分别从当前的值 3 和 1 开始减少,当 x_2 增加到 1 时,x_4 首先下降为 0,成为非基变量.这时,新的基变量为 x_3, x_2,新的非基变量为 x_1, x_4,当前的基可

行解和目标函数值为

$$(x_1, x_2, x_3, x_4) = (0,1,2,0), \quad z = 2$$

可行解移到顶点 C.

(2) 第二次迭代

步骤 1:将当前的基变量 x_3, x_2 用当前的非基变量 x_1, x_4 表示为

$$x_2 + x_3 = 3 - x_1$$
$$x_2 = 1 - x_4$$

消去第一个约束中的基变量 x_2,得到

$$x_3 = 2 - x_1 + x_4$$
$$x_2 = 1 - x_4$$

图 2.7 中的两个箭头分别(定性地)表示当前的基变量 x_2 和 x_3 的大小.

将第二个约束 $x_2 = 1 - x_4$ 代入目标函数 $z = x_1 + 2x_2$,得到目标函数用当前非基变量表示的形式

$$z = x_1 + 2(1 - x_4) = 2 + x_1 - 2x_4$$

步骤 2:选择换入基的变量.在目标函数 $z = 2 + x_1 - 2x_4$ 中,只有非基变量 x_1 的值增加可以使目标函数 z 增大,选择非基变量 x_1 作为换入基的变量,另一个非基变量 $x_4 = 0$ 保持不变.可行解从 C 向 B 移动.

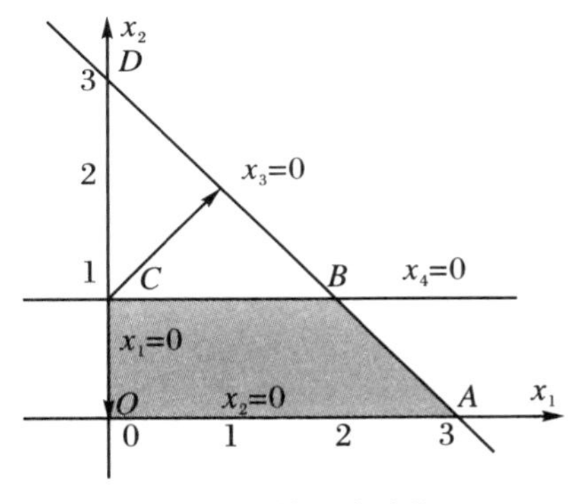

图 2.7　第二次迭代

步骤 3:确定换出基的变量.从约束条件

$$x_3 = 2 - x_1 + x_4$$
$$x_2 = 1 - x_4$$

中可以看出,当换入基的变量 x_1 从 0 开始增加时,基变量 x_3 的值从 2 开始减少,另一个基变量 x_2 的值不随 x_1 变化.当 $x_1 = 2$ 时,基变量 $x_3 = 0$ 成为非基变量,这时新的基变量为 x_1, x_2,新的非基变量为 x_3, x_4.当前的基可行解为

$$(x_1, x_2, x_3, x_4) = (2,1,0,0), \quad z = 4$$

对应于顶点 B.

(3) 第三次迭代

步骤 1:将基变量 x_1, x_2 和目标函数 z 分别用非基变量 x_3, x_4 表示为

$$x_1 + x_2 = 3 - x_3$$
$$x_2 = 1 - x_4$$

消去第一个约束条件中的 x_2,得到

$$x_1 = 2 - x_3 + x_4$$
$$x_2 = 1 - x_4$$

图 2.8 中的两个箭头分别表示当前的基变量 x_1 和 x_2 的大小.

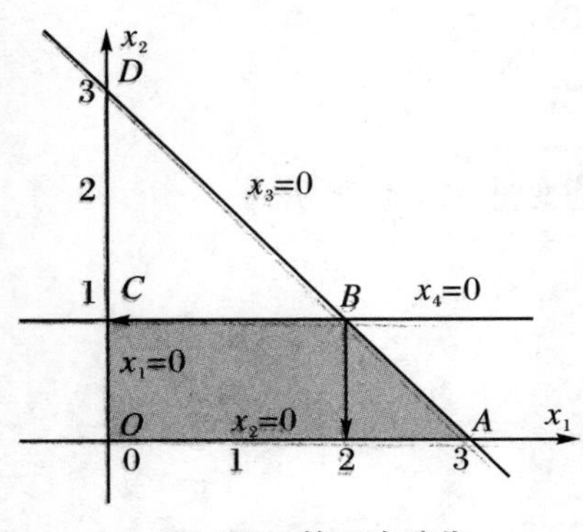

图 2.8 第三次迭代

将以上两个基变量 x_1,x_2 代入目标函数 $z=x_1+2x_2$，得到目标函数用当前非基变量表出的形式

$$z=(2-x_3+x_4)+2(1-x_4)=4-x_3-x_4$$

步骤 2：选择换入基的变量.由于目标函数中非基变量 x_3,x_4 的系数都是负数，因此任何一个作为换入基的变量都不能使目标函数增大，而只会使目标函数减少.已经达到最优解.

最优解为

$$(x_1,x_2,x_3,x_4)=(2,1,0,0),\quad \max z=4$$

原问题的最优解为

$$(x_1,x_2)=(2,1),\quad \max z=4$$

根据以上讨论，一般线性规划问题（目标函数极大化）单纯形法迭代的步骤如下：

1. *确定初始基可行解*

一般线性规划问题的标准形式为

$$\max z=\sum_{j=1}^{n}c_jx_j$$

$$\text{s.t.}\begin{cases}\sum_{j=1}^{n}\boldsymbol{P}_jx_j=\boldsymbol{b}\\ x_j\geqslant 0\quad (j=1,2,\cdots,n)\end{cases}$$

在 $\boldsymbol{P}_j\,(j=1,2,\cdots,n)$ 中总会存在一个初始可行基

$$(\boldsymbol{P}_1,\boldsymbol{P}_2,\cdots,\boldsymbol{P}_m)=\begin{bmatrix}1&0&\cdots&0\\0&1&\cdots&0\\\vdots&\vdots&&\vdots\\0&0&\cdots&1\end{bmatrix}$$

注：当线性规划的所有约束条件为“≤”时，加上松弛变量的系数矩阵即为单位矩阵.当约束条件为“≥”及“=”时，如果不存在单位矩阵，可以构造人工基，人为产生一个单位矩阵，这将在 2.4 节中讨论.

基向量 $\boldsymbol{P}_1,\boldsymbol{P}_2,\cdots,\boldsymbol{P}_m$ 对应的基变量为 $x_1,x_2,\cdots,x_m$，如果令非基变量 $x_{m+1}=x_{m+2}=\cdots=x_n=0$，可得

$$\boldsymbol{X}=(x_1,x_2,\cdots,x_m,x_{m+1},\cdots,x_n)^{\mathrm{T}}=(b_1,b_2,\cdots,b_m,0,\cdots,0)^{\mathrm{T}}$$

根据线性规划标准形式的规定，$\boldsymbol{b}\geqslant\boldsymbol{0}$，因此 $\boldsymbol{X}$ 满足非负约束，是一个初始基可行解.

2. 最优性检验与解的判别

一般情况下，经过迭代后基变量 $x_1, x_2, \cdots, x_m$ 可表示为

$$x_i = b'_i - \sum_{j=m+1}^{n} a'_{ij} x_j \quad (i = 1,2,\cdots,m)$$

将上式代入目标函数可得

$$z = \sum_{i=1}^{m} c_i b'_i + \sum_{j=m+1}^{n} (c_j - \sum_{i=1}^{m} c_i a'_{ij}) x_j$$

令

$$z_0 = \sum_{i=1}^{m} c_i b'_i, \quad \sigma_j = c_j - \sum_{i=1}^{m} c_i a'_{ij} \quad (j = m+1, m+2, \cdots, n)$$

则有

$$z = z_0 + \sum_{j=m+1}^{n} \sigma_j x_j$$

其中，σ_j 称为检验数，是对线性规划问题的解进行最优性检验的标志.

(1) 若 $\boldsymbol{X}^{(0)} = (b'_1, b'_2, \cdots, b'_m, 0, \cdots, 0)^{\mathrm{T}}$ 为一个基可行解，并且对于一切 $j = m+1, m+2, \cdots, n$，有 $\sigma_j \leqslant 0$，则可以判定 $\boldsymbol{X}^{(0)}$ 为最优解.

(2) 若 $\boldsymbol{X}^{(0)} = (b'_1, b'_2, \cdots, b'_m, 0, \cdots, 0)^{\mathrm{T}}$ 为一个基可行解，对于一切 $j = m+1, m+2, \cdots, n$，有 $\sigma_j \leqslant 0$，又存在某个非基变量的检验数 $\sigma_{m+k} = 0$，则线性规划问题有无穷多个最优解.

(3) 若 $\boldsymbol{X}^{(0)} = (b'_1, b'_2, \cdots, b'_m, 0, \cdots, 0)^{\mathrm{T}}$ 为一个基可行解，存在一个 $\sigma_{m+k} > 0$，并且对 $i = 1, 2, \cdots, m$，有 $a_{i,m+k} \leqslant 0$，则线性规划问题有无界解（或称无最优解）.

3. 基变换

若初始基可行解 $\boldsymbol{X}^{(0)} = (x_1^{(0)}, x_2^{(0)}, \cdots, x_m^{(0)}, 0, \cdots, 0)^{\mathrm{T}}$ 不是最优解且不能判别无界，我们就需要找一个新的基可行解.

(1) 选择换入基的变量

一定存在某个 $\sigma_j > 0$，此时目标函数值会随着 x_j 的增加而增大，这时就需要将非基变量 x_j 换到基变量中去，x_j 称为换入变量. 如果存在两个以上的 $\sigma_j > 0$，为了使目标函数值增加最快，一般选择 $\sigma_j > 0$ 中最大的那个，即

$$\max_j (\sigma_j > 0) = \sigma_k$$

则选择对应的 x_k 为换入变量.

(2) 确定换出基的变量

在一般线性规划问题的约束方程组中加入松弛变量或人工变量，很容易得到系数矩阵的增广矩阵

$$\left[\begin{array}{cccccccccc|c} \boldsymbol{P}_1 & \boldsymbol{P}_2 & \cdots & \boldsymbol{P}_m & \boldsymbol{P}_{m+1} & \cdots & \boldsymbol{P}_k & \cdots & \boldsymbol{P}_n & & \boldsymbol{b} \\ 1 & 0 & \cdots & 0 & a_{1,m+1} & \cdots & a_{1k} & \cdots & a_{1n} & & \boldsymbol{b}_1 \\ 0 & 1 & \cdots & 0 & a_{2,m+1} & \cdots & a_{2k} & \cdots & a_{2n} & & \boldsymbol{b}_2 \\ \vdots & \vdots & & \vdots & \vdots & & \vdots & & \vdots & & \vdots \\ 0 & 0 & \cdots & 1 & a_{m,m+1} & \cdots & a_{mk} & \cdots & a_{mn} & & \boldsymbol{b}_m \end{array}\right]$$

由于 $\boldsymbol{P}_1,\boldsymbol{P}_2,\cdots,\boldsymbol{P}_m$ 是一个基,故换入变量对应的非基向量 $\boldsymbol{P}_k$ 可用这个基的线性组合来表示,即

$$\boldsymbol{P}_k = \sum_{i=1}^{m} a_{ik}\boldsymbol{P}_i$$

将上式乘上一个正数 $\theta>0$,可得

$$\theta\left(\boldsymbol{P}_k - \sum_{i=1}^{m} a_{ik}\boldsymbol{P}_i\right) = \boldsymbol{0}$$

将 $\boldsymbol{X}^{(0)}$ 代入约束方程组 $\sum_{j=1}^{n}\boldsymbol{P}_j x_j = \boldsymbol{b}$ 并与上式相加,得到

$$\sum_{i=1}^{m}(x_i^{(0)} - \theta a_{ik})\boldsymbol{P}_i + \theta\boldsymbol{P}_k = \boldsymbol{b}$$

通过上式可以找到满足约束方程组 $\sum_{j=1}^{n}\boldsymbol{P}_j x_j = \boldsymbol{b}$ 的另一个点 $\boldsymbol{X}^{(1)}$,有

$$\boldsymbol{X}^{(1)} = (x_1^{(0)} - \theta a_{1k}, x_2^{(0)} - \theta a_{2k}, \cdots, x_m^{(0)} - \theta a_{mk}, 0, \cdots, \theta, \cdots, 0)^{\mathrm{T}}$$

其中,θ 是 $\boldsymbol{X}^{(1)}$ 第 k 个坐标的值.要使得 $\boldsymbol{X}^{(1)}$ 是一个基可行解,对所有 $i=1,2,\cdots,m$,$\theta>0$ 必须满足

$$x_i^{(0)} - \theta a_{ik} \geqslant 0$$

并且上述 m 个不等式中至少有一个等号成立.对于 $a_{ik}\leqslant 0$,上式显然成立,因此可令

$$\theta = \min_i\left\{\frac{x_i^{(0)}}{a_{ik}}\,\middle|\, a_{ik} > 0\right\} = \frac{x_l^{(0)}}{a_{lk}}$$

这时 x_l 为换出变量.按最小比值确定 θ,称为最小比值规则.因此

$$x_i^{(0)} - \theta a_{ik}\begin{cases} = 0 & (i = l) \\ \geqslant 0 & (i \neq l) \end{cases}$$

此时,$\boldsymbol{X}^{(1)}$ 可表示为

$$\boldsymbol{X}^{(1)} = (x_1^{(0)} - \theta a_{1k}, \cdots, 0, x_2^{(0)} - \theta a_{2k}, 0, \cdots, x_m^{(0)} - \theta a_{mk}, 0, \cdots, \theta, \cdots, 0)^{\mathrm{T}}$$

显然 $\boldsymbol{X}^{(1)}$ 中正的分量最多只有 m 个,并且易证 m 个向量 $\boldsymbol{P}_1,\boldsymbol{P}_2,\cdots,\boldsymbol{P}_{l-1},\boldsymbol{P}_{l+1},\cdots,\boldsymbol{P}_m,\boldsymbol{P}_k$ 线性无关,因此,通过基变换得到的 $\boldsymbol{X}^{(1)}$ 是一个新的基可行解.

2.3.2 单纯形表

用单纯形法求解线性规划时,设计了一种专门表格,称为单纯形表.迭代计算中每找出一个新的基可行解时,就重画一张单纯形表.含初始基可行解的单纯形表

称为初始单纯形表，含最优解的单纯形表称为最终单纯形表.

根据上述讨论，求解一般线性规划问题的单纯形法的计算步骤可归纳如下：

(1) 找出初始可行基，确定初始基可行解，建立初始单纯形表(表 2.3).

(2) 检验各非基变量 x_j 的检验数，若 $\sigma_j \leqslant 0 (j = m+1, m+2, \cdots, n)$，则已得到最优解，可停止计算，否则，转到下一步.

(3) 在 $\sigma_j > 0 (j = m+1, m+2, \cdots, n)$ 中，若有某个 σ_k 对应 x_k 的系数列向量 $\boldsymbol{P}_k \leqslant \boldsymbol{0}$，则此问题是无界解，停止计算. 否则，转到下一步.

(4) 根据 $\max(\sigma_j > 0) = \sigma_k$，确定 x_k 为换入基的变量，按 θ 规则计算

$$\theta = \min_i \left\{ \frac{b_i}{a_{ik}} \middle| a_{ik} > 0 \right\} = \frac{b_l}{a_{lk}}$$

可确定第 l 行的基变量 x_l 为换出基的变量. 转到下一步.

(5) 以 a_{lk} 为主元素进行迭代(即用高斯消去法)，把 x_k 所对应的列向量变换为 $(0,0,\cdots,1,\cdots,0)^{\mathrm{T}}$，将 $\boldsymbol{X}_B$ 列中的第 l 个基变量换为 x_k，得到新的单纯形表，返回(2).

表 2.3　初始单纯形表

$c_j \to$			c_1	$\cdots$	c_m	c_{m+1}	$\cdots$	c_n	θ_l
$\boldsymbol{C}_B$	$\boldsymbol{X}_B$	$\boldsymbol{b}$	x_1	$\cdots$	x_m	x_{m+1}	$\cdots$	x_n	
c_1	x_1	b_1	1	$\cdots$	0	$a_{1,m+1}$	$\cdots$	a_{1n}	θ_1
c_2	x_2	b_2	0	$\cdots$	0	$a_{2,m+1}$	$\cdots$	a_{2n}	θ_2
$\vdots$	$\vdots$	$\vdots$	$\vdots$	$\cdots$	$\vdots$	$\vdots$	$\cdots$	$\vdots$	$\vdots$
c_m	x_m	b_m	0	$\cdots$	1	$a_{m,m+1}$	$\cdots$	a_{mn}	θ_m
z		z 值	0	$\cdots$	0	σ_{m+1}	$\cdots$	σ_n	

注：$\boldsymbol{X}_B$ 列——基变量；$\boldsymbol{C}_B$ 列——基变量的价值系数(目标函数系数)；

c_j 行——价值系数；$\boldsymbol{b}$ 列——方程组右侧常数；

θ 列——确定换入变量时的比率计算值 $\theta_l = \min\limits_i \left\{ \frac{b_i}{a_{ik}} \middle| a_{ik} > 0 \right\} = \frac{b_l}{a_{lk}}$；

底行——检验数 $\sigma_k = \max\limits_j \left\{ \sigma_j = c_j - \sum_{i=1}^{m} c_i a_{ij} \mid \sigma_j > 0 \right\}$；

中间——约束方程系数.

例 2.7　用单纯形表求解例 2.5 中的线性规划问题，标准形式为

$$\max z = x_1 + 2x_2$$

$$\text{s.t.} \begin{cases} x_1 + x_2 + x_3 = 3 \\ x_2 + x_4 = 1 \\ x_1, x_2, x_3, x_4 \geqslant 0 \end{cases}$$

解　写出系数矩阵，如表 2.4 所示. 确定非基变量为 x_1, x_2，基变量为 x_3, x_4. 此时有

$$\boldsymbol{X}^{(0)} = (0,0,3,1)^{\mathrm{T}}, \quad z_0 = 0$$

表 2.4 系数矩阵

$c_j\to$			1	2	0	0	θ_I
$\boldsymbol{C}_B$	$\boldsymbol{X}_B$	$\boldsymbol{b}$	x_1	x_2	x_3	x_4	
0	x_3	3	1	1	1	0	$\frac{3}{1}$
0	x_4	1	0	[1]	0	1	$\frac{1}{1}$
z		0	1	2	0	0	

在单纯形表中，如果所有非基变量的检验数都不是正数，该单纯形表为最优单纯形表.否则，选取检验数为最大正数的非基变量作为换入基的变量.

在表 2.4 中，x_2 的检验数为 2，大于 x_1 的检验数 1，选择 x_2 作为换入基的变量，并计算右边常数与换入基的变量在约束条件中的系数的最小比值 $\min\{3/1,1/1\}=1$（两项比值写在单纯形表的右边），确定基变量 x_4 作为换出基的变量.

以换入变量列和换出变量行的交叉元素 1 为主元，进行旋转运算，将主元变成 1（本例中主元已经是 1），主元所在列的其他元素为 0，得到表 2.5.此时有

$$\boldsymbol{X}^{(1)} = (0,1,2,0)^{\mathrm{T}}, \quad z_1 = 2$$

表 2.5 换算结果（主元为 1）

$c_j\to$			1	2	0	0	θ_I
$\boldsymbol{C}_B$	$\boldsymbol{X}_B$	$\boldsymbol{b}$	x_1	x_2	x_3	x_4	
0	x_3	2	[1]	0	1	−1	$\frac{2}{1}$
2	x_2	1	0	1	0	1	−
z		2	1	0	0	−2	

用同样的法则确定 x_1 作为换入基的变量，x_3 作为换出基的变量，确定主元并进行旋转运算，得到单纯形表（表 2.6）.此时有

$$\boldsymbol{X}^{(2)} = (2,1,0,0)^{\mathrm{T}}, \quad z_2 = 4$$

表 2.6 旋转运算结果

$c_j\to$			1	2	0	0	θ_I
$\boldsymbol{C}_B$	$\boldsymbol{X}_B$	$\boldsymbol{b}$	x_1	x_2	x_3	x_4	
1	x_1	2	1	0	1	−1	
2	x_2	1	0	1	0	1	
z		4	1	0	−1	−1	

非基变量 x_3, x_4 的检验数分别为 $-1, -1$ 且都小于 0，以上单纯形表已获得最优解. 最优解为 $(x_1, x_2, x_3, x_4) = (2,1,0,0)$，$\max z = 4$.

在最优单纯形表中，获得一个最优基以及相应的最优解后，我们还可以从非基变量 x_j 的检验数中是否有等于 0，来判断这个最优解是否是唯一的最优解. 在最优单纯形表中，如果所有非基变量的检验数全部小于 0，则相应的最优解是唯一的；如果对于某个非基变量 x_j 的检验数等于 0 并且这个非基变量在约束条件中的系数至少有一个为正值，那么这时仍可以将 x_j 进基，同时可以确定离基变量，但这一次基变换并不改变目标函数的值. 这样就得到了目标函数值相同的两个不同的最优解，设这两个最优解分别为 $\boldsymbol{X}_1$ 和 $\boldsymbol{X}_2$，容易验证，对任何 $0 \leqslant \lambda \leqslant 1$，$\boldsymbol{X} = \lambda \boldsymbol{X}_1 + (1-\lambda)\boldsymbol{X}_2$ 都是最优解，并且有相同的目标函数值：

$$\begin{aligned} z &= \boldsymbol{CX} = \boldsymbol{C}(\lambda \boldsymbol{X}_1 + (1-\lambda)\boldsymbol{X}_2) = \lambda \boldsymbol{CX}_1 + (1-\lambda)\boldsymbol{CX}_2 \\ &= \lambda z_0 + (1-\lambda) z_0 = z_0 \end{aligned}$$

2.4 单纯形法的进一步讨论

在以上单纯形算法描述中，没有指明如何取得一个初始基可行解. 对于简单的问题，只要做一些试算就可以确定选定的一个基是否是可行基. 但对于规模稍大的问题，用试算的方法就很困难了，必须有一个初始可行基的系统化方法. 当用系统的初始可行解方法不能求得任何初始基可行解时，就可以得出线性规划问题无解的结论.

对于标准形式的问题

$$\max z = \boldsymbol{CX}$$
$$\text{s.t.} \begin{cases} \boldsymbol{AX} = \boldsymbol{b} \\ \boldsymbol{X} \geqslant \boldsymbol{0} \end{cases}$$

当 $\boldsymbol{b} \geqslant \boldsymbol{0}$ 时，如果矩阵 $\boldsymbol{A}$ 中包含一个单位矩阵，则很自然地取该单位矩阵作为初始可行基，这时对应变量 $\boldsymbol{X}_B \geqslant \boldsymbol{0}$ 是基变量.

在以上的例子中，问题的约束条件全为“小于等于”约束，并且右边常数全部大于等于 0，对于这一类问题，化为标准问题时在每个约束中添加的松弛变量恰好构成一个单位矩阵，这个单位矩阵就可以作为初始可行基.

当标准形式问题的 $\boldsymbol{A}$ 矩阵中不含有单位矩阵或虽含有单位矩阵但 $\boldsymbol{b}$ 不全为非负时，无法获得一个初始的可行基.

例 2.8 设线性规划问题的约束为

$$\begin{cases} x_1 + x_2 + x_3 \leqslant 6 \\ -2x_1 + 3x_2 + 2x_3 \geqslant 3 \\ x_1, x_2, x_3 \geqslant 0 \end{cases}$$

解 引入松弛变量 $x_4,x_5\geqslant0$,得到

$$\begin{cases}x_1+x_2+x_3+x_4=6\\-2x_1+3x_2+2x_3-x_5=3\\x_1,x_2,x_3,x_4,x_5\geqslant0\end{cases}$$

其中不包含单位矩阵,因此无法直接获得初始可行基.

例 2.9 设线性规划问题的约束为

$$\begin{cases}x_1+x_2-2x_3\leqslant-3\\-2x_1+x_2+3x_3\leqslant7\\x_1,x_2,x_3\geqslant0\end{cases}$$

解 引入松弛变量 $x_4,x_5\geqslant0$,得到

$$\begin{cases}x_1+x_2-2x_3+x_4=-3\\-2x_1+x_2+3x_3+x_5=7\\x_1,x_2,x_3,x_4,x_5\geqslant0\end{cases}$$

其中虽然含有单位矩阵,但右边常数中出现负值,因此也不能直接获得初始可行基.

对于不能直接获得初始可行基的问题,可以用引入人工变量的方法构造一个人工基作为初始可行基.

2.4.1 大 M 法

对于极大化的线性规划问题,大 M 法的基本步骤如下:

(1) 引入松弛变量,使约束条件成为等式;

(2) 如果约束条件的系数矩阵中不存在一个单位矩阵,则引入人工变量;

(3) 在原目标函数中,加上人工变量,每个人工变量的系数为一个任意小的负数“$-M$”;

(4) 用单纯形表求解以上问题,如果这个问题的最优解中有人工变量是基变量,则原问题无可行解.如果最优解中所有人工变量都换出,则得到原问题的最优解.

例 2.10 求解以下线性规划问题.

$$\max z=-2x_1-3x_2-x_3$$

$$\text{s.t.}\begin{cases}4x_1+x_2-x_3\geqslant16\\x_1-2x_2+x_3\geqslant24\\x_1,x_2,x_3\geqslant0\end{cases}$$

解 引入松弛变量 $x_4,x_5\geqslant0$,增加人工变量 $x_6,x_7\geqslant0$,在目标函数中增加人工变量,有

$$\max z=-2x_1-3x_2-x_3-Mx_6-Mx_7$$

$$\text{s.t.}\begin{cases} 4x_1 + x_2 - x_3 - x_4 + x_6 = 16 \\ x_1 - 2x_2 + x_3 - x_5 + x_7 = 24 \\ x_1, x_2, x_3, x_4, x_5, x_6, x_7 \geqslant 0 \end{cases}$$

列出单纯形表(表 2.7)并进行单纯形变换.

表 2.7　例 2.10 的单纯形表及变换

$c_j \to$			-2	-3	-1	0	0	$-M$	$-M$
$\boldsymbol{C}_B$	$\boldsymbol{X}_B$	$\boldsymbol{b}$	x_1	x_2	x_3	x_4	x_5	x_6	x_7
$-M$	x_6	16	[4]	1	-1	-1	0	1	0
$-M$	x_7	24	1	-2	1	0	-1	0	1
z		$-40M$	$5M-2$	$-M-3$	-1	$-M$	$-M$	0	0
-2	x_1	4	1	$\frac{1}{4}$	$-\frac{1}{4}$	$-\frac{1}{4}$	0	$\frac{1}{4}$	0
$-M$	x_7	20	0	$-\frac{9}{4}$	$\left[\frac{5}{4}\right]$	$\frac{1}{4}$	-1	$-\frac{1}{4}$	1
z		$-20M-8$	0	$-\frac{9M}{4}-\frac{5}{2}$	$\frac{5M}{4}-\frac{3}{2}$	$\frac{M}{4}-\frac{1}{2}$	$-M$	$-\frac{5M}{4}+\frac{1}{2}$	0
-2	x_1	8	1	$-\frac{1}{5}$	0	$-\frac{1}{5}$	$-\frac{1}{5}$	$\frac{1}{5}$	$\frac{1}{5}$
-1	x_3	16	0	$-\frac{9}{5}$	1	$\frac{1}{5}$	$-\frac{4}{5}$	$-\frac{1}{5}$	$\frac{4}{5}$
z		-32	0	$-\frac{4}{5}$	0	$-\frac{1}{5}$	$-\frac{6}{5}$	$-M+\frac{1}{5}$	$-M+\frac{6}{5}$

由于 $-M+1/5<0$, $-M+6/5<0$,已获得最优解,最优解为

$$(x_1, x_2, x_3, x_4, x_5) = (8, 0, 16, 0, 0), \quad \max z = -32$$

实际问题中,M 的取值要远远大于各种问题可能出现的最大的系数,它的取值在算法编程中往往难以确定.为了克服这个困难,大多数商业化的线性规划程序都不采用大 M 法而采用两阶段法.

2.4.2　两阶段法

设问题的约束条件为

$$\begin{cases} \boldsymbol{AX} = \boldsymbol{b} \\ \boldsymbol{X} \geqslant \boldsymbol{0} \end{cases} \tag{2.17}$$

其中,$\boldsymbol{X} = (x_1, x_2, \cdots, x_n)^{\mathrm{T}}$.引入人工变量 $\boldsymbol{X}_{\mathrm{a}} = (x_{n+1}, x_{n+2}, \cdots, x_{n+m})^{\mathrm{T}}$,约束(2.17)式成为

$$\begin{cases} \boldsymbol{AX} + \boldsymbol{X}_{\mathrm{a}} = \boldsymbol{b} \\ \boldsymbol{X}, \boldsymbol{X}_{\mathrm{a}} \geqslant \boldsymbol{0} \end{cases} \tag{2.18}$$

或写为

$$\begin{cases} [\boldsymbol{A} \quad \boldsymbol{E}] \cdot \begin{bmatrix} \boldsymbol{X} \\ \boldsymbol{X}_a \end{bmatrix} = \boldsymbol{b} \\ \boldsymbol{X}, \boldsymbol{X}_a \geqslant \boldsymbol{0} \end{cases} \tag{2.19}$$

这样,(2.19)式的约束中就出现了一个单位矩阵,因而(2.19)式有一个基可行解 $\boldsymbol{X}=\boldsymbol{0}, \boldsymbol{X}_a=\boldsymbol{b}$. 但 $\boldsymbol{X}=0$ 并不是(2.17)式的可行解,即(2.17)式和(2.19)式并不等价.(2.18)式的基可行解 $(\boldsymbol{X}, \boldsymbol{X}_a)^{\mathrm{T}}$ 中的 $\boldsymbol{X}$ 要满足(2.17)式,当且仅当(2.19)式的基全部包含在 $\boldsymbol{A}$ 矩阵中,即 $\boldsymbol{X}_a=\boldsymbol{0}$ 全部成为非基变量.为了得到(2.17)式的一个可行基,可以对(2.19)式的初始可行基(人工基)进行基变换,设法使人工基中的列向量成为换出变量,最终获得全部包含在 $\boldsymbol{A}$ 矩阵中的一个基,从而也就获得了(2.17)式的一个可行基.

根据以上思路,我们构造以下的两阶段法.设线性规划问题为

$$\max z = \boldsymbol{CX}$$

$$\text{s.t.} \begin{cases} \boldsymbol{AX} = \boldsymbol{b} \\ \boldsymbol{X} \geqslant \boldsymbol{0} \end{cases} \tag{2.20}$$

第一阶段 引入人工变量 $\boldsymbol{X}_a=(x_{n+1}, x_{n+2}, \cdots, x_{n+m})^{\mathrm{T}}$,构造辅助问题

$$\min z' = \sum_{i=1}^{m} x_{n+i}$$

$$\text{s.t.} \begin{cases} \boldsymbol{AX} + \boldsymbol{X}_a = \boldsymbol{b} \\ \boldsymbol{X}, \boldsymbol{X}_a \geqslant \boldsymbol{0} \end{cases} \tag{2.21}$$

求解辅助问题.若辅助问题的最优基 $\boldsymbol{B}$ 全部在 $\boldsymbol{A}$ 中,即 $\boldsymbol{X}_a$ 全部是非基变量($\min z'=0$),则 $\boldsymbol{B}$ 为(2.20)式的一个可行基.转第二阶段.若辅助问题的最优目标函数值 $\min z'>0$,则至少有一个人工变量留在第一阶段问题最优解的基变量中,这时(2.20)式无可行解.

第二阶段 以第一阶段(2.21)式的最优基 $\boldsymbol{B}$ 作为(2.20)式的初始可行基,求解(2.20)式,得到(2.20)式的最优基和最优解.

例 2.11 求解以下线性规划问题:

$$\max z = -x_1 + 2x_2$$

$$\text{s.t.} \begin{cases} x_1 + x_2 \geqslant 2 \\ -x_1 + x_2 \geqslant 1 \\ x_2 \leqslant 3 \\ x_1, x_2 \geqslant 0 \end{cases}$$

解 引入松弛变量 $x_3, x_4, x_5 \geqslant 0$,增加人工变量 $x_6, x_7 \geqslant 0$,构造辅助问题,并进入第一阶段求解.

$$\min z' = x_6 + x_7$$

$$\text{s.t.}\begin{cases} x_1 + x_2 - x_3 + x_6 = 2 \\ -x_1 + x_2 - x_4 + x_7 = 1 \\ x_2 + x_5 = 3 \\ x_1, x_2, x_3, x_4, x_5, x_6, x_7 \geqslant 0 \end{cases}$$

消去目标函数中基变量 x_6, x_7 的系数，得到初始单纯形表(表 2.8)，并进行单纯形变换.

表 2.8　第一阶段单纯形表及变换

$c_j \to$			0	0	0	0	0	−1	−1	θ_I
$\boldsymbol{C}_B$	$\boldsymbol{X}_B$	$\boldsymbol{b}$	x_1	x_2	x_3	x_4	x_5	x_6	x_7	
−1	x_6	2	1	1	−1	0	0	1	0	$\frac{2}{1}$
−1	x_7	1	−1	[1]	0	−1	0	0	1	$\frac{1}{1}$
0	x_5	3	0	1	0	0	1	0	0	$\frac{3}{1}$
$-z'$		−3	0	2	−1	−1	0	0	0	
−1	x_6	1	[2]	0	−1	1	0	1	−1	$\frac{1}{2}$
0	x_2	1	−1	1	0	−1	0	0	1	−
0	x_5	2	1	0	0	1	1	0	−1	−
$-z'$		−1	2	0	−1	1	0	0	−2	
0	x_1	$\frac{1}{2}$	1	0	$-\frac{1}{2}$	$\frac{1}{2}$	0	$\frac{1}{2}$	$-\frac{1}{2}$	
0	x_2	$\frac{3}{2}$	0	1	$-\frac{1}{2}$	$-\frac{1}{2}$	0	$\frac{1}{2}$	$\frac{1}{2}$	
0	x_5	$\frac{3}{2}$	0	0	$\frac{1}{2}$	$\frac{1}{2}$	1	$-\frac{1}{2}$	$-\frac{1}{2}$	
$-z'$		0	0	0	0	0	0	−1	−1	

至此，已获得第一阶段最优解 $z'=0$，人工变量 x_6, x_7 均已换出，最优基 $\boldsymbol{B}=(x_1, x_2, x_5)$，因而可以转到第二阶段.

在第一阶段最优单纯形表换入原问题的目标函数，去掉人工变量 x_6, x_7 以及相应的列，消去基变量 x_1, x_2 在目标函数中的系数，得到第二阶段问题的单纯形表(表 2.9).

表 2.9　第二阶段单纯形表及变换

$c_j \to$			−1	2	0	0	0	θ_I
C_B	X_B	b	x_1	x_2	x_3	x_4	x_5	
−1	x_1	$\frac{1}{2}$	1	0	$-\frac{1}{2}$	$\left[\frac{1}{2}\right]$	0	$\frac{\frac{1}{2}}{\frac{1}{2}}$
2	x_2	$\frac{3}{2}$	0	1	$-\frac{1}{2}$	$-\frac{1}{2}$	0	−
0	x_5	$\frac{3}{2}$	0	0	$\frac{1}{2}$	$\frac{1}{2}$	1	$\frac{\frac{3}{2}}{\frac{1}{2}}$
z		$\frac{5}{2}$	0	0	$\frac{1}{2}$	$\frac{3}{2}$	0	
0	x_4	1	2	0	−1	1	0	−
2	x_2	2	1	1	−1	0	0	−
0	x_5	1	−1	0	[1]	0	1	$\frac{1}{1}$
z		4	−3	0	2	0	0	
0	x_4	2	1	0	0	1	1	
2	x_2	3	0	1	0	0	1	
0	x_3	1	−1	0	1	0	1	
z		6	−1	0	0	0	−2	

原问题的最优解为

$$(x_1, x_2, x_3, x_4, x_5) = (0,3,1,2,0), \quad \max z = 6$$

2.4.3　单纯形法的一些具体问题

1. 关于无界解问题

(1) 可行区域不闭合(约束条件有问题).

(2) 单纯形表中人工变量 x_k 对应的列中所有 $a_{ik} \leqslant 0$.

2. 关于退化问题

计算中用 θ 规则确定换出变量时,有时出现两个以上相同的最小比值,这样在下一次迭代中就有一个或几个基变量等于零的退化解.

退化问题的原因是原问题中存在多余的约束,使单纯形表中同时有多个基变量可选作换出变量.退化严重可能导致死循环.1974 年,Bland 提出了一个避免循环的新方法,其原则十分简单.仅在选择进基变量和离基变量时做了以下规定:

(1) 在选择进基变量时,在所有检验数 $z_j - c_j > 0$ 的非基变量中选取下标最小的进基.

(2) 当有多个变量同时可作为离基变量时,选择下标最小的那个变量离基.

3. 关于多重解问题

(1) 多个基础可行解都是最优解,这些解在同一个超平面上,且该平面与目标函数等值面平行.

(2) 最优单纯形表中有非基变量的检验数为 0.

(3) 最优解的线性组合仍是最优解.

4. 关于无可行解问题

(1) 约束条件互相矛盾,无可行域.

(2) 单纯形表达到最优解检验条件时,人工变量仍在基变量中.

2.4.4 单纯形法小结

1. 线性规划模型及其变换

如表 2.10 所示.

表 2.10　线性规划模型及变换

变量	$x_j \geqslant 0$		不需要处理
	$x_j \leqslant 0$		令 $x_j' = -x_j, x_j' \geqslant 0$
	x_j 无约束		令 $x_j = x_j' - x_j'', x_j', x_j'' \geqslant 0$
约束条件	$b_i \geqslant 0$		不需要处理
	$b_i < 0$		约束条件两端同乘 -1
	$=$		加人工变量
	$\geqslant$		减去松弛变量,加人工变量
	$\leqslant$		加松弛变量
目标函数	$\max z$		不需要处理
	$\min z$		令 $z' = -z$,求 $\max z'$
	加入变量的系数	松弛变量	0
		人工变量	$-M$

2. 对目标函数求极大值标准型线性规划问题

单纯形法计算步骤框图如图 2.9 所示.

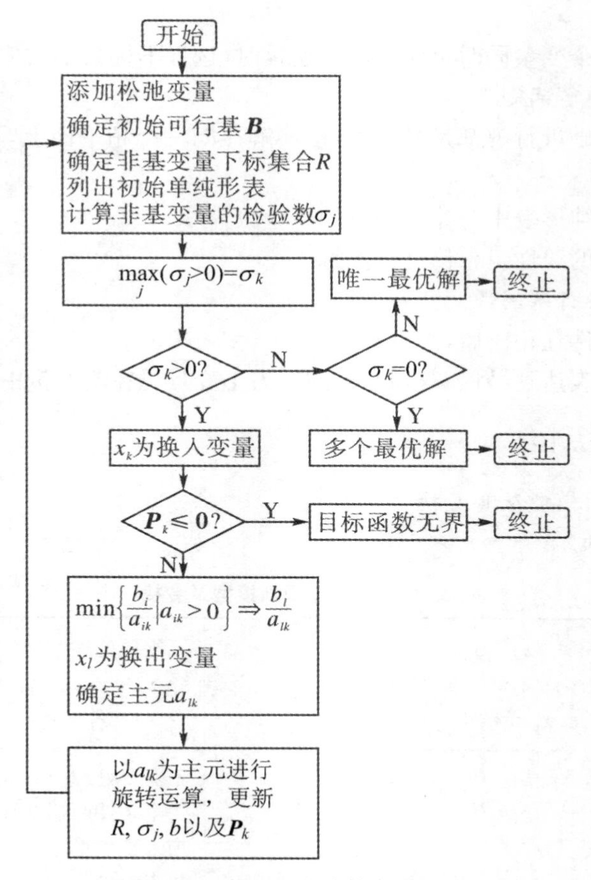

图 2.9 单纯形法计算步骤框图

2.5 应用举例

一般经济管理问题大多数可以建立线性规划模型，从而使用单纯形法求解. 实际背景问题往往条件、变量较多，一般要借助计算机软件来求解. 下面通过一些简单的例子说明线性规划在经济管理问题中的应用.

例 2.12（合理利用原材料问题） 要做 100 套钢架，每套用长分别为 2.9 m，2.1 m 和 1.5 m 的钢条各一根. 已知原料长 7.4 m，问应如何下料才能使原材料最省？

分析 原料长 7.4 m，如果每根截取所需钢条各一根，7.4 − (2.9 + 2.1 + 1.5) = 0.9(m)，100 根一共产生 90 m 的余料. 如果采用套裁，就有如表 2.11 所示的五种方案.

表2.11　五种方案

长度(m)	方案				
	Ⅰ	Ⅱ	Ⅲ	Ⅳ	Ⅴ
2.9	1	2	0	1	0
2.1	0	0	2	2	1
1.5	3	1	2	0	3
合计	7.4	7.3	7.2	7.1	6.6
余料	0	0.1	0.2	0.3	0.8

解　为了得到100套钢架，设按照方案Ⅰ下料的原材料根数为 x_1，Ⅱ为 x_2，Ⅲ为 x_3，Ⅳ为 x_4，Ⅴ为 x_5，建立线性规划模型如下：

$$\min z = 0x_1 + 0.1x_2 + 0.2x_3 + 0.3x_4 + 0.8x_5$$

$$\text{s.t.}\begin{cases} x_1 + 2x_2 + x_4 = 100 \\ 2x_3 + 2x_4 + x_5 = 100 \\ 3x_1 + x_2 + 2x_3 + 3x_5 = 100 \\ x_1, x_2, x_3, x_4, x_5 \geqslant 0 \end{cases}$$

利用单纯形表计算得，方案Ⅰ30根、方案Ⅱ10根、方案Ⅲ50根.

例2.13(配料问题)　某工厂要用三种原材料 C,P,H 混合调配出三种不同规格的产品 A,B,D. 产品的规格要求、单价，每天能供应的原材料数量和单价分别如表2.12、表2.13所示. 问该工厂应如何安排生产才可使得利润最大?

表2.12　产品的规格要求和单价

产品名称	规格要求	单价(元/kg)
A	原材料 C 不少于50% 原材料 P 不超过25%	50
B	原材料 C 不少于25% 原材料 P 不超过50%	35
D	不限	25

表2.13　原材料数量和单价

原材料	每天最多供应(kg)	单价(元/kg)
C	100	65
P	100	25
H	60	35

解 设 A_C 表示产品A中C材料的含量,类似地可以设其他相应符号.本题是求目标函数利润最大,即(产品价格-原材料价格)最大.因此有

$$\begin{aligned}\max z &= 50(A_C + A_P + A_H) + 35(B_C + B_P + B_H) + 25(D_C + D_P + D_H) \\ &\quad - 65(A_C + B_C + D_C) - 25(A_P + B_P + D_P) - 35(A_H + B_H + D_H)\end{aligned}$$

约束条件有两部分:第一部分是表 2.12 中规定的各个材料在各产品中的含量限定,如下:

$$A_C \geqslant \frac{1}{2}A,\quad A_P \leqslant \frac{1}{4}A,\quad B_C \geqslant \frac{1}{4}B,\quad B_P \leqslant \frac{1}{2}B$$

且

$$\begin{cases} A_C + A_P + A_H = A \\ B_C + B_P + B_H = B \end{cases}$$

代入上式整理可得

$$\begin{cases} -\dfrac{1}{2}A_C + \dfrac{1}{2}A_P + \dfrac{1}{2}A_H \leqslant 0 \\ -\dfrac{1}{4}A_C + \dfrac{3}{4}A_P - \dfrac{1}{4}A_H \leqslant 0 \\ -\dfrac{3}{4}B_C + \dfrac{1}{4}B_P + \dfrac{1}{4}B_H \leqslant 0 \\ -\dfrac{1}{2}B_C + \dfrac{1}{2}B_P - \dfrac{1}{2}B_H \leqslant 0 \end{cases}$$

第二部分是表 2.13 中规定的各原材料供应数量的限额,因此可得下列约束条件:

$$\begin{cases} A_C + B_C + D_C \leqslant 100 \\ A_P + B_P + D_P \leqslant 100 \\ A_H + B_H + D_H \leqslant 60 \end{cases}$$

上述数学模型可以利用单纯形法计算,结果为:每天生产产品 A 为 200 kg,分别需要用原材料 C 为 100 kg、P 为 50 kg、H 为 50 kg.最大利润是 500 元/天.

例 2.14(投资问题) 某金融服务机构今后五年提供下列项目投资:

项目 A:从第一年到第四年每年年初需要投资,并于次年末回收本利 115%;

项目 B:第三年初需要投资,到第五年末回收本利 125%,但该项目的投资额不能超过 4 万元;

项目 C:第二年年初需要投资,到第五年末能回收本利 140%,但规定最大投资额不能超过 3 万元;

项目 D:五年内每年初可购买,年末即收回.利息为 6%.

某人第一年初有 10 万元本金,问他应该如何分配自己的投资额,才可使第五年年末拥有的本利最大.

解 这是一个连续投资问题(动态投资),为了表示每年投资不同项目的资金,

用表 2.14 给出本题需要使用的变量.

表 2.14　每年投资不同项目的资金

项目	第一年	第二年	第三年	第四年	第五年
A	x_{1A}	x_{2A}	x_{3A}	x_{4A}	
B			x_{3B}		
C		x_{2C}			
D	x_{1D}	x_{2D}	x_{3D}	x_{4D}	x_{5D}

建立线性规划数学模型：

$$\max z = 1.15x_{4A} + 1.40x_{2C} + 1.25x_{3B} + 1.06x_{5D}$$

$$\begin{cases} x_{1A} + x_{1D} = 100\,000 \\ -1.06x_{1D} + x_{2A} + x_{2C} + x_{2D} = 0 \\ -1.15x_{1A} - 1.06x_{2D} + x_{3A} + x_{3B} + x_{3D} = 0 \\ -1.15x_{2A} - 1.06x_{3D} + x_{4A} + x_{4D} = 0 \\ -1.15x_{3A} - 1.06x_{4D} + x_{5D} = 0 \\ x_{2C} \leqslant 30\,000 \\ x_{3B} \leqslant 40\,000 \\ x_{iA}, x_{iB}, x_{iC}, x_{iD} \geqslant 0 \quad (i = 1,2,\cdots,5) \end{cases}$$

用单纯形法可以解得，到第五年末该投资人最多拥有 143 750 元，利润率为 43.75%.

习　题　2

1. 画出下列线性规划的可行域，求出顶点坐标，画出目标函数的等值线，并找出最优解.

(1) $\max z = x_1 + 2x_2$

$$\text{s.t.}\begin{cases} 2x_1 + 2x_2 \leqslant 12 \\ x_1 + 2x_2 = 8 \\ 4x_1 \leqslant 16 \\ 4x_2 \leqslant 12 \\ x_1, x_2 \geqslant 0 \end{cases}$$

(2) $\max z = 2x_1 - x_2$

$$\text{s.t.}\begin{cases} -2x_1 + x_2 = 2 \\ x_1 - 2x_2 = 1 \\ x_1, x_2 \geqslant 0 \end{cases}$$

2. 用图解法求解下列线性规划问题，并指出各问题是具有唯一最优解、无穷多最优解、无界解还是无可行解.

(1) $\max z = x_1 + x_2$

$$\text{s.t.}\begin{cases}8x_1 + 6x_2 \geqslant 24 \\ 4x_1 + 6x_2 \geqslant -12 \\ 2x_2 \geqslant 4 \\ x_1, x_2 \geqslant 0\end{cases}$$

(2) $\max z = 4x_1 + 8x_2$

$$\text{s.t.}\begin{cases}2x_1 + 2x_2 \leqslant 10 \\ -x_1 + x_2 \geqslant 8 \\ x_1, x_2 \geqslant 0\end{cases}$$

(3) $\max z = 3x_1 + 9x_2$

$$\text{s.t.}\begin{cases}x_1 + 3x_2 \leqslant 22 \\ -x_1 + x_2 \leqslant 4 \\ x_2 \leqslant 6 \\ 2x_1 - 5x_2 \leqslant 0 \\ x_1, x_2 \geqslant 0\end{cases}$$

(4) $\min z = 6x_1 + 4x_2$

$$\text{s.t.}\begin{cases}2x_1 + x_2 \geqslant 1 \\ 3x_1 + 4x_2 \geqslant 1.5 \\ x_1, x_2 \geqslant 0\end{cases}$$

3. 在下列线性规划问题中,找出所有基解,指出哪些是基可行解,并分别代入目标函数,比较找出最优解.

(1) $\max z = 3x_1 + 5x_2$

$$\text{s.t.}\begin{cases}x_1 + x_3 = 4 \\ 2x_2 + x_4 = 12 \\ 3x_1 + 2x_2 + x_5 = 18 \\ x_j \geqslant 0 \quad (j = 1, 2, \cdots, 5)\end{cases}$$

(2) $\min z = 4x_1 + 12x_2 + 18x_3$

$$\text{s.t.}\begin{cases}x_1 + 3x_3 - x_4 = 3 \\ 2x_2 + 2x_3 - x_5 = 5 \\ x_j \geqslant 0 \quad (j = 1, 2, \cdots, 5)\end{cases}$$

4. 用单纯形法求解以下线性规划问题.

(1) $\max z = x_1 - 2x_2 + x_3$

$$\text{s.t.}\begin{cases}x_1 + x_2 + 3x_3 \leqslant 12 \\ 2x_1 + x_2 - x_3 \leqslant 6 \\ -x_1 + 3x_2 \leqslant 9 \\ x_1, x_2, x_3 \geqslant 0\end{cases}$$

(2) $\min z = -2x_1 - x_2 + 3x_3 - 5x_4$

$$\text{s.t.}\begin{cases}x_1 + 2x_2 + 4x_3 - x_4 \leqslant 6 \\ 2x_1 + 3x_2 - x_3 + x_4 \leqslant 12 \\ x_1 + x_3 + x_4 \leqslant 4 \\ x_1, x_2, x_3, x_4 \geqslant 0\end{cases}$$

(3) $\min z = 3x_1 - x_2$

$$\text{s.t.}\begin{cases}-x_1 - 3x_2 \geqslant -3 \\ -2x_1 + x_2 \geqslant -6 \\ 2x_1 + x_2 \leqslant 8 \\ 4x_1 - x_2 \leqslant 16 \\ x_1, x_2 \leqslant 0\end{cases}$$

5. 分别用大 M 法和两阶段法求解下列线性规划问题,并指出问题的解属于哪一类.

(1) $\max z = 4x_1 + 5x_2 + x_3$

$$\text{s.t.}\begin{cases}3x_1 + 2x_2 + x_3 \geqslant 18 \\ 2x_1 + x_2 \leqslant 4 \\ x_1 + x_2 - x_3 = 5 \\ x_j \geqslant 0 \quad (j = 1, 2, 3)\end{cases}$$

(2) $\max z = x_1 + x_2$

$$\text{s.t.}\begin{cases}8x_1 + 6x_2 \geqslant 24 \\ 4x_1 + 6x_2 \geqslant -12 \\ 2x_2 \geqslant 4 \\ x_1, x_2 \geqslant 0\end{cases}$$

(3) $\max z = 4x_1 + 6x_2$

$$\text{s.t.}\begin{cases}2x_1+4x_2\leqslant 180\\3x_1+2x_2\leqslant 150\\x_1+x_2=57\\x_2\geqslant 22\\x_1,x_2\geqslant 0\end{cases}$$

6. 表2.15中给出某求极大化问题的单纯形表，问表2.15中a_1,a_2,c_1,c_2,d为何值时以及表中变量属于哪一种类型时有：

(1) 表中解为唯一最优解？

(2) 表中解为无穷多最优解之一？

(3) 表中解为退化的可行解？

(4) 下一步迭代将以x_1替换基变量x_5？

(5) 该线性规划问题具有无界解？

(6) 该线性规划问题无可行解？

表2.15　求极大化问题的单纯形表

		x_1	x_2	x_3	x_4	x_5
x_3	d	4	a_1	1	0	0
x_4	2	−1	−5	0	1	0
x_5	3	a_2	−3	0	0	1
c_j-z_j		c_1	c_2	0	0	0

7. 某糖果厂用原料A,B,C加工成三种不同牌号的糖果甲、乙、丙. 已知各种牌号糖果中A,B,C含量、原料成本、各种原料的每月限制用量，三种牌号糖果的单位加工费及售价如表2.16所示. 问该厂每月应生产这三种牌号糖果各多少千克，使该厂获利最大？试建立此问题的线性规划的数学模型.

表2.16　糖果加工费及售价表

	甲	乙	丙	原料成本(元/kg)	每月限量(kg)
A	≥60%	≥15%		2.00	2 000
B				1.50	2 500
C	≤20%	≤60%	≤50%	1.00	1 200
加工费(元/kg)	0.50	0.40	0.30		
售价(元)	3.40	2.85	2.25		

8. 某班有男生30人，女生20人，周日去植树. 根据经验，一天男生平均每人挖坑20个，或栽树30棵，或浇水25棵树；女生平均每人挖坑10个，或栽树20棵，或浇水15棵树. 问应怎样安排，才能使植树(包括挖坑、栽树、浇水)最多？请建立此问题的线性规划模型，不必求解.

9. 战斗机是一种重要的作战工具，但要使战斗机发挥作用必须有足够的驾驶员. 因此生产出来的战斗机除一部分直接用于战斗外，需抽一部分用于培训驾驶员. 已知每年生产的战斗机数量为$a_j(j=1,2,\cdots,n)$，又每架战斗机每年能培训出k名驾驶员，问应如何分配每年生产出来的战斗机，使在n年内生产出来的战斗机为空防做出最大贡献？

10. 设 $\boldsymbol{X}^0$ 是线性规划问题

$$\max z = \boldsymbol{CX}$$

$$\text{s.t.}\begin{cases}\boldsymbol{Ax} = \boldsymbol{b}\\ \boldsymbol{X} \geqslant \boldsymbol{0}\end{cases}$$

的最优解.若目标函数中用 $\boldsymbol{C}^*$ 代替 $\boldsymbol{C}$ 后,问题的最优解变为 $\boldsymbol{X}^*$,试证:

$$(\boldsymbol{C}^* - \boldsymbol{C})(\boldsymbol{X}^* - \boldsymbol{X}^0) \geqslant \boldsymbol{0}$$

第3章　线性规划的对偶理论与灵敏度分析

3.1　线性规划的对偶问题

3.1.1　对偶问题的提出

无论从理论角度还是从实践角度，对偶理论都是线性规划中的一个最重要和有趣的概念．对偶理论的基本思想是：每一个线性规划问题都存在一个与其对偶的问题，这两个问题除了在数学模型上有着对应关系外，还有一些密切相关的性质，以至从一个问题的最优解完全可以得出有关另一个问题的最优解的全部信息．下面先通过实际例子看对偶问题的经济意义．

例 3.1　某工厂生产Ⅰ，Ⅱ两种产品，需消耗 A,B,C 三种材料．每生产单位产品Ⅰ，可得收益 4 万元；每生产单位产品Ⅱ，可得收益 5 万元．生产单位产品Ⅰ，Ⅱ对材料 A,B,C 的消耗量及材料的供应量如表 3.1 所示．问题是求一个生产计划方案，使获得利润最大．

表 3.1　产品消耗材料及利润表

	Ⅰ	Ⅱ	资源量
A	1	1	45
B	2	1	80
C	1	3	90
收益	4	5	

解　设在计划期内Ⅰ，Ⅱ两种产品的产量分别为 x_1,x_2，则该问题的数学模型为

$$(\text{LP 1})\ \max z = 4x_1 + 5x_2$$

$$\text{s.t.}\begin{cases} x_1 + x_2 \leqslant 45 \\ 2x_1 + x_2 \leqslant 80 \\ x_1 + 3x_2 \leqslant 90 \\ x_1, x_2 \geqslant 0 \end{cases}$$

运用单纯形法，可求得其最优解为：$x_1 = 45/2, x_2 = 45/2$；目标函数的最大值为 405/2.

现在从另一个角度来讨论这个问题.假设该厂经过市场预测，打算进行转产，且准备把现有的三种材料进行转让，恰好有一个制造厂需要这批材料.于是买卖双方开始对材料的出让价格问题进行磋商，希望寻求一个双方都比较满意的合理价格.

若设 A, B, C 三种材料的单价分别为 y_1, y_2, y_3，对于卖方来说，每生产单位产品Ⅰ获益为 4 万元，为保证其总收益不少于 405/2 万元，则将生产一个单位Ⅰ的产品所需资源转让出去，该厂的收入应不少于 4 万元.故 y_1, y_2, y_3 必须满足约束条件

$$y_1 + 2y_2 + y_3 \geqslant 4$$

同样，将生产每单位Ⅱ的产品所需资源转让出去，其收入不应少于生产每单位Ⅱ产品的收益 5 万元.所以 y_1, y_2, y_3 还必须满足

$$y_1 + y_2 + 3y_3 \geqslant 5$$

而对于买方来说，他希望在满足约束条件下使总的支出

$$\omega = 45y_1 + 80y_2 + 90y_3$$

达到最小.

综上所述，此问题的数学模型可描述为

$$(\text{LP 2})\ \min \omega = 45y_1 + 80y_2 + 90y_3$$

$$\text{s.t.} \begin{cases} y_1 + 2y_2 + y_3 \geqslant 4 \\ y_1 + y_2 + 3y_3 \geqslant 5 \\ y_1, y_2, y_3 \geqslant 0 \end{cases}$$

上述两个模型 LP 1 和 LP 2 是对同一个问题从两个不同角度考虑的极值问题，其间有着一定的内在联系，我们来逐一剖析.

首先分析这两个问题的数学模型之间的对应关系，通过对比寻求规律，为由一个问题得出另一个问题提供依据.

两个模型的对应关系有：

(1) 两个问题的系数矩阵互为转置.

(2) 一个问题的变量个数等于另一个问题的约束条件的个数.

(3) 一个问题的右端常数是另一个问题的目标函数的系数.

(4) 一个问题的目标函数为极大化，约束条件为"≤"类型，另一个问题的目标为极小化，约束条件为"≥"类型.

我们把这种对应关系称为对称型对偶关系，如果把 LP 1 称为原始问题，则 LP 2 称为对偶问题.以下进一步给出这种关系的一般形式.

3.1.2　对称型对偶问题的一般形式

定义 3.1　满足下列条件的线性规划问题称为具有对称形式:其变量均具有非负约束;其约束条件当目标函数求极大时均取“≤”,当目标函数求极小时均取“≥”.

为了讨论方便,先讨论对称型对偶关系.对于以非对称型出现的线性规划问题,可以先转换为对称型,然后再进行分析,也可以直接从非对称型进行分析,这将在后面讨论.

对称形式下线性规划原问题的一般形式为

$$\max z = c_1x_1 + c_2x_2 + \cdots + c_nx_n$$

$$\text{s.t.}\begin{cases} a_{11}x_1 + a_{12}x_2 + \cdots + a_{1n}x_n \leqslant b_1 \\ a_{21}x_1 + a_{22}x_2 + \cdots + a_{2n}x_n \leqslant b_2 \\ \qquad\cdots\cdots \\ a_{m1}x_1 + a_{m2}x_2 + \cdots + a_{mn}x_n \leqslant b_m \\ x_j \geqslant 0 \quad (j = 1,2,\cdots,n) \end{cases} \tag{3.1}$$

这种模型的特点是:

(1) 所有决策变量都是非负的.

(2) 所有约束条件都是“≤”型.

(3) 目标函数是最大化类型.

如果把(3.1)式作为原始问题,根据上述原始问题和对偶问题的四条对应关系易可得出(3.1)式的对偶问题为

$$\min \omega = b_1y_1 + b_2y_2 + \cdots + b_my_m$$

$$\text{s.t.}\begin{cases} a_{11}y_1 + a_{21}y_2 + \cdots + a_{m1}y_m \geqslant c_1 \\ a_{12}y_1 + a_{22}y_2 + \cdots + a_{m2}y_m \geqslant c_2 \\ \qquad\cdots\cdots \\ a_{1n}y_1 + a_{2n}y_2 + \cdots + a_{mn}y_m \geqslant c_n \\ y_i \geqslant 0 \quad (i = 1,2,\cdots,m) \end{cases} \tag{3.2}$$

用矩阵形式表示,对称形式的线性规划问题的原问题(3.1)为

$$\max z = \boldsymbol{CX}$$

$$\text{s.t.}\begin{cases} \boldsymbol{AX} \leqslant \boldsymbol{b} \\ \boldsymbol{X} \geqslant \boldsymbol{0} \end{cases} \tag{3.3}$$

其对偶问题(3.2)为

$$\min \omega = \boldsymbol{Y}^{\mathrm{T}}\boldsymbol{b}$$

$$\text{s.t.}\begin{cases} \boldsymbol{A}^{\mathrm{T}}\boldsymbol{Y} \geqslant \boldsymbol{C}^{\mathrm{T}} \\ \boldsymbol{Y} \geqslant \boldsymbol{0} \end{cases} \tag{3.4}$$

其中,$\boldsymbol{Y} = (y_1, y_2, \cdots, y_m)^{\mathrm{T}}$,其他符号同前.

将上述对称形式下线性规划的原问题与对偶问题进行比较,可以列出如表3.2所示的对应关系.

表 3.2 对称型原问题与对偶问题的对应关系

项目	原问题	对偶问题
$\boldsymbol{A}$	约束系数矩阵	其约束系数矩阵的转置
$\boldsymbol{b}$	约束条件的右端项向量	目标函数中的价格系数向量
$\boldsymbol{C}$	目标函数中的价格系数向量	约束条件的右端项向量
目标函数	$\max z=\boldsymbol{CX}$	$\min \omega=\boldsymbol{Y}^{\mathrm{T}}\boldsymbol{b}$
约束条件	$\boldsymbol{AX}\leqslant \boldsymbol{b}$	$\boldsymbol{A}^{\mathrm{T}}\boldsymbol{Y}\geqslant \boldsymbol{C}^{\mathrm{T}}$
决策变量	$\boldsymbol{X}\geqslant 0$	$\boldsymbol{Y}\geqslant 0$

上述对偶问题(3.4)中,若令 $\omega'=-\omega$,则可改写为

$$\max \omega' = -\boldsymbol{Y}^{\mathrm{T}}\boldsymbol{b}$$

$$\text{s.t.}\begin{cases}-\boldsymbol{A}^{\mathrm{T}}\boldsymbol{Y}\leqslant -\boldsymbol{C}^{\mathrm{T}}\\ \boldsymbol{Y}\geqslant \boldsymbol{0}\end{cases}$$

如将其作为原问题,并按表 3.2 所列对应关系写出它的对偶问题,则有

$$\min z' = -\boldsymbol{CX}$$

$$\text{s.t.}\begin{cases}-\boldsymbol{AX}\geqslant -\boldsymbol{b}\\ \boldsymbol{X}\geqslant \boldsymbol{0}\end{cases}$$

再令 $z=-z'$,则上式可改写为

$$\max z = \boldsymbol{CX}$$

$$\text{s.t.}\begin{cases}\boldsymbol{AX}\leqslant \boldsymbol{b}\\ \boldsymbol{X}\geqslant \boldsymbol{0}\end{cases}$$

可见对偶问题的对偶即原问题. 因此也可以把表 3.2 右端的线性规划问题作为原问题,写出其左端形式的对偶问题.

3.1.3 非对称型对偶问题关系

线性规划有时以非对称型出现,那么如何从原始问题写出它的对偶问题,将是下面要讨论的问题. 现以具体例子来说明非对称型问题的对偶关系.

例 3.2 写出下述线性规划问题的对偶问题.

$$\max z = x_1+2x_2-5x_3$$

$$\text{s.t.}\begin{cases}x_1+x_3\geqslant 2\\ 2x_1+x_2+6x_3\leqslant 6\\ x_1-x_2+3x_3=1\\ x_1,x_2,x_3\geqslant 0\end{cases}$$

解　首先把上述非对称型问题转换为对称型问题.

(1) 在第一个约束条件的两边同乘以 -1.

(2) 将第三个约束方程分解成

$$x_1 - x_2 + 3x_3 \leqslant 1 \qquad 和 \qquad x_1 - x_2 + 3x_3 \geqslant 1$$

再将后一个约束两边同乘以 -1 改写成 $-x_1 + x_2 - 3x_3 \leqslant -1$.

于是上述问题就转换成如下的对称型:

$$\max z = x_1 + 2x_2 - 5x_3$$

$$\text{s.t.}\begin{cases} -x_1 - x_3 \leqslant -2 \\ 2x_1 + x_2 + 6x_3 \leqslant 6 \\ x_1 - x_2 + 3x_3 \leqslant 1 \\ -x_1 + x_2 - 3x_3 \leqslant -1 \\ x_1, x_2, x_3 \geqslant 0 \end{cases}$$

现四个约束,分别对应四个对偶变量 y_1, y_2, y_3', y_3'',按表 3.2 可得如下对偶问题:

$$\min \omega = -2y_1 + 6y_2 + y_3' - y_3''$$

$$\text{s.t.}\begin{cases} -y_1 + 2y_2 + y_3' - y_3'' \geqslant 1 \\ y_2 - y_3' + y_3'' \geqslant 2 \\ -y_1 + 6y_2 + 3y_3' - 3y_3'' \geqslant -5 \\ y_1, y_2, y_3', y_3'' \geqslant 0 \end{cases}$$

再设 $y_3' - y_3'' = y_3, y_1' = y_1$ 代入上述模型得原问题的对偶问题为

$$\min \omega = 2y_1 + 6y_2 + y_3$$

$$\text{s.t.}\begin{cases} y_1 + 2y_2 + y_3 \geqslant 1 \\ y_2 - y_3 \geqslant 2 \\ y_1 + 6y_2 + 3y_3 \geqslant -5 \\ y_1, y_2 \geqslant 0;\ y_3 \text{ 无约束} \end{cases}$$

关于线性规划的原始问题和对偶问题之间的上述对应关系可归纳成表 3.3 所示的形式.

表 3.3　非对称型原问题和对偶问题的对应关系

项目	原问题(对偶问题)	对偶问题(原问题)
$\boldsymbol{A}$	约束系数矩阵	其约束系数矩阵的转置
$\boldsymbol{b}$	约束条件的右端项向量	目标函数中的价格系数向量
$\boldsymbol{C}$	目标函数中的价格系数向量	约束条件的右端项向量
目标函数	$\max z = \boldsymbol{CX} = \sum_{i=1}^{n} c_i x_i$	$\min \omega = \boldsymbol{Y}^{\mathrm{T}}\boldsymbol{b} = \sum_{j=1}^{m} b_j y_j$

续表

项目	原问题(对偶问题)	对偶问题(原问题)
变量	$x_j\quad(j=1,2,\cdots,n)$	有 n 个 $\quad(j=1,2,\cdots,n)$ 约束条件
	$x_j\geqslant 0$	$\sum_{i=1}^{m}a_{ij}y_i\geqslant c_j$
	$x_j\leqslant 0$	$\sum_{i=1}^{m}a_{ij}y_i\leqslant c_j$
	x_j 无约束	$\sum_{i=1}^{m}a_{ij}y_i=c_j$
约束条件	有 m 个 $\quad(i=1,2,\cdots,m)$	$y_i(i=1,2,\cdots,m)$ 变量
	$\sum_{j=1}^{n}a_{ij}x_j\leqslant b_i$	$y_i\geqslant 0$
	$\sum_{j=1}^{n}a_{ij}x_j\geqslant b_i$	$y_i\leqslant 0$
	$\sum_{j=1}^{n}a_{ij}x_j=b_i$	y_i 无约束

这样一来,对于任意给定的一个线性规划问题,均可根据表 3.2 和表 3.3 的对应关系直接写出其对偶问题的模型,而无需先化成对称型.

例 3.3 写出下列线性规划的对偶问题.

$$\max z=x_1+2x_2+x_3$$

$$\text{s.t.}\begin{cases}x_1+x_2+x_3\leqslant 2\\x_1-x_2+x_3=1\\2x_1+x_2+x_3\geqslant 2\\x_1\geqslant 0;x_2,x_3\ \text{无约束}\end{cases}$$

解 按表 3.2 和表 3.3 的对应关系,其对偶问题为

$$\min \omega=2y_1+y_2+2y_3$$

$$\text{s.t.}\begin{cases}y_1+y_2+2y_3\geqslant 1\\y_1-y_2+y_3=2\\y_1+y_2+y_3=1\\y_1\geqslant 0,\ y_2\ \text{无约束},y_3\leqslant 0\end{cases}$$

3.2 对偶问题的基本性质

本节的讨论先假定原问题及对偶问题为对称形式的线性规划问题,即原问题

如3.1节(3.3)式所示：

$$\max z = \boldsymbol{CX}$$
$$\text{s.t.}\begin{cases}\boldsymbol{AX} \leqslant \boldsymbol{b} \\ \boldsymbol{X} \geqslant \boldsymbol{0}\end{cases}$$

其对偶问题如3.1节(3.4)式所示：

$$\min \omega = \boldsymbol{Y}^{\mathrm{T}}\boldsymbol{b}$$
$$\text{s.t.}\begin{cases}\boldsymbol{A}^{\mathrm{T}}\boldsymbol{Y} \geqslant \boldsymbol{C}^{\mathrm{T}} \\ \boldsymbol{Y} \geqslant \boldsymbol{0}\end{cases}$$

然后说明对偶问题的基本性质在非对称形式时也适用.

对偶问题具有以下基本性质：

(1) 对称性　对偶问题的对偶是原始问题.

证明　见本章3.1节.

(2) 弱对偶性　若 $\bar{\boldsymbol{X}}$ 是原问题(3.3)的一个可行解，$\bar{\boldsymbol{Y}}$ 是其对偶问题(3.4)的一个可行解，则恒有 $\boldsymbol{C}\bar{\boldsymbol{X}} \leqslant \bar{\boldsymbol{Y}}^{\mathrm{T}}\boldsymbol{b}$.

证明　因 $\bar{\boldsymbol{X}}$ 是原问题(3.3)的一个可行解，故 $\bar{\boldsymbol{X}}$ 满足

$$\begin{cases}\boldsymbol{A}\bar{\boldsymbol{X}} \leqslant \boldsymbol{b} \\ \bar{\boldsymbol{X}} \geqslant \boldsymbol{0}\end{cases}$$

又因 $\bar{\boldsymbol{Y}}$ 是其对偶问题(3.4)的一个可行解，故 $\bar{\boldsymbol{Y}}$ 满足

$$\begin{cases}\boldsymbol{A}^{\mathrm{T}}\bar{\boldsymbol{Y}} \geqslant \boldsymbol{C}^{\mathrm{T}} \\ \bar{\boldsymbol{Y}} \geqslant \boldsymbol{0}\end{cases}$$

现用 $\bar{\boldsymbol{Y}}^{\mathrm{T}}$ 左乘 $\boldsymbol{A}\bar{\boldsymbol{X}} \leqslant \boldsymbol{b}$ 的两边，用 $\bar{\boldsymbol{X}}^{\mathrm{T}}$ 左乘 $\boldsymbol{A}^{\mathrm{T}}\bar{\boldsymbol{Y}} \geqslant \boldsymbol{C}^{\mathrm{T}}$ 的两边，得

$$\bar{\boldsymbol{Y}}^{\mathrm{T}}\boldsymbol{A}\bar{\boldsymbol{X}} \leqslant \bar{\boldsymbol{Y}}^{\mathrm{T}}\boldsymbol{b},\quad \bar{\boldsymbol{X}}^{\mathrm{T}}\boldsymbol{A}^{\mathrm{T}}\bar{\boldsymbol{Y}} \geqslant \bar{\boldsymbol{X}}^{\mathrm{T}}\boldsymbol{C}^{\mathrm{T}}$$

而

$$\bar{\boldsymbol{X}}^{\mathrm{T}}\boldsymbol{A}^{\mathrm{T}}\bar{\boldsymbol{Y}} \geqslant \bar{\boldsymbol{X}}^{\mathrm{T}}\boldsymbol{C}^{\mathrm{T}}$$

即

$$\bar{\boldsymbol{Y}}^{\mathrm{T}}\boldsymbol{A}\bar{\boldsymbol{X}} \geqslant ((\boldsymbol{C}\bar{\boldsymbol{X}})^{\mathrm{T}})^{\mathrm{T}} = \boldsymbol{C}\bar{\boldsymbol{X}}$$

从而有

$$\boldsymbol{C}\bar{\boldsymbol{X}} \leqslant \bar{\boldsymbol{Y}}^{\mathrm{T}}\boldsymbol{A}\bar{\boldsymbol{X}} \leqslant \bar{\boldsymbol{Y}}^{\mathrm{T}}\boldsymbol{b}$$

即有

$$\boldsymbol{C}\bar{\boldsymbol{X}} \leqslant \bar{\boldsymbol{Y}}^{\mathrm{T}}\boldsymbol{b}$$

由弱对偶性，可得出以下推论：

① 原问题任一可行解的目标函数值是其对偶问题目标函数值的下界；反之对偶问题任一可行解的目标函数值是其原问题目标函数值的上界.

② 若原问题有可行解且目标函数值无界(具有无界解)，则其对偶问题无可行解；反之，若对偶问题有可行解且目标函数值无界，则其原问题无可行解(注意：本点性质的逆式不成立，当对偶问题无可行解时，其原问题或具有无界解或无可行

解,反之亦然).

③ 若原问题有可行解而其对偶问题无可行解,则原问题目标函数值无界;反之,若对偶问题有可行解而其原问题无可行解,则对偶问题的目标函数值无界.

(3) 最优性　若 $\boldsymbol{X}^*$ 是原问题(3.3)的可行解,$\boldsymbol{Y}^*$ 是其对偶问题(3.4)的可行解,且 $\boldsymbol{CX}^* = \boldsymbol{Y}^{*\mathrm{T}}\boldsymbol{b}$,则 $\boldsymbol{X}^*$ 和 $\boldsymbol{Y}^*$ 分别为问题(3.3)和问题(3.4)的最优解.

证明　令 $\bar{\boldsymbol{X}}$ 和 $\bar{\boldsymbol{Y}}$ 分别为原问题(3.3)和其对偶问题(3.4)的可行解,则根据性质(2)弱对偶性有

$$\boldsymbol{C}\bar{\boldsymbol{X}} \leqslant \bar{\boldsymbol{Y}}^{\mathrm{T}}\boldsymbol{b}$$

因为 $\boldsymbol{CX}^* = \boldsymbol{Y}^{*\mathrm{T}}\boldsymbol{b}$,所以有

$$\boldsymbol{C}\bar{\boldsymbol{X}} \leqslant \boldsymbol{Y}^{*\mathrm{T}}\boldsymbol{b} = \boldsymbol{C}\boldsymbol{X}^*, \quad \bar{\boldsymbol{Y}}^{\mathrm{T}}\boldsymbol{b} \geqslant \boldsymbol{CX}^* = \boldsymbol{Y}^{*\mathrm{T}}\boldsymbol{b}$$

即

$$\boldsymbol{CX}^* \geqslant \boldsymbol{C}\bar{\boldsymbol{X}}, \quad \boldsymbol{Y}^{*\mathrm{T}}\boldsymbol{b} \leqslant \bar{\boldsymbol{Y}}^{\mathrm{T}}\boldsymbol{b}$$

可见,$\boldsymbol{X}^*$ 和 $\boldsymbol{Y}^*$ 分别是问题(3.3)和其对偶问题(3.4)的最优解.

(4) 无界性　若线性规划原问题(3.3)的目标函数无上界,则对偶问题(3.4)无可行解;若对偶问题(3.4)的目标函数无下界,则原问题(3.3)无可行解.

证明　根据性质(2)知,$\boldsymbol{CX} \leqslant \boldsymbol{Y}^{\mathrm{T}}\boldsymbol{b}$,若无上界,即趋向无穷大,则不存在一个 $\boldsymbol{Y}$,使得 $\boldsymbol{Y}^{\mathrm{T}}\boldsymbol{b} > \boldsymbol{CX}$,因此问题(3.4)无可行解,反之亦然.

(5) 强对偶性或对偶定理　若原问题(3.3)和其对偶问题(3.4)之一有最优解,则另一个问题也一定有最优解,并且目标函数值相等.

证明　设 $\boldsymbol{X}^*$ 是原问题的最优解,它所对应的基矩阵是 $\boldsymbol{B}$,则必定所有检验数

$$c_j - \boldsymbol{C}_B\boldsymbol{B}^{-1}\boldsymbol{P}_j \leqslant 0 \quad (j = 1,2,\cdots,n,n+1,\cdots,n+m)$$

其中前 n 个变量分别是决策变量 $x_1,x_2,\cdots,x_n$ 的检验数,也可写成行向量

$$\boldsymbol{C} - \boldsymbol{C}_B\boldsymbol{B}^{-1}\boldsymbol{A} \leqslant \boldsymbol{0} \tag{3.5}$$

而后 m 个分别是松弛变量 $x_{n+1},x_{n+2},\cdots,x_{n+m}$ 的检验数,也可写成行向量

$$\boldsymbol{0} - \boldsymbol{C}_B\boldsymbol{B}^{-1}\boldsymbol{I} \leqslant \boldsymbol{0}$$

即

$$-\boldsymbol{C}_B\boldsymbol{B}^{-1} \leqslant \boldsymbol{0} \tag{3.6}$$

设 $\boldsymbol{Y}^* = \boldsymbol{C}_B\boldsymbol{B}^{-1}$,并代入(3.5)式和(3.6)式得

$$\begin{cases} \boldsymbol{Y}^*\boldsymbol{A} \geqslant \boldsymbol{C} \\ \boldsymbol{Y}^* \geqslant \boldsymbol{0} \end{cases}$$

可见,$\boldsymbol{Y}^*$ 满足问题(3.4)的约束条件,故 $\boldsymbol{Y}^*$ 是问题(3.4)的可行解.它给出的目标函数值为

$$\omega = \boldsymbol{Y}^{*\mathrm{T}}\boldsymbol{b} = \boldsymbol{C}_B\boldsymbol{B}^{-1}\boldsymbol{b}$$

又问题(3.3)的最优解为 $\boldsymbol{X}^*$,则它的目标函数取值为

$$z = \boldsymbol{CX}^* = \boldsymbol{C}_B\boldsymbol{B}^{-1}\boldsymbol{b}$$

因此得

$$\boldsymbol{Y}^{*\mathrm{T}}\boldsymbol{b} = \boldsymbol{C}_B\boldsymbol{B}^{-1}\boldsymbol{b} = \boldsymbol{C}\boldsymbol{X}^*$$

由性质(3)最优性知，$\boldsymbol{Y}^*$ 是问题(3.4)的最优解.

综上所述，一对对偶问题的关系，只能有下面三种情况之一出现：

① 两个都有最优解，且目标函数的最优值必相等.

② 一个问题无界，则另一个问题无可行解.

③ 两个都无可行解.

(6) 互补松弛性　在线性规划问题的最优解中，如果对应某一约束条件的对偶变量值为非零，则该约束条件取严格等式；反之，如果约束条件取严格不等式，则其对应的对偶变量一定为0. 也即若 $y_i > 0$，则 $\sum_{j=1}^{n} a_{ij}x_j = b_i$；若 $\sum_{j=1}^{n} a_{ij}x_j < b_i$，则 $y_i = 0$.

证明　由弱对偶性知

$$\sum_{j=1}^{n} c_j x_j \leqslant \sum_{i=1}^{m}\sum_{j=1}^{n} a_{ij}x_j y_i \leqslant \sum_{i=1}^{m} b_i y_i \tag{3.7}$$

根据最优性 $\sum_{j=1}^{n} c_j x_j = \sum_{i=1}^{m} b_i y_i$，(3.7) 式中应全为等式. 又由上式右边等式得

$$\sum_{i=1}^{m}\left(\sum_{j=1}^{n} a_{ij}x_j - b_i\right) y_i = 0 \tag{3.8}$$

因 $y_i \geqslant 0$，$\sum_{j=1}^{n} a_{ij}x_j - b_i \leqslant 0$，故当(3.8) 式成立时，必须对所有 $i = 1,2,\cdots,m$，有

$$\left(\sum_{j=1}^{n} a_{ij}x_j - b_i\right) y_i = 0$$

故当 $y_i > 0$ 时，必有 $\sum_{j=1}^{n} a_{ij}x_j = b_i$；当 $\sum_{j=1}^{n} a_{ij}x_j < b_i$ 时，有 $y_i = 0$.

(7) 变量对应关系　在原问题的单纯形表中，原问题的松弛变量的检验数对应于对偶问题的决策变量，而原问题的决策变量的检验数对应于对偶问题的松弛变量，只是符号相反；这些相互对应的变量若在一个问题的解中是基变量，则在另一个问题的解中是非基变量，并且将这两个基解分别代入原问题和对偶问题的目标函数有 $z = \omega$.

证明　由对偶定理的证明过程可知，原问题单纯形表中松弛变量的检验数恰好对应着对偶问题的一个解. 事实上，原问题(3.3)加上松弛变量 $\boldsymbol{X}_s$ 后可化为

$$\max z = \boldsymbol{C}\boldsymbol{X} + \boldsymbol{0}_1\boldsymbol{X}_s$$
$$\text{s.t.}\begin{cases}\boldsymbol{A}\boldsymbol{X} + \boldsymbol{X}_s = \boldsymbol{b}\\ \boldsymbol{X},\boldsymbol{X}_s \geqslant \boldsymbol{0}\end{cases} \tag{3.9}$$

其中，$\boldsymbol{X}_s = (x_{n+1},x_{n+2},\cdots,x_{n+m})^{\mathrm{T}}$，$\boldsymbol{0}_1 = (0,0,\cdots,0)^{\mathrm{T}}$ 为 $1\times m$ 矩阵.

其对偶问题(3.4)可化为

$$\min \omega = \boldsymbol{Y}^{\mathrm{T}}\boldsymbol{b} + \boldsymbol{Y}_s^{\mathrm{T}}\boldsymbol{0}_2$$

$$\text{s.t.}\begin{cases}\boldsymbol{Y}^{\mathrm{T}}\boldsymbol{A} - \boldsymbol{Y}_s^{\mathrm{T}} = \boldsymbol{C} \\ \boldsymbol{Y}, \boldsymbol{Y}_s \geqslant \boldsymbol{0}\end{cases} \tag{3.10}$$

其中，$\boldsymbol{Y}_s = (y_{m+1}, y_{m+2}, \cdots, y_{m+n})^{\mathrm{T}}$，$\boldsymbol{0}_2 = (0,0,\cdots,0)^{\mathrm{T}}$ 为 $n\times1$ 矩阵.

设($\hat{\boldsymbol{X}}^{\mathrm{T}}, \hat{\boldsymbol{X}}_s^{\mathrm{T}}$)为原始问题(3.9)的一个基本可行解(不一定为最优解)，它所对应的基矩阵为 $\boldsymbol{B}$，决策变量 $\hat{\boldsymbol{X}}^{\mathrm{T}}$ 和松弛变量 $\hat{\boldsymbol{X}}_s^{\mathrm{T}}$所对应的检验数分别为 $\boldsymbol{C} - \boldsymbol{C}_B\boldsymbol{B}^{-1}\boldsymbol{A}$，$-\boldsymbol{C}_B\boldsymbol{B}^{-1}$(不一定满足“$\leqslant 0$”的条件)，若令 $\boldsymbol{Y}^{\mathrm{T}} = \boldsymbol{C}_B\boldsymbol{B}^{-1}$，根据问题(3.10)，则这两组检验数分别为

$$\boldsymbol{C} - \boldsymbol{Y}^{\mathrm{T}}\boldsymbol{A} = -\boldsymbol{Y}_s^{\mathrm{T}},\ -\boldsymbol{Y}^{\mathrm{T}}$$

上述对应关系可用表 3.4 表示.

表 3.4 变量对应关系表

	$\boldsymbol{X}$	$\boldsymbol{X}_B$	$\boldsymbol{b}$
$\boldsymbol{X}_B$	$\boldsymbol{B}^{-1}\boldsymbol{A}$	$\boldsymbol{B}^{-1}$	$\boldsymbol{B}^{-1}\boldsymbol{b}$
检验数	$\boldsymbol{C}-\boldsymbol{C}_B\boldsymbol{B}^{-1}\boldsymbol{A}$	$-\boldsymbol{C}_B\boldsymbol{B}^{-1}$	
	$-\boldsymbol{Y}_s^{\mathrm{T}}$	$-\boldsymbol{Y}^{\mathrm{T}}$	

由表 3.4 中可看出，检验行的相反数恰好是对偶问题的一个可行解，将这个解代入对偶问题的目标函数，有

$$z = \boldsymbol{C}_B\boldsymbol{X} = \boldsymbol{C}_B\boldsymbol{B}^{-1}\boldsymbol{b} = \boldsymbol{Y}^{\mathrm{T}}\boldsymbol{b} = \omega$$

由此可得定理的结论.

对偶理论中性质(7)是一个很重要的结论. 在获得最优解之前，$\boldsymbol{C} - \boldsymbol{C}_B\boldsymbol{B}^{-1}\boldsymbol{A}$ 和 $-\boldsymbol{C}_B\boldsymbol{B}^{-1}$的各分量中至少有一个大于 0，即 $-\boldsymbol{Y}_s^{\mathrm{T}}$ 和 $-\boldsymbol{Y}^{\mathrm{T}}$ 中至少有一个变量小于 0. 这时按原始问题的检验数，读出的对偶问题的解是非可行解. 当原始问题获得最优解时，表明 $\boldsymbol{C} - \boldsymbol{C}_B\boldsymbol{B}^{-1}\boldsymbol{A} \leqslant \boldsymbol{0}$，$-\boldsymbol{C}_B\boldsymbol{B}^{-1} \leqslant \boldsymbol{0}$，即 $-\boldsymbol{Y}_s^{\mathrm{T}} \geqslant \boldsymbol{0}$，$-\boldsymbol{Y}^{\mathrm{T}} \geqslant \boldsymbol{0}$，此时对偶问题也同时获得最优解.

于是，在两个互为对偶的线性规划问题中，可任选一个进行求解，通常是选择约束条件较少的，因为求解的工作量主要受到约束条件个数的影响.

例 3.4 求解下列线性规划问题.

$$\max z = 4x_1 + 3x_2$$

$$\text{s.t.}\begin{cases}x_1 \leqslant 6 \\ x_2 \leqslant 8 \\ x_1 + x_2 \leqslant 7 \\ 3x_1 + x_2 \leqslant 15 \\ -x_2 \leqslant 1 \\ x_1, x_2 \geqslant 0\end{cases}$$

解　该问题仅有两个变量，但约束条件有5个，为减少求解的工作量，故选择约束条件较少的其对偶问题

$$\min \omega = 6y_1 + 8y_2 + 7y_3 + 15y_4 + y_5$$

$$\text{s.t.}\begin{cases} y_1 + y_3 + 3y_4 \geqslant 4 \\ y_2 + y_3 + y_4 - y_5 \geqslant 3 \\ y_1, y_2, \cdots, y_5 \geqslant 0 \end{cases}$$

来求解.解之得最终单纯形表，见表3.5.

表3.5　单纯形表

$c_j \to$			-6	-8	-7	-15	-1	0	0
			y_1	y_2	y_3	y_4	y_5	y_6	y_7
-15	y_4	$\frac{1}{2}$	$\frac{1}{2}$	$-\frac{1}{2}$	0	1	$\frac{1}{2}$	$-\frac{1}{2}$	$\frac{1}{2}$
-7	y_3	$\frac{5}{2}$	$-\frac{1}{2}$	$\frac{3}{2}$	1	0	$-\frac{3}{2}$	$\frac{1}{2}$	$-\frac{3}{2}$
$c_j - z_j$			-2	-5	0	0	-4	-4	-3

由表3.5得对偶问题的最优解为

$$\boldsymbol{Y}^* = \left(0,0,\frac{5}{2},\frac{1}{2},0\right)^{\mathrm{T}}, \quad \omega^* = 7\times\frac{5}{2} + 15\times\frac{1}{2} = 25$$

从而原问题例3.4的最优解可直接从表3.5的松弛变量的检验数中读出，即有

$$\boldsymbol{X}^* = (4,3)^{\mathrm{T}}, \quad z^* = 4\times 4 + 3\times 3 = 25$$

上述针对对称形式证明的对偶问题的基本性质，同样适用于非对称形式.

3.3　影子价格

由3.2节对偶问题的基本性质知，当线性规划原问题求得最优解 $\boldsymbol{X}^*$ 时，其对偶问题也得到最优解 $\boldsymbol{Y}^*$，且代入各自的目标函数后，有

$$z^* = \boldsymbol{C}\boldsymbol{X}^* = \sum_{i=1}^{n} c_j x_j^* = \omega^* = \boldsymbol{Y}^{*\mathrm{T}}\boldsymbol{b} = \sum_{i=1}^{m} b_i y_i^* \tag{3.11}$$

式中，b_i 是线性规划原问题约束条件的右端项，它代表第 i 种资源的拥有量；对偶变量 y_i^* 的意义代表在资源最优利用条件下对单位第 i 种资源的估价.这种估价不是资源的市场价格，而是根据资源在生产中做出的贡献而做的估价，是针对具体企业而言的一种特殊价格，为区别起见，我们称之为影子价格.

关于影子价格，我们进一步做如下说明：

资源的市场价格是已知数，相对比较稳定，而它的影子价格则有赖于资源的利

用情况，是未知数．企业生产任务、产品结构等情况发生变化，资源的影子价格也随之改变．

影子价格是一种边际价格，在(3.11)式中对 z^* 求关于 b_i 的偏导数可得$\frac{\partial z^*}{\partial b_i} = y_i^*$，这说明 y_i^* 的值相当于在资源得到最优利用的生产条件下，b_i 每增加一个单位时目标函数z 的增量．

资源的影子价格实际上又是一种机会成本．在完全市场经济条件下，当市场价格低于影子价格时，就会买进这种资源；当市场价格高于影子价格时，就会卖出这种资源．随着资源的买进卖出，它的影子价格也将随之发生变化，一直到影子价格与市场价格保持同等水平时，才处于平衡状态．

由上节对偶问题的互补松弛性质知，若$\sum_{j=1}^{n} a_{ij}x_j < b_i$，则 $y_i = 0$；若 $y_i > 0$，则$\sum_{j=1}^{n} a_{ij}x_j = b_i$．这表明生产过程中如果某种资源 b_i 未得到充分利用，则该种资源的影子价格为 0；又当资源的影子价格不为 0 时，表明该种资源在生产中已充分利用，即已耗费完毕．

从影子价格的含义上再来考察单纯形表的计算．检验数

$$c_j - z_j = c_j - \boldsymbol{C}_B\boldsymbol{B}^{-1}\boldsymbol{P}_j = c_j - \sum_{i=1}^{m} a_{ij}y_i \tag{3.12}$$

式中，c_j 代表第j 种产品的产值，$\sum_{i=1}^{m} a_{ij}y_i$ 是生产该种产品所消耗各项资源的影子价格的总和，即产品的隐含成本．当产品产值大于隐含成本时，表明生产该项产品有利，可在计划中安排，否则用这些资源来生产别的产品更为有利，就不在生产计划中安排．这就是单纯形表中各个检验数的经济意义．

一般来说，对线性规划问题的求解是确定资源的最优分配方案，而对于对偶问题的求解则是确定对资源的恰当估价，这种估价直接涉及资源的最有效利用．例如在一个大公司内部，可借助资源的影子价格确定一些内部结算价格，以便控制有限资源的使用和考核下属企业经营的好坏．又如在社会上可对一些紧缺的资源，借助影子价格规定使用这种资源某个单位必须上缴的利润额，以控制一些经济效益低的企业自觉地节约使用紧缺资源，使有限资源发挥更大的经济效益．

3.4　对偶单纯形法

3.4.1　对偶单纯形法的基本思路

求解线性规划问题的单纯形法的思路是：对原问题的一个基可行解，判别是否所有检验数 $c_j - z_j = c_j - \boldsymbol{C}_B\boldsymbol{B}^{-1}\boldsymbol{P}_j \leqslant 0 (j = 1,2,\cdots,n)$. 若是，又基变量中无非零的人工变量，即找到了问题的最优解；若否，再找出相邻的目标函数值更大的基可行解，并继续判别，只要最优解存在，就一直循环进行到找出最优解为止.

根据对偶问题的性质，当 $c_j - \boldsymbol{C}_B\boldsymbol{B}^{-1}\boldsymbol{P}_j \leqslant 0 (j = 1,2,\cdots,n)$时，即有 $\boldsymbol{Y}^{\mathrm{T}}\boldsymbol{P}_j \geqslant c_j$ 也即其对偶问题的解为可行解，由此原问题和对偶问题均为最优解. 反之，如果存在对偶问题的一个可行基 $\boldsymbol{B}$，即对 $j = 1,2,\cdots,n$，有 $c_j - \boldsymbol{C}_B\boldsymbol{B}^{-1}\boldsymbol{P}_j \leqslant 0$，这时只要有 $\boldsymbol{X}_B = \boldsymbol{C}_B\boldsymbol{B}^{-1} \geqslant \boldsymbol{0}$，即原问题的解也为可行解，从而两者均为最优解. 否则保持对偶问题为可行解，找出原问题的相邻基解，再判别是否有 $\boldsymbol{X}_B \geqslant \boldsymbol{0}$，循环进行，一直使原问题也为可行解，从而两者均为最优解. 上述先找出一个对偶问题的可行基，并保持对偶问题为可行解的条件下，如不存在 $\boldsymbol{X}_B \geqslant \boldsymbol{0}$，通过变换到一个相邻的目标函数值较小的基解(因对偶问题是求目标函数极小化)，并循环进行，一直到原问题也为可行解(即 $\boldsymbol{X}_B \geqslant \boldsymbol{0}$)，这时对偶问题与原问题均为可行解. 这就是对偶单纯形法的基本思路.

3.4.2　对偶单纯形法的运算步骤

对偶单纯形法的步骤和单纯形法稍有不同，单纯形法是先从非基变量中确定进基变量，再从基变量中选择出基变量；而对偶单纯形法则是先从基变量中确定出基变量；再从非基变量中选择进基变量.

设某标准形式的线性规划问题

$$\max z = \boldsymbol{CX}$$
$$\text{s.t.} \begin{cases} \boldsymbol{AX} \leqslant \boldsymbol{b} \\ \boldsymbol{X} \geqslant \boldsymbol{0} \end{cases}$$

用对偶单纯形法解的具体计算步骤如下：

1. 列初始单纯形表

根据线性规划模型，列出初始单纯形表，但需保证所有检验数 $c_j - z_j \leqslant 0$.

2. 检验

若常数项 $\bar{\boldsymbol{b}} = \boldsymbol{B}^{-1}\boldsymbol{b} \geqslant \boldsymbol{0}$，则得到最优解，停止运算；否则，转到下一步.

3. 基变换

(1) 确定出基变量. $\min\{(\boldsymbol{B}^{-1}\boldsymbol{b})_i \mid (\boldsymbol{B}^{-1}\boldsymbol{b})_i < 0\}$对应的基变量 x_r 为出基变

量.即在 $\bar{\boldsymbol{b}} = \boldsymbol{B}^{-1}\boldsymbol{b}$ 列中,将所有负值进行比较,其中最小的一个分量所对应的变量为出基变量.

(2) 确定进基变量.根据 $\theta = \min\limits_{j}\left\{\dfrac{c_j - z_j}{a_{rj}} \mid a_{rj} < 0\right\} = \dfrac{c_s - z_s}{a_{rs}}$,对应列的非基变量 x_s 为进基变量.

(3) 以 a_{rs} 为主元素,按单纯形法进行迭代计算,得到新的单纯形表,再返回到 2.

注意 对偶单纯形法迭代中的主元素小于 0;求对偶单纯形法的最小比值,是为了保证其对偶问题解的可行性.

例 3.5 用对偶单纯形法求解.

$$\max z = -x_2 - 2x_3$$

$$\text{s.t.}\begin{cases} x_1 + x_2 + x_3 = 5 \\ 2x_2 + x_3 + x_4 = 5 \\ -4x_2 - 6x_3 + x_5 = -9 \\ x_1, x_2, x_3, x_4, x_5 \geqslant 0 \end{cases}$$

解 该线性规划问题的系数矩阵为

$$\boldsymbol{A} = \begin{bmatrix} 1 & 1 & 1 & 0 & 0 \\ 0 & 2 & 1 & 1 & 0 \\ 0 & -4 & -6 & 0 & 1 \end{bmatrix}$$

系数矩阵中的 $\boldsymbol{P}_1, \boldsymbol{P}_4, \boldsymbol{P}_5$ 恰好构成一个单位矩阵,但常数项 $\boldsymbol{b} = (5,5,-9)^{\mathrm{T}} > \boldsymbol{0}$,因此,有一个明显的基解 $\boldsymbol{X}^{(0)} = (5,0,0,4,-9)^{\mathrm{T}}$,但不可行,故不能直接用单纯形法进行迭代.

先将上述模型的有关数据填入单纯形表(表 3.6).

表 3.6 例 3.5 的单纯形表

	$c_j \to$		0	−1	−2	0	0
$\boldsymbol{C}_B$	$\boldsymbol{X}_B$	$\boldsymbol{b}$	x_1	x_2	x_3	x_4	x_5
0	x_1	5	1	1	1	0	0
0	x_4	5	0	2	1	1	0
0	x_5	−9	0	[−4]	[−6]	0	0
	$c_j - z_j$		0	−1	−2	0	0

在表 3.6 中,所有的检验数 $c_j - z_j \leqslant 0$,满足最优性条件,按对偶单纯形法进行迭代.

由于只有 $x_5 = -9 < 0$,故确定 x_5 为出基变量,而所在行的系数中,存在负系数,

$$\theta = \min\left\{\frac{-1}{-4}, \frac{-2}{-6}\right\} = \frac{1}{4}$$

因此,最小比值所在列的 x_2 为进基变量.以 −4 为主元素,进行迭代计算得表 3.7.

表3.7　迭代计算结果

$c_j \to$			0	-1	-2	0	0
$\boldsymbol{C}_B$	$\boldsymbol{X}_B$	$\boldsymbol{b}$	x_1	x_2	x_3	x_4	x_5
0	x_1	$\frac{11}{4}$	1	1	$-\frac{1}{2}$	0	$\frac{1}{4}$
0	x_4	$\frac{1}{2}$	0	0	-2	1	$\frac{1}{2}$
-1	x_2	$\frac{9}{4}$	0	1	$\frac{3}{2}$	0	$-\frac{1}{4}$
$c_j - z_j$			0	0	$-\frac{1}{2}$	0	$-\frac{1}{4}$

从表3.7可以看出，常数项 $\boldsymbol{B}^{-1}\boldsymbol{b}=\left(\frac{11}{4},\frac{1}{2},\frac{9}{4}\right)^{\mathrm{T}}\geqslant 0$，故该问题已获得最优解

$$\boldsymbol{X}^* = \left(\frac{11}{4},\frac{1}{2},0,\frac{1}{2},0\right)^{\mathrm{T}},\quad z(\boldsymbol{X}^*) = -\frac{9}{4}$$

用对偶单纯形法求解线性规划问题时，当约束条件为“≥”时，不必引入人工变量，使计算简化.但在初始单纯形表中其对偶问题应是基可行解这点，对多数线性规划问题很难实现.因此对偶单纯形法一般不单独使用，而主要应用于灵敏度分析及整数规划等有关章节中.

3.5　灵敏度分析

灵敏度分析一词的含义是指对系统或事物因周围条件变化显示出来的敏感程度的分析.

线性规划问题数学模型的确定是以假定问题中的 a_{ij}，b_i，c_j 都是已知常数作为基础的，但在实际问题中，这些数往往是一些估计和预测的数字，如随市场条件变化，c_j 值就会变化；a_{ij}随工艺技术条件的改变而改变；而 b_i 值则是根据资源投入后能产生多大经济效果来决定的一种决策选择.因此很自然地要提出以下问题：当这些参数中的一个或几个发生变化时，问题的最优解会有什么变化？或者这些参数在一个多大范围内变化时，问题的最优解不变？这就是灵敏度分析所要研究和解决的问题.

当然，当线性规划问题中的一个或几个参数变化时，可以利用单纯形法对变化后的模型重新从头计算，求出新解，看最优解有无变化.但这样做既麻烦又没有必要.因为前面已经讲到，单纯形法的迭代计算是从一组基向量变换为另一组基向量，表中每步迭代得到的数字只随基向量的不同选择而改变，因此有可能把个别参数的变化直接在计算得到最优解的最终单纯形表上反映出来.这样就不需要从头计算，而直接对计算得到最优解的单纯形表进行审查，看一些数字变化后，是否仍

满足最优解的条件,如果不满足的话,再从这个表开始进行迭代计算,求得最优解.

灵敏度分析的步骤可归纳如下:

(1) 将参数的改变通过计算反映到最终单纯形表上来.

具体计算方法是:按下列公式计算出由参数 a_{ij},b_i,c_j 的变化而引起的最终单纯形表上有关数字的变化.由前面单纯形法的知识,可得出下列各式:

$$\Delta \boldsymbol{b}' = \boldsymbol{B}^{-1}\boldsymbol{b} \tag{3.13}$$

$$\Delta \boldsymbol{P}'_j = \boldsymbol{B}^{-1}\Delta \boldsymbol{P}_j \tag{3.14}$$

$$(c_j - z_j)' = c_j - \sum_{i=1}^{m} a_{ij}y_i^* \tag{3.15}$$

(2) 检查原问题是否仍为可行解.

(3) 检查对偶问题是否仍为可行解.

(4) 按表 3.8 所列情况得出结论或决定继续计算的步骤.

表 3.8 灵敏度分析表

原问题	对偶问题	结论或继续计算的步骤
可行解	可行解	问题的最优解或最优基不变
可行解	非可行解	用单纯形法继续迭代求最优解
非可行解	可行解	用对偶单纯形法继续迭代求最优解
非可行解	非可行解	引入人工变量,编制新的单纯形表重新计算

下面分别就各个参数改变后的情形进行讨论.为叙述方便,先举一例.

例 3.6 某工厂用Ⅰ,Ⅱ,Ⅲ三种原料生产五种产品,其有关数据见表 3.9,问怎样组织生产可以使工厂获得最多利润?

表 3.9 产品消耗原料及利润表

原料	供应量(kg)	每万件产品所需原料(kg)				
		A	*B*	*C*	*D*	*E*
Ⅰ	10	1	2	1	0	1
Ⅱ	24	1	0	1	3	2
Ⅲ	21	1	2	2	2	2
每件产品利润(元)		8	20	10	20	21

解 设 x_1,x_2,x_3,x_4,x_5 分别为 A,B,C,D,E 五种产品的生产件数,则可建立的线性规划模型为

$$\max z = 8x_1 + 20x_2 + 10x_3 + 20x_4 + 21x_5$$

$$\text{s.t.}\begin{cases} x_1 + 2x_2 + x_3 + x_5 \leqslant 10 \\ x_1 + x_3 + 3x_4 + 2x_5 \leqslant 24 \\ x_1 + 2x_2 + 2x_3 + 2x_4 + 2x_5 \leqslant 21 \\ x_1,x_2,x_3,x_4,x_5 \geqslant 0 \end{cases}$$

运用单纯形法求解得最优表(表3.10).

表3.10　单纯形法求得最优表

$c_j \to$			8	20	10	20	21	0	0	0
$\boldsymbol{C}_B$	$\boldsymbol{X}_B$	$\boldsymbol{b}$	x_1	x_2	x_3	x_4	x_5	x_6	x_7	x_8
21	x_5	10	1	2	1	0	1	1	0	0
0	x_7	$\frac{5}{2}$	$\frac{1}{2}$	-1	-1	0	0	1	1	$-\frac{3}{2}$
20	x_4	$\frac{1}{2}$	$-\frac{1}{2}$	-1	0	1	0	-1	0	$\frac{1}{2}$
$c_j - z_j$			-3	-2	-11	0	0	-1	0	-10

因此,最优解为 $x_5=10, x_7=5/2, x_4=1/2$,其他变量为0;即最优生产方案是生产 E 产品10万件,D 产品0.5万件,可得最多利润220万元.

3.5.1　目标函数系数的灵敏度分析

在线性规划问题的求解过程中,目标函数系数的变动将会影响到检验数的取值.然而,当目标函数的系数变动不破坏最优判别准则时,原最优解不变,否则将取得新的最优解.

下面分两种情况讨论.

1. c_j 是非基变量 x_j 的系数

在最终单纯形表中,x_j 所对应的检验数为

$$\sigma_j = c_j - z_j = c_j - \boldsymbol{C}_B\boldsymbol{B}^{-1}\boldsymbol{P}_j$$

由于 c_j 是非基变量的系数,因此,它的改变对 $\boldsymbol{C}_B\boldsymbol{B}^{-1}\boldsymbol{P}_j$ 的取值不产生影响,而只影响 c_j 本身.设 c_j 有一个增量 Δc_j,则变化后的检验数为

$$\sigma_j' = c_j + \Delta c_j - \boldsymbol{C}_B\boldsymbol{B}^{-1}\boldsymbol{P}_j = \sigma_j + \Delta c_j$$

为保证原来所求的解仍为最优解,则要求新检验数 σ_j' 仍满足最优判别准则,故有

$$\sigma_j' + \sigma_j + \Delta c_j \leqslant 0$$

即

$$\Delta c_j \leqslant -\sigma_j \tag{3.16}$$

例3.7　在本节例3.6中,若 C 产品的利润系数 c_j 变化,

(1) 由10变为18;

(2) 由10变为22.

则是否对最优解产生影响?

解　根据(3.16)式,可找到不改变原最优解的 c_3 的变化范围.

只要 $\Delta c_3 \leqslant -\sigma_3 = 11$,即 $c_3 = 10 + \Delta c_3 \leqslant 21$ 时,原来所求出的最优解仍为最优解.故

(1) 当 c_3 从 10 变到 18,仍小于 21,因此 c_3 的变化,对最优解不产生影响.

(2) 当 c_3 从 10 变到 22 时,已超出 c_3 的变化范围,原最优解不再是最优解了,见表 3.11.

表 3.11 c_3 为 22 时的单纯形表

	$c_j \to$		8	20	22	20	21	0	0	0
C_B	X_B	b	x_1	x_2	x_3	x_4	x_5	x_6	x_7	x_8
21	x_5	10	1	2	[1]	0	1	1	1	0
0	x_7	$\frac{5}{2}$	$\frac{1}{2}$	−1	−1	0	0	1	1	$-\frac{3}{2}$
20	x_4	$\frac{1}{2}$	$-\frac{1}{2}$	−1	0	1	0	−1	−1	$\frac{1}{2}$
	$c_j - z_j$		−3	−2	1	0	0	−1	−1	−10

以 1 为主元素继续迭代,得到最终表(表 3.12).

表 3.12 迭代结果

	$c_j \to$		8	20	22	20	21	0	0	0
C_B	X_B	b	x_1	x_2	x_3	x_4	x_5	x_6	x_7	x_8
22	x_3	10	1	2	1	0	1	1	0	0
0	x_7	$\frac{25}{2}$	$\frac{3}{2}$	1	0	0	1	2	1	$-\frac{3}{2}$
20	x_4	$\frac{1}{2}$	$-\frac{1}{2}$	−1	0	1	0	−1	0	$\frac{1}{2}$
	$c_j - z_j$		−4	−2	0	0	−2	−2	0	−10

由表 3.12 可以看出,新的最优解为:$x_3 = 10, x_4 = 1/2, x_7 = 25/2$,其他变量为 0,目标值为 $z = 10 \times 22 + \frac{1}{2} \times 20 = 230$;即新的最优生产方案是生产 C 产品 10 万件,D 产品 0.5 万件,最多可获利润 230 万元.

2. c_k 是基变量 x_k 的系数

由于 c_k 是基变量 x_k 的系数,则 c_k 是向量 $\boldsymbol{C}_B$ 的一个分量,当 c_k 改变 Δc_k 时,就引起了 $\boldsymbol{C}_B$ 改变 $\Delta \boldsymbol{C}_B$,从而引起原始问题最终表中全体非基本量的检验数(基变量的检验数总是为 0)和目标函数值的改变,发生变化后的非基变量的检验数为

$$
\begin{aligned}
\sigma_j' &= c_j - (\boldsymbol{C}_B + \Delta \boldsymbol{C}_B)\boldsymbol{B}^{-1}\boldsymbol{P}_j \\
&= c_j - \boldsymbol{C}_B\boldsymbol{B}^{-1}\boldsymbol{P}_j - \Delta \boldsymbol{C}_B\boldsymbol{B}^{-1}\boldsymbol{P}_j \\
&= \sigma_j - \Delta c_k a_{ij}'
\end{aligned}
$$

其中,$\Delta \boldsymbol{C}_B = (0, \cdots, 0, \underset{\text{第}i\text{个分量}}{\Delta c_k}, 0, \cdots, 0)$,$\boldsymbol{B}^{-1}\boldsymbol{P}_j = (a_{1j}', a_{2j}', \cdots, a_{ij}', \cdots, a_{mj}')^{\mathrm{T}}$ 为 x_j 的系数列向量.

为保证原来所求的解仍为最优解，则要求所有新的非基本量的检验数仍满足最优性判别准则，即有

$$\sigma_j' = \sigma_j - \Delta c_k a_{ij}' \leqslant 0$$

若 $a_{ij}'<0$，则 $\Delta c_k \leqslant \frac{\sigma_j}{a_{ij}'}$；若 $a_{ij}'>0$，则 $\Delta c_k \leqslant \frac{\sigma_j}{a_{ij}'}$. 于是可得

$$\max\left\{\frac{\sigma_j}{a_{ij}'} \middle| a_{ij}'>0\right\} \leqslant \Delta c_k \leqslant \min\left\{\frac{\sigma_j}{a_{ij}'} \middle| a_{ij}'<0\right\} \tag{3.17}$$

例 3.8　在本节例 3.6 中，求产品 D 的利润系数不改变最优解的变化范围.

解　根据公式(3.17)，对应于 c_4 有

$$\max\left\{\frac{-10}{\frac{1}{2}}\right\} \leqslant \Delta c_4 \leqslant \min\left\{\frac{-3}{-\frac{1}{2}}, \frac{-2}{-1}, \frac{-1}{-1}\right\}$$

即

$$-20 \leqslant \Delta c_4 \leqslant 1$$

从而

$$0 \leqslant c_4 \leqslant 21$$

由于 $c_4=0$ 已无实际意义，所以取消左边的等式，即产品 D 的利润系数不改变最优解的变化范围为 $0<c_4\leqslant 21$.

3.5.2　约束条件中常数项的灵敏度分析

尽管某个常数 b_r 的变化与最优性判别准则 $\sigma_j = c_j - \boldsymbol{C}_B\boldsymbol{B}^{-1}\boldsymbol{P}_j \leqslant 0$ 无关，但它的变化将影响最终单纯形表中 $\boldsymbol{X}_B = \boldsymbol{B}^{-1}\boldsymbol{b}$ 的可行性. 若变化后的 $\bar{\boldsymbol{b}}$ 仍能保证 $\boldsymbol{B}^{-1}\boldsymbol{b} \geqslant \boldsymbol{0}$，这时 $\boldsymbol{B}$ 仍为最优基，$\boldsymbol{B}^{-1}\bar{\boldsymbol{b}}$ 为新的最优解，否则最优基要发生变化. 下面研究 b_r 的变化范围.

设 b_r 有一个改变量 Δb_r，这时新的基本解为

$$\bar{\boldsymbol{X}}_B = \boldsymbol{B}^{-1}\begin{bmatrix} b_1 \\ b_2 \\ \vdots \\ b_r + \Delta b_r \\ \vdots \\ b_m \end{bmatrix} = \boldsymbol{B}^{-1}\boldsymbol{b} + \boldsymbol{B}^{-1}\begin{bmatrix} 0 \\ 0 \\ \vdots \\ \Delta b_r \\ \vdots \\ 0 \end{bmatrix}$$

设 $\boldsymbol{\beta}_r$ 为 $\boldsymbol{B}^{-1}$ 的第 r 列，且 $\boldsymbol{B}^{-1}\boldsymbol{b}$ 就是原来的基本可行解 $\boldsymbol{X}_B$，所以就有

$$\bar{\boldsymbol{X}}_B = \begin{bmatrix} b_1' \\ b_2' \\ \vdots \\ b_m' \end{bmatrix} + \begin{bmatrix} \beta_{1r} \\ \beta_{2r} \\ \vdots \\ \beta_{mr} \end{bmatrix} \Delta b_r$$

为了保持解的可行性,应有 $\bar{\boldsymbol{X}}_B \geqslant \boldsymbol{0}$,即

$$b'_i + \beta_{ir}\Delta b_r \geqslant 0 \quad (i = 1,2,\cdots,m)$$

若 $\beta_{ir}<0$,则 $\Delta b_r \leqslant \dfrac{-b'_i}{\beta_{ir}}$;若 $\beta_{ir}>0$,则 $\Delta b_r \geqslant \dfrac{-b'_i}{\beta_{ir}}$,于是得到

$$\max\left\{\frac{-b'_i}{\beta_{ir}} \mid \beta_{ir} > 0\right\} \leqslant \Delta b_r \leqslant \min\left\{\frac{-b'_i}{\beta_{ir}} \mid \beta_{ir} < 0\right\} \tag{3.18}$$

例 3.9 对本节例 3.6 中求 b_1 的变化范围.

解 由最终单纯形表(表 3.10)知

$$\boldsymbol{b}' = \left(10, \frac{5}{2}, \frac{1}{2}\right)^{\mathrm{T}}$$

而其对应的 $\boldsymbol{B}^{-1}$ 也可从表 3.10 中查出,即它所在的位置与初始单纯形表中单位矩阵所在的位置相对应. 于是

$$\boldsymbol{B}^{-1} = \begin{bmatrix} 1 & 0 & 0 \\ 1 & 1 & -\dfrac{3}{2} \\ -1 & 0 & \dfrac{1}{2} \end{bmatrix}$$

如果 b_1 变化了 Δb_1,则据(3.18)式有

$$\max\left\{\frac{-10}{1}, \frac{-\dfrac{5}{2}}{1}\right\} \leqslant \Delta b_1 \leqslant \min\left\{\frac{-\dfrac{1}{2}}{-1}\right\}$$

即

$$-\frac{5}{2} \leqslant \Delta b_1 \leqslant \frac{1}{2}$$

由此可知 b_1 的变化范围为

$$\frac{15}{2} \leqslant b_1 \leqslant \frac{21}{2}$$

3.5.3 增加新变量的灵敏度分析

在求得最优解后,工厂若在原有的资源条件下再试制一种新产品,就可能打乱原来的生产计划. 试制一种新产品,需要在当前模型的目标函数及各项约束中引入一个具有适当系数的新变量. 利用灵敏度分析可判断计划中安排生产新产品是否值得的问题.

例 3.10 在本节例 3.6 中,若该厂除生产 A,B,C,D,E 五种产品外,还有第六种产品 F 可供选择. 已知生产 F 每万件要用原料Ⅰ,Ⅱ,Ⅲ分别为 1,2,1 kg,而每件产品 F 可得利润 12 元. 问该厂是否值得安排这种产品的生产? 若要安排,应当生产多少?

解 在例 3.6 中增加一个新的变量,为了不影响原有变量顺序,设新产品 F 的

生产量为 x_9，对应表 3.10 中的系数列向量为

$$B^{-1}P_9 = \begin{bmatrix} 1 & 0 & 0 \\ 1 & 1 & -\frac{3}{2} \\ -1 & 0 & \frac{1}{2} \end{bmatrix} \begin{bmatrix} 1 \\ 2 \\ 1 \end{bmatrix} = \begin{bmatrix} 1 \\ \frac{3}{2} \\ -\frac{1}{2} \end{bmatrix}$$

将计算结果填入表 3.10，得到修正表(表 3.13)．

表 3.13　增加新变量后的修正表

$c_j \to$			8	20	10	20	21	0	0	0	12
C_B	X_B	b	x_1	x_2	x_3	x_4	x_5	x_6	x_7	x_8	x_9
21	x_5	10	1	2	1	0	1	1	0	0	1
0	x_7	$\frac{5}{2}$	$\frac{1}{2}$	-1	-1	0	0	1	1	$-\frac{3}{2}$	$\left[\frac{3}{2}\right]$
20	x_4	$\frac{1}{2}$	$-\frac{1}{2}$	-1	0	1	0	-1	0	$\frac{1}{2}$	$-\frac{1}{2}$
$c_j - z_j$			-3	-2	-11	0	0	-1	0	-10	1
21	x_5	$\frac{25}{3}$	$\frac{2}{3}$	$\frac{8}{3}$	$\frac{5}{3}$	0	1	$\frac{1}{3}$	$-\frac{2}{3}$	1	0
12	x_9	$\frac{5}{3}$	$\frac{1}{3}$	$-\frac{2}{3}$	$-\frac{2}{3}$	0	0	$\frac{2}{3}$	$\frac{2}{3}$	-1	1
20	x_4	$\frac{4}{3}$	$-\frac{1}{3}$	$-\frac{4}{3}$	$-\frac{1}{3}$	1	0	$-\frac{2}{3}$	$\frac{1}{3}$	0	0
$c_j - z_j$			$-\frac{10}{3}$	$-\frac{4}{3}$	$\frac{31}{3}$	0	0	$-\frac{5}{3}$	$-\frac{2}{3}$	-9	0

由表 3.13 知，新的最优解为 $x_4 = 4/3$，$x_5 = 25/3$，$x_9 = 5/3$，其他变量均为 0；即最优生产方案为产品 D 生产 4/3 万件，产品 E 生产 25/3 万件，F 生产 5/3 万件．最大利润为 $z = 20 \times \frac{4}{3} + 21 \times \frac{25}{3} + 12 \times \frac{5}{3} = 221\frac{2}{3}$(万元)．

3.5.4　添加一个新约束条件的灵敏度分析

例 3.11　在前面的示例 3.6 中，假设工厂又增加煤耗不许超过 1.0×10^4 kg 的限制，而生产每单位的 A，B，C，D，E 产品分别需要煤 3，2，1，2，1($\times 10^3$)kg，问新的限制对原生产计划有何影响？

解　据题意，添加一个煤耗的约束条件可描述为

$$3x_1 + 2x_2 + x_3 + 2x_4 + x_5 \leqslant 10$$

加上松弛变量 x_9，使上式变成

$$3x_1 + 2x_2 + x_3 + 2x_4 + x_5 + x_9 = 10$$

以松弛变量 x_9 为基变量，把这个约束条件插入表 3.10，得表 3.14．

表 3.14 增加约束条件后的修正表

$c_j \to$			8	20	10	20	21	0	0	0	0
$\boldsymbol{C}_B$	$\boldsymbol{X}_B$	$\boldsymbol{b}$	x_1	x_2	x_3	x_4	x_5	x_6	x_7	x_8	x_9
21	x_5	10	1	2	1	0	1	1	0	0	0
0	x_7	$\frac{5}{2}$	$\frac{1}{2}$	-1	-1	0	0	1	1	$-\frac{3}{2}$	0
20	x_4	$\frac{1}{2}$	$-\frac{1}{2}$	-1	0	1	0	-1	0	$\frac{1}{2}$	0
0	x_9	10	3	2	1	2	1	0	0	0	1
$c_j - z_j$			-3	-2	-11	0	0	-1	0	-10	0

解得最优解：$x_5 = 10, x_7 = 4, x_8 = 1$，其他变量均为 0(基变量 $x_4 = 0$ 表示一种退化情况). 于是最优生产方案为只生产 E 产品 10 万件，可获利润 $z = 21 \times 10 = 210$ 万元，比原计划方案的利润减少 10 万元.

3.6 参数线性规划

灵敏度分析只是局限于研究线性规划问题中的 b_i, c_j 等参数在保持最优解或最优基不变时的允许变化范围或改变到某一值时对问题最优解的影响. 但在线性规划的许多实际问题中，往往需要研究当参数值连续变化时问题的最优解如何随参数值的变化而变化，这就是参数线性规划所要研究的问题. 若 $\boldsymbol{C}$ 按 $\boldsymbol{C} + \lambda \boldsymbol{C}^*$ 或 $\boldsymbol{b}$ 按 $\boldsymbol{b} + \lambda \boldsymbol{b}^*$ 连续变化，而目标函数值 z 是参数 λ 的线性函数 $z(\lambda)$ 时，(3.19)式或(3.20)式称为参数线性规划. 由于参数线性规划和灵敏度分析在本质上是类似的，所以参数线性规划又被称为系统性的灵敏度分析.

当目标函数中 c_j 值连续变化时，其参数线性规划的形式为

$$\max z(\lambda) = (\boldsymbol{C} + \lambda \boldsymbol{C}^*)\boldsymbol{X}$$

$$\text{s.t.} \begin{cases} \boldsymbol{AX} = \boldsymbol{b} \\ \boldsymbol{X} \geqslant \boldsymbol{0} \end{cases} \tag{3.19}$$

在(3.19)式中，$\boldsymbol{C}$ 为原线性规划问题的价值向量，$\boldsymbol{C}^*$ 为变动向量，λ 为参数.

当约束条件右端项 b_i 连续变化时，其参数线性规划的形式为

$$\max z(\lambda) = \boldsymbol{CX}$$

$$\text{s.t.} \begin{cases} \boldsymbol{AX} = \boldsymbol{b} + \lambda \boldsymbol{b}^* \\ \boldsymbol{X} \geqslant \boldsymbol{0} \end{cases} \tag{3.20}$$

在(3.20)式中，$\boldsymbol{b}$ 为原线性规划问题的资源向量，$\boldsymbol{b}^*$ 为变动向量，λ 为参数.

参数线性规划问题的分析步骤是：

(1) 令 $\lambda=0$,求解得最终单纯形表.

(2) 将 $\lambda \boldsymbol{C}^*$ 或 $\lambda \boldsymbol{b}^*$ 项反映到最终单纯形表中去.

(3) 随 λ 值的增大或减小,观察原问题或对偶问题:一是确定表中现有解(基)允许 λ 值的变动范围;二是当 λ 值的变动超出这个范围时,用单纯形法或对偶单纯形法求取新的最优解.

(4) 重复第(3)步,一直到 λ 值继续增大或减小时,表中的解(基)不再出现变化时为止.

下面通过具体的例子来说明.

例 3.12　分析 λ 值变化时,下述参数线性规划问题最优解的变化.

$$\max z(\lambda) = (2+2\lambda)x_1 + (3+\lambda)x_2$$

$$\text{s.t.}\begin{cases} 2x_1 + 2x_2 \leqslant 12 \\ 4x_1 \leqslant 16 \\ 5x_2 \leqslant 15 \\ x_1, x_2 \geqslant 0 \end{cases}$$

解　(1) 令 $\lambda=0$,求解得最终单纯形表,见表 3.15.

表 3.15　$\lambda=0$ 时的单纯形表

$c_j \to$			2	3	0	0	0
$\boldsymbol{C}_B$	$\boldsymbol{X}_B$	$\boldsymbol{b}$	x_1	x_2	x_3	x_4	x_5
2	x_1	3	1	0	$\frac{1}{2}$	0	$-\frac{1}{5}$
0	x_4	4	0	0	-2	1	$\frac{4}{5}$
3	x_2	3	0	1	0	0	$\frac{1}{5}$
$c_j - z_j$			0	0	-1	0	$-\frac{1}{5}$

(2) 将 $\lambda \boldsymbol{C}^*$ 项反映到最终单纯形表中去,得表 3.16.

表 3.16　加入 $\lambda \boldsymbol{C}^*$ 的单纯形表

$c_j \to$			$2+2\lambda$	$3+\lambda$	0	0	0	
$\boldsymbol{C}_B$	$\boldsymbol{X}_B$	$\boldsymbol{b}$	x_1	x_2	x_3	x_4	x_5	
$2+2\lambda$	x_1	3	1	0	$\frac{1}{2}$	0	$-\frac{1}{5}$	
0	x_4	4	0	0	-2	1	$\frac{4}{5}$	$-1\leqslant\lambda\leqslant 1$
$3+\lambda$	x_2	3	0	1	0	0	$\frac{1}{5}$	
$c_j - z_j$			0	0	$-1-\lambda$	0	$-\frac{1}{5}+\frac{1}{5}\lambda$	

表 3.16 中最优基不变的条件是 $-1\leqslant\lambda\leqslant1$. 当 $\lambda<-1$ 时，x_3 的检验数 $-1-\lambda>0$，将 x_3 作为引入变量用单纯形迭代计算得表 3.17；当 $\lambda>1$ 时，x_5 的检验数 $-\frac{1}{5}+\frac{1}{5}\lambda>0$，将 x_5 为引入变量用单纯形法计算得表 3.18.

表 3.17　引入变量 x_3 的单纯形表

$c_j\rightarrow$			$2+2\lambda$	$3+\lambda$	0	0	0	
$\boldsymbol{C}_B$	$\boldsymbol{X}_B$	$\boldsymbol{b}$	x_1	x_2	x_3	x_4	x_5	
0	x_3	6	2	0	1	0	$-\frac{2}{5}$	
0	x_4	16	4	0	0	1	0	$-3\leqslant\lambda\leqslant-1$
$3+\lambda$	x_2	3	0	1	0	0	$\left[\frac{1}{5}\right]$	
c_j-z_j			$2+2\lambda$	0	0	0	$-\frac{3}{5}-\frac{1}{5}\lambda$	
0	x_3	12	2	2	1	0	0	
0	x_4	16	4	0	0	1	0	$\lambda\leqslant-3$
0	x_5	15	0	5	0	0	1	
c_j-z_j			$2+2\lambda$	$3+\lambda$	0	0	0	

表 3.18　引入变量 x_5 的单纯形表

$c_j\rightarrow$			$2+2\lambda$	$3+\lambda$	0	0	0	
$\boldsymbol{C}_B$	$\boldsymbol{X}_B$	$\boldsymbol{b}$	x_1	x_2	x_3	x_4	x_5	
$2+2\lambda$	x_1	4	1	0	0	$\frac{1}{4}$	0	
0	x_5	5	0	0	$-\frac{5}{2}$	$\frac{5}{4}$	1	$\lambda\geqslant1$
$3+\lambda$	x_2	2	0	1	$\frac{1}{2}$	$-\frac{1}{4}$	0	
c_j-z_j			0	0	$-\frac{3}{2}-\frac{1}{2}\lambda$	$\frac{1}{4}-\frac{1}{4}\lambda$	0	

综合表 3.16～表 3.18，以 λ 为横坐标，$z(\lambda)$为纵坐标，可画出$z(\lambda)$随 λ 的变化情况，见图 3.1.

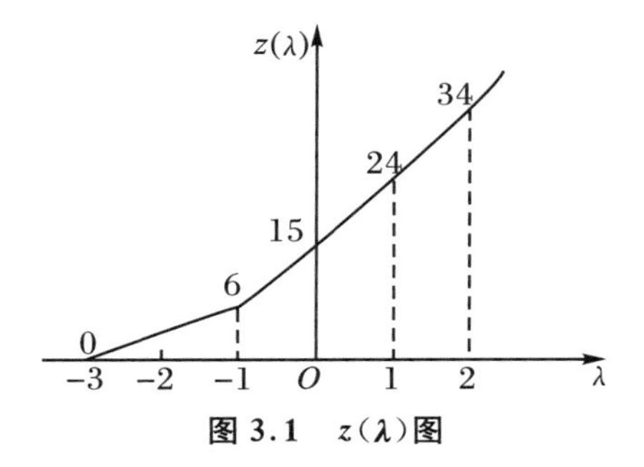

图 3.1　$z(\lambda)$图

习　题　3

1. 写出下列线性规划问题的对偶问题.

(1) $\max z = 3x_1 + 2x_2$

$$\text{s.t.}\begin{cases} -x_1 + 2x_2 \leqslant 4 \\ 3x_1 + 2x_2 \leqslant 12 \\ x_1 - x_2 \leqslant 3 \\ x_1, x_2 \geqslant 0 \end{cases}$$

(2) $\min \omega = 7x_1 + 4x_2 - 3x_3$

$$\text{s.t.}\begin{cases} -4x_1 + 2x_2 - 6x_3 \leqslant 24 \\ -3x_1 - 6x_2 - 4x_3 \geqslant 15 \\ 5x_2 + 3x_3 = 30 \\ x_1 \leqslant 0, x_2 \text{ 无约束}, x_3 \geqslant 0 \end{cases}$$

(3) $\max z = x_1 + 2x_2 + 3x_3 + 4x_4$

$$\text{s.t.}\begin{cases} -x_1 + x_2 - x_3 - 3x_4 = 5 \\ 6x_1 + 7x_2 + 3x_3 - 5x_4 \geqslant 8 \\ 12x_1 - 9x_2 - 9x_3 + 9x_4 \leqslant 20 \\ x_1, x_2 \geqslant 0, x_3 \leqslant 0, x_4 \text{ 无约束} \end{cases}$$

(4) $\min \omega = \sum\limits_{i=1}^{m} \sum\limits_{j=1}^{n} c_{ij} x_{ij}$

$$\text{s.t.}\begin{cases} \sum\limits_{j=1}^{n} x_{ij} = a_i, \quad i = 1,2,\cdots,m \\ \sum\limits_{i=1}^{m} x_{ij} = b_j, \quad j = 1,2,\cdots,n \\ x_{ij} \geqslant 0 \end{cases}$$

2. 求解题 1 中的线性规划问题(1),再从它的最终单纯形表中求出它所对应的对偶问题的最优解.

3. 判断下列说法是否正确,并说明理由.

(1) 任何线性规划问题都存在唯一的对偶问题.

(2) 对偶问题的对偶问题一定是原问题.

(3) 在互为对偶的一对原问题与对偶问题中,不管原问题是求极大或极小,原问题可行解的目标函数值一定不超过其对偶问题可行解的目标函数值.

(4) 如果线性规划的原问题存在可行解,则其对偶问题也一定存在可行解.

(5) 如果线性规划的对偶问题无可行解,则原问题也一定无可行解.

(6) 若线性规划问题的原问题有无穷多最优解,则其对偶问题也有无穷多最优解.

4. 一个有三个“$\leqslant$”型约束条件和两个决策变量 x_1, x_2 的最大值线性规划问题,其最终单纯形表如表 3.19 所示,试根据原问题和对偶问题的关系,求其最优目标函数值.

表 3.19 题 4 最终单纯形表

C_B	X_B	b	x_1	x_2	x_3	x_4	x_5
0	x_3	2	0	0	1	1	−1
c_2	x_2	6	0	1	0	1	0
c_1	x_1	2	1	0	0	−1	1
$c_j - z_j$			0	0	0	−3	−2

5. 根据题 4 的最终单纯形表,写出题 4 的数学模型.

6. 已知线性规划问题

$$\max z = x_1 + x_2$$
$$\text{s.t.}\begin{cases} -x_1 + x_2 + x_3 \leqslant 2 \\ -2x_1 + x_2 + x_3 \leqslant 1 \\ x_1, x_2, x_3 \geqslant 0 \end{cases}$$

试用对偶理论证明它无最优解.

7. 已知线性规划问题

$$\max z = 4x_1 + 7x_2 + 2x_3$$
$$\text{s.t.}\begin{cases} x_1 + 2x_2 + x_3 \leqslant 10 \\ 2x_1 + 3x_2 + 3x_3 \leqslant 10 \\ x_1, x_2, x_3 \geqslant 0 \end{cases}$$

试用对偶理论证明该问题最优解的目标函数值不大于 25.

8. 设线性规划问题为

$$\min \omega = 2x_1 + 3x_2 + 5x_3 + 2x_4 + 3x_5$$
$$\text{s.t.}\begin{cases} x_1 + x_2 + 2x_3 + x_4 + 3x_5 \geqslant 4 \\ 2x_1 - x_2 + 3x_3 + x_4 + x_5 \geqslant 3 \\ x_j \geqslant 0, \quad j = 1,2,\cdots,5 \end{cases}$$

(1) 写出其对偶问题.

(2) 已知其对偶问题的最优解为 $y_1^* = 4/5, y_2^* = 3/5, z^* = 5$. 试用对偶理论直接求出原问题的最优解.

9. 用对偶单纯形法求解下列线性规划问题.

(1) $\min \omega = 15y_1 + 24y_2 + 5y_3$

$$\text{s.t.}\begin{cases} 6y_2 + y_3 \geqslant 2 \\ 5y_1 + 2y_2 + y_3 \geqslant 1 \\ y_1, y_2, y_3 \geqslant 0 \end{cases}$$

(2) $\min \omega = 12y_1 + 16y_2 + 5y_3$

$$\text{s.t.}\begin{cases} 2y_1 + 4y_2 \geqslant 2 \\ 2y_1 + 5y_3 \geqslant 3 \\ y_1, y_2, y_3 \geqslant 0 \end{cases}$$

10. 已知线性规划问题

$$\max z = 4x_1 + x_2 + 2x_3$$
$$\text{s.t.}\begin{cases} 8x_1 + 3x_2 + x_3 \leqslant 2 \\ 6x_1 + x_2 + x_3 \leqslant 8 \\ x_1, x_2, x_3 \geqslant 0 \end{cases}$$

其最终单纯形表为表 3.20.

表 3.20　题 10 最终单纯形表

$c_j \to$			4	1	2	0	0
$\boldsymbol{C}_B$	$\boldsymbol{X}_B$	$\boldsymbol{b}$	x_1	x_2	x_3	x_4	x_5
2	x_3	2	8	3	1	1	0
0	x_5	6	−2	−2	0	−1	1
$c_j - z_j$			−12	−5	0	−2	0

(1) 求原问题和对偶问题的最优解.

(2) 确定最优基不改变的前提下变量 x_1 和 x_3 的目标函数的变化范围.

(3) 确定最优基不改变的前提下两个右边项系数的变化范围.

11. 已知线性规划问题

$$\max z = -5x_1 + 5x_2 + 13x_3$$

$$\text{s.t.}\begin{cases} -x_1 + x_2 + 3x_3 \leqslant 20 \\ 12x_1 + 4x_2 + 10x_3 \leqslant 90 \\ x_1, x_2, x_3 \geqslant 0 \end{cases}$$

先用单纯形法求出最优解,然后分析在下列各种条件单独变化的情况下,最优解分别有什么变化?

(1) 第一个约束条件的右端常数由 20 变为 30.

(2) 第二个约束条件的右端常数由 90 变为 70.

(3) 目标函数中 x_3 的系数由 13 变为 8.

(4) x_1 的系数列向量由 $\begin{pmatrix} -1 \\ 12 \end{pmatrix}$ 变为 $\begin{pmatrix} 0 \\ 5 \end{pmatrix}$.

(5) 增加一个约束条件 $2x_1 + 3x_2 + 5x_3 \leqslant 50$.

(6) 将第二个约束条件改为 $10x_1 + 5x_2 + 10x_3 \leqslant 100$.

12. 分析 λ 值变化时,下述参数线性规划问题最优解的变化.

(1) $\max z(\lambda) = (3-6\lambda)x_1 + (2-5\lambda)x_2 + (5+2\lambda)x_3 \quad (-\infty < \lambda < +\infty)$

$$\text{s.t.}\begin{cases} x_1 + 2x_2 + x_3 \leqslant 430 \\ 3x_1 + 2x_3 \leqslant 460 \\ x_1 + 4x_2 \leqslant 420 \\ x_1, x_2, x_3 \geqslant 0 \end{cases}$$

(2) $\max z(\lambda) = 2x_1 + x_2 \quad (0 \leqslant \lambda \leqslant 25)$

$$\text{s.t.}\begin{cases} x_1 \leqslant 10 + 2\lambda \\ x_1 + x_2 \leqslant 25 - \lambda \\ x_2 \leqslant 10 + 2\lambda \\ x_1, x_2 \geqslant 0 \end{cases}$$

第 4 章　运 输 问 题

运输即将某些物品(包括人自身)从一个地理位置移动到另一个地理位置.随着社会生产的发展,“运输”变得越来越复杂,越来越重要.运输量也相应地变得非常巨大,科学合理地安排运输问题显得十分必要.

4.1　运输问题及其数学模型

4.1.1　产销平衡运输问题的数学模型

我们考虑典型的运输调度问题,设某种物品有 m 个产地 $A_1,A_2,\cdots,A_m$,各产地的产量分别为 $a_1,a_2,\cdots,a_m$;有 n 个销地 $B_1,B_2,\cdots,B_n$,各销地的销量分别为 $b_1,b_2,\cdots,b_n$;从产地 $A_i(i=1,2,\cdots,m)$到销地 $B_j(j=1,2,\cdots,n)$单位物品的运价是 c_{ij},问如何调运这些物品使总运费最小?

这是 m 个产地和 n 个销地的运输问题,简称为 $m\times n$ 运输问题.表 4.1 是该问题的运输表,表中的变量 $x_{ij}(i=1,2,\cdots,m,j=1,2,\cdots,n)$为产地 A_i 运往销地 B_j 的物品数量.

如果运输问题的总产量等于其总销量,即

$$\sum_{i=1}^{m} a_i = \sum_{j=1}^{n} b_j \tag{4.1}$$

则称该运输问题为**产销平衡运输问题**;否则称为**产销不平衡运输问题**.若没有特别说明,本章所讲的均为产销平衡运输问题.

产销平衡运输问题的数学模型可表示如下:

$$\min z = \sum_{i=1}^{m}\sum_{j=1}^{n} c_{ij}x_{ij}$$

$$\text{s.t.}\begin{cases}\sum_{j=1}^{n} x_{ij} = a_i \quad (i = 1,2,\cdots,m) & (4.2a)\\ \sum_{i=1}^{m} x_{ij} = b_j \quad (j = 1,2,\cdots,n) & (4.2b)\\ x_{ij} \geqslant 0 \quad (i = 1,2,\cdots,m; j = 1,2,\cdots,n) & (4.2c)\end{cases}$$

其中,约束条件右侧的常数 a_i 和 b_j 满足(4.1)式.

表 4.1 运输表

销地 产地	B_1	B_2	…	B_n	产量
A_1	c_{11} x_{11}	c_{12} x_{12}	…	c_{1n} x_{1n}	a_1
A_2	c_{21} x_{21}	c_{22} x_{22}	…	c_{2n} x_{2n}	a_2
…	…	…	…	…	…
A_m	c_{m1} x_{m1}	c_{m2} x_{m2}	…	c_{mn} x_{mn}	a_m
销量	b_1	b_2	…	b_n	

在模型(4.2)中,约束条件(4.2a)表示供给约束,即第 i 个方程表示第 i 个产地 A_i 发往各个销地 B_j($j=1,2,\cdots,n$)的物品总量等于 A_i 的总产量;约束条件(4.2b)表示需求约束,即第 $m+j$ 个方程表示第 j 个销地 B_j 收到各个产地 A_i($i=1,2,\cdots,m$)的物品总量等于 B_j 的需求量.若记

$$\boldsymbol{X} = (x_{11}, x_{12}, \cdots, x_{1n}, x_{21}, x_{22}, \cdots, x_{2n} \cdots, x_{m1}, x_{m2}, \cdots, x_{mn})^{\mathrm{T}}$$
$$\boldsymbol{C} = (c_{11}, c_{12}, \cdots, c_{1n}, c_{21}, c_{22}, \cdots, c_{2n} \cdots, c_{m1}, c_{m2}, \cdots, c_{mn})$$
$$\boldsymbol{A} = (p_{11}, p_{12}, \cdots, p_{1n}, p_{21}, p_{22}, \cdots, p_{2n} \cdots, p_{m1}, p_{m2}, \cdots, p_{mn})$$
$$\boldsymbol{b} = (a_1, a_2, \cdots, a_m, b_1, b_2, \cdots, b_n)^{\mathrm{T}}$$

其中

$$\boldsymbol{p}_{ij} = (0,0,\cdots,0,\underset{\text{第}i\text{个}}{0,1},\ \underset{\text{第}m+j\text{个}}{0,\cdots,0,1},0,\cdots,0) \quad (i = 1,2,\cdots,m; j = 1,2,\cdots,n)$$

则线性规划模型(4.2)可以表示为

$$\min z = \boldsymbol{CX}$$
$$\text{s.t.}\begin{cases}\boldsymbol{AX} = \boldsymbol{b}\\ \boldsymbol{X} \geqslant \boldsymbol{0}\end{cases} \tag{4.3}$$

其中,$\boldsymbol{A}$ 是一个$(m+n)\times mn$ 矩阵,见矩阵(4.4).

$$
\boldsymbol{A}=\begin{array}{c}
\begin{array}{cccccccccccc}
x_{11} & x_{12} & \cdots & x_{1n} & x_{21} & x_{22} & \cdots & x_{2n} & \cdots & x_{m1} & x_{m2} & \cdots \; x_{mn}
\end{array}\\
\left[\begin{array}{cccccccccccc}
1 & 1 & \cdots & 1 & & & & & & & & \\
 & & & & 1 & 1 & \cdots & 1 & & & & \\
 & & & & & & & & \cdots & & & \\
 & & & & & & & & & 1 & 1 & \cdots \; 1 \\
1 & & & & 1 & & & & & 1 & & \\
 & 1 & & & & 1 & & & & & 1 & \\
 & & \cdots & & & & \cdots & & & & & \cdots \\
 & & & 1 & & & & 1 & & & & 1
\end{array}\right]
\begin{array}{l}
\left.\begin{array}{l}\\ \\ \\ \\ \end{array}\right\} m\text{行}\\
\left.\begin{array}{l}\\ \\ \\ \\ \end{array}\right\} n\text{行}
\end{array}
\end{array} \tag{4.4}
$$

显然模型(4.2)或(4.3)是一种线性规划模型.第2章中讲述的单纯形法是求解线性规划问题十分有效的方法,因而可用单纯形法求解运输问题(4.2).但是线性规划模型(4.2)的决策变量个数为 mn 个.这样一来,即使对于 $m=3,n=4$ 这样简单的运输问题,变量个数也会达到12个之多,系数矩阵就是一个 7×12 型矩阵,运算量非常大,因而寻求更简便的解法就显得非常必要.

4.1.2 运输问题数学模型的特点

1. 运输问题约束条件的系数矩阵

(1) 系数矩阵 $\boldsymbol{A}$ 是一个 $(m+n)\times mn$ 矩阵,其元素只含有0或1.

(2) 系数矩阵 $\boldsymbol{A}$ 有 mn 列,每一列有两个1,其余全为0,其决策变量 x_{ij} 所对应的列向量为

$$\boldsymbol{p}_{ij}=(0,0,\cdots,0,\underset{\text{第}i\text{个}}{\underbrace{0,1,}}\,0\cdots,0,\underset{\text{第}m+j\text{个}}{\underbrace{1,}}0\cdots,0)\quad(i=1,2,\cdots,m;j=1,2,\cdots,n)$$

(3) 系数矩阵 $\boldsymbol{A}$ 有 $m+n$ 行,其特点为前 m 行有 n 个1,这 n 个1是连在一起的,其余元素为0;而后 n 行每行有 m 个1,其余元素为0.

2. 产销平衡运输问题必有最优解

定理4.1 产销平衡运输模型(4.2)必有有限最优解.

证 记 $Q=\sum_{i=1}^{m}a_i=\sum_{j=1}^{n}b_j$,令

$$x_{ij}=\frac{a_ib_j}{Q}\quad(i=1,2,\cdots,m;j=1,2,\cdots,n) \tag{4.5}$$

将(4.5)式代入(4.2a)式和(4.2b)式中,易得

$$\sum_{j=1}^{n}x_{ij}=\sum_{j=1}^{n}\frac{a_ib_j}{Q}=\frac{a_i}{Q}\sum_{j=1}^{n}b_j=a_i\quad(i=1,2,\cdots,m)$$

$$\sum_{i=1}^{m}x_{ij}=\sum_{i=1}^{m}\frac{a_ib_j}{Q}=\frac{b_j}{Q}\sum_{i=1}^{m}a_i=b_j\quad(j=1,2,\cdots,n)$$

又因 $a_i \geqslant 0, b_j \geqslant 0$,故 $x_{ij} \geqslant 0$,故(4.5)式是模型(4.2)的可行解.另一方面,模型(4.2)的目标函数有下界,目标函数值必大于或等于0,故必有最优解.

3. 所有约束条件都是等式约束

这是产销平衡的运输问题所特有的.

4. 各产地产量之和与各销地的销量之和相等

由此可得,产销平衡的运输问题虽有 $m+n$ 个结构约束,但只有 $m+n-1$ 个结构约束是线性独立的,即模型(4.2)中基变量的个数为 $m+n-1$ 个.

5. 运输问题的解

根据运输问题的数学模型求出的运输问题的解 $\boldsymbol{X}=(x_{ij})$ 代表着一个运输方案,因为运输问题是一种线性规划问题,若设想用迭代法求解,则必先找出它的某一个基可行解,再进行解的最优性检验,以得到一个更好的解,继续检验和调整,直至得到最优解为止.

为了能按上述思路求解,要求得到的解 $\boldsymbol{X}=(x_{ij})$ 都必须是基可行解,基要求:

(1) 解 $\boldsymbol{X}=(x_{ij})$ 必须满足模型(4.2)中的所有约束条件.

(2) 基变量对应的约束方程组的系数列向量线性无关.

(3) 基变量的个数在迭代过程中保持为 $m+n-1$ 个.

4.2 表上作业法

表上作业法是求解运输问题的一种简便而有效的方法,它是一种特殊的单纯形法,由于具体的计算步骤是在一张张表上进行的,故称表上作业法.本节介绍表上作业法的三个主要步骤:确定初始基可行解;用位势法进行检验;用闭回路法调整基可行解.

4.2.1 确定运输问题的初始基可行解

下面介绍两种常用的方法,可以证明,用任一种方法得到的初始可行解都是基可行解.为了陈述的方便,先给出下面的例子.

例 4.1 某公司有三个生产同类产品的工厂,其产品销往四个销售点出售.各工厂的生产量和各销售点的销量(单位均为 t)以及各工厂到各销售点的单位运价(单位:元/t)见表 4.2,要求如何调运才能使总运费最少?

表 4.2 产量销售还价表

产地＼销地	B_1	B_2	B_3	B_4	产量
A_1	4	11	4	9	16
A_2	8	10	5	6	11
A_3	3	5	7	2	18
销量	8	10	12	15	45

1. *最小元素法*

容易直观想到,为了减少运费,应优先考虑单位运价最小的供销业务,最大限度地满足其供销量.为此,首先找出 $c_{i_0j_0}=\min\{c_{ij}\}$,并将 $x_{i_0j_0}=\min\{a_{i_0},b_{j_0}\}$的物品量由 A_{i_0} 供给 B_{j_0};若 $x_{i_0j_0}=a_{i_0}$,则产地 A_{i_0} 的物品已调运完,以后不再考虑这个产地,并将 B_{j_0} 的需求量由 b_{j_0} 减少为 $b_{j_0}-a_{i_0}$;若 $x_{i_0j_0}=b_{j_0}$,亦如此考虑.然后在余下的供销业务中,继续按上述方法安排调运,直至安排完所有的供销业务,得到一个完整的初始调运方案为止.这样即得到了运输问题的一个初始基可行解.

该方法基于优先满足单位运价(或运价)最小的供销业务,故称最小元素法.

例 4.1 中,因 A_3 到 B_4 的运价 2 最小,且 $\min\{a_3,b_4\}=b_4=15$,所以从 A_3 优先供给 B_4 15 个单位的产品,即在表 4.2 的(A_3,B_4)格中填入 15.这时 B_4 的需求量已得到满足,以后不再考虑 B_4 的需求,故划去 B_4 列,A_3 的可供给量调整为 $a_3-b_4=3$.

在运输表尚未划去的各格中再找出单位运价最小者 $c_{31}=3$,由于调整后 A_3 的可供应量为 3,小于 B_1 的需求量 8,将 A_3 的三个单位的可供应量全部调运给 B_1,即将 3 填入(A_3,B_1)格.这时 A_3 的可供应量已用完,划去 A_3 行,将 B_1 的需求量由 8 调整为 5.

继续上述过程,我们看到运价最小者有两个,c_{11} 和 c_{13},其单位物品的运价都为 4,此时可任选一个,不妨选择 c_{11}.在(A_1,B_1)格中填入 5,划去 B_1 列;在(A_1,B_3)格中填入 11,划去 A_1 行,在(A_2,B_3)填入 1,划去 B_3 列;最后按余额分配,在尚未被划去的(A_2,B_2)格中填入数字 10,同时划去 A_2 和 B_2 列.这时运输表中的全部格子均被划去,所有的供销要求均得到满足.上述过程见表 4.3,该表中下部和右侧小圆圈的数字表示各行和各列被划去的先后顺序.

表 4.3　最小元素法

产地＼销地	B_1	B_2	B_3	B_4	产量
A_1	4 5	11	4 11	9	16 ④
A_2	8	10 10	5 1	6	11 ⑥
A_3	3 3	5	7	2 16	18 ②
销量	8 ⑧	10 ⑥	12 ⑤	15 ①	45

这时，已得到该运输问题的初始基可行解

$$x_{11}=5,\quad x_{13}=11,\quad x_{22}=10,\quad x_{23}=1,\quad x_{31}=3,\quad x_{34}=15$$

其他变量全等于 0. 总运费（目标函数值）为

$$z=\sum_{i=1}^{3}\sum_{j=1}^{4}c_{ij}x_{ij}=4\times5+4\times11+10\times10+5\times1+3\times3+2\times15=208$$

该解满足所有的约束条件，且非基变量个数为 6($6=3+4-1=m+n-1$).

对 $m\times n$ 运输问题需要注意的是：

(1) 每次均划去一行或一列，最后一次同时划去一行或一列，故只有 $m+n-1$ 个数字，即基变量有 $m+n-1$.

(2) 表中填有数字的格对应的变量是基变量. 把基变量对应的格称为数字格，非基变量对应的格称为空格，例如在表 4.3 中，(A_1,B_1)格和(A_1,B_3)格是数字格，而(A_1,B_2)和(A_2,B_1)是空格.

(3) 若同时有若干个单位运价最小，可任选一个，如例 4.1 中我们有 $c_{11}=c_{13}=4$，此时可任选（一般选择下标较小者）.

2. 沃格尔法

沃格尔法是在最小差额法的基础上改进的一种求初始运输方案的方法，该方法在确定产销关系时，不是从最小运价开始，而是根据运输表中各行和各列的最小运价和次小运价的差额来确定供销关系，故又称元素差额法.

对每一个产地（销地），找出它到各销地（供应地）的最小运价和次小运价，并称最小运价和次小运价之差为该供应地（销地）的罚数. 若罚数的值不大，当不能按最小运价安排运输时造成的运费损失不大；反之，如果罚数的值很大，不按最小运价组织运输就会造成很大损失，故此时应尽量按最小单位运价安排运输. 下面继续以例 4.1 说明这种方法. 首先计算运输表中每一行和每一列的最小运价和次小运价之间的差值，并分别称之为行罚数和列罚数. 将算出的行罚数填入运输表右侧行罚数栏的左边第一列的相应的格子中，列罚数填入位于运输表下面列罚数栏的第一行相应格子中，见

表 4.4.

表 4.4　沃格尔法

产地＼销地	B_1	B_2	B_3	B_4	产量	行罚数 1	2	3	4	5
A_1	4 8	11	4 8	9	16	0	0	0	⑤	
A_2	8	10	5 4	6 7	11	1	1	1	1	①
A_3	3	5 10	7	2 8	18	1	1			
销量	8	10	12	15						
列罚数 1	1	5	1	4						
列罚数 2	1		1	④						
列罚数 3	④		1	3						
列罚数 4			1	3						
列罚数 5			0	0						

容易算得，A_1,A_2,A_3 的行罚数分别为 0,1,1；B_1,B_2,B_3,B_4 列罚数分别为 1,5,1,4，最大者为 5，位于 B_2 列，故对 B_2 列应按最小单位运价安排运输. B_2 列的最小运价位于(A_3,B_2)格中，故在(A_3,B_2)格中填入尽可能大的运量 $10=b_2=\min\{a_3,b_2\}$，此时 B_2 的需求量已经获得满足，划去 B_2 列，将 A_3 的产量调整为 8.

在尚未画线的各行和各列中，重复上述过程重新计算各行罚数和列罚数，并分别填入行罚数栏的第二列和列罚数栏的第二行. 容易算得，B_4 列的罚数最大，故对 B_4 列按最小单位运价安排运输，B_4 列的最小单位运价位于(A_3,B_4)格中，故在(A_3,B_4)格中填入尽可能大的运量 $8=\min\{a_3',b_4\}=\min\{8,15\}$. 由于 A_3 行的可供给量已全部调出，划去 A_3 行，调整 B_4 列的产量为 7.

继续上述过程，依次在运输表中填入相应的运输量，在(A_1,B_1)格中填入 8，划去 B_1 列；在(A_1,B_3)格中填入 8，划去 A_1 行；在(A_2,B_3)格中填入 4，划去 B_3 列. 最后按余额分配，在(A_2,B_4)格中填入 11，同时划去 A_2 行和 B_4 列.

用这种方法得到的初始基可行解是

$$x_{11}=8,\quad x_{13}=8,\quad x_{23}=4,\quad x_{24}=7,\quad x_{32}=10,\quad x_{34}=8$$

其他变量取值为 0，得到的目标函数值为

$$z=4\times 8+4\times 8+5\times 4+6\times 7+10\times 5+8\times 2=192$$

目标函数值较用最小元素法获得的初始解的质量要好，当然，这时计算量也较用最小元素法时大.

需要注意的是,在填入罚数的时候,如果某一行或列只有一格未画线,则该行或列的罚数为0.在例4.1中,列罚数的第5栏的两个罚数都为0.

从例4.1中可以看出,用上述两种方法给出的初始运输方案,沃格尔法给出的初始运输方案最好,可作为最优解的近似解,当然,这是以增大计算量为代价的.

4.2.2 解的最优性检验

求出了运输问题的初始基可行解,就要判断该初始可行解是否是最优的.根据一般的单纯形法理论,就要检验这个解的各非基变量(运输表中的空格)的检验数,若某空格(A_i,B_j)对应的检验数为负,说明将x_{ij}变为基变量时,将使运输费用减少.若所有的空格的检验数非负,则获得的解即是最优解.下面首先介绍常用的位势法.

1. 位势法

对于产销平衡的运输问题模型(4.2),设$\boldsymbol{B}$为其一个基矩阵,则对应的各变量的检验数可用下列公式给出

$$\sigma_{ij} = c_{ij} - \boldsymbol{C}_B\boldsymbol{B}^{-1}\boldsymbol{P}_{ij} \tag{4.6}$$

上式的计算较为麻烦,且不便于用表格来操作,令$W=\boldsymbol{C}_B\boldsymbol{B}^{-1}$,则由第2章对偶理论可知,$W$就是其对偶问题的决策变量——对偶变量.设

$$W = (u_1,u_2,\cdots,u_m,v_1,v_2,\cdots,v_n) \tag{4.7}$$

则运输问题模型(4.2)的对偶规划即为

$$\max z = \sum_{i=1}^{m} a_iu_i + \sum_{j=1}^{n} b_jv_j$$

$$\text{s.t.}\begin{cases} u_i + v_j \leqslant c_{ij} \\ i = 1,2,\cdots,m \\ j = 1,2,\cdots,n \\ u_i,v_j \text{ 无非负约束} \end{cases} \tag{4.8}$$

将(4.7)式代入(4.6)式得

$$\sigma_{ij} = c_{ij} - Wp_{ij} = c_{ij} - (u_i + v_j) \quad (i = 1,2,\cdots,m;j = 1,2,\cdots,n) \tag{4.9}$$

下面我们将看到,W设成(4.7)式的形式完全是为了表格运算方便.现在假设已得到运输题模型(4.2)的一个基可行解,不妨设其基变量为$x_{i_1j_1},x_{i_2j_2},\cdots,x_{i_sj_s},s=m+n-1$.因基变量的检验数为0,故由(4.8)式、(4.9)式即得方程组

$$\begin{cases} u_{i_1} + v_{j_1} = c_{i_1j_1} \\ u_{i_2} + v_{j_2} = c_{i_2j_2} \\ \quad\cdots\cdots \\ u_{i_s} + v_{j_s} = c_{i_sj_s} \end{cases} \tag{4.10}$$

显然方程组(4.10)共含有$m+n-1$个方程.运输表中每个产地和销地都对应原问题的一个约束条件,从而也对应各自的一个对偶变量;因运输表中每行和每列都含有基变量,故方程组(4.10)中含有全部的$m+n$个对偶变量.

可以证明,方程组(4.10)有解,且对偶变量个数比方程个数多一个,故解不唯一.方程组(4.10)的解称为位势.在实际计算中,常任意指定某一个位势等于一个较小的整数或0.

假设已得到方程组(4.10)的一组解,且满足约束条件(4.8),即对任意的 i 和 j 均有

$$\sigma_{ij} = c_{ij} - (u_i + v_j) \geqslant 0$$

则互补松弛条件

$$(\boldsymbol{YA} - \boldsymbol{C})\boldsymbol{X} = \boldsymbol{0}$$

成立,从而这时得到的解

$$\boldsymbol{X} = (\boldsymbol{X}_B, \boldsymbol{X}_N)^{\mathrm{T}} = (x_{i_1 j_1}, x_{i_2 j_2}, \cdots, x_{i_s j_s}, 0, 0, \cdots, 0)^{\mathrm{T}} \quad (s = m + n - 1)$$

和

$$\boldsymbol{Y} = (u_1, u_2, \cdots, u_m, v_1, v_2, \cdots, v_n)$$

分别为原运输问题及其对偶问题的最优解.

若方程组(4.10)的一组解不满足约束条件(4.7),即非基变量的检验数有负值存在,则说明得到的运输问题的解不是最优解,需要进行解的调整.下面用位势法对例4.1用最小元素法获得的初始基可行解进行检验.

例 4.2 用位势法对表4.3给出的解作最优性检验.

解 (1) 在表4.3的右侧增加一位势列 u_i 和位势行 v_j,得表4.5.

表 4.5 位势法

产地 \ 销地	B_1	B_2	B_3	B_4	产量	u_i
A_1	4 5	11	4 11	9	16	u_1
A_2	8	10 10	5 1	6	11	u_2
A_3	3 3	5	7	2 15	18	u_3
销量	8	10	12	15		
v_j	v_1	v_2	v_3	v_4		

(2) 计算位势.建立位势方程组(4.10),并据此计算出运输表中各行和各列的位势.在本例中,x_{11},x_{13},x_{22},x_{23},x_{31},x_{34}这六个变量为基变量,故得方程组(4.11).令 $u_1 = 0$,可计算出 $u_2 = 1$,$u_3 = -1$,$v_1 = 4$,$v_2 = 9$,$v_3 = 4$,$v_4 = 3$.下面将证明获得的检验数 σ_{ij} 与 u_i 的取值无关.

$$\begin{cases} u_1 + v_1 = 4 \\ u_1 + v_3 = 4 \\ u_2 + v_2 = 10 \\ u_2 + v_3 = 5 \\ u_3 + v_1 = 3 \\ u_3 + v_4 = 2 \end{cases} \tag{4.11}$$

在实际计算时，不必列出方程组(4.11)，可在运输表上凭观察直接计算，并填入相应的 u_i 和 v_j 的值.

(3) 计算空格的检验数，有了位势 u_i 和 v_j 之后，根据(4.9)式计算非基变量的检验数.本例算出的各空格的检验数见表4.6.

为了与调运量 x_{ij} 相区别，将非基变量的检验数放在括号里面；基变量的检验数都是0，表中没有列出.从表4.6可以看出，$\sigma_{32} = -3 < 0$，故该初始运输方案不是最优解.

表4.6 检验结果

产地 \ 销地	B_1	B_2	B_3	B_4	产量	u_i
A_1	4 5	11 (2)	4 11	9 (6)	16	0
A_2	8 (3)	11 10	5 1	6 (2)	11	1
A_3	3 3	5 (−3)	7 (4)	2 15	18	−1
销量	8	10	12	15		
v_j	4	9	4	3		

2. *闭回路法*

对于运输表中的任意一个空格(A_i, B_j)，以该空格(A_i, B_j)作为出发点，沿水平或垂直方向前进，遇到一个适当的数字格，转90°后继续前进，前进过程中可以穿过数字格或空格，经过若干次转向后又回到空格(A_i, B_j).这样经过的路径称为从 x_{ij} 格出发的**闭回路**.从上述定义可以看出，任意一个闭回路只包含一个空格.任意一个空格(A_i, B_j)，其对应的闭回路都是唯一的.实际上，我们有下面的相关结论，其中命题4.1的证明略.

命题4.1 产销平衡运输模型(4.2)中，系数矩阵 $\boldsymbol{A}$ 的一组列向量

$$\boldsymbol{p}_{i_1,j_1}, \boldsymbol{p}_{i_2,j_2}, \cdots, \boldsymbol{p}_{i_{m+n-1},j_{m+n-1}}$$

线性无关的充要条件是,这组向量对应的格组$(i_1,j_1),(i_2,j_2),\cdots,(i_{m+n-1},j_{m+n-1})$中不包含闭回路.

定理 4.2 设$(i_1,j_1),(i_2,j_2),\cdots,(i_{m+n-1},j_{m+n-1})$是一组数字格,而$(k,l)$是任一个空格,则格组$G_1=\{(k,l),(i_1,j_1),(i_2,j_2),\cdots,(i_{m+n-1},j_{m+n-1})\}$中包含空格$(k,l)$的唯一闭回路.

证明 与格组对应的系数列向量为

$$\boldsymbol{p}_{k,l},\boldsymbol{p}_{i_1,j_1},\boldsymbol{p}_{i_2,j_2},\cdots,\boldsymbol{p}_{i_{m+n-1},j_{m+n-1}} \tag{4.12}$$

因产销平衡的运输问题其基变量个数为$m+n-1$,故向量组(4.12)必线性相关.由命题4.1的充分性可知向量组(4.12)所对应的格组G_1必包含闭回路.该闭回路中必定包含空格(k,l),否则就等于说数字格组(或其一部分)构成了闭回路,这与闭回路的定义相矛盾.

例如考虑表4.3中空格(A_1,B_2),从空格(A_1,B_2)出发,沿水平方向前进到(A_1,B_3),转90°后,沿垂直方向前进到(A_2,B_3),再转90°后,沿水平方向前进到(A_2,B_2),转90°后又回到出发点(A_1,B_2).具体路线用表4.7中的等间隔虚线表示.空格(A_1,B_4)的闭回路见表4.7的虚线.

表 4.7 闭回路法

产地＼销地	B_1	B_2	B_3	B_4	产量
A_1	4 5	11	4 11	9	16
A_2	8	11 10	5 1	6	11
A_3	3 3	5	7	2 15	18
销量	8	10	12	15	

可以这样考虑,假设从(A_1,B_3)调运一个单位物资给(A_1,B_2),为了保证供给B_2,B_3的供应量不变化,同时也需要从(A_2,B_2)调运一个单位物资给(A_2,B_3),这种变化所引起的单位物资的运输费用变化量是$c_{12}-c_{13}+c_{23}-c_{22}=2$,我们将看到2正是空格$(A_1,B_2)$的检验数.实际上将数字格的单位运输费用分解为相应的位势之和,由(4.9)式可知

$$c_{13}=u_1+v_3,\quad c_{22}=u_2+v_2,\quad c_{23}=u_2+v_3$$

则得

$$\begin{aligned}c_{12}-c_{13}+c_{23}-c_{22}&=c_{12}-(u_1+v_3)+(u_2+v_3)-(u_2+v_2)\\&=c_{12}-u_1-v_2=\sigma_{12}\end{aligned}$$

为了便于说明,不妨给闭回路各个顶点编号,从空格(A_1,B_2)开始,沿某一方向,

比如逆时针方向，依次称闭回路的各个顶点为第1格，第2格，第3格，第4格，将标号为奇数格的单位物资的运价相加，再减去标号为偶数格的单位物资的运价，即得第一格的检验数.这种通过将闭回路上的各个顶点的单位物资的运价按一定次序相加或相减获得检验数的方法称为闭回路法.同理，对空格(A_1,B_4)的闭回路上的各个顶点按逆时针方向编号，易得

$$\sigma_{14} = c_{14} - c_{34} + c_{31} - c_{11} = 9 - 4 + 3 - 2 = 6$$

用闭回路法计算出的各空格的检验数，和用位势法得出的结果一致，可参考表4.6.

由上述方法可知，为了求出某个空格的检验数，先要找出它在运输表上的闭回路.该闭回路的各个顶点，除起始格外，其余顶点均为数字格.而且，运输表上的任一行(列)，要么含该闭回路的两个顶点，或要么一个不含.闭回路可以是简单的矩形，也可以是复杂的封闭多边形，图4.1给出了几种可能的闭回路的形式.

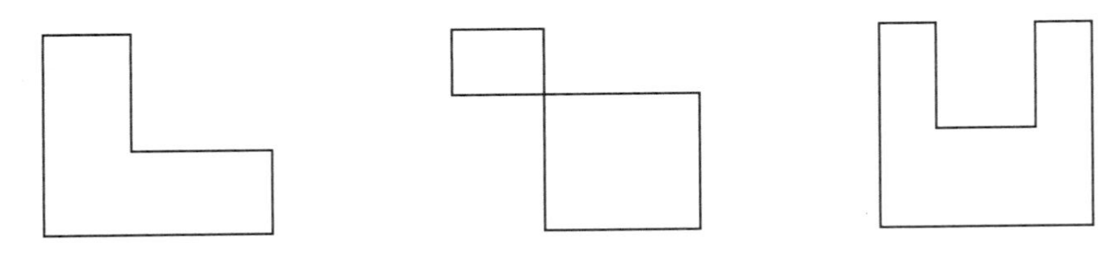

图4.1 闭回路几种形式

根据命题4.1，位于闭回路上的一组变量，它们对应的运输问题约束条件的系数列向量线性无关.这就说明，在运输问题基可行解的迭代过程中，数字格不构成闭回路，当然，用前面所说的最小元素法，沃格尔法和西北角法得到的解都满足这个条件.当运输表较大时，找出每一个空格对应的闭回路的运算量就非常大，此时应采用位势法.

4.2.3 解的调整

当获得运输问题的一个初始基可行解后，若某非基变量 x_{ij}(空格(A_i,B_j))的检验数 σ_{ij} 为负，说明将这个非基变量转化为基变量时，总运费会更小，从而该解不是最优解.下面给出在调整解的过程中常用的方法——闭回路法.其基本思想是找出该空格对应的闭回路，使 x_{ij} 运量增大，并相应调整闭回路上的其他顶点的运输量，结果是 x_{ij} 变为基变量，顶点上某一个数字各对应的变量相应的变为非基变量，从而得到另一个更好的解.具体过程如下：

(1) 选择进基变量 x_{sk}，这里 $\sigma_{sk} = \min\{\sigma_{ij} \mid \sigma_{ij} < 0\}$，并找出该空格在运输表上对应的闭回路 L_{sk}.

(2) 以空格(A_s,B_k)作为出发点，沿闭回路的某一个方向前进，依次给各顶点标上号.

(3) 在闭回路的标号为偶数的格子中，找出运输量最小($\min\{x_{ij} \mid (A_i,B_j)$是 L_{sk}

的偶数顶点})的顶点,以该数字格对应的变量为换出变量.

(4) 以 $\min\{x_{ij}\mid(A_i,B_j)$是 L_{sk} 的顶点$\}$为调整量,将该闭回路上的所有标号为奇数的顶点的运输量都加上这个调整量,所有标号为偶数的顶点都减去这个调整量,得到一个新的运输方案.

然后,对得到的新的运输方案进行解的最优性检验,若不是最优解,就重复以上步骤继续调整,一直到找出最优解为止.

例 4.3 对例 4.1 用最小元素法得出的解用闭回路进行调整.

解 在例 4.1 中,已经算出了这个解对应的检验数,见表 4.6.

因为 $\sigma_{32}=-3<0$,故以 x_{34} 为进基变量,其对应的闭回路见表 4.8.沿逆时针方向,该闭回路标号为偶数的顶点依次为(A_3,B_1),(A_1,B_3),(A_2,B_2),由于 $\min\{x_{31},x_{13},x_{22}\}=x_{31}=3$,故做如下的调整:

$$x_{32}+3 \qquad x_{11}+3 \qquad x_{23}+3$$
$$x_{31}-3 \qquad x_{13}-3 \qquad x_{22}-3$$

得新的基变量 $x_{11}=8,x_{13}=8,x_{22}=7,x_{23}=4,x_{32}=3,x_{34}=15$,其余的为非基变量取值为0.这里 x_{32} 由非基变量转化为基变量,x_{31} 由基变量转化为非基变量.这时的目标函数值为

$$z=4\times8+4\times8+10\times7+5\times4+5\times3+2\times15=199$$

用位势法或闭回路法检验,可以得出该解不是最优解,最后的调整工作留给读者.

表 4.8 闭回路表

产地 \ 销地	B_1	B_2	B_3	B_4	产量	u_i
A_1	4 5	11	4 11	9	16	0
A_2	8	10 10	5 1	6 7	11	1
A_3	3 3	5	7	2 15	18	−1
销量	8	10	12	15		
v_j	4	9	4	3		

几点说明:

(1) 产销平衡的运输问题必有有限最优解.若在某个最优解中,某个非基变量的检验数为零,则说明该运输问题有无穷多个最优解.此时,以检验数为零的空格作闭回路,然后用上述方法调整,可得另一个最优调运方案.

(2) 在确定初始基可行解时,若在某个格(A_i,B_j)填入运量 x_{ij} 时,恰好 A_i 的可

供给量已全部用完，B_j 的需求量已获得满足，因此，应同时划去第 i 行及第 j 列，为了保证基变量的个数为 $m+n-1$，就需要在划去的第 i 行或第 j 列中取一个空格作数字格，并使它的调运量为0.

(3) 用闭回路法调整时，若标号为偶数的顶点有两个或两个以上的格的运量相同且为最小值，这时，可任取一个作出基变量，其余的可仍作为基变量，但需要将其运量调整为0.

4.3 运输问题的进一步讨论

4.3.1 产销不平衡的运输问题

前面我们讨论的都是产销平衡的运输问题，下面我们将讨论产销不平衡的运输问题，在表4.1中，若产量大于销量，即

$$\sum_{i=1}^{m} a_i > \sum_{j=1}^{n} b_j$$

这时即得一个产销不平衡的运输问题，其模型为

$$\min z = \sum_{i=1}^{m}\sum_{j=1}^{n} c_{ij}x_{ij}$$

$$\text{s.t.}\begin{cases}\sum_{j=1}^{n} x_{ij} \leqslant a_i \quad (i = 1,2,\cdots,m) & (4.13\text{a})\\ \sum_{i=1}^{m} x_{ij} = b_j \quad (j = 1,2,\cdots,n) & (4.13\text{b})\\ x_{ij} \geqslant 0 \quad (i = 1,2,\cdots,m;j = 1,2,\cdots,n) & (4.13\text{c})\end{cases}$$

其中，约束条件(4.13a)是供给约束，表明从第 i 个产地 A_i 发往各个销地 $B_j(j=1,2,\cdots,n)$ 的物品总量小于或等于 A_i 的产量；(4.13b)是需求约束，第 $m+j$ 个方程表示第 j 个销地收到的物品总量等于其销量.

对于模型(4.13)，我们虚设一个销地 B_{n+1}，其销量

$$b_{n+1} = \sum_{i=1}^{m} a_i - \sum_{j=1}^{n} b_j$$

这样模型(4.13)即成为一个产销平衡的运输问题，其模型为

$$\min z = \sum_{i=1}^{m}\sum_{j=1}^{n} c_{ij}x_{ij}$$

$$\text{s.t.}\begin{cases}\sum_{j=1}^{n+1} x_{ij} = a_i \quad (i = 1,2,\cdots,m) & (4.14\text{a})\\ \sum_{i=1}^{m} x_{ij} = b_j \quad (j = 1,2,\cdots,n+1) & (4.14\text{b})\\ x_{ij} \geqslant 0 \quad (i = 1,2,\cdots,m; j = 1,2,\cdots,n+1) & (4.14\text{c})\end{cases}$$

由于销地 B_{n+1} 是虚设的，从而由产地 $A_i(i=1,2,\cdots,m)$ 到销地 B_{n+1} 增加的运量对总运费应没有任何影响，故可设 $c_{i,n+1}=0(i=1,2,\cdots,m)$，即产地 $A_i(i=1,2,\cdots,m)$ 到销地 B_{n+1} 的单位物品的运价为 0.

模型(4.14)是一个产销平衡的运输问题，可用表上作业法求解，但要注意，无论是采用最小元素法或沃格尔法求初始基可行解时，由于从 $A_i(i=1,2,\cdots,m)$ 调运到 B_{n+1} 无实际意义，故先不考虑 B_{n+1} 列的 0 运价，其余的和产销平衡的运输问题的求解是类似的. 对于销量大于产量的不平衡运输问题，我们可用类似的方法求解.

例 4.4 求解表 4.9 的运输问题.

表 4.9 不平衡运输问题

销地 产地	B_1	B_2	B_3	B_4	产量
A_1	4	7	11	5	9
A_2	6	8	3	9	11
销量	7	8	5	3	23>20

解 该运输问题为销量大于产量的不平衡运输问题，因此需要虚设产地 A_3，其产量 $a_3=23-20=3$，设产地到各个销地的单位物品的运价为 0，用最小元素法求得初始运输方案见表 4.10. 后面的检验和调整留给读者完成.

表 4.10 最小元素法运输方案

销地 产地	B_1	B_2	B_3	B_4	产量
A_1	4 7	7	11	5 2	9
A_2	6	8 6	3 5	9	11
A_3	0	0 2	0	0 1	3
销量	7	8	5	3	45

除了上述的产销不平衡的运输问题外，还有一类较为复杂的产销不平衡运输问题.

例 4.5　某一物资调运问题如表 4.11 所示，试求出该运输问题的最优解.

表 4.11　产销不平衡运输问题

销地 产地	B_1	B_2	B_3	产量
A_1	4	7	5	8
A_2	6	2	3	5
最高需求量	7	4	5	
最低需求量	5	4	2	

解　如果从最高需求量与产量的关系来看，是需求量大于产量，因此需要虚设一个产地 A_3，其产量 $a_3=7+4+5-5-8=3$. 但从最低需求量与产量的关系来看，是产量大于需求量，且最低需求量必须获得满足，故不能从虚设的产地 A_3 调运物品来满足销地最低需求量. 为此，将 B_1，B_3 分成最低需求量和可调控需求量，分别用 B_1'，B_1''，B_3'，B_3''来表示. 为了保证 B_1'，B_3'的需求量是由产地 A_1，A_2 提供的，设 B_1'，B_3'到产地 A_3 的单位物品的运价为 M，这里 M 为一个很大的正数；可调控需求量是最高需求量和最低需求量之差，即 $B_1''=2$，$B_3''=3$. 经过上述方法处理后，获得的运输表如表 4.12 所示. 表 4.12 是一个产销平衡的运输问题，可用表上作业法解决，最后的解留给读者完成.

表 4.12　处理后的运输表

销地 产地	B_1'	B_1''	B_2	B_3'	B_3''	产量
A_1	4	4	7	5	5	8
A_2	6	6	2	3	3	5
A_3	M	0	0	M	0	3
销量	5	2	4	2	3	

4.3.2　有转运的运输问题

前面我们介绍的运输问题都是较为简单的情形，即物品直接由产地发往销地，没有经过转运. 事实上，物品有产地直接发往销地的情形比较少，通常会将物品经过中间转运站后运往销地，这样运费会更加节省，下面我们讨论有转运的运输问题. 首先考虑有中间转运站的情形，可以把产地的物品集中到某个或某几个中转站集中后，再运往销地. 中转站对于销地来说，是供应物品的产地，对于产地来说，是销售物品的销地. 我们当然也可以把物品运往某个销地或产地集中后，再运往销地，这里，产地或销地也可以看作中间转运站. 这样一来我们就得到一个扩大化的运输问题，即产地可以看作担任中间转运站和销地的角色，而销地可以看作中间转运站和产地的角色，中间转运站也可以看作产地和销地．下面我们考虑一个扩大化的运输问题，看如何解决这类问题．

例 4.6 设有一个含有两个产地 A_1 和 A_2，其产量分别为 8 和 11；三个销地 B_1，B_2，B_3，其销量分别为 4，9，6；和两个中间转运站 T_1，T_2 的运输问题，其单位物品的运价见表 4.13，如何调运才能使总运费最低？

表 4.13 中转站运输问题

		产地		中间转运站		销地		
		A_1	A_2	T_1	T_2	B_1	B_2	B_3
产地	A_1	—	3	2	3	5	7	6
	A_2	3	—	3	—	8	4	7
中间转运站	T_1	2	3	—	5	2	4	7
	T_2	3	4	5	—	6	3	5
销地	B_1	5	8	2	6	—	3	—
	B_2	7	4	4	3	3	—	1
	B_3	6	7	—	5	—	1	—

解 为了能够将表 4.13 转化为产销平衡的问题，我们需要做一些分析．

（1）由于产地、销地、中转站都可以看作产地、销地，因此上述问题可以看作是 7 个产地、7 个销地的扩大化的运输问题．

（2）对于自身到自身的调运，例如 A_1 到 A_1 的调运，在实际中是不需要有调运的，故可设其运价 $x_{11}=0$．

（3）对于不可能的路径例如 A_2 到 T_2，可规定其运价为 M，这里 M 是一个很大的正数．由表上作业法的寻优机制，会很快将对应运价为 M 的决策变量取为非基变量．

（4）我们需要给中间转运站给定一个产量或销量，一个合理的运输方案不能出现物资倒运的现象，可每个中间转运站的最大转运数量不应超过总产量（或总销量）19，因此可规定每个中间转运站的产量和销量都为 19，在实际中，转运量是可能小于 19 的，实际产运量和 19 的差额可看作是转运站自己转运给自己，是一种虚设的转运量．因为产地和销地都可以看作中间转运站，故产地的产量和销地的销量都应加上转运量 19．

经过上述处理后，得到一个扩大运输问题的运输表见表 4.14，该表是一个产销平衡的运输问题，可以用表上作业来求解，其具体的运算过程略．

表 4.14 处理后的运输表

		产地		中间转运站		销地			产量
		A_1	A_2	T_1	T_2	B_1	B_2	B_3	
产地	A_1	0	3	2	3	5	7	6	27
	A_3	3	0	3	M	8	4	7	30
中间转运站	T_1	2	3	0	5	2	4	7	19
	T_2	3	4	5	0	6	3	5	19
销地	B_1	5	8	2	6	0	3	M	19
	B_2	7	4	4	3	3	0	1	19
	B_3	6	7	M	5	M	1	0	19
销量		19	19	19	19	23	28	25	152

4.4 应用问题举例

尽管表上作业法本质上是单纯形法，但相对于单纯形法来说，表上作业法至少有两个优点值得肯定.首先就是对于同等规模的线性规划问题而言，用表上作业法计算要简单得多；其次，由于运输问题模型结构上的特殊性，当产量和销量都取整数时，则表上作业法获得的最优运输方案都是整数解.这就启迪我们，将线性规划问题，包括整数规划问题转化为运输模型来求解，是一种有效的方法.本节将介绍运输模型在生产管理和整数规划中的应用.

例 4.7 某公司生产一种机床，其全年各季度的交货量，公司的生产能力，及每台的生产成本如表 4.15 所示.若生产出的机床当季度不能交货，则需要支付保管维护费 0.2 万元，试求在遵守合同的情况下，公司应如何安排生产计划，才能使全年的生产费用(包括保管维护费用)最少?

表 4.15 机床生产表

季度	生产能力(台)	交货量(台)	每台机床生产成本(台)
1	21	14	13
2	35	19	11
3	31	26	12
4	20	20	12

解 用 x_{ij} 表示第 i 季度生产的用来第 j 季度交货的机床数，根据合同规定，需要满足

$$\begin{cases} x_{11}+x_{12}+x_{13}+x_{14}\leqslant 21 \\ x_{22}+x_{23}+x_{24}\leqslant 35 \\ x_{33}+x_{34}\leqslant 31 \\ x_{44}\leqslant 20 \end{cases} \tag{4.15}$$

$$\begin{cases} x_{11}=14 \\ x_{12}+x_{22}=19 \\ x_{13}+x_{23}+x_{33}=26 \\ x_{14}+x_{24}+x_{34}+x_{44}=20 \end{cases} \tag{4.16}$$

第 i 季度生产的用来第 j 季度交货的每台机床的生产费用 c_{ij} 应由生产成本加上保管维护费用，其保管费用为 $(j-i)\times 0.2$，具体计算后数值列于表 4.16.

表 4.16 生产费用表

交货季 j / 生产季 i	1	2	3	4
1	13	13.2	13.4	13.6
2		11	11.2	11.4
3			12	12.2
4				12

故可列出目标函数为

$$\min z=\sum_{j=1}^{4}\sum_{i=1}^{j}c_{ij}x_{ij}$$

$$\text{s.t.}\begin{cases} \sum\limits_{j=1}^{4}x_{ij}\leqslant a_i & (i=1,2,3,4) \\ \sum\limits_{i=1}^{4}x_{ij}\leqslant b_j & (i=1,2,3,4) \\ x_{ij}\geqslant 0 \text{ 且为整数} & (i,j=1,2,3,4) \end{cases} \tag{4.17}$$

上述模型不是产销平衡的运输问题，如果要用产大于销的运输模型(4.11)，我们必须保证做到 $x_{ij}\geqslant 0(i>j)$ 就可以了，即要求使 x_{ij} 为非基变量且当 $i>j$ 时. 如果此时令 $c_{ij}=M$ 就可以做到这一点，这样得到的新的运价表见表 4.17.

表 4.17　产大于销运价表

生产季 i \ 交货季 j	1	2	3	4	产量
1	13	13.2	13.4	13.6	21
2	M	11	11.2	11.4	35
3	M	M	12	12.2	31
4	M	M	M	12	20
销量	14	19	26	20	

经过上述处理后我们即得一个产销不平衡的运输问题模型(4.18)：

$$\min z = \sum_{j=1}^{4}\sum_{i=1}^{4} c_{ij}x_{ij}$$

$$\text{s.t.}\begin{cases}\sum\limits_{j=i}^{4} x_{ij} \leqslant a_i & (i = 1,2,3,4)\\ \sum\limits_{i=1}^{4} x_{ij} = b_j & (j = 1,2,3,4)\\ x_{ij} \geqslant 0 \text{ 且为整数} & (i,j = 1,2,3,4)\end{cases} \tag{4.18}$$

通过虚设一个交货季将上述问题转化为一个产销平衡的运输问题，最后获得的最优解如表 4.18 所示. 即第 1 季度生产 14 台机床当季交货；第 2 季度生产 35 台机床，其中 19 台当季交货，16 台于第 3 季度交货；第 3 季度生产 10 台当季交货；第 4 季度生产 20 台当季交货，该公司的生产费用为最小：

$$z = 13 \times 14 + 11 \times 19 + 11.2 \times 16 + 12 \times 10 + 12 \times 20 = 930.2(\text{万元})$$

表 4.18　调整后运价表

生产季 i \ 交货季 j	1	2	3	4	产量
1	14				21
2		19	16		35
3			10		31
4				20	20
销量	14	19	26	20	

例 4.8　某航运公司经营六个城市间的固定的四条航线的运输业务，各条航线的起点和终点城市及每天的航班数见表 4.19，各城市间的航行天数见表 4.20，假设每条船的每次装卸货物的时间各一天，在不考虑维修和备用船只的情况下，问航运公司至少需要配备多少船只，才能满足所有航线的需求？

表 4.19 航班表

航线	起点城市	终点城市	每天航班数
1	E	D	3
2	A	B	2
3	D	F	1
4	B	C	1

表 4.20 航行天数表

起点 \ 终点	A	B	C	D	E	F
A	0	1	2	14	7	7
B	1	0	3	13	8	8
C	2	3	0	15	5	5
D	14	13	15	0	17	20
E	7	8	5	17	0	3
F	7	8	5	20	3	0

解 该公司所需船只可分为两部分：

(1) 载货航行(包括装货、卸货)需要的周转船只数. 例如航线 1，航行需要 17 天，加上装、卸货各一天，共计 19 天，每天三个航班，该航线需要的周转船只数就为 57 条；同理可算出航线 2,3,4 各需要周转船只数为 6,22,5. 故四条航线需要的周转船只数为 90，这部分由航程和装卸货天数所决定的船只数是不能减少的.

(2) 各港口间调度需要的船只数. 上述船只只能满足航线一个周期所需要的船只数，当第二周期开始时，例如航线 1 准备的 57 条船都在终点城市 D，而此时城市 E 仍需要每天开出三班，因此航运公司需要准备一批船以弥补空船从终点城市返回起点城市的这段时间内所产生的船只空缺. 考虑到各城市的具体情况，将各城市对空船的需求列成表 4.21.

表 4.21 空船需求表

港口城市	每天到达	每天需求	余缺数
A	0	2	−2
B	2	1	1
C	1	0	1
D	3	1	2
E	0	3	−3
F	1	0	1

我们以余缺数为正的城市 B，C，D，F 作为产地，以余缺数为负的城市 A，E 作为销地，我们获得一个产销平衡的运输问题，其运价是根据相应港口之间的船只航行天数来决定，见表 4.20. 用表上作业法求出空船的最优调运方案，可见

表 4.22.

表 4.22 空船最优调运方案

	B	C	D	F
A	1	0	1	0
E	0	1	1	1

故需要周转船只数至少应为

$$z^* = 1\times1 + 14\times1 + 5\times1 + 17\times1 + 3\times1 = 40(\text{条})$$

因此该公司至少需要配备船只数为 90 + 40 = 130.需要注意的是上述方案不反映达到稳定运行前的情况,而是反映在稳定运行情况下空船周转的最佳方案.

习 题 4

1. 与一般的线形规划模型相比,运输问题的数学模型有什么特征?

2. 产销平衡的运输问题的基可行解应满足什么条件?并说明在迭代计算过程中对它的要求.

3. 说明用位势法求检验数的原理.

4. 一般的线性规划问题需要具备什么特征才能将其转化为运输问题来求解?并举例说明.

5. 用最小元素法和沃格尔法分别求出表 4.23 运输问题初始方案,并调整到最优方案.

表 4.23 题 5 产销表

产地＼销地	B_1	B_2	B_3	B_4	产量
A_1	4	8	8	4	6
A_2	9	5	6	3	4
A_3	3	11	4	2	12
销量	6	2	7	7	

6. 求表 4.24 中运输问题的初始方案并调整到最优解.

表 4.24 题 6 运输方案表

产地＼销地	B_1	B_2	B_3	B_4	产量
A_1	3	11	6	10	15
A_2	1	9	9	7	10
A_3	7	5	8	8	8
销量	5	7	10	8	

7. 在用表上作业法求解运输问题中,证明:

(1) 如果在调整方案前,进基格的检验数为 $\lambda(\lambda<0)$,那么,出基格在方案调整后的检验数就等于 $-\lambda$.

(2) 如果各个产量和销量都是整数,那么最优解必为整数解.

8. 试求表 4.25 给出的产销不平衡的运输问题.

表 4.25 题 8 产销不平衡运输问题

产地 \ 销地	B_1	B_2	B_3	B_4	产量
A_1	3	7	6	4	5
A_2	2	4	3	2	2
A_3	4	3	8	5	6
销量	5	2	3	5	

9. 试分析发生下列情况时,运输问题的最优调运方案的总运费有何变化?

(1) 单位运价表第 r 行的每个 c_{ij} 都加上一个常数 k.

(2) 单位运价表第 p 行的每个 c_{ij} 都乘以一个常数 k.

(3) 单位运价表的所有 c_{ij} 都加上一个常数 k.

第5章　目标规划

目标规划是为了解决多目标问题而产生的一种数学规划方法，是由线性规划方法发展演变而来的.线性规划只有一个目标函数，但在实际问题中往往要考虑多个目标，如在企业生产管理过程中管理者不仅希望利润大，而且希望产量高、消耗低、质量好、投入少等，由于需要同时考虑多个目标，自然就产生了所谓的多目标问题，这类问题比单目标问题复杂得多；另外，多目标问题的目标之间，不仅有主次之分，而且有时会互相矛盾.这些问题由线性规划来求解就比较困难，因而提出了目标规划方法.

目标规划的有关概念是由美国学者 A. Charnes 和 W. W. Copper 在 1961 年提出的，后经众多学者的努力，发展到现在的形式.目标规划根据决策者预先给定的每个目标的一个理想值(期望值)，用优先级与权因子等概念将多个目标按重要性进行排队，在满足现有的一组约束条件下，求出尽可能接近理想值的解，称之为满意解(不称为最优解，因为一般情况下，它不是使每个目标都达到最优值的解).决策者可对所求得的结果进行分析判断，指出"不满意"部分，并根据决策者的要求，通过"人机对话"或修改理想值，或修改目标的排序等，求出新的满意解，即目标规划可通过"交互作用"具有相当的灵活性和实用性，它已成为目前解决多目标数学规划较为成功的一种方法.

目标规划包括线性目标规划、非线性目标规划、整数线性目标规划、整数非线性目标规划等，本章主要介绍线性目标规划，并将其简称为目标规划.

5.1　目标规划的数学模型

5.1.1　线性规划问题的建模及其局限性

应用线性规划，可以解决许多与线性系统有关的最优化问题，但在实际应用时，还存在一定的局限性.

例 5.1　某企业计划生产Ⅰ，Ⅱ两种产品，需要经过甲、乙、丙三道工序，在一个生产周期内关于产品单位利润与每道工序的总工序限时及每件产品在每道工序上的加工时间如表 5.1 所示.问：该企业应如何安排生产，才能使得在一个生产周期内总利润最大?

表 5.1 产品工序利润表

	Ⅰ	Ⅱ	总工序限时(天)
甲	2	4	24
乙	4	2	36
丙	2	5	30
单位利润(万元/件)	300	500	

解 设Ⅰ,Ⅱ产品的产量分别为 x_1,x_2件,建立线性规划模型:

$$\max z = 300x_1 + 500x_2$$

$$\text{s.t.}\begin{cases}2x_1 + 4x_2 \leqslant 24\\4x_1 + 2x_2 \leqslant 36\\2x_1 + 5x_2 \leqslant 30\\x_1 \geqslant 0, x_2 \geqslant 0\end{cases}$$

用单纯形法或图解法求解,得到最优解 $x_1 = 8, x_2 = 2, z^* = 3\ 400$.

从线性规划的角度来看,问题似乎已得到解决,但是,从企业的具体经营过程来看,问题往往不是这么简单.一般来说,企业的经营不可能只考虑利润,还需要考虑多个方面的因素.如在例 5.1 中,企业要考虑如下情况:

(1) 工序甲的总工时严格限制,禁止超时.

(2) 力求使利润指标尽量不低于 3 400 元.

(3) 考虑到市场需求,Ⅰ,Ⅱ两种产品的产量比应尽量保持 1∶2.

(4) 工序丙的总工时要求充分利用,可以适当加班;工序乙的总工时要求充分利用,又尽可能不加班,在重要性上,工序乙是工序丙的三倍.

上述问题,仅用线性规划方法是不够的,需要引用新的方法进行建模求解.线性规划模型至少有如下局限性:

(1) 线性规划问题的最优解必须满足全部的约束,其可行解集非空,即其约束条件彼此相容,实际问题往往不能满足这样的要求.

(2) 线性规划只能处理单目标的优化问题,而对多目标问题则不能给出满意的解答.

(3) 线性规划在处理问题时,将各个约束的地位看成同等重要,而在实际问题中,各个约束的重要性既有层次上的差别,又有在同一层次上不同权重的差别.

(4) 线性规划问题的解的可行性和最优性具有十分明确的意义,但是在实际问题中,由于问题的复杂性和决策的多目标性,最终的决策值一般情况下不是所有目标的最优解,而只能是满意解,线性规划模型无法达到这样的要求.

5.1.2 目标规划问题举例

例 5.2 某工厂生产甲、乙两种产品,生产单位产品所需要的原材料及占用设备台时如表 5.2 所示，该工厂现在拥有设备台时为 10 台时、原材料最大供应量为 11 kg，已知生产每单位甲种产品可获利润为 800 元，每单位乙种产品为 1 000 元，工厂在安排生产计划时，有如下一系列考虑：

表 5.2 产品设备、材料利润表

项目＼产品	甲	乙	拥有量
原材料	2	1	11 kg
设备	1	2	10 台时
利润(元)	800	1 000	

(1) 绝对不能超过计划使用原材料，因为超计划后，需高价采购原材料，使成本增加.

(2) 由市场信息反馈，产品甲售量有下降趋势，故决定产品甲的生产量不超过产品乙的生产量.

(3) 尽可能充分利用设备，但不希望加班.

(4) 尽可能达到并超过计划利润 5 600 元.

解 这是一个多目标问题，若设 x_1,x_2分别为该厂每日生产甲、乙两种产品的产量，则工厂决策者的考虑用数学公式表示为

$$2x_1 + x_2 \leqslant 11 \tag{5.1}$$

$$x_1 + 2x_2 \leqslant 10 \tag{5.2}$$

$$x_1 - x_2 \leqslant 0 \tag{5.3}$$

$$8x_1 + 10x_2 \geqslant 56 \tag{5.4}$$

在用目标规划描述该问题前，首先介绍目标规划的一系列基本概念.

5.1.3 目标规划的基本概念与特点

为了克服线性规划的局限性，目标规划采用如下手段：

1. 设置理想值(期望值)

如前所述，目标规划是解决多目标规划问题的，而决策者事先对每个目标都有个期望值即理想值(也称为目标值).

如(5.1)～(5.4)式中右端值 11,10,0,56，都是决策者分别对各个目标所赋予的期望值.

2. 设置正、负偏差变量 d^+ 与 d^-

用偏差变量来表示实际值与目标值之间的差异. 目标规划不是对每个目标求最优值，而是寻找使每个目标与各自的理想值之差尽可能小的解. 为此，令 d_i^+ 为第 i 个目标的实际值超出目标值的差值，称为正偏差变量；令 d_i^- 为第 i 个目标的实际值未达到目标值的差值，称为负偏差变量. 对每个原始目标表达式(或是等式，

或是不等式，其右端为理想值）的左端都加上负偏差变量 d^- 及减去正偏差变量 d^+ 后，都变为等式，例 5.2 中，工厂决策者关于利润的考虑，其原始目标式为(5.4)式，加上正负偏差变量后成为

$$8x_1+10x_2+d^- - d^+ = 56 \tag{5.5}$$

式中，负偏差变量 d^- 表示当决策变量 x_1, x_2 取定一组值后，由原始目标(5.4)式左端计算出来的实际值与理想值的偏差，即不足理想值的偏差；而正偏差变量 d^+ 表示计算出的实际值超过理想值的偏差.

因为计算值与理想值之间的关系中有三种可能：不足、超过或相等，不足时有 $d_i^+=0$，超过时有 $d_i^-=0$，相等时有 $d_i^+=d_i^-=0$. 因此不论计算值与理想值之间如何，至少总有一个偏差变量为 0，即 $d_i^+\cdot d_i^-=0$ 必成立.

3. 统一处理目标与约束

在目标规划中，约束有两类：一类是对资源有严格限制的，用严格的等式或不等式约束来处理，称为刚性约束，也称硬约束或绝对约束，如线性规划问题中所有约束条件都是绝对约束，不能满足绝对约束的解即为非可行解. 目标规划模型中，有时也会含有绝对约束.

另一类约束是可以不严格限制的等式约束，它是把要追求的目标的理想值作为等式右端常数项，在目标表达式右端加减负正偏差变量后构成等式左端，称为柔性约束，也称软约束或目标约束. 柔性约束是目标规划所特有的一种约束. 在追求此目标的理想值时，允许发生负正偏差（不足或超过）. 之所以称为目标约束，是因为这类约束往往是由原先的目标函数通过加上正负偏差变量及理想值转化而来.

如例 5.2 中(5.2)式、(5.3)式、(5.4)式化成目标约束即为

$$x_1 - x_2 + d_1^- - d_1^+ = 0 \tag{5.6}$$

$$x_1 + 2x_2 + d_2^- - d_2^+ = 10 \tag{5.7}$$

$$8x_1 + 10x_2 + d_3^- - d_3^+ = 56 \tag{5.8}$$

但是绝对约束与目标约束从形式上讲也是可以转化的. 如本例的(5.1)式，根据题意，它应是一绝对约束，但是通过如下转化

$$2x_1 + x_2 + d_4^- - d_4^+ = 11 \tag{5.9}$$

再附加一个约束

$$d_4^+ = 0 \tag{5.10}$$

合起来相当于(5.1)式

$$2x_1 + x_2 \leqslant 11$$

一般地，

$$f_i(x) + d_i^- - d_i^+ = b_i \tag{5.11}$$

附加约束 $d_i^-=0$，相当于绝对约束 $f_i(x)\geqslant b_i$；若(5.11)式附加约束 $d_i^+=0$，相当于绝对约束 $f_i(x)\leqslant b_i$；(5.11)式附加约束 $d_i^-=d_i^+=0$，相当于绝对约束 $f_i(x)=b_i$.

而附加约束 $d_i^-=0$ 或 $d_i^+=0$ 或 $d_i^-=d_i^+=0$，在目标规划中是采用对 d_i^- 或 d_i^+ 或 $d_i^-+d_i^+$ 作用目标函数求极小值来实现的(因为 $d_i^-,d_i^+\geqslant0$，故极小值必为0)，关于目标规划的目标函数见后文，因此一个绝对约束可以转化为一个目标约束加一个目标函数.

4. 目标的优先级与权系数

在目标规划模型中，目标的优先分为两个层次，第一个层次是目标分成不同的优先级，在求解目标规划时，必须先优化高优先级别的目标，然后再优化低优先级的目标.凡要求首先达到的目标，赋予优先级 p_1，要求第二位达到的目标赋予优先级 p_2，…，设共有 k 个优先级，则规定 $p_1\gg p_2\gg\cdots\gg p_k>0$.只有当 p_1级完成了优化后，再考虑 $p_2,p_3,\cdots$.反之，p_2级在优化时不能破坏 p_1级的优化值；p_3级在优化时不能破坏 p_1,p_2级已达到的优化值，依次类推.

由上所述，绝对约束可转化为一个目标约束加一个极小化目标函数，因为绝对约束是必须满足的硬约束，因此与绝对约束相应的目标函数总是放在 p_1级.

第二个层次是当目标处于同一优先级，但两个目标的权重不一样时，两目标同时优化，但用权系数(也称权因子)的大小来表示目标重要性的差别.重要性大的在偏差变量前赋予大的系数.如 $p_3(2d_3^-+d_3^+)$，表示偏差变量 d_3^- 与 d_3^+ 处在同一优先级 p_3，但 d_3^- 的重要性比 d_3^+ 的大，前者的重要程度约为后者的两倍，权系数的数值，一般需要分析工作者与决策者或其他专家商讨而定.

5. 目标规划的目标函数——准则函数

目标规划中的目标函数(又可称为准则函数或达成函数)是由各目标的约束的正、负偏差变量及其相应的优先级、权系数构成的函数，且对这个函数求极小值，其中不包含决策变量 x_i，因为决策者的愿望总是希望尽可能缩小偏差，使目标尽可能达到理想值，因此目标规划的目标函数总是极小化，有三种极小化的基本形式：

(1) 若希望超过目标值，超过可以接受，不足则不能接受，则目标函数为 $\min z=f(d^-)$.

(2) 若希望不超过目标值，不足可以接受，超过则不能接受，则目标函数为 $\min z=f(d^+)$.

(3) 若希望恰好达到目标值，超过或不足都不能接受，则目标函数为 $\min z=f(d^-+d^+)$.

5.1.4　目标规划的数学模型

对于例5.2，目标约束为(5.6)式、(5.7)式、(5.8)式，因为工厂决策者考虑甲的生产量不能超过乙的生产量，因此第一优先级应为 $\min\{p_1d_1^+\}$.对于第二个考虑：尽可能充分利用设备，但不希望加班，因此对(5.7)式，应有目标函数为 $\min\{p_2(d_2^-+d_2^+)\}$.对(5.8)式，工厂希望达到并超过计划利润5 600元，因此相应目标函数为$\min\{p_3d_3^-\}$.

因此对于例 5.2,其目标规划的数学模型为

$$\min z = p_1 d_1^+ + p_2(d_2^- + d_2^+) + p_3 d_3^-$$

$$\text{s.t.}\begin{cases} 2x_1 + x_2 \leqslant 11 \\ x_1 - x_2 + d_1^- - d_1^+ = 0 \\ x_1 + 2x_2 + d_2^- - d_2^+ = 10 \\ 8x_1 + 10x_2 + d_3^- - d_3^+ = 56 \\ x_1, x_2 \geqslant 0, d_i^-, d_i^+ \geqslant 0 \quad (i = 1,2,3) \end{cases} \tag{5.12}$$

(5.12)式中的第一个约束是硬约束.

例 5.3 建立例 5.1 的目标规划模型.

解 该例中工序甲是刚性约束,其余是柔性约束.首先,最重要的指标是企业的利润,因此将它的优先级列为第一级;其次,Ⅰ,Ⅱ两种产品的产量保持 1∶2 的比例,列为第二级;再次,工序丙的总工时要求充分利用,可以适当加班;工序乙的总工时要求充分利用,又尽可能不加班,在重要性上,工序乙是工序丙的三倍,列为第三级.在第三级中,工序乙的重要性是工序丙的三倍,因而它们的权系数不一样,工序乙前的系数是工序丙前系数的三倍.由此得到相应的目标规划模型.

$$\min z = p_1 d_1^- + p_2(d_2^- + d_2^+) + p_3(3d_3^- + 3d_3^+ + d_4^-)$$

$$\text{s.t.}\begin{cases} 2x_1 + 4x_2 \leqslant 24 \\ 300x_1 + 500x_2 + d_1^- - d_1^+ = 3\,400 \\ 2x_1 - x_2 + d_2^- - d_2^+ = 0 \\ 4x_1 + 2x_2 + d_3^- - d_3^+ = 36 \\ 2x_1 + 5x_2 + d_4^- - d_4^+ = 30 \\ x_1, x_2 \geqslant 0, d_i^-, d_i^+ \geqslant 0 \quad (i = 1,2,3,4) \end{cases} \tag{5.13}$$

对于有 n 个决策变量、m 个目标约束、L 个硬约束、k_0 个优先级的目标规划,其一般的数学模型可写成

$$\min z = \sum_{l=1}^{k_0} p_l \left[\sum_{k=1}^{m} (\omega_{lk}^- d_k^- + \omega_{lk}^+ d_k^+) \right]$$

$$\text{s.t.}\begin{cases} \sum_{j=1}^{n} a_{tj} x_j \leqslant (=\geqslant) b_t & (t = 1,2,\cdots,L) \\ \sum_{j=1}^{n} c_{kj} x_j + d_k^- - d_k^+ = g_k & (k = 1,2,\cdots,m) \\ x_j \geqslant 0, d_k^-, d_k^+ \geqslant 0 & (j = 1,2,\cdots,n; k = 1,2,\cdots,m) \end{cases} \tag{5.14}$$

式中,优先级 p_l 后的 ω_{lk}^-,ω_{lk}^+ 是指偏差变量 d_k^-,d_k^+($k=1,2,\cdots,m$)的权因子,其中包含 ω_{lk}^-,ω_{lk}^+ 均为 0 的情况,即表示对应的偏差变量不出现在 p_l 优先级中.

线性目标规划可采用图解法、单纯形算法及序贯式算法等,本章只介绍前两种方法.

5.2　目标规划的图解法

对于只有两个决策变量的目标规划问题,可以用图解法求解,其步骤如下:

(1) 先作硬约束与决策变量的非负约束,同一般线性规划作图法.

对于例5.2,作硬约束(绝对约束)

$$2x_1 + x_2 = 11 \tag{①}$$

及 $x_1 \geqslant 0, x_2 \geqslant 0$,见图5.1,此时可行域为△$OAB$.

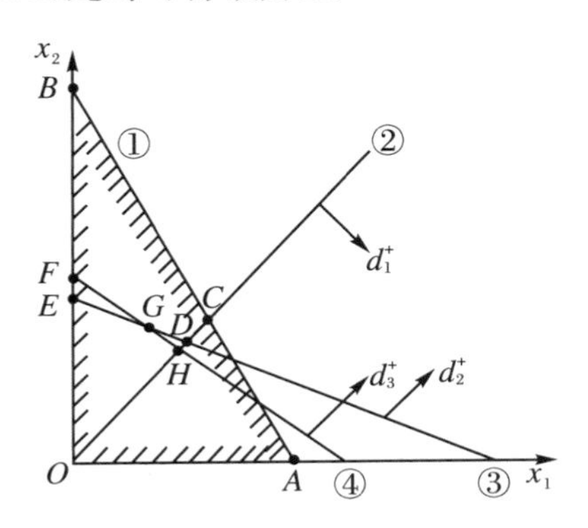

图5.1　例5.2目标规划图解

(2) 作目标约束.

此时,先让 $d_i^- = d_i^+ = 0$(与作绝对约束时类似),画出相应的约束条件表示的直线,然后在相应的直线上标出 d_i^- 及 d_i^+ 的增加方向(实际上是目标值减少与增加的方向),对于例5.2作

$$x_1 - x_2 = 0 \tag{②}$$

$$x_1 + 2x_2 = 10 \tag{③}$$

$$8x_1 + 10x_2 = 56 \tag{④}$$

如图5.1的②,③,④所示.

(3) 按优先级的次序,逐级让目标规划的目标函数(准则函数或达成函数)中极小化偏差变量取0,从而逐步缩小可行域,最后找出问题的解.

例5.2中,其目标函数中第一级 p_1是对 d_1^+ 取极小值,对直线 OC 是 $x_1 - x_2 = 0$ 即②,在直线②的左上方为 $d_1^+ = 0$(含直线 OC),因此当取 $\min\{d_1^+\} = 0$ 时,与△OAB 可行域的共同解集为△OCB(即在△OCB 内,既满足了绝对约束①,也满足了第一优先级 p_1的要求).

再考虑第二优先级 p_2:$\min\{p_2(d_2^- + d_2^+)\}$.因为 p_2是对 d_2^- 及 d_2^+ 同时取极小值,此时满足条件的解只能在直线 $x_1 + 2x_2 = 10$ 即③上,因此总的可行域缩小为

线段 ED.

再考虑第三个优先级 p_3: $\min\{p_3(d_3^-)\}$,对于满足 $d_3^-=0$ 的点,应在直线 FH: $8x_1+10x_2=56$ 即④的右上方,因此与线段 ED 的交集为线段 GD,因此例 5.3 的解为线段 GD 上所有的点(无穷多个解). 由图 5.1 可知,G 点的坐标为(2,4),点 D 的坐标为 $\left(\frac{10}{3},\frac{10}{3}\right)$. 此时 $d_1^+=0, d_2^-+d_2^+=0, d_3^-=0$ 都已满足.

值得注意的是,如例 5.2 那样,最后能使所有优先级都达到极值的情况,在目标规划问题中并不多见. 经常出现的情况是,在对某一个优先级的偏差变量极小化时,该优先级中有一个或多个偏差变量不能取 0,否则要超出硬约束与非负约束构成的可行域凸集(或超出几个优先级所构成的可行域). 此时让待极小化的偏差变量尽可能地取小的值(即使不等于 0),但仍保证在可行域的凸集中,这时得到的解称为满意解而不是最优解. 下面举例说明.

例 5.4 用图解法解下面的目标规划.

$$\min z = p_1 d_1^- + p_2 d_2^+ + p_3(5d_3^- + 3d_4^-) + p_4 d_1^+$$

$$\text{s.t.}\begin{cases} x_1 + 2x_2 + d_1^- - d_1^+ = 6 & ① \\ x_1 + 2x_2 + d_2^- - d_2^+ = 9 & ② \\ x_1 - 2x_2 + d_3^- - d_2^+ = 4 & ③ \\ x_2 + d_4^- - d_4^+ = 2 & ④ \\ x_1, x_2, d_i^-, d_i^+ \geqslant 0 \quad (i = 1,2,3,4) \end{cases} \tag{5.15}$$

解 解题过程见图 5.2.

从图 5.2 可见,在考虑 p_1 和 p_2 的目标后,解空间为四边形 $ABCD$ 区域. 在考虑 p_3 的目标时,因为 d_3^- 的权系数比 d_4^- 的大,所以先考虑 $\min\{d_3^-\}$. 此时,x_1 和 x_2 的取值范围缩小为四边形 $ABEF$;然后考虑 $\min\{d_4^-\}$. 但在四边形 $ABEF$ 区域内无法满足 $d_4^-=0$,所以,只能退一步,要求在四边形 $ABEF$ 中找一点,使 d_4^- 尽可能小,这一点就是点 $E(6.5,1.25)$. 所以,问题的满意解为 $x_1=6.5, x_2=1.25$.

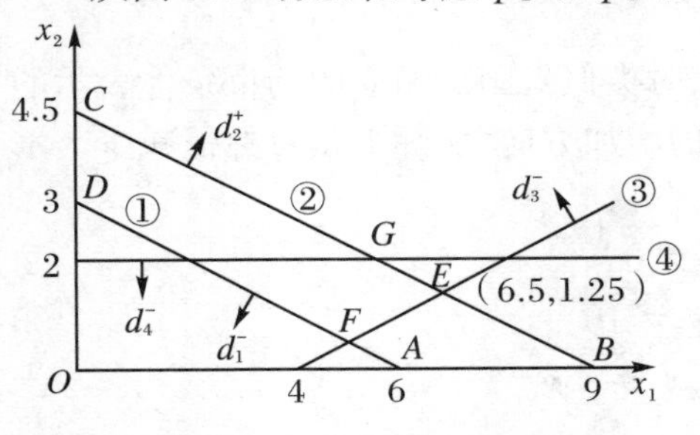

图 5.2 例 5.4 目标规划图解

5.3 目标规划的单纯形算法

目标规划的数学模型实际上就是最小化的线性规划模型,可用单纯形法求解. 在用单纯形法求解目标规划时,检验数是各优先因子的线性组合. 在判别各检验数的正负及大小时，必须注意 $p_1 \gg p_2 \gg \cdots \gg p_{k_0} > 0$，在单纯形表中决策变量与偏差变量同等看待，为了能明确看出哪些优先因子对应的目标已满足，哪几个目标未满足，将检验数行的表达进行了改进，即把检验数行也拆分成 k_0 个行(见例5.5).当检验数满足最优性条件(即检验数都不小于0)时，从最终表中即可得到目标规划的满意解.

例5.5　用单纯形法解下列目标规划.

$$\min z = p_1(d_1^+ + d_2^+) + p_2 d_3^- + p_3 d_4^+ + p_4(d_1^- + 1.5d_2^-)$$

$$\text{s.t.}\begin{cases} x_1 + d_1^- - d_1^+ = 30 \\ x_2 + d_2^- - d_2^+ = 15 \\ 8x_1 + 12x_2 + d_3^- - d_3^+ = 1\,000 \\ x_1 + 2x_2 + d_4^- - d_4^+ = 40 \\ x_1, x_2, d_i^-, d_i^+ \geqslant 0 \quad (i = 1,2,3,4) \end{cases} \tag{5.16}$$

解　列出该问题的单纯形表，见表5.3.

表5.3　例5.5目标规划单纯形表

	c_j		0	0	p_4	$1.5p_4$	p_2	0	p_1	p_1	0	p_3
C_B	X_B	$\bar{b}$	x_1	x_2	d_1^-	d_2^-	d_3^-	d_4^-	d_1^+	d_2^+	d_3^+	d_4^+
p_4	d_1^-	30	1	0	1	0	0	0	−1	0	0	0
$1.5p_4$	d_2^-	15	0	[1]	0	1	0	0	0	−1	0	0
p_2	d_3^-	1 000	8	12	0	0	1	0	0	0	−1	0
0	d_4^-	40	1	2	0	0	0	1	0	0	0	−1
$c_j - z_j$	p_1	0	0	0	0	0	0	0	1	1	0	0
	p_2	−1 000	−8	−12	0	0	0	0	0	0	1	0
	p_3	0	0	0	0	0	0	0	0	0	0	1
	p_4	−52.5	−1	−1.5	0	0	0	0	1	1.5	0	0

与线性规划的单纯形表不同的是在目标规划的单纯形表中把检验数行拆分成 k_0 个行，对本题即四行：p_1, p_2, p_3, p_4，将每个变量的检验数分成四级，分别填入系数，如 $\sigma_1 = -8p_2 - p_4 = 0\times p_1 - 8\times p_2 + 0\times p_3 - p_4$，则将 $(0,-8,0,-1)^{\mathrm{T}}$ 填入 x_1 的检验数 σ_1 那一列，其余类推.在表5.3中，第三列上半段，即为当前基变量的取值，即

$$(d_1^-, d_2^-, d_3^-, d_4^-)^{\mathrm{T}} = (30, 15, 1\,000, 40)^{\mathrm{T}}$$

第三列的下半段，即为各目标优先级的取值(也就是达成值)的相反数，即

$$z = (z_1, z_2, z_3, z_4) = (0, 1\,000, 0, 52.5)$$

对于本例，第一次迭代，x_2 代替 d_2^- 进入基变量后，x_1 的检验数 $\sigma_1 = -8p_2 - p_4 < 0$，因此 x_1 进基，同时可知，d_4^- 应离基.依次类推，由表5.4可知，第三次迭代后，各变量的检验数都为非负，该目标规划的满意解已得到，计算结束.从第三次迭代的检验数行可看出 p_1 级、p_4 级的目标已实现，达成值都是0，而 p_2 与 p_3 级目

标均未全部满足，p_2级目标达成值为 580，p_3级目标达成值为 20. 如表 5.4 所示.

表 5.4 迭代单纯形表

		c_j		0	0	p_4	$1.5p_4$	p_2	0	p_1	p_1	0	p_3	
迭代次数	C_B	X_B	$\bar{b}$	x_1	x_2	d_1^-	d_2^-	d_3^-	d_4^-	d_1^+	d_2^+	d_3^+	d_4^+	θ
1	p_4	d_1^-	30	1	0	1	0	0	0	−1	0	0	0	30
	0	x_2	15	0	1	0	1	0	0	0	−1	0	0	
	p_2	d_3^-	820	8	0	0	−12	1	0	0	12	−1	0	102.5
	0	d_4^-	10	[1]	0	0	−2	0	1	0	2	0	−1	10
	$c_j - z_j$	p_1	0	0	0	0	0	0	0	1	1	0	0	
		p_2	−820	−8	0	0	12	0	0	0	−12	1	0	
		P_3	0	0	0	0	0	0	0	0	0	0	1	
		p_4	−30	−1	0	0	1.5	0	0	1	0	0	0	
2	p_4	d_1^-	20	0	0	1	2	0	−1	−1	−2	0	[1]	20
	0	x_2	15	0	1	0	1	0	0	0	−1	0	0	
	p_2	d_3^-	740	0	0	0	4	1	−8	0	−4	−1	8	92.5
	0	x_1	10	1	0	0	−2	0	1	0	2	0	−1	
	$c_j - z_j$	p_1	0	0	0	0	0	0	0	1	1	0	0	
		p_2	−740	0	0	0	−4	0	8	0	4	1	−8	
		p_3	0	0	0	0	0	0	0	0	0	0	1	
		p_4	−20	0	0	0	−0.5	0	1	1	2	0	−1	
3	p_3	d_4^+	20	0	0	1	2	0	−1	−1	−2	0	1	
	0	x_2	15	0	1	0	1	0	0	0	−1	0	0	
	p_2	d_3^-	580	0	0	−8	−12	1	0	8	12	−1	0	
	0	x_1	30	1	0	1	0	0	0	−1	0	0	0	
	$c_j - z_j$	p_1	0	0	0	0	0	0	0	1	1	0	0	
		p_2	−580	0	0	8	12	0	0	−8	−12	1	0	
		p_3	−20	0	0	−1	−2	0	1	1	2	0	0	
		p_4	0	0	0	1	1.5	0	0	0	0	0	0	

5.4 目标规划的灵敏度分析

主要是对目标优先和权系数的确定的灵敏度分析. 下面举例说明.

例 5.6 对例 5.4 的目标规划问题，已用图解法求得满意解为 $x_1 = 6.5$，$x_2 = 1.25$，用单纯形法求解可得该问题的单纯形表的最终表，见表 5.5.

表 5.5 例 5.4 单纯形表求解结果

$c_j\to$			0	0	p_1	p_4	0	p_2	$5p_3$	0	$3p_3$	0
$\boldsymbol{C}_B$	$\boldsymbol{X}_B$	$\boldsymbol{b}$	x_1	x_2	d_1^-	d_1^+	d_2^-	d_2^+	d_3^-	d_3^+	d_4^-	d_4^+
0	x_1	$\frac{13}{2}$	1	0	0	0	$\frac{1}{2}$	$-\frac{1}{2}$	$\frac{1}{2}$	$-\frac{1}{2}$	0	0
p_4	d_1^+	3	0	0	-1	1	1	-1	0	0	0	0
$3p_3$	d_4^-	$\frac{3}{4}$	0	0	0	0	$-\frac{1}{4}$	$\frac{1}{4}$	$\frac{1}{4}$	$-\frac{1}{4}$	1	-1
0	x_2	$\frac{5}{4}$	0	1	0	0	$\frac{1}{4}$	$-\frac{1}{4}$	$-\frac{1}{4}$	$\frac{1}{4}$	0	0
c_j-z_j		p_1	0	0	1	0	0	0	0	0	0	0
		p_2	0	0	0	0	0	1	0	0	0	0
		p_3	0	0	0	0	$\frac{3}{4}$	$-\frac{3}{4}$	$\frac{17}{4}$	$\frac{3}{4}$	0	3
		p_4	0	0	1	0	-1	1	0	0	0	0

现在决策者想知道,目标函数中各目标的优先因子和权系数对最终解的影响.为此,提出了下面两个灵敏度分析问题,即将目标函数分别变为

(a) $\min z=p_1d_1^-+p_2d_2^++p_3d_1^++p_4(5d_3^-+3d_4^-)$

(b) $\min z=p_1d_1^-+p_2d_2^++p_3(\omega_1d_3^-+\omega_2d_4^-)+p_4d_1^+\quad(\omega_1,\omega_2>0)$

解 目标函数的变化仅影响原解的最优性,即各变量的检验数.因此,先考察检验数的变化,然后再做决策.

(1) 当目标函数变为(a)时,单纯形表变为表 5.6.

表 5.6 目标函数变化单纯形表

$c_j\to$			0	0	p_1	p_3	0	p_2	$5p_4$	0	$3p_4$	0
$\boldsymbol{C}_B$	$\boldsymbol{X}_B$	$\boldsymbol{b}$	x_1	x_2	d_1^-	d_1^+	d_2^-	d_2^+	d_3^-	d_3^+	d_4^-	d_4^+
0	x_1	$\frac{13}{2}$	1	0	0	0	$\frac{1}{2}$	$-\frac{1}{2}$	$\frac{1}{2}$	$-\frac{1}{2}$	0	0
p_3	d_1^+	3	0	0	-1	1	1	-1	0	0	0	0
$3p_4$	d_4^-	$\frac{3}{4}$	0	0	0	0	$-\frac{1}{4}$	$\frac{1}{4}$	$\frac{1}{4}$	$-\frac{1}{4}$	1	-1
0	x_2	$\frac{5}{4}$	0	1	0	0	$\frac{1}{4}$	$-\frac{1}{4}$	$-\frac{1}{4}$	$\frac{1}{4}$	0	0
c_j-z_j		p_1	0	0	1	0	0	0	0	0	0	0
		p_2	0	0	0	0	0	1	0	0	0	0
		p_3	0	0	1	0	-1	1	0	0	0	0
		p_4	0	0	0	0	$\frac{3}{4}$	$-\frac{3}{4}$	$\frac{17}{4}$	$\frac{3}{4}$	0	3

从表 5.6 可见,原解最优性被破坏,故应用单纯形法继续求解,见表 5.7.

表 5.7 单纯形法求解结果

	$c_j \to$		0	0	p_1	p_3	0	p_2	$5p_4$	0	$3p_4$	0
$\boldsymbol{C}_B$	$\boldsymbol{X}_B$	$\boldsymbol{b}$	x_1	x_2	d_1^-	d_1^+	d_2^-	d_2^+	d_3^-	d_3^+	d_4^-	d_4^+
0	x_1	5	1	0	$\frac{1}{2}$	$-\frac{1}{2}$	0	0	$\frac{1}{2}$	$-\frac{1}{2}$	0	0
0	d_2^-	3	0	0	-1	1	1	-1	0	0	0	0
$3p_4$	d_4^-	$\frac{3}{2}$	0	0	$-\frac{1}{4}$	$\frac{1}{4}$	0	0	$\frac{1}{4}$	$-\frac{1}{4}$	1	-1
0	x_2	$\frac{1}{2}$	0	1	$\frac{1}{4}$	$-\frac{1}{4}$	0	0	$-\frac{1}{4}$	$\frac{1}{4}$	0	0
$c_j - z_j$		p_1	0	0	1	0	0	0	0	0	0	0
		p_2	0	0	0	0	0	1	0	0	0	0
		p_3	0	0	0	1	0	0	0	0	0	0
		p_4	0	0	$\frac{3}{4}$	$-\frac{3}{4}$	0	0	$\frac{17}{4}$	$\frac{3}{4}$	0	3

从表 5.7 可知，目标函数变为(a)后，原满意解已失去了最优性. 新的满意解为 $x_1=5, x_2=0.5$. 即例 5.4 中图 5.2 中的 $\boldsymbol{F}$ 点.

(2) 当目标函数变为(b)时，就要了解第三优先级中两目标权系数取值对原解的影响. 此时，单纯形表变为表 5.8.

表 5.8 目标函数变化后单纯形表

	$c_j \to$		0	0	p_1	p_4	0	p_2	$\omega_1 p_3$	0	$\omega_2 p_3$	0
$\boldsymbol{C}_B$	$\boldsymbol{X}_B$	$\boldsymbol{b}$	x_1	x_2	d_1^-	d_1^+	d_2^-	d_2^+	d_3^-	d_3^+	d_4^-	d_4^+
0	x_1	$\frac{13}{2}$	1	0	0	0	$\frac{1}{2}$	$-\frac{1}{2}$	$\frac{1}{2}$	$-\frac{1}{2}$	0	0
p_4	d_1^+	3	0	0	-1	1	1	-1	0	0	0	0
$\omega_2 p_3$	d_4^-	$\frac{3}{4}$	0	0	0	0	$-\frac{1}{4}$	$\frac{1}{4}$	$\frac{1}{4}$	$-\frac{1}{4}$	1	-1
0	x_2	$\frac{5}{4}$	0	1	0	0	$\frac{1}{4}$	$-\frac{1}{4}$	$-\frac{1}{4}$	$\frac{1}{4}$	0	0
$c_j - z_j$		p_1	0	0	1	0	0	0	0	0	0	0
		p_2	0	0	0	0	0	1	0	0	0	0
		p_3	0	0	0	0	$\frac{\omega_2}{4}$	$-\frac{\omega_2}{4}$	$\omega_1-\frac{\omega_2}{4}$	$\frac{\omega_2}{4}$	0	ω_2
		p_4	0	0	1	0	-1	1	0	0	0	0

从表 5.8 可知，原解是否改变取决于 d_3^- 的检验数 $\omega_1-\omega_2/4$：

当 $\omega_1-\omega_2/4>0$ 时，原满意解不变，仍为 $x_1=6.5, x_2=1.25$，即图 5.2 中的 $\boldsymbol{E}$ 点；

当 $\omega_1-\omega_2/4<0$ 时，原满意解改变. 用单纯形法继续求解，可得新的满意解 $x_1=5, x_2=2$，即图 5.2 中的 G 点；

当 $\omega_1-\omega_2/4=0$ 时,E 点和 G 点皆为满意解.

5.5 目标规划的应用

本节的主要目的是希望通过典型实例,使读者了解如何将一个复杂的实际问题转化为一个合理的目标规划模型,并掌握建立数学模型的一些常用技巧.

例 5.7 某音像店有 5 名全职售货员和 4 名兼职售货员.全职售货员每月工作 160 h,兼职售货员每月工作 80 h.根据过去的工作记录,全职售货员每小时销售 CD 25 张,平均每小时工资 15 元,加班工资每小时 22.5 元;兼职售货员每小时销售 CD 10 张,平均每小时工资 10 元,加班工资每小时 10 元.现在预测下月 CD 计划销售量为 27 500 张,商店每周开门营业 6 天,所以可能要加班,每售出一张 CD 赢利 1.5 元.

商店经理认为,保持稳定的就业水平加上必要的加班,比不加班但就业水平不稳定要好.但全职售货员如果加班过多,就会因为疲劳过度而造成效率下降,因此每月加班不允许超过 100 h.试建立相应的目标规划模型,并运用 LINGO 求解.

解 步骤 1:先建立目标约束的优先级.

p_1:下月的 CD 销售量达到 27 500 张;

p_2:限制全职售货员加班时间不超过 100 h;

p_3:保持全体售货员充分就业.因为充分工作是良好劳资关系的重要因素,但对全职售货员要比兼职售货员加倍优先考虑;

p_4:尽量减少加班时间.但对两种售货员区别对待,优先权因子由他们对利润的贡献而定.

步骤 2:再建立目标约束.

(1) 销售目标约束.设

x_1:全体全职售货员下月的工作时间;x_2:全体兼职售货员下月的工作时间;

d_1^-:达不到销售目标的偏差;d_1^+:超过销售目标的偏差.

由于希望下月的销售量超过 27 500 张 CD 片,因此销售目标为

$$\begin{cases}\min\{d_1^-\}\\25x_1+10x_2+d_1^--d_1^+=27\,500\end{cases}\tag{5.17}$$

(2) 正常工作时间约束.设

d_2^-:全体全职售货员下月的停工时间;d_2^+:全体全职售货员下月的加班时间;

d_3^-:全体兼职售货员下月的停工时间;d_3^+:全体兼职售货员下月的加班时间.

由于希望保持全体售货员充分就业,同时加倍优先考虑全职售货员,因此工作目标约束为

$$\begin{cases}\min\{2d_2^- + d_3^-\} \\ x_1 + d_2^- - d_2^+ = 800 \\ x_2 + d_3^- - d_3^+ = 320\end{cases} \tag{5.18}$$

(3) 加班时间的限制.设

d_4^-:全体全职售货员下月加班不足 100 h 的偏差;

d_4^+:全体全职售货员下月加班超过 100 h 的偏差.

限制全职售货员加班不超过 100 h,将加班约束看成正常班约束,不同的是右端加上 100 h,因此加班目标约束为

$$\begin{cases}\min\{d_4^+\} \\ x_1 + d_4^- - d_4^+ = 900\end{cases} \tag{5.19}$$

另外,全职售货员加班 1 h,商店得到的利润为 25×1.5－22.5＝15 元,兼职售货员加班 1 h,商店得到的利润为 10×1.5－10＝5 元,因此加班 1 h 全职售货员获得的利润是兼职售货员的三倍,即权因子之比为 $d_2^+ : d_3^+ = 1 : 3$,所以,令一个加班目标约束为

$$\begin{cases}\min\{d_2^+ + 3d_3^+\} \\ x_1 + d_2^- - d_2^+ = 800 \\ x_2 + d_3^- - d_3^+ = 320\end{cases} \tag{5.20}$$

步骤 3:按目标的优先级,写出相应的目标规划模型.

$$\min z = p_1 d_1^- + p_2 d_4^+ + p_3(2d_2^- + d_3^-) + p_4(d_2^+ + 3d_3^+)$$

$$\text{s.t.}\begin{cases}25x_1 + 10x_2 + d_1^- - d_1^+ = 27\,500 \\ x_1 + d_2^- - d_2^+ = 800 \\ x_2 + d_3^- - d_3^+ = 320 \\ x_1 + d_4^- - d_4^+ = 900 \\ x_1, x_2, d_i^-, d_i^- \geqslant 0 \quad (i = 1,2,3,4)\end{cases} \tag{5.21}$$

解得满意解为:全职售货员总工作时间为 900 h(加班 100 h),兼职售货员总工作时间为 500 h(加班 180 h),下月共销售 CD 盘 27 500 张,商店共获得利润为

$$27\,500 \times 1.5 - 800 \times 15 - 100 \times 22.5 - 500 \times 10 = 22\,000(\text{元})$$

习 题 5

1. 已知单位牛奶、牛肉、鸡蛋中的维生素及胆固醇含量等有关数据见表 5.9.如果只考虑这三种食物,并且设立了下列三个目标:

(1) 满足三种维生素的每日最小需要量;

(2) 使每日摄入的胆固醇最小;

(3) 使每日购买食品的费用最少.

试建立该问题的目标规划模型.

表 5.9　食品营养及费用表

	牛奶(500 g)	牛肉(500 g)	鸡蛋(500 g)	每日最小需要量
维生素 A(mg)	1	1	10	1
维生素 C(mg)	100	10	10	30
维生素 D(mg)	10	100	10	10
胆固醇(单位)	70	50	120	
费用(元)	1.5	8	4	

2. 某市准备在下一年度预算中购置一批救护车，已知每辆救护车的购置价为 20 万元. 救护车用于所属的两个郊区县，各分配 x_A 和 x_B 台，A 县救护站从接到求救电话到救护车出动的响应时间为 $(40-3x_A)$ min，B 县响应的时间为 $(50-4x_B)$ min，该市确定如下优先级目标：

p_1：救护车购置费用不超过 400 万元；

p_2：A 县的响应时间不超过 5 min；

p_3：B 县的响应时间不超过 5 min.

要求：

(1) 建立目标规划模型；

(2) 若对优先级目标作出调整，p_2 变 p_1，p_3 变 p_2，p_1 变 p_3，试重新建立模型.

3. 用图解法求下列目标规划问题的满意解.

(1) $\min z = p_1 d_1^- + p_2 d_3^- + p_3 d_2^- + p_4(d_1^+ + d_2^+)$

$$\text{s.t.}\begin{cases} 2x_1 + x_2 + d_1^- - d_1^+ = 20 \\ x_1 + d_2^- - d_2^+ = 12 \\ x_2 + d_3^- - d_3^+ = 10 \\ x_1, x_2, d_i^-, d_i^+ \geqslant 0 \quad (i=1,2,3) \end{cases}$$

(2) $\min z = p_1 d_1^- + p_2 d_2^+ + p_3(3d_3^- + d_1^+)$

$$\text{s.t.}\begin{cases} x_1 + x_2 + d_1^- - d_1^+ = 40 \\ x_1 + x_2 + d_2^- - d_2^+ = 50 \\ x_1 + d_3^- - d_3^+ = 30 \\ x_2 + d_3^- - d_3^+ = 30 \\ x_1, x_2, d_i^-, d_i^+ \geqslant 0 \quad (i=1,2,3,4) \end{cases}$$

4. 用单纯形法求下列目标规划问题的满意解.

(1) $\min z = p_1 d_2^- + p_2 d_3^- + p_3 d_1^+$

$$\text{s.t.}\begin{cases} 2x_1 + 3x_2 + d_1^- - d_1^+ = 90 \\ 4x_1 + 2x_2 + x_3 = 80 \\ x_1 + d_2^- - d_2^+ = 15 \\ 4x_1 + 5x_2 + d_3^- - d_3^+ = 140 \\ x_1, x_2, x_3, d_i^-, d_i^+ \geqslant 0 \quad (i=1,2,3) \end{cases}$$

(2) $\min z = p_1 d_1^- + p_2(5d_2^+ + d_3^+)$

$$\text{s.t.}\begin{cases} 6x_1 + 4x_2 + d_1^- - d_1^+ = 280 \\ 2x_1 + 3x_2 + d_2^- - d_2^+ = 100 \\ 4x_1 + 2x_2 + d_3^- - d_3^+ = 120 \\ x_1, x_2, d_i^-, d_i^+ \geqslant 0 \quad (i=1,2,3) \end{cases}$$

5. 对目标规划问题

$$\min z = p_1 d_1^- + p_2 d_4^+ + p_3(5d_2^- + 3d_3^-) + p_4(3d_2^+ + 5d_3^+)$$

$$\text{s.t.}\begin{cases} x_1 + x_2 + d_1^- - d_1^+ = 80 \\ x_1 + d_2^- - d_2^+ = 70 \\ x_2 + d_3^- - d_3^+ = 45 \\ d_1^+ + d_4^+ - d_4^+ = 10 \\ x_1, x_2, d_i^-, d_i^+ \geqslant 0 \quad (i = 1,2,3,4) \end{cases}$$

(1) 用单纯形法求问题的满意解；

(2) 若目标函数变为 $\min z = p_1 d_1^- + p_2(5d_2^- + 3d_3^-) + p_3(3d_2^+ + 5d_3^+) + p_4 d_4^+$，则满意解有什么变化?

6. 某公司生产甲、乙两种节能产品，单位产品消耗的原材料量及单位利润等数据如表 5.10 所示. 对下一阶段的生产公司提出了下述目标及相应的优先级：

p_1：至少生产 7 件甲产品、10 件乙产品；

p_2：原材料使用量尽量不超过 95 kg，工作时间尽量不超过 125 h，设备使用尽量不超过 110 台时；

p_3：生产总利润不小于 55 000 元.

试利用目标规划制定一个生产计划.

表 5.10 产品材料、设备、工时及利润表

	产品甲	产品乙
原材料(kg)	7	5
工作时间(h)	3	5
设备(台时)	6	4
利润(元)	3 000	2 500

第6章　整数规划

整数规划是数学规划的一个重要分支，要求全部或部分决策变量取整数，可分为线性和非线性两类（本章只讨论线性部分）．根据变量的取值要求情况又可分为纯整数规划和混合整数规划．整数规划的一种特殊情况是0－1整数规划，它的决策变量只取0或1．要求决策变量取整数值的线性规划问题称为线性整数规划或整数线性规划，简记为ILP．只要求部分变量取整数值的整数线性规划称为混合整数线性规划，否则称之为纯整数线性规划．变量取整数值的要求使解整数线性规划的"复杂度"大大超过解相应的线性规划，一些著名的"计算困难"问题往往归结为整数线性规划问题．

本章主要介绍整数线性规划问题的建模实例及几种解法，主要介绍割平面法、分支定界法、0－1型整数规划问题解法，最后介绍指派问题的解法．

6.1　整数规划问题的数学模型

6.1.1　整数规划问题举例

例6.1　设有一容器（仓库、车厢、船轮等）的最大容量为V_0，现有n种物品可供选择装入该容器，每种物品数量不限，设第i种物品的体积为$v_i(i=1,2,\cdots,n)$其价值为c_i，问每种物品各取多少件装入，可使容器中装入的物品价值最大？

解　设取第$i(i=1,2,\cdots,n)$种物品为x_i件装入，则该问题的数学模型为

$$\max z=\sum_{i=1}^{n}c_ix_i$$
$$\text{s.t.}\begin{cases}v_1x_1+v_2x_2+\cdots+v_nx_n\leqslant V_0\\x_i\geqslant 0\text{ 且为整数}\quad(i=1,2,\cdots,n)\end{cases}\tag{6.1}$$

这是一个纯整数规划问题．

例6.2　某服务部门各时段（每2 h为一个时段）需要的服务员人数见表6.1．按规定，服务员连续工作8 h（即4个时段）为一班．现要求安排服务员的工作时间，使服务部门服务员总数最少．

表 6.1 服务员需求表

时段	1	2	3	4	5	6	7	8
服务员最小数目	5	10	12	11	13	9	5	3

解 设 x_i 为第 i 时段开始上班的服务员的人数，由于第 i 时段开始上班的服务员将在第 $i+3$ 时段下班，故决策变量只需要考虑 x_1, x_2, x_3, x_4, x_5.

该问题的数学模型为

$$\min z = x_1 + x_2 + x_3 + x_4 + x_5$$

$$\text{s.t.}\begin{cases} x_1 \geqslant 5 \\ x_1 + x_2 \geqslant 10 \\ x_1 + x_2 + x_3 \geqslant 12 \\ x_1 + x_2 + x_3 + x_4 \geqslant 11 \\ x_2 + x_3 + x_4 + x_5 \geqslant 13 \\ x_3 + x_4 + x_5 \geqslant 9 \\ x_4 + x_5 \geqslant 5 \\ x_5 \geqslant 3 \\ x_1, x_2, x_3, x_4, x_5 \geqslant 0 \\ x_1, x_2, x_3, x_4, x_5 \text{ 皆为整数} \end{cases} \tag{6.2}$$

这是一个纯整数规划问题.

例 6.3 公司 A_1 和 A_2 生产某种产品.为适应企业发展的要求，需要再建一家公司.建设方案有 A_3 和 A_4 两个.该产品的需求地有 B_1, B_2, B_3, B_4 四个.各公司的年生产能力、各地年需求量、各公司至各需求地的单位运费 c_{ij}（万元/$\times 10^6$ kg）($i, j = 1,2,3,4$)如表 6.2 所示.

公司 A_3 或 A_4 开工后，每年的生产费用估计分别为 1 300 万元或 1 600 万元.现要决定应该建设公司 A_3 还是 A_4，才能使今后每年的总费用(即全部产品运费和新公司生产费用之和)最少.

表 6.2 产品生产需求表

c_{ij} \ B_j / A_i	B_1	B_2	B_3	B_4	生产能力 (1×10^6 kg/年)
A_1	3	8	2	6	450
A_2	7	4	6	8	550
A_3	8	5	2	4	200
A_4	2	6	1	5	200
需求量 (1×10^6 kg/年)	300	400	300	200	

解　先设 0－1 变量 $y=\begin{cases}1, & 若建公司 A_3\\ 0, & 若建公司 A_4\end{cases}$，再设 x_{ij} 为由 A_i 运往 B_j 的产品数量（$i,j=1,2,3,4$），单位是 10^6 kg；z 表示费用，单位是万元.

该问题的数学模型为

$$\min z = \sum_{i=1}^{4}\sum_{j=1}^{4} c_{ij}x_{ij} + [1\,300y + 1\,600(1-y)]$$

$$\text{s.t.}\begin{cases} x_{11}+x_{21}+x_{31}+x_{41}=300\\ x_{12}+x_{22}+x_{32}+x_{42}=400\\ x_{13}+x_{23}+x_{33}+x_{43}=300\\ x_{14}+x_{24}+x_{34}+x_{44}=200\\ x_{11}+x_{12}+x_{13}+x_{14}=450\\ x_{21}+x_{22}+x_{23}+x_{24}=550\\ x_{31}+x_{32}+x_{33}+x_{34}=200y\\ x_{41}+x_{42}+x_{43}+x_{44}=200(1-y)\\ x_{ij}\geqslant 0 \quad (i,j=1,2,3,4)\\ y=0 \text{ 或 } 1 \end{cases} \tag{6.3}$$

这是一个混合整数规划问题.

6.1.2　整数规划的一般数学模型

整数线性规划的一般数学模型可表示为

$$\max(\text{或 }\min) z = \boldsymbol{Cx}$$
$$\text{s.t.}\begin{cases}\boldsymbol{Ax}\leqslant \boldsymbol{b}\\ \boldsymbol{x}\geqslant \boldsymbol{0}, x_i\in \boldsymbol{I}, i\in J\subset\{1,2,\cdots,n\}\end{cases} \tag{6.4}$$

其中，$\boldsymbol{x}=(x_1,x_2,\cdots,x_n)^{\mathrm{T}}$，$\boldsymbol{C}=(c_1,c_2,\cdots,c_n)$，$\boldsymbol{A}=(a_{ij})_{m\times n}$，$\boldsymbol{b}=(b_1,b_2,\cdots,b_m)$，$\boldsymbol{I}=\{0,1,2,\cdots\}$.

若 $J=\{1,2,\cdots,n\}$，则模型(6.4)就是一个纯整数规划；若 $J\neq\{1,2,\cdots,n\}$，则(6.4)式是一个混合型整数规划；若 $\boldsymbol{I}=\{0,1\}$，则(6.4)式就是一个 0－1 型整数规划问题.

应该注意到，整数规划不应单纯理解为线性规划的特例. 其实，两者有本质区别. 首先，线性规划问题的可行区域为凸集，而整数规划问题的可行解集常常不是凸集. 再者，对于整数线性规划问题，为了得到整数解，初看起来，似乎只要先不管整数要求，而求其对应的线性规划的解，然后将其解舍入到最靠近的整数解即可. 但是在某些情况下，特别是当对应 LP 的解是一些很大的数时（因而对舍入误差不敏感），这一策略是可行的. 但在一般情况，要将 LP 的解舍入到一个可行的整数解往往是很困难的，甚至是不可行的. 另一方面，从前述例题可以看到，很多 ILP 中的整数约束是用来描述某种组合限制条件或各种类型的非线性约束，对于这样一些

ILP 的本质,舍入方法将会破坏用 ILP 来描述问题的目的,比如对某些 0-1 规划问题,实行舍入与求解原问题是同样困难的.

例 6.4 考虑如下的整数规划问题:

$$\max z = -x_1 + 2x_2$$

$$\text{s.t.}\begin{cases} -3x_1 + x_2 \leqslant 2 \\ x_1 + 3x_2 \leqslant 40 \\ x_1 - x_2 \leqslant 0 \\ x_1, x_2 \geqslant 0 \text{ 且取整数} \end{cases} \tag{6.5}$$

先不考虑“x_1, x_2”取整数这一条件,考察线性规划:

$$\max z = -x_1 + 2x_2$$

$$\text{s.t.}\begin{cases} -3x_1 + x_2 \leqslant 2 \\ x_1 + 3x_2 \leqslant 40 \\ x_1 - x_2 \leqslant 0 \\ x_1, x_2 \geqslant 0 \end{cases} \tag{6.6}$$

将(6.6)式称为(6.5)式的松弛问题.对(6.6)式,用图解法或线性规划的单纯形法易求其最优解为 $x_1 = 3.4, x_2 = 12.2$,目标函数值为 $z = 21$,但它不满足(6.5)式的整数要求,不是原问题的最优解.若将上述解“舍零取整”可得 $x_1 = 3$,$x_2 = 12$,但这个解不是可行解,当然不是最优解,实际上其最优解为 $x_1 = 4, x_2 = 12$,其目标函数值为 $z = 20$.因此通过松弛规划最优解的“舍零取整”的办法,一般得不到原整数规划问题的最优解.

若线性规划(6.6)式的可行域 K 是有界凸集,则原整数规划(6.5)式的可行集合 K_0 应是 K 中有限个格点(整数点)的集合.

进而,人们对 ILP 提出第二个问题是:能否用穷举法求解 ILP 呢? 即算出目标函数在可行集合内各个格点上的函数值,然后比较这些函数值的大小,以求得 ILP 的最优解和最优值.显而易见,穷举法在问题变量个数很少且可行集合内格点个数也很少时是可行的.如问题(6.5),将 K_0 中所有整数点的目标值都计算出来,然后逐一比较,找出最优解.但对一般的 ILP 问题,穷举法是无能为力的.如 50 个城市的货郎担问题,所有可能的旅行路线个数为 49!/2.如果用穷举法在计算机上求解,即使对未来的计算机速度做最乐观的估计,那也将需要数十亿年!

6.2 分支定界法

20 世纪 60 年代初 Land Doig 和 Dakin 等人提出了分支定界法.由于该方法灵活且便于用计算机求解,所以目前已成为解整数规划的重要方法之一.分支定界法既可用来解纯整数规划,也可用来解混合整数规划.

分支定界法可以认为是求解整数规划的一种部分枚举法.有界 ILP 问题的可行集合中的格点数目是有限的,分支定界法是以巧妙地枚举 ILP 的可行解的思想为依据设计的.其主要思路是首先求解整数规划 P 的松弛规划 P_0.若 P_0 无解,则 ILP 问题 P 无解;若 P_0 的最优解 $\boldsymbol{x}_0$ 是满足整数要求的向量,则 $\boldsymbol{x}_0$ 是 ILP 的最优解;若 $\boldsymbol{x}_0$ 不满足整数的要求,则有两条不同的途径:一是利用分解技术,将要求解的 ILP 问题 P 分解为几个子问题的和.如果对每个子问题的可行域能找到这个子域内的最优解,或者能明确原问题的最优解肯定不在这个子域内,这样原问题就容易解决了.我们将一个问题分解为若干个子问题的过程称为分支,这样,通过求解一系列子规划的松弛规划及不断地定界,最后可得到原整数规划问题的整数最优解;另一条途径是通过不断地改进松弛问题,以求得 P 的最优解,6.3 节要介绍的割平面法就属于这一类.

例 6.5 用分支定界法求解下列整数规划问题.

$$\max z = x_1 + x_2$$
$$\text{s.t.}\begin{cases}14x_1 + 9x_2 \leqslant 51 \\ -6x_1 + 3x_2 \leqslant 1 \\ x_1, x_2 \geqslant 0 \text{ 且 } x_1, x_2 \text{ 为整数}\end{cases} \tag{6.7}$$

解 记该整数规划问题为 A_0,其松弛问题为 B_0.用单纯形法求解 B_0,最优解为 $x_1 = 3/2, x_2 = 10/3$,其对应的目标函数值为 $\max z = 29/6$.

B_0 的最优解不符合整数要求,对问题 A_0,$0 \leqslant z < 29/6$.选择一个变量,如 $x_1 = 3/2$ 进行分支,可构造两个约束条件 $x_1 \geqslant 2$ 和 $x_1 \leqslant 1$,分别将其并入 B_0,形成 B_1,B_2 两个分支(图 6.1).其中 B_1 的最优解为 $x_1 = 2, x_2 = 23/9, \max z = 41/9$;$B_2$ 的最优解为 $x_1 = 1, x_2 = 7/3, \max z = 10/3$.

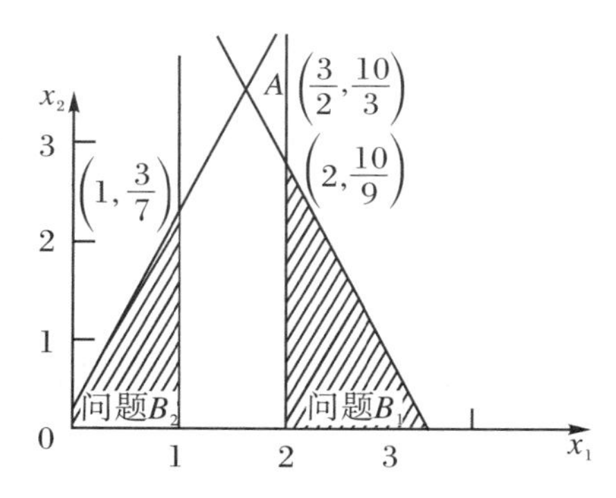

图 6.1 约束条件 $x_1 \geqslant 2$ 和 $x_1 \leqslant 1$

B_1,B_2 的最优解都不符合整数要求,比较目标函数值,对问题 A_0,$0 \leqslant z < 41/9$,因为 B_1 的最优值大,故先对其分支,此时,可构造两个约束条件 $x_2 \geqslant 3$ 和 $x_2 \leqslant 2$,分别将其并入 B_1 形成 B_3,B_4 两个分支(图 6.2),其中 B_3 无可行解,B_4 的最优解为 $x_1 = 33/14, x_2 = 2, \max z = 61/14$.

因为 B_4 的最优值大于 B_2 的最优值,所以先对 B_4 分支,将两个新约束条件 $x_1 \geqslant 3$ 和 $x_1 \leqslant 2$ 并入 B_4 形成两个分支 B_5,B_6(图 6.3).B_5 的最优解是 $x_1 = 3, x_2 = 1, \max z = 4$;$B_6$ 的最优解 $x_1 = 2, x_2 = 2, \max z = 4$.$B_5$,$B_6$ 的最优解都是 A_0 的可行解,且目标函数最优值相等,又该最优值大于 B_2 的最优值,故无须对 B_2 进行分支.A_0 的最优解是 $x_1 = 3, x_2 = 1$ 和 $x_1 = 2, x_2 = 2, \max z = 4$.

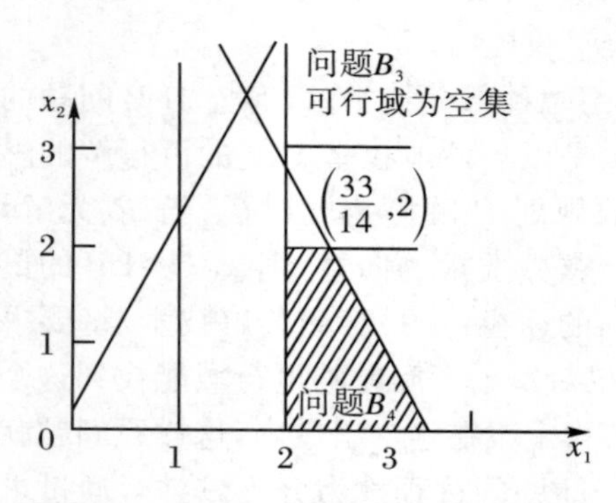

图 6.2　代入约束条件 $x_2 \geqslant 3$ 和 $x_2 \leqslant 2$

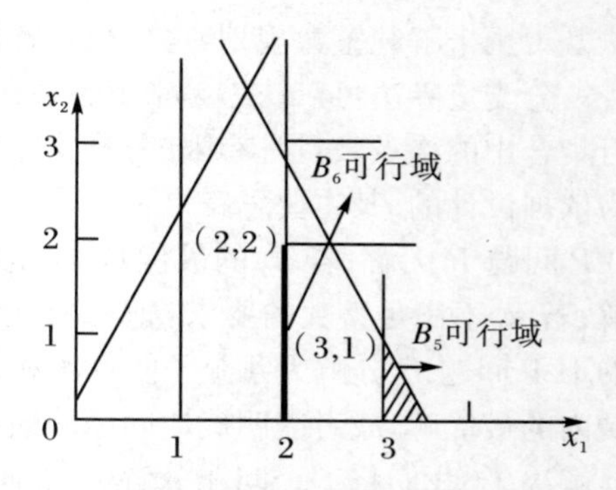

图 6.3　代入约束条件 $x_1 \geqslant 3$ 和 $x_2 \leqslant 2$

由例 6.5 可总结出分支定界法的计算步骤(求目标函数最大值)如下:

将原整数线性规划问题称为问题 A_0. 去掉问题 A_0 的整数条件,得到松弛规划问题 B_0.

步骤 1:求解问题 B_0. 有以下几种可能:

(1) B_0 没有可行解,则 A_0 也没有可行解,停止计算.

(2) 得到 B_0 的最优解,且满足问题 A_0 的整数条件,则 B_0 的最优解也是 A_0 的最优解,停止计算.

(3) 得到不满足问题 A_0 的整数条件的 B_0 的最优解,记它的目标函数值为 f_0^*,这时需要对问题 A_0(从而对问题 B_0)进行分支,转下一步.

步骤 2:分支、定界.

(1) 确定初始上下界. $\bar{z}$ 与 $\underline{z}$. 以 f_0^* 作为上界 $\bar{z}$,即 $\bar{z}=f_0^*$. 观察出问题 A_0 的一个整数可行解,将其目标函数值记为下界 $\underline{z}$,也可直接记 $\underline{z}=-\infty$.

(2) 将问题 B_0 分支. 在 B_0 的最优解 $\boldsymbol{x}_0$ 中,任选一个不符合整数条件的变量 x_j,其值为 a_j,以$[a_j]$表示小于 a_j 的最大整数,构造两个约束条件:$x_j \leqslant [a_j]$,$x_j \geqslant [a_j]+1$.

将这两个约束条件分别加到问题 B_0 的约束条件集中,得到 B_0 的两个分支:问题 B_1 与 B_2.

步骤 3:求解分支问题. 对每个分支问题求解,有以下几种可能:

(1) 分支无可行解.

(2) 求得该分支的最优解,且满足 A_0 的整数条件,则将该最优解的目标函数值作为新的下界 $\underline{z}$.

(3) 求得该分支的最优解,且不能足 A_0 的整数条件,但其目标函数值不大于当前下界 $\underline{z}$.

(4) 求得不满足 A_0 整数条件的该分支的最优解,且其目标函数值大于当前下界 $\underline{z}$,则该分支需要继续进行分支.

若得到的是前三种情形之一,表明该分支情况已探明,不需要继续分支.

若求解一对分支的结果表明这一对分支都需要继续分支，则可先对目标函数值大的那个分支进行分支计算，且沿着该分支一直继续进行下去，直到全部探明情况为止．再反过来求解目标函数值较小的那个分支．

步骤4：修改上、下界．

（1）修改下界 $\underline{z}$．每求出一次符合整数要求的可行解时，都要考虑修改下界 $\underline{z}$，选择迄今为止整数可行解相应的目标函数值最小的作下界 $\underline{z}$．

（2）修改上界 $\bar{z}$．每求解完一对分支，都要考虑修改上界 $\bar{z}$．上界的值应是迄今为止所有未被分支的问题的目标函数值中最大的一个．

在每解完一对分支，修改完上、下界 $\bar{z}$ 和 $\underline{z}$ 后，若已有 $\bar{z}=\underline{z}$，此时所有分支均已查明，即得到了问题 A_0 的最优值 $z^*=\bar{z}=\underline{z}$，求解结束．若仍有 $\bar{z}>\underline{z}$，则说明仍有分支没查明，需要继续分支，回到步骤2.

例6.5用分支定界法求解的过程如图6.4所示．

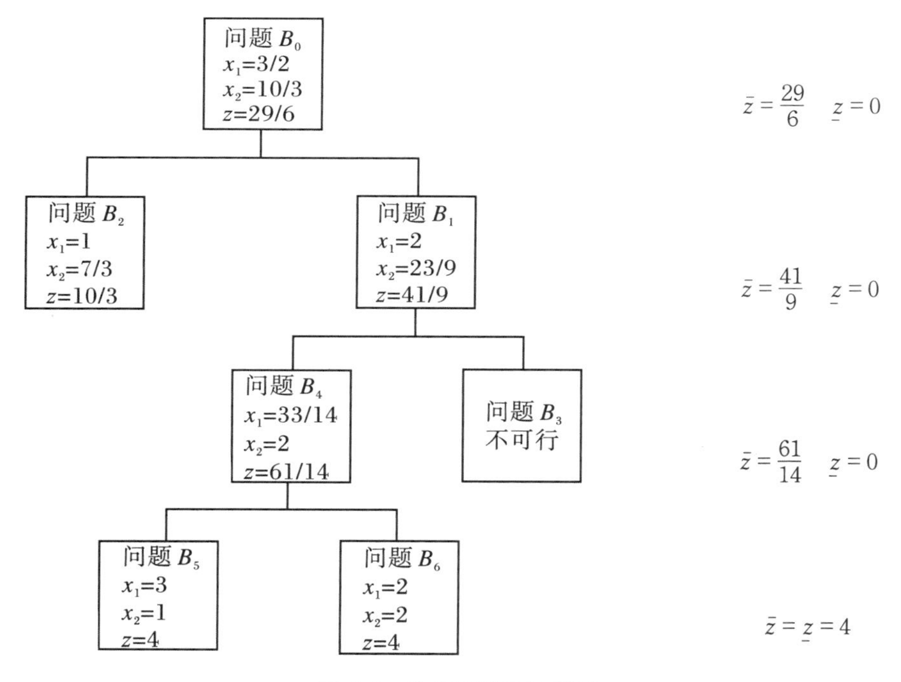

图6.4　分支定界法过程图

从例6.5的解题过程可看出，分支定界法实际上只检查了变量的所有可行的组合中的一部分，即确定了最优解．

如果用分支定界法求解混合型整数规划，则分支的过程只针对有整数要求的变量进行，对无整数要求的变量则不必考虑．

6.3 割平面法

割平面方法是主要用于求解纯整数规划的一种方法.割平面法有许多种类型,但它们的基本思想是相同的,现只介绍Gomory割平面算法,它在理论上占重要地位,被认为是整数线性规划的核心部分.

6.3.1 Gomory割平面法的基本思想

考虑纯整数规划问题(P)及其松弛问题(P_0),设它们的可行区域分别为D和D_0.

$$\max \boldsymbol{c}^{\mathrm{T}}\boldsymbol{x} \qquad \text{s.t.}\begin{cases}\boldsymbol{Ax}=\boldsymbol{b}\\ \boldsymbol{x}\geqslant\boldsymbol{0},\boldsymbol{x}\text{ 为整数向量}\end{cases} \quad (P) \qquad\qquad \max \boldsymbol{c}^{\mathrm{T}}\boldsymbol{x} \qquad \text{s.t.}\begin{cases}\boldsymbol{Ax}=\boldsymbol{b}\\ \boldsymbol{x}\geqslant\boldsymbol{0}\end{cases} \quad (P_0)$$

割平面法的基本思想是:用单纯形法先解松弛问题(P_0),若(P_0)的最优解$\boldsymbol{x}_0$是整数向量,则$\boldsymbol{x}_0$就是ILP问题(P_0)的最优解,计算结束;若(P_0)的最优解$\boldsymbol{x}_0$的分量不全是整数,则设法对(P_0)增加一个线性约束条件,该条件称之为“割平面条件”,该约束称为割平面方程或切割方程.新增加的这个割平面将D_0割掉一块,且这个非整数解$\boldsymbol{x}_0$恰在被割掉的区域内,而原ILP问题(P_0)的任何一个可行解均没有被割去.我们将增添了割平面条件的问题记为(P_1),我们也称该问题为ILP问题(P)的一个改进的松弛问题,用对偶单纯形法求解LP问题(P_1).若(P_1)的最优解$\boldsymbol{x}_1$是整数向量,则$\boldsymbol{x}_1$就是原ILP问题(P)的最优解,计算结束;否则对问题(P_1)再增加一个割平面条件,形成问题(P_2)……如此继续下去,通过求解不断改进的松弛LP问题,直到得到最优整数解为止.

可见,割平面法采用了与分支定界法不同的求解思路.它通过不断切割原问题的松弛规划的可行区域,使它在不断缩小的过程中,使原问题的整数最优解逐渐暴露且趋于可行域极点的位置,这样就有可能用单纯形法将其求出.

下面描述Gomory生成割平面条件(方程)的代数方法.

求解上述松弛问题(P_0),若(P_0)的最优解$\boldsymbol{x}_0$面对应的基为$\boldsymbol{B}=(A_{B_1},A_{B_2},\cdots,A_{B_m})$,$x_{B_1},x_{B_2},\cdots,x_{B_m}$为$\boldsymbol{x}_0$的基变量,基变量的下标集合为$S$,非基变量的下标集合为$\overline{S}$.则($P_0$)的最优单纯形表中,$m$个约束方程可表示为

$$x_{B_i}+\sum_{j\in\overline{S}}\overline{a}_{ij}x_j=\overline{b}_i \quad (i=1,2,\cdots,m) \tag{6.8}$$

若$\boldsymbol{x}_0$不是(P)的最优解,则至少有一个$\overline{b}_l$不是整数($0\leqslant l\leqslant m$),则其约束方程式为

$$x_{B_l}+\sum_{j\in\bar{S}}\bar{a}_{lj}x_j=\bar{b}_l \tag{6.9}$$

以$[a]$表示不超过实数 a 的最大整数,将$\bar{a}_{lj}$及$\bar{b}_l$ 拆分,记

$$\bar{a}_{lj}=[\bar{a}_{lj}]+f_{lj},j\in\bar{S},\bar{b}_l=[\bar{b}_l]+f_l \tag{6.10}$$

其中 $0\leqslant f_{lj}<1,0<f_l<1$.

由(6.9) 式不难得到

$$x_{B_l}+\sum_{j\in\bar{S}}[\bar{a}_{lj}]x_j\leqslant\bar{b}_l$$

因 ILP 中的整数限制, 从而有

$$x_{B_l}+\sum_{j\in\bar{S}}[\bar{a}_{lj}]x_j\leqslant[\bar{b}_l] \tag{6.11}$$

用 (6.9) 式两端对应减去(6.11) 式两端得

$$\sum_{j\in\bar{S}}(\bar{a}_{lj}-[\bar{a}_{lj}])x_j\geqslant\bar{b}_l-[\bar{b}_l]$$

即

$$\sum_{j\in\bar{S}}f_{lj}x_j\geqslant f_l \tag{6.12}$$

我们将上述条件称为对应于生成行 l 的 Gomory 割平面条件.

将(6.12)式加到上边的最后一张单纯形表中,从而得到新的松弛问题(P_1),将该式两端乘以 -1,使得不等号反向,再引入一个松弛变量 x_s,就得到方程

$$-\sum_{j\in\bar{S}}f_{lj}x_j+x_s=-f_l \tag{6.13}$$

我们称方程(6.13)为割平面方程.

6.3.2　Gomory 割平面法的计算步骤

第一步:用单纯形法先解松弛问题(P_0),若(P_0)没有最优解则(P)没有最优解;若(P_0)的最优解 $\boldsymbol{x}_0$ 是非负整数向量,则 $\boldsymbol{x}_0$ 就是 ILP 问题(P_0)的最优解;若(P_0)的最优解 $\boldsymbol{x}_0$ 的分量不全是非负整数,则转第二步.

第二步:求割平面方程

$$-\sum_k f_{ik}x_k+x_s=-f_i$$

第三步:将割平面方程加入到(P_0)的单纯形表的最终表中,用对偶单纯形法求解这一新问题(P_1),若(P_1)的最优解为非负整数,则该解为(P)的最优解;否则,重复第二步的做法,直到得到最优整数解为止;若对偶问题无解,则(P)无可行解.

例 6.6　用割平面法解整数规划问题.

$$\min\omega=-x_2+2x_3$$

$$\text{s.t.}\begin{cases}x_1-2x_2+x_3=2\\x_2-3x_3\leqslant1\\x_2-x_3\leqslant2\\x_1,x_2,x_3\geqslant0\text{ 且为整数}\end{cases} \tag{6.14}$$

解 将原整数规划问题称为原问题 P,不考虑整数条件对应的松弛规划称为 P_0 问题,求解过程如下:

1. 求解松弛规划 P_0,将它标准化

$$\max z = x_2 - 2x_3$$

$$\text{s.t.}\begin{cases} x_1 - 2x_2 + x_3 = 2 \\ x_2 - 3x_3 + x_4 = 1 \\ x_2 - x_3 + x_5 = 2 \\ x_1, x_2, x_3, x_4, x_5 \geqslant 0 \end{cases} \tag{6.15}$$

用单纯形法求解(6.15)式得到最优解(见表 6.3)为

$$\boldsymbol{X}^* = \left(\frac{13}{2}, \frac{5}{2}, \frac{1}{2}, 0, 0\right), \quad z^* = \frac{3}{2}$$

表 6.3 单纯形法求解

c_j			0	1	-2	0	0
$\boldsymbol{C}_B$	$\boldsymbol{X}_B$	$\boldsymbol{b}$	x_1	x_2	x_3	x_4	x_5
0	x_1	$\frac{13}{2}$	1	0	0	$-\frac{1}{2}$	$\frac{5}{2}$
1	x_2	$\frac{5}{2}$	0	1	0	$-\frac{1}{2}$	$\frac{3}{2}$
-2	x_3	$\frac{1}{2}$	0	0	1	$-\frac{1}{2}$	$\frac{1}{2}$
$-z$		$-\frac{3}{2}$	0	0	0	$-\frac{1}{2}$	$-\frac{1}{2}$

该松弛规划没有得到整数解,因此要引入一个割平面来缩小可行域,割平面要切去该规划的非整数最优解而又不能切去问题 A_0 的任一个整数可行解.

2. 求割平面方程

割平面方程可以由上述最终表 6.3 上的任一个含有不满足整数条件的基变量的约束方程演变得到.不妨选 x_3,在表 6.3 中对应的方程为 $x_3 - \frac{1}{2}x_4 + \frac{1}{2}x_5 = \frac{1}{2}$,即 $x_3 - x_4 = \frac{1}{2} - \left(\frac{1}{2}x_4 + \frac{1}{2}x_5\right)$,即得割平面方程

$$-\frac{1}{2}x_4 - \frac{1}{2}x_5 + x_6 = -\frac{1}{2} \tag{6.16}$$

3. 将割平面方程加到松弛规划 P_0 的约束方程中,构成新的松弛规划 P_1 并求解

用对偶单纯形法解松弛规划 P_1,只需将约束方程(6.16)式加到问题 P_0 的最终单纯形表(表 6.3)上,得表 6.4.

表 6.4　最终单纯形表

c_j			0	1	−2	0	0	0
$\boldsymbol{C}_B$	$\boldsymbol{X}_B$	$\boldsymbol{b}$	x_1	x_2	x_3	x_4	x_5	x_6
0	x_1	$\frac{13}{2}$	1	0	0	$-\frac{1}{2}$	$\frac{5}{2}$	0
1	x_2	$\frac{5}{2}$	0	1	0	$-\frac{1}{2}$	$\frac{3}{2}$	0
−2	x_3	$\frac{1}{2}$	0	0	1	$-\frac{1}{2}$	$\frac{1}{2}$	0
0	x_6	$-\frac{1}{2}$	0	0	0	$-\frac{1}{2}$	$-\frac{1}{2}$	1
$-z$		$-\frac{3}{2}$	0	0	0	$\frac{1}{2}$	$\frac{1}{2}$	0

用对偶单纯形法求解，最终表如表 6.5 所示.

表 6.5　对偶单纯形表

c_j			0	1	−2	0	0	0
$\boldsymbol{C}_B$	$\boldsymbol{X}_B$	$\boldsymbol{b}$	x_1	x_2	x_3	x_4	x_5	x_6
0	x_1	7	1	0	0	0	3	−1
1	x_2	3	0	1	0	0	2	−1
−2	x_3	1	0	0	1	0	1	−1
0	x_4	1	0	0	0	1	1	−2
$-z$		−1	0	0	0	0	0	−1

此时 x_1, x_2, x_3 已为整数，故原问题的整数最优解为

$$\boldsymbol{X}^* = (7,3,1)^{\mathrm{T}},\quad \omega^* = -z^* = -1$$

6.4　0−1 型整数规划

0−1 型整数规划是整数规划中的特殊情形，它的变量 x_i 仅取值 0 或 1. 这时 x_i 称为 0−1 变量，或称二进制变量. 在实际问题中，如果引入 0−1 变量，就可以把有各种情况需要分别讨论的线性规划问题统一在一个问题中讨论了.

6.4.1　引入 0−1 变量的实际问题

例 6.7　某财团有 B 万元的资金，经考察选中 $n(n\geqslant 2)$ 个投资项目，假定每个项目最多只能投资一次. 其中第 j 个项目需投资金额为 b_j 万元，预计 5 年后将获利 c_j 万元，问应如何选择投资项目，才能使得 5 年后总利润最大？

解　设投资决策变量为

$$x_i = \begin{cases} 1, & \text{决定投资第 } i \text{ 个项目} \\ 0, & \text{决定不投资第 } i \text{ 个项目} \end{cases} \quad (i = 1,2,\cdots,n)$$

设获得的总利润为 z,则该问题的数学模型为

$$\max z = \sum_{i=1}^{n} c_i x_i$$

$$\text{s.t.} \begin{cases} 0 < \sum_{i=1}^{n} b_i x_i \leqslant B \\ x_i = 0 \text{ 或 } 1 \quad (i = 1,2,\cdots,n) \end{cases} \tag{6.17}$$

问题(6.17)是一个 0－1 型整数规划.其中,决策变量 x_i 取值为 0 或 1,这一约束可等价地表示为一组非线性约束:$x_i(1-x_i)=0(i=1,2,\cdots,n)$,不能用线性约束来代替它.有许多实际应用问题均可归结为 0－1 型整数规划问题,如著名的"计算困难问题"货郎担问题、生产顺序表问题、集成电路的布线问题、计算机网络系统中的文件分配问题、数理逻辑中的适定性等问题均可归结为 0－1 型整数规划问题.

例 6.8 有三种资源被用于生产三种产品,资源量、单位产品可变费用、售价、资源单耗量及组织三种产品生产的固定费用见表 6.6.要求制定一个生产计划,使总收益最大.

解 总收益等于销售收入减去生产上述产品的固定费用和可变费用之和.建模碰到的主要困难是事先不能确切知道某种产品是否生产,因而不能确定相应的固定费用是否发生.要借助 0－1 变量.

表 6.6 产品费用、消耗及售价表

单耗量 \ 产品 \ 资源	1	2	3	资源量
A	2	4	8	500
B	2	3	4	300
C	1	2	3	100
单件可变费用	4	5	6	
固定费用	100	150	200	
单件售价	8	10	12	

设 x_j 是第 j 种产品的产量($j=1,2,3$);

再设

$$y_j = \begin{cases} 1, & \text{若生产第 } j \text{ 种产品}(x_j > 0) \\ 0, & \text{若不生产第 } j \text{ 种产品}(x_j = 0) \end{cases} \quad (j = 1,2,3)$$

则该问题的整数规划模型是

$$\max z = 4x_1 + 5x_2 + 6x_3 - 100y_1 - 150y_2 - 200y_3$$

$$
\text{s.t.}\begin{cases}
2x_1+4x_2+8x_3\leqslant 500\\
2x_1+3x_2+4x_3\leqslant 300\\
x_1+2x_2+3x_2\leqslant 100\\
x_1\leqslant M_1y_1\\
x_2\leqslant M_2y_2\\
x_3\leqslant M_3y_3\\
x_j\geqslant 0\text{ 且为整数}\quad (j=1,2,3)\\
y_j=0\text{ 或 }1\qquad (j=1,2,3)
\end{cases}\tag{6.18}
$$

其中,M_j 为 x_j 的某个上界.例如,根据第三个约束条件,可取 $M_1=100$,$M_2=50$,$M_3=34$.

6.4.2　0—1型整数规划的解法

首先,应该指出:0－1 规划问题可以化为在正方体(n 维):$0\leqslant x_i\leqslant 1$($i=1,2,\cdots,n$)上的线性规划问题求解,因为后者若有解,必在正方体顶点上取得.

解 0－1 型整数规划最简单的搜索法莫过于穷举法.穷举法,也叫强行搜索法,是对搜索空间的遍历.采用穷举法,即检查变量取值为 0 或 1 的每一种组合,比较目标函数值以求得最优解,但这就需要检查变量取值的 2^n 个组合,如果变量个数 n 较大(例如 $n>10$),这几乎是不可能的,所以不是一种可行的算法.因此常设计一些方法,只检查变量取值的组合的一部分,就能求到问题的最优解,这样的方法称为隐枚举法,分支定界法也是一种隐枚举法.当然,对有些问题,隐枚举法并不适用,所以有时穷举法还是必要的.

下面举例说明一种解 0－1 型整数规划的隐枚举法.

例 6.9　求解 0－1 整数规划.

$$
\max z=5x_1-6x_2+7x_3
$$

$$
\text{s.t.}\begin{cases}
x_1+4x_2-3x_3\leqslant 4 & ①\\
3x_1+x_2+4x_3\leqslant 5 & ②\\
3x_1-x_2\leqslant 3 & ③\\
5x_2+3x_3\leqslant 9 & ④\\
x_i=0\text{ 或 }1\quad (i=1,2,3)
\end{cases}\tag{6.19}
$$

解题时,可先通过试探的方法找一个可行解,容易看出$(x_1,x_2,x_3)=(1,0,0)$就是满足①～④条件的可行解,算出相应的目标函数值 $z=5$.

因为求最优解,对于极大化问题,目标函数最优值不会小于 5,于是增加一个约束条件

$$
5x_1-6x_2+7x_3\geqslant 5 \qquad ◎
$$

该条件称为过滤条件.这样,原问题的线性约束条件就变成五个,用全部枚举的方法,三个变量共有 $2^3=8$ 个解,原来四个约束条件,共需 32 次运算,现在增加

了过滤条件◎,如按下述方法进行,就可减少运算次数,将五个约束条件按◎,①~④顺序排好(表6.7),对每个解,依次代入约束条件左侧,求出数值,看是否适合不等式条件,如某一条件不适合,同行其他各条件就不必再检查,因而就减少了运算次数.本例计算过程如表6.7所示,实际只做20次运算.

于是求得最优解

$$(x_1, x_2, x_3) = (0,0,1), \quad \max z = 7$$

在计算过程中,若遇到 z 值已超过条件◎右边的值,应改变条件◎,使右边为迄今为止最大者,然后继续做运算.例如,当检查点(0,0,1)时,因 $z=7(>5)$,所以应将条件◎换成

$$5x_1 - 6x_2 + 7x_3 \geqslant 7 \qquad ◎'$$

这种对过滤条件的改进,可以进一步减少计算量.

表6.7 按约束条件求解

点	条件					满足条件?是(√)否(×)	z 值
	◎	①	②	③	④		
(0,0,0)	0					×	
(1,0,0)	5	1	3	5	0	√	5
(0,1,0)	−6					×	
(0,0,1)	7	−3	4	0	3	√	7
(1,1,0)	−1					×	
(1,0,1)	11	−2	7			×	
(0,1,1)	1					×	
(1,1,1)	6	2	8			×	

实际应用中,一般常重新排列 x_i 的顺序使目标函数中 x_i 的系数是递增(不减)的,在上例中,改写 $z=5x_1-6x_2+7x_3=-6x_2+5x_1+7x_3$,因为 −6,5,7 是递增的,变量 (x_2, x_1, x_3) 也按下述顺序取值:(0,0,0),(0,0,1),(0,1,0),(0,1,1),…,这样,最优解容易比较早的发现.再结合过滤条件的改进,更可使计算简化.

6.5 指派问题

在生活中经常遇到这样的问题,某单位需完成 n 项任务,恰好有 n 个人可承担这些任务,由于每人的专长不同,各人完成任务不同(或所费时间),效率也不同.

于是产生应指派哪个人去完成哪项任务，使完成 n 项任务的总收益最高（或所需总时间最小），这类问题称为指派问题或分配问题.

例 6.10 某公司新招聘了四名大学毕业生，拟给他们分配四项工作，每人做且仅做一项工作，每个大学生做每项工作的工作效率（时间单位为：小时）如表6.8所示，问应如何指派他们的工作，才能充分发挥这些大学生的能力，即做完四项工作所需总时间最少？

表 6.8 工作效率表

大学生 \ 工作	A	B	C	D
甲	5	4	5	6
乙	10	5	7	6
丙	11	6	4	5
丁	6	3	6	2

类似有：有 n 项加工任务，怎样指派到 n 台机床上分别完成的问题；有 n 条航线，怎样指定 n 艘船去航行的问题……对应每个指派问题，需有类似表 6.8 那样的数表，称为效率矩阵或系数矩阵，其元素 $c_{ij}>0(i,j=1,2,\cdots,n)$ 表示指派第 i 人去完成第 j 项任务时的所需的资源数，称之为效率系数（或价值系数），矩阵 $(c_{ij})_{n\times n}$ 称为效率矩阵或价值系数矩阵. 引入 0－1 变量 x_{ij}：

$$x_{ij}=\begin{cases}1, & \text{指派第 } i \text{ 个人去完成第} j \text{ 项工作}\\ 0, & \text{不指派第 } i \text{ 个人去完成第} j \text{ 项工作}\end{cases}$$

当问题要求极小化时数学模型是

$$\min z=\sum_i\sum_j c_{ij}x_{ij} \qquad ①$$

$$\text{s.t.}\begin{cases}\sum\limits_i x_{ij}=1 \quad (j=1,2,\cdots,n) & ②\\ \sum\limits_j x_{ij}=1 \quad (i=1,2,\cdots,n) & ③\\ x_{ij}=1 \text{ 或 } 0 & ④\end{cases} \qquad (6.20)$$

约束条件②说明第 j 项任务只能由一人去完成；约束条件③说明第 i 人只能完成一项任务，满足约束条件②～④的可行解 x_{ij} 也可写成表格或矩阵形式，称为解矩阵，如例 6.10 的一个可行解矩阵是

$$(x_{ij})=\begin{bmatrix}0&1&0&0\\0&0&1&0\\1&0&0&0\\0&0&0&1\end{bmatrix}$$

显然，这不是最优，解矩阵 (x_{ij}) 中各行各列的元素之和都是 1.

指派问题也是图论中的重要问题，有相应的求解方法，如匈牙利解法. 从问题

的性质来看,指派问题是运输问题的特例,也可以看成 0-1 规划问题,当然可用整数规划、0-1 规划或运输问题的解法去求解,但这就如同用单纯形法求解运输问题一样是不合算的,利用指派问题的特点可有更简便的解法.

指派问题的最优解有这样性质,若从效率矩阵(c_{ij})的每行(列)各元素中分别减去该行(列)的最小元素,得到新矩阵(b_{ij}),则以(b_{ij})为效率矩阵对应的指派问题的最优解和用原效率矩阵对应的指派问题的最优解相同.

利用这个性质,可使原效率矩阵变换为含有很多 0 元素的新效率矩阵,而最优解保持不变,在效率矩阵(b_{ij})中,我们关心位于不同行不同列的 0 元素,以下简称为独立的 0 元素. 若能在系数矩阵(b_{ij})中找出 n 个独立的 0 元素,则令解矩阵(x_{ij})中对应这 n 个独立的 0 元素的元素取值为 1,其他元素取值为 0,将其代入目标函数中得到 $z_b=0$,它一定是最小,这就是以(b_{ij})为效率矩阵的指派问题的最优解,也就得到了原问题的最优解.

库恩(W. W. Kuhn)于 1955 年提出了指派问题的解法,他引用了匈牙利数学家康尼格(D. Konig)一个关于矩阵中 0 元素的定理:系数矩阵中独立 0 元素的最多个数等于能覆盖所有 0 元素的最少直线数,这种解法称为匈牙利法. 以后在方法上虽有不断改进,但仍沿用这名称,以下用例 6.10 来说明指派问题的解决.

步骤 1:使指派问题的效率矩阵经变换,在各行各列中都出现 0 元素.

(1) 从效率矩阵的每行元素中减去该行的最小元素.

(2) 再从所得效率矩阵的每列元素中减去该列的最小元素.

若每行(列)已有 0 元素,那就不必再减了,例 6.10 的计算为

$$(c_{ij})=\begin{bmatrix}5&4&5&6\\10&5&7&6\\11&6&4&5\\6&3&6&2\end{bmatrix}\begin{matrix}\text{min}\\4\\5\\4\\2\end{matrix}\longrightarrow\begin{bmatrix}1&0&1&2\\5&0&2&1\\7&2&0&1\\4&1&4&0\end{bmatrix}\longrightarrow\begin{bmatrix}0&0&1&2\\4&0&2&1\\6&2&0&1\\3&1&4&0\end{bmatrix}=(b_{ij})$$
$$\text{min}\quad 1\quad 0\quad 0\quad 0$$

步骤 2:进行试指派,以寻求最优解.

经第一步变换后,系数矩阵中每行每列都已有了 0 元素,但需找出 n 个独立的 0 元素. 若能找出,就以这些独立 0 元素对应解矩阵(x_{ij})中的元素为 1,其余为 0,这就得到最优解. 当 n 较小时,可用观察法、试探法去找出 n 个独立 0 元素. 若 n 较大时,就必须按一定的步骤去找,常用的步骤为:

(1) 从只有一个 0 元素的行(列)开始,给这个 0 元素加圈,记作⓪. 这表示对这行所代表的人,只有一种任务可指派. 然后划去⓪所在列(行)的其他 0 元素,记作$\varnothing$. 这表示这列所代表的任务已指派完,不必再考虑别人了.

(2) 给只有一个 0 元素列(行)的 0 元素加圈,记作⓪;然后划去⓪所在行的 0 元素,记作$\varnothing$.

(3) 反复进行(1),(2) 两步,直到所有 0 元素都被圈出和划掉为止.

(4) 若仍有没有划圈的 0 元素,且同行(列)的 0 元素至少有两个(表示对这人可以从两项任务中指派其一).这可用不同的方案去试探,从剩有 0 元素最少的行(列)开始,比较这行各 0 元素所在列中 0 元素的数目,选择 0 元素少的那列的这个 0 元素加圈(表示选择性多的要"礼让"选择性少的),然后划掉同行同列的其他 0 元素.可反复进行,直到所有 0 元素都已圈出和划掉为止.

(5) 若◎元素的数 m 等于矩阵的阶数 n,那么指派问题的最优解已得到;若 $m<n$,则转入下一步.

现用例 6.10 的(b_{ij})矩阵,按上述步骤进行运算.按步骤(1),先给 b_{22}加圈,划掉 b_{12},然后给 b_{33},b_{44}加圈;按步骤(2),给 b_{11}加圈,得到

$$\begin{bmatrix} ⓪ & \varnothing & 1 & 2 \\ 4 & ⓪ & 2 & 1 \\ 6 & 2 & ⓪ & 1 \\ 3 & 1 & 4 & ⓪ \end{bmatrix}$$

可见 $m=n=4$,所以得最优解为

$$(x_{ij}) = \begin{bmatrix} 1 & 0 & 0 & 0 \\ 0 & 1 & 0 & 0 \\ 0 & 0 & 1 & 0 \\ 0 & 0 & 0 & 1 \end{bmatrix}$$

这表示:指派甲做工作 A,乙做工作 B,丙做工作 C,丁做工作 D,所需总时间最少.

$$\min z_b = \sum_i \sum_j b_{ij} x_{ij} = 0$$

$$\min z = \sum_i \sum_j c_{ij} x_{ij} = c_{11} + c_{22} + c_{33} + c_{44} = 16(\text{h})$$

例 6.11　某指派问题的效率矩阵如表 6.9 所示,试求其最优解.

表 6.9　指派问题效率矩阵

人员＼任务	A	B	C	D	E
甲	4	8	7	15	12
乙	7	9	17	14	10
丙	6	9	12	8	7
丁	6	7	14	6	10
戊	6	9	12	10	6

解　第一步:解题时按上述步骤 1,将这效率矩阵进行行变换和列变换.

$$
\begin{bmatrix} 4 & 8 & 7 & 15 & 12 \\ 7 & 9 & 17 & 14 & 10 \\ 6 & 9 & 12 & 8 & 7 \\ 6 & 7 & 14 & 6 & 10 \\ 6 & 9 & 10 & 10 & 6 \end{bmatrix}
\begin{matrix} \min \\ 4 \\ 7 \\ 6 \\ 6 \\ 6 \end{matrix}
\longrightarrow
\begin{bmatrix} 0 & 4 & 3 & 11 & 8 \\ 0 & 2 & 10 & 7 & 3 \\ 0 & 3 & 6 & 2 & 1 \\ 0 & 1 & 8 & 0 & 4 \\ 0 & 3 & 6 & 4 & 0 \end{bmatrix}
\longrightarrow
\begin{bmatrix} 0 & 3 & 0 & 11 & 8 \\ 0 & 1 & 7 & 7 & 3 \\ 0 & 2 & 3 & 2 & 1 \\ 0 & 0 & 5 & 0 & 4 \\ 0 & 2 & 3 & 4 & 0 \end{bmatrix}
$$

$$\min \quad 0 \quad 1 \quad 3 \quad 0 \quad 0$$

第二步：经运算得到每行每列都有 0 元素的效率矩阵，再按步骤 2 运算，得到

$$
\begin{bmatrix} \varnothing & 3 & \textcircled{0} & 11 & 8 \\ \textcircled{0} & 1 & 7 & 7 & 3 \\ \varnothing & 2 & 3 & 1 & 1 \\ \varnothing & \textcircled{0} & 5 & \varnothing & 4 \\ \varnothing & 2 & 3 & 4 & \textcircled{0} \end{bmatrix} \tag{6.21}
$$

这里⓪的个数 $m=4$，而 $n=5$，所以解题没有完成，这时应按第三步继续进行.

第三步：做最少的直线覆盖所有的 0 元素，以确定该系数矩阵中能找到最多的独立元素数. 为此按以下步骤进行：

(1) 对没有⓪的行打"√"号.

(2) 对已打√号的行中所有含 0 元素的列打"√"号.

(3) 再对打有√号的列中含⓪元素的行打"√"号.

(4) 重复(2)，(3) 直到得不出新的打"√"号的行、列为止.

(5) 对没有打"√"号的行画一横线，有打"√"号的列画一纵线，这就得到覆盖所有 0 元素的最少直线数.

令这直线数为 l，若 $l<n$，说明必须再变换当前的效率矩阵，才能找到 n 个独立的 0 元素，为此转第四步；若 $l=n$，而 $m<n$，应回到第三步(4)，另行试探.

在例 6.11 中，对矩阵(6.21)按以下次序进行：

先在第三行旁打"√"，接着可判断应在第一列下打"√"，接着在第二行旁打"√". 经检查不再能打"√"了，对没有打"√"的行，画一直线以覆盖 0 元素，已打"√"的列画一直线以覆盖 0 元素，得

$$
\begin{matrix}
\begin{bmatrix} \varnothing & 3 & \textcircled{0} & 11 & 8 \\ \textcircled{0} & 1 & 7 & 7 & 3 \\ \varnothing & 2 & 3 & 2 & 1 \\ \varnothing & \textcircled{0} & 5 & \varnothing & 4 \\ \varnothing & 2 & 3 & 4 & \textcircled{0} \end{bmatrix}
\begin{matrix} \\ \checkmark \\ \checkmark \\ \\ \\ \end{matrix} \\
\begin{matrix} \checkmark & \quad & \quad & \quad & \quad & \quad \end{matrix}
\end{matrix} \tag{6.22}
$$

由此可见 $l=4<n$，所以应继续对矩阵(6.22)进行变换，转第四步.

第四步：对矩阵(6.22)进行变换的目的是增加 0 元素，为此在没有被直线覆盖的部分中找出最小元素，然后在打"√"行各元素中都减去这最小元素，而在打"√"列的各元素都加上这最小元素，以保证原来 0 元素不变，这样得到新效率矩阵（它的最优解和原问题的最优解相同），若得到 n 个独立的 0 元素，则已得最优解，否则回到第三步重复进行.

在矩阵(6.22)中，在没有被覆盖部分（第二、三行）中找出最小元素为 1，然后在第二、三行各元素分别减去 1，给第一列各元素加 1，得到新矩阵(6.23).

$$\begin{bmatrix} 1 & 3 & 0 & 11 & 8 \\ 0 & 0 & 6 & 6 & 2 \\ 0 & 1 & 2 & 1 & 0 \\ 1 & 0 & 5 & 0 & 4 \\ 1 & 2 & 3 & 4 & 0 \end{bmatrix} \tag{6.23}$$

按步骤 2，找出所有独立的 0 元素，得到矩阵(6.24).

$$\begin{bmatrix} 1 & 3 & \textcircled{0} & 11 & 8 \\ \varnothing & \textcircled{0} & 6 & 6 & 2 \\ \textcircled{0} & 1 & 2 & 1 & \varnothing \\ 1 & \varnothing & 5 & \textcircled{0} & 4 \\ 1 & 2 & 3 & 4 & \textcircled{0} \end{bmatrix} \tag{6.24}$$

它具有 n 个独立 0 元素，这就得到了最优解，相应的解矩阵为

$$\boldsymbol{X}^* = \begin{bmatrix} 0 & 0 & 1 & 0 & 0 \\ 0 & 1 & 0 & 0 & 0 \\ 1 & 0 & 0 & 0 & 0 \\ 0 & 0 & 0 & 1 & 0 \\ 0 & 0 & 0 & 0 & 1 \end{bmatrix}$$

由上述解矩阵可得最优指派方案：

甲—C，　乙—B，　丙—A，　丁—D，　戊—E

所需总时间为 $\min z=34$.

当指派问题的效率矩阵，经过变换得到了同行和同列中都有两个或两个以上 0 元素时，这时可以任选一行（列）中某一个 0 元素，再划去同行（列）的其他 0 元素，这时会出现多重解.

对于极大化的指派问题，即求

$$\max z = \sum_i \sum_j c_{ij} x_{ij}$$

可令 $b_{ij}=M-c_{ij}$，其中 M 是足够大的常数（比如可选 c_{ij} 中的最大元素为 M 即可），此时系数矩阵可变换为 $\boldsymbol{B}=(b_{ij})$，且有 $b_{ij}\geqslant 0$，符合匈牙利法的条件. 目标函数经变换后，即解

$$\min z' = \sum_i \sum_j b_{ij} x_{ij} \tag{6.25}$$

所得最小解就是原问题的最大解,这是因为

$$\begin{aligned}\sum_i \sum_j b_{ij} x_{ij} &= \sum_i \sum_j (M - c_{ij}) x_{ij} \\ &= \sum_i \sum_j M x_{ij} - \sum_i \sum_j c_{ij} x_{ij} \\ &= nM - \sum_i \sum_j c_{ij} x_{ij}\end{aligned}$$

注意到 nM 为常数,所以当 $\sum_i \sum_j b_{ij} x_{ij}$ 取最小时,$\sum_i \sum_j c_{ij} x_{ij}$ 便为最大.

习 题 6

1. 用分支定界法求解下列整数规划问题.

(1) $\min z = x_1 + 4x_2$

$$\text{s.t.}\begin{cases}2x_1 + x_2 \leqslant 8 \\ x_1 + 2x_2 \leqslant 6 \\ x_1, x_2 \geqslant 0, x_1, x_2 \text{ 为整数}\end{cases}$$

(2) $\max z = 4x_1 + 3x_2$

$$\text{s.t.}\begin{cases}3x_1 + 4x_2 \leqslant 12 \\ 4x_1 + 2x_2 \leqslant 9 \\ x_1, x_2 \geqslant 0, x_1, x_2 \text{ 为整数}\end{cases}$$

2. 用 Gomory 割平面法求解下列整数规划问题.

(1) $\max z = x_1 + x_2$

$$\text{s.t.}\begin{cases}-x_1 + x_2 \leqslant 1 \\ 3x_1 + x_2 \leqslant 4 \\ x_1, x_2 \geqslant 0 \\ x_1, x_2 \text{ 为整数}\end{cases}$$

(2) $\min z = -3x_1 + x_2$

$$\text{s.t.}\begin{cases}3x_1 - 2x_2 \leqslant 3 \\ 5x_1 + 4x_2 \geqslant 10 \\ 2x_1 + x_2 \leqslant 5 \\ x_1, x_2 \geqslant 0, \text{且为整数}\end{cases}$$

3. 用隐枚举法求解下列 0－1 型整数规划.

(1) $\max z = 2x_1 + x_2 - x_3$

$$\text{s.t.}\begin{cases}x_1 + 3x_2 + x_3 \leqslant 2 \\ 4x_2 + x_3 \leqslant 5 \\ x_1 + 2x_2 - x_3 \leqslant 2 \\ x_1 + 4x_2 - x_3 \leqslant 4 \\ x_1, x_2, x_3 = 0 \text{ 或 } 1\end{cases}$$

(2) $\min z = -3x_1 + 2x_2 - 5x_3$

$$\text{s.t.}\begin{cases}x_1 + 2x_2 - x_3 \leqslant 2 \\ x_1 + 4x_2 + x_3 \leqslant 4 \\ x_1 + x_2 \leqslant 3 \\ 4x_2 + x_3 \leqslant 6 \\ x_1, x_2, x_3 = 0 \text{ 或 } 1\end{cases}$$

4. 现有 100 万元资金,打算在甲、乙、丙、丁、戊等五个不同的地方修建某种工厂.由于条件不同,所需投资额分别为 56,20,54,42,15 万元.工厂建成后,每年能得到的利润分别为 7,5,9,6,3 万元.问应如何确定投资地点,使总投资不超过 100 万元,且建成后每年所获总利润最多?试建立该问题对应的整数规划模型,并用 LINDO 软件或 LINGO 软件求解.

5. 现有四个大学生 A_1, A_2, A_3, A_4,要去完成五个试验任务 B_1, B_2, B_3, B_4, B_5,由于试验任务数多于学生数,规定其中一名大学生要完成两个试验,其余三名大学生分别完成一个试验,每个大学生完成各个试验所需时间(分钟)如表 6.10 所示,试确定所用总时间最少的方案.

表 6.10　工作时间表

学生＼试验	B_1	B_2	B_3	B_4	B_5
A_1	25	29	31	42	37
A_2	39	38	26	20	33
A_3	34	27	28	40	32
A_4	24	42	36	23	45

6. 某钢管零售商从钢管厂进货，将钢管按照顾客的要求切割后售出. 从钢管厂进货时得到的原料钢管都是 19 m 长，现有一客户需要 50 根 4 m 长、20 根 6 m 长和 15 根 8 m 长的钢管，问如何下料最节省？

第 7 章　非线性规划

由前面几章我们知道，很多问题可以归结为目标函数和约束条件都是线性的线性规划问题．现实中还有目标函数或者约束条件是非线性函数的规划问题．如果目标函数或者约束条件含有非线性函数，这样的规划称非线性规划．1951 年，库恩和塔克等人提出了非线性规划的最优性条件，奠定了非线性规划的基础．随着电子计算机的普遍使用，非线性规划的理论和方法有了很大的发展，其应用领域也越来越广泛．目前非线性规划已经成为运筹学的重要分支之一，在最优设计、管理科学、系统控制等领域得到越来越广泛的应用．

一般来说，解非线性规划问题要比解线性规划问题困难得多，而且也不像线性规划那样有统一的数学模型如单纯形法这一通用解法．非线性规划的各种算法大都有自己特定的适用范围，都有一定的局限性，到目前为止还没有适合于各种非线性规划问题的一般算法．

7.1　非线性规划的一般概念

7.1.1　非线性规划的数学模型

设 $f(x_1,\cdots,x_n)$，$g_1(x_1,\cdots,x_n)$，$\cdots$，$g_m(x_1,\cdots,x_n)$，$h_1(x_1,\cdots,x_n)$，$\cdots$，$h_p(x_1,\cdots,x_n)$都是变量 $x_1,\cdots,x_n$ 的实值函数．求 $x_1,\cdots,x_n$ 在满足 g_i，h_j（$i=1,2,\cdots,m$；$j=1,2,\cdots,p$）的条件下，使得 $f(x_1,\cdots,x_n)$达到最小值，即

$$\min f(x_1,\cdots,x_n)$$
$$\text{s.t.}\begin{cases} g_i(x_1,\cdots,x_n)\geqslant 0 & (i=1,2,\cdots,m) \\ h_j(x_1,\cdots,x_n)=0 & (j=1,2,\cdots,p) \end{cases} \tag{7.1}$$

如果目标函数或约束函数中至少有一个函数为非线性函数，就称其为**非线性规划问题（NLP）**．

上述非线性规划问题的数学模型常表示成以下形式：

$$(\text{NLP})\quad \begin{cases} \min f(\boldsymbol{X}) \\ g_i(\boldsymbol{X})\geqslant \boldsymbol{0} & (i=1,2,\cdots,m) \\ h_j(\boldsymbol{X})=\boldsymbol{0} & (j=1,2,\cdots,p) \end{cases} \tag{7.2}$$

其中 $\boldsymbol{X}=(x_1,x_2,\cdots,x_n)^{\mathrm{T}}$ 是 n 维欧氏空间 $\mathbf{R}^n$ 中的向量(点).

因 $\max f(\boldsymbol{X})=-\min[-f(\boldsymbol{X})]$,故当求目标函数极大化时,只需使其负值最小化即可.

若某约束条件是"≤"不等式,只需用"-1"乘该约束的两端,即可将该约束变为"≥"约束.

由于等式约束 $h_j(\boldsymbol{X})=0$,等价于两个不等式约束:

$$h_j(\boldsymbol{X})\geqslant \mathbf{0}$$
$$-h_j(\boldsymbol{X})\leqslant \mathbf{0}$$

因而,也可将(NLP)写成以下形式:

$$\begin{cases}\min f(\boldsymbol{X}) \\ g_i(\boldsymbol{X})\geqslant \mathbf{0}\quad (i=1,2,\cdots,m)\end{cases}\tag{7.3}$$

称(7.3)式为约束极值问题,在非线性规划问题中存在没有约束条件或者约束条件不影响极值解的规划,称为**无约束极值问题**,其一般形式为

$$\min f(\boldsymbol{X})\quad (\boldsymbol{X}\in\mathbf{R}^n)\tag{7.4}$$

即 $\mathbf{R}^n$ 中任意一点都是其可行解.

7.1.2　非线性规划的最优解及其存在的条件

1. 局部极值和全局极值

记 NLP 的可行域为 D,若 $\boldsymbol{X}^*\in D$,并且

$$f(\boldsymbol{X}^*)\leqslant f(\boldsymbol{X})\quad(\forall\boldsymbol{X}\in D)$$

则称 $\boldsymbol{X}^*$ 是 NLP 的**全局最优解(点)**,$f(\boldsymbol{X}^*)$是 NLP 的**全局最优值**.如果有

$$f(\boldsymbol{X}^*)<f(\boldsymbol{X})\quad(\forall\boldsymbol{X}\in D,\boldsymbol{X}\neq\boldsymbol{X}^*)$$

则称 $\boldsymbol{X}^*$ 是 NLP 的**严格全局最优解(点)**,$f(\boldsymbol{X}^*)$是 NLP 的**严格全局最优值**.

若 $\boldsymbol{X}^*\in D$,并且存在 $\boldsymbol{X}^*$ 的邻域 $N_\delta(\boldsymbol{X}^*)$,使

$$f(\boldsymbol{X}^*)\leqslant f(\boldsymbol{X})\quad(\forall\boldsymbol{X}\in N_\delta(\boldsymbol{X}^*)\cap D)$$

则称 $\boldsymbol{X}^*$ 是 NLP 的**局部极小解(点)**,$f(\boldsymbol{X}^*)$是 NLP 的**局部极小值**.如果有

$$f(\boldsymbol{X}^*)<f(\boldsymbol{X})\quad(\forall\boldsymbol{X}\in N_\delta(\boldsymbol{X}^*)\cap D,\boldsymbol{X}\neq\boldsymbol{X}^*)$$

则称 $\boldsymbol{X}^*$ 是 NLP 的**严格局部极小解(点)**,$f(\boldsymbol{X}^*)$是 NLP 的**严格局部极小值**.

由于线性规划的目标函数为线性函数,可行域为凸集,因而求出的最优解就是整个可行域上的全局最优解.对于非线性规划来说,有时求出的某个解虽是局部可行域上的极值点,但并不一定是整个可行域上的全局最优解.这些极值点可能出现在可行域的内部、边界等不同部位上(即可行域上任意点都可能是极值点).

2. 两个定义

定义 7.1　设 $f(\boldsymbol{X})$为定义在 $\mathbf{R}^n$ 中区域D上的n 元可微函数,$\boldsymbol{X}\in D$,则称向量

$$\left(\frac{\partial f(\boldsymbol{X})}{\partial x_1},\frac{\partial f(\boldsymbol{X})}{\partial x_2},\cdots,\frac{\partial f(\boldsymbol{X})}{\partial x_n}\right)^{\mathrm{T}}$$

为 $f(\boldsymbol{X})$在 $\boldsymbol{X}$ 点的梯度,记作

$$\nabla f(\boldsymbol{X}) = \left(\frac{\partial f(\boldsymbol{X})}{\partial x_1},\frac{\partial f(\boldsymbol{X})}{\partial x_2},\cdots,\frac{\partial f(\boldsymbol{X})}{\partial x_n}\right)^{\mathrm{T}}$$

关于梯度,有下面两个结论:

(1) 在 $\boldsymbol{X}_0$ 点附近,$f(\boldsymbol{X})$值沿负梯度 $-\nabla f(\boldsymbol{X}_0)$方向减小最快.

(2) $\nabla f(\boldsymbol{X}_0)$垂直于过 $\boldsymbol{X}_0$ 点的等值面 $f(\boldsymbol{X}) = c$.

定义 7.2 设 $f(\boldsymbol{X})$具有二阶连续偏导数,称

$$H(\boldsymbol{X}) = \begin{bmatrix} \frac{\partial^2 f(\boldsymbol{X})}{\partial x_1^2} & \frac{\partial^2 f(\boldsymbol{X})}{\partial x_1 \partial x_2} & \cdots & \frac{\partial^2 f(\boldsymbol{X})}{\partial x_1 \partial x_n} \\ \frac{\partial^2 f(\boldsymbol{X})}{\partial x_2 \partial x_1} & \frac{\partial^2 f(\boldsymbol{X})}{\partial x_2^2} & \cdots & \frac{\partial^2 f(\boldsymbol{X})}{\partial x_2 \partial x_n} \\ \vdots & \vdots & & \vdots \\ \frac{\partial^2 f(\boldsymbol{X})}{\partial x_n \partial x_1} & \frac{\partial^2 f(\boldsymbol{X})}{\partial x_n \partial x_2} & \cdots & \frac{\partial^2 f(\boldsymbol{X})}{\partial x_n^2} \end{bmatrix}$$

为 $f(\boldsymbol{X})$在点 $\boldsymbol{X}$ 的海赛(Hesse)矩阵.

3. 极值点存在条件

定理 7.1(必要条件) 设 $f(\boldsymbol{X})$为定义在 $\mathbf{R}^n$ 中区域 D 上的 n 元可微函数,$\boldsymbol{X}^*$ 是 D 的内点,且 $f(\boldsymbol{X})$在 $\boldsymbol{X}^*$ 点可微.若 $\boldsymbol{X}^*$ 是 $f(\boldsymbol{X})$的极值点,则

$$\frac{\partial f(\boldsymbol{X}^*)}{\partial x_i} = 0 \quad (i = 1,2,\cdots,n)$$

或

$$\nabla f(\boldsymbol{X}^*) = 0$$

定理 7.2(充分条件) 设 $f(\boldsymbol{X})$为定义在 $\mathbf{R}^n$ 中区域 D 内有二阶连续偏导数,若 $\boldsymbol{X}^*$ 是 D 的内点,且 $f(\boldsymbol{X}) = 0$,则 $\boldsymbol{X}^*$ 为局部极小值点的充分条件为

$$\boldsymbol{X}^{\mathrm{T}} H(\boldsymbol{X}^*) \boldsymbol{X} > 0$$

$\boldsymbol{X}^*$ 为局部极大值点的充分条件是

$$\boldsymbol{X}^{\mathrm{T}} H(\boldsymbol{X}^*) \boldsymbol{X} < 0$$

式中 $\boldsymbol{X}$ 为任意非零向量,$H(\boldsymbol{X}^*)$为 $f(\boldsymbol{X})$在 $\boldsymbol{X}^*$ 点的海赛矩阵.

7.1.3 凸函数和凸规划

设 $f(\boldsymbol{X})$为定义在 n 维欧氏空间 $\mathbf{R}^n$ 中某个凸集 S 上的函数,若对任意实数 α $(0<\alpha<1)$以及 S 中的任意两点 $\boldsymbol{X}^{(1)}$ 和 $\boldsymbol{X}^{(2)}$,恒有

$$f(\alpha \boldsymbol{X}^{(1)} + (1-\alpha)\boldsymbol{X}^{(2)}) \leqslant \alpha f(\boldsymbol{X}^{(1)}) + (1-\alpha) f(\boldsymbol{X}^{(2)}) \tag{7.5}$$

则称 $f(\boldsymbol{X})$为定义在 S 上的**凸函数**(Convex Function).

若对每一个 $\alpha(0<\alpha<1)$和 $\boldsymbol{X}^{(1)} \neq \boldsymbol{X}^{(2)} \in S$ 恒有

$$f(\alpha \boldsymbol{X}^{(1)} + (1-\alpha)\boldsymbol{X}^{(2)}) < \alpha f(\boldsymbol{X}^{(1)}) + (1-\alpha) f(\boldsymbol{X}^{(2)}) \tag{7.6}$$

则称 $f(\boldsymbol{X})$ 为定义在 S 上的**严格凸函数**.

将上述两式的不等号反向,得到凹函数和严格凹函数的定义.由定义可以看出如果函数 $f(\boldsymbol{X})$ 是(严格)凹函数的话, $-f(\boldsymbol{X})$ 则为(严格)凸函数.

凸函数具有很好的性质:

性质 7.1　设 $f(\boldsymbol{X})$ 为定义凸集 S 上的凸函数,则对任意的实数 $\beta \geqslant 0$,函数 $\beta f(\boldsymbol{X})$ 也定义凸集 S 上的凸函数.

性质 7.2　设 $f_1(\boldsymbol{X})$ 和 $f_2(\boldsymbol{X})$ 为定义凸集 S 上的两个凸函数,则 $f(\boldsymbol{X}) = f_1(\boldsymbol{X}) + f_2(\boldsymbol{X})$ 也定义凸集 S 上的凸函数.

性质 7.3　设 $f(\boldsymbol{X})$ 为定义凸集 S 上的凸函数,则对任意的实数 $\alpha \geqslant 0$,集合

$$S_\alpha = \{\boldsymbol{X} \mid \boldsymbol{X} \in S, f(\boldsymbol{X}) \leqslant \alpha\}$$

是凸集(S_α 称为水平集).

考虑非线性规划

$$\begin{cases} \min\limits_{\boldsymbol{X} \in \boldsymbol{K}} f(\boldsymbol{X}) \\ \boldsymbol{K} = \{\boldsymbol{X} \mid g_j(\boldsymbol{X}) \geqslant 0, j = 1,2,\cdots,m\} \end{cases} \tag{7.7}$$

如果其中 $f(\boldsymbol{X})$ 为凸函数, $g_i(\boldsymbol{X})(i=1,2,\cdots,m)$ 为凹函数,这样的非线性规划称为**凸规划**.

可以证明,凸规划的可行域为凸集,其局部极小点即为全局最优解,而且其最优解的集合形成一个凸集.当凸规划的目标函数 $f(\boldsymbol{X})$ 为严格凸函数时,其最优解必定唯一(如果最优解存在).由此可见,凸规划是一类比较简单而又具有重要理论意义的非线性规划.

线性规划也是一种凸规划.

例 7.1　验证下述非线性规划为凸规划.

$$\begin{cases} \min f(\boldsymbol{X}) = x_1^2 + x_2^2 - 4x_1 + 4 \\ g_1(\boldsymbol{X}) = x_1 - x_2 + 2 \geqslant 0 \\ g_2(\boldsymbol{X}) = x_1^2 + x_2 - 1 \geqslant 0 \\ x_1, x_2 \geqslant 0 \end{cases}$$

解　目标函数 $f(\boldsymbol{X})$ 的海赛矩阵为 $\nabla^2 f(\boldsymbol{X}) = \begin{pmatrix} 2 & 0 \\ 0 & 2 \end{pmatrix}$ 正定,故 $f(\boldsymbol{X})$ 为严格凸函数.第一和第三个约束不等式为线性约束,故为凹函数.第二个约束条件的海赛矩阵为 $\nabla^2 g_2(\boldsymbol{X}) = \begin{pmatrix} -2 & 0 \\ 0 & 0 \end{pmatrix}$ 负正定,故 $g_2(\boldsymbol{X})$ 为凹函数,所以该规划为凸规划.

7.1.4　非线性规划问题的图解

当只有两个变量时,非线性规划也可以像线性规划那样用图形来求解非线性规划.

例 7.2　考虑非线性规划问题.

$$\begin{cases}\min f(\boldsymbol{X}) = (x_1-2)^2+(x_2-1)^2\\ x_1+x_2^2-5x_2=0\\ x_1+x_2-5\geqslant 0\\ x_1,x_2\geqslant 0\end{cases}$$

令目标函数 $f(\boldsymbol{X})=c$,其中 c 为一常数,则求目标函数的最小值就是求 c 的最小值,$f(\boldsymbol{X})=c$ 一般为一条曲线或者一张曲面,通常称为等值线或者等值面.

在 x_1Ox_2 坐标平面上画出目标函数的等值线,它是以点(2,1)为心的同心圆,再根据约束条件画出可行域,如图 7.1 所示的抛物线段 $ABCD$.

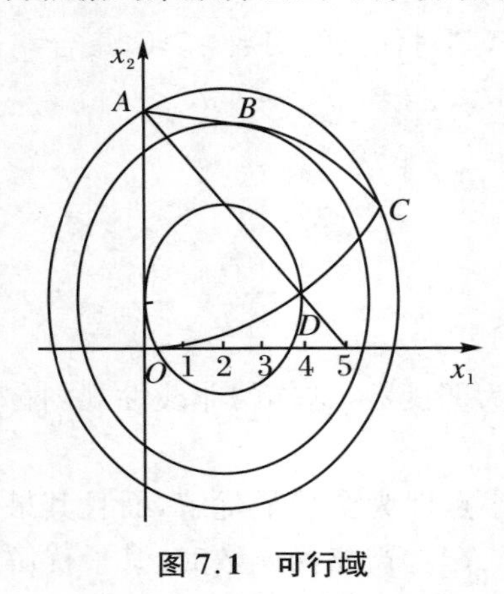

图 7.1 可行域

令动点从 A 出发沿抛物线 $ABCD$ 移动,当动点从 A 移向 B 时,目标函数值下降,当动点从 B 移向 C 时目标函数值上升,从而在可行域 AC 内,B 点的目标函数值最小,因而 B 是一个极小点,$f(B)$为极小值.当动点由 C 向 D 移动时,目标函数值再次下降,在 D 点(4,1)目标函数值最小为 4.本例中目标函数值 $f(B)$仅是目标函数 $f(\boldsymbol{X})$ 在一部分可行域上的极小值,而不是整个可行域上的极小值,也称局部极小值.$f(D)$是整个可行域上的极小值,也称全局极小值,像 D 这样的点称全局极小点.

7.1.5 下降迭代算法

我们知道,对于可微函数来说,令梯度等于 0,就可以求出稳定点,从而求出最优解.但对一般的多元函数,梯度等于 0 往往会得到一组非线性方程组,求解困难,或者偏导数不存在.非线性规划问题的解可能在可行域的内部,且求解困难,一般没有通用的方法.对于非线性规划模型 NLP,一般采用迭代法求解.迭代方法的基本思想是:从一个选定的初始点 $\boldsymbol{X}^{(0)}\in\mathbf{R}^n$ 出发,按照某一特定的迭代规则产生一个点列 $\boldsymbol{X}^{(1)},\boldsymbol{X}^{(2)},\cdots,\boldsymbol{X}^{(k)},\cdots$,记为$\{\boldsymbol{X}^{(k)}\}$,使得某个 $\boldsymbol{X}^{(k)}$ 恰好是问题的最优解,或者该点列$\{\boldsymbol{X}^{(k)}\}$收敛到问题的一个最优解 $\boldsymbol{X}^*$.对于极小化问题,在迭代算法中由点 $\boldsymbol{X}^{(k)}$ 迭代到点 $\boldsymbol{X}^{(k+1)}$ 时,要求 $f(\boldsymbol{X}^{(k+1)})\leqslant f(\boldsymbol{X}^{(k)})$,称这种算法为**下降算法**.在迭代过程中涉及两步:首先确定点 $\boldsymbol{X}^{(k)}$ 搜索方向,其次确定沿搜索方向移动的步长 t_k.

设 $\boldsymbol{X}^{(k)}\in\mathbf{R}^n$ 是某迭代方法的第 k 轮迭代点,$\boldsymbol{X}^{(k+1)}\in\mathbf{R}^n$ 是第 $k+1$ 轮迭代点,记

$$\boldsymbol{X}^{(k+1)} = \boldsymbol{X}^{(k)} + t_k\boldsymbol{p}^{(k)} \tag{7.8}$$

这里 $t_k\in\mathbf{R}$, $\boldsymbol{p}^{(k)}\in\mathbf{R}^n$, $\|\boldsymbol{p}^{(k)}\|=1$,显然 $\boldsymbol{p}^{(k)}$ 是由点 $\boldsymbol{X}^{(k)}$ 与点 $\boldsymbol{X}^{(k+1)}$ 确定的方向.(7.8)式就是求解非线性规划模型(NLP)的基本迭代格式.

通常，称(7.8)式中的 $\boldsymbol{p}^{(k)}$ 为第 k 轮**搜索方向**，t_k 为沿 $\boldsymbol{p}^{(k)}$ 方向的**步长**，使用迭代方法求解 NLP 的关键在于如何构造搜索方向和确定适当的步长.

定义 7.3　设 $\boldsymbol{X}^{(k)} \in \mathbf{R}^n$，$\boldsymbol{p}^{(k)} \neq \mathbf{0}$，若存在 $\delta > 0$，使

$$f(\boldsymbol{X}^{(k)} + t\boldsymbol{p}^{(k)}) < f(\boldsymbol{X}^{(k)}) \quad (\forall\, t \in (0, \delta))$$

称向量 $\boldsymbol{p}^{(k)}$ 是 $f(\boldsymbol{x})$ 在点 $\boldsymbol{X}^{(k)}$ 处的**下降方向**.

定义 7.4　设 $\boldsymbol{X}^{(k)} \in \mathbf{R}^n$，$\boldsymbol{p}^{(k)} \neq \mathbf{0}$，若存在 $t > 0$，使

$$\boldsymbol{X}^{(k)} + t\boldsymbol{p}^{(k)} \in K$$

称向量 $\boldsymbol{p}^{(k)}$ 是点 $\boldsymbol{X}^{(k)}$ 处关于 f 的**可行方向**.

对于 $\mathbf{R}^n$ 内的点来说，任意方向均为可行方向，但对于边界点来说，有些方向是可行的有些方向是不可行的.

一个向量 $\boldsymbol{p}^{(k)}$，若既是函数 f 在点 $\boldsymbol{X}^{(k)}$ 处的下降方向，又是该点关于区域 K 的可行方向，则称 $\boldsymbol{p}^{(k)}$ 为函数 $f(x)$ 在点 $\boldsymbol{X}^{(k)}$ 处关于 K 的**可行下降方向**.

现在，我们给出用基本迭代格式(7.8)求解(NLP)的一般步骤如下：

(1) 选取初始点 $\boldsymbol{X}_0$，令 $k := 0$.

(2) 确定搜索方向，若已得到迭代点 $\boldsymbol{X}^{(k)}$，且 $\boldsymbol{X}^{(k)}$ 不是极小点. 从 $\boldsymbol{X}^{(k)}$ 处出发确定搜索方向 $\boldsymbol{p}^{(k)}$，沿该方向能找到使目标函数值下降的点.

(3) 确定搜索步长. 沿 $\boldsymbol{p}^{(k)}$ 方向前进一个步长 t_k，得到新的迭代点 $\boldsymbol{X}^{(k+1)}$，即

$$\boldsymbol{X}^{(k+1)} = \boldsymbol{X}^{(k)} + t_k\boldsymbol{p}^{(k)}$$

使得

$$f(\boldsymbol{X}^{(k+1)}) = f(\boldsymbol{X}^{(k)} + t_k\boldsymbol{p}^{(k)}) < f(\boldsymbol{X}^{(k)})$$

(4) 检验新得到的点是否为要求的极小点或者近似极小点，如满足要求停止迭代；否则令 $k := k+1$，到(2).

在上述步骤中，搜索方向对算法的优劣起到关键的作用，各种算法的区别，主要在于确定搜索方向的方法. 搜索方向确定后，希望尽快地逼近最优点就要靠步长的选取了. 步长的选定是使目标函数值沿搜索方向下降最多(极小化问题)为依据，沿射线 $\boldsymbol{X}^{(k)} + t_k\boldsymbol{p}^{(k)}$，求 $f(\boldsymbol{X})$ 的极小值. 即选取 t_k，使得

$$f(\boldsymbol{X}^{(k)} + t_k\boldsymbol{p}^{(k)}) = \min f(\boldsymbol{X}^{(k)} + t\boldsymbol{p}^{(k)}) \tag{7.9}$$

上式是以 t 为变量的一元函数的极小点一维搜索，这样确定的步长称为最优步长.

7.2　一维搜索

当用迭代法求函数的极小点时，常常用到一维搜索，即沿某一已知方向求目标函数的极小点. 当搜索方向确定后，可以用一维搜索法确定步长，一维搜索的优劣便成为求最优化问题的关键. 一维搜索的方法较多，这里我们介绍斐波那契

(Fibonacci)法和 0.618 法.

考虑一维极小化问题

$$\min_{a \leqslant x \leqslant b} f(x) \tag{7.10}$$

其中,$f(x)$是$[a, b]$区间上的**下单峰函数**,即在所讨论的区间$[a, b]$上,函数只有一个极小点 x^*,在极小点的左边,函数单调下降;在极小点的右边函数单调上升,如图 7.2(a)和图 7.3(b)所示.我们介绍通过不断地缩短$[a, b]$的长度,来搜索得问题(7.10)的近似最优解的方法.

为了缩短区间$[a, b]$,逐步搜索得问题(7.10)的最优解 x^* 的近似值,我们可以采用以下途径:在$[a, b]$中任取两个点 x_1 和 x_2(不妨设 $x_1 < x_2$),计算 $f(x_1)$和 $f(x_2)$并比较它们的大小,就可以把区间$[a, b]$缩小成$[a, x_2]$或者$[x_1, b]$(x^* 仍然在缩小的区间内).对于单峰函数,若 $f(x_1) < f(x_2)$,则必有 $x^* \in [a, x_2]$,因而$[a, x_2]$是缩短了的单峰区间;若 $f(x_1) \geqslant f(x_2)$,则有 $x^* \in [x_1, b]$,故$[x_1, b]$是缩短了的单峰区间.因此通过两个搜索点处目标函数值大小的比较,总可以获得缩短了的单峰区间.对于新的单峰区间重复上述做法,显然又可获得更短的单峰区间.如此进行,在单峰区间缩短到充分小时,以函数值较小者为近似极小点,相应的函数值为近似极小值.

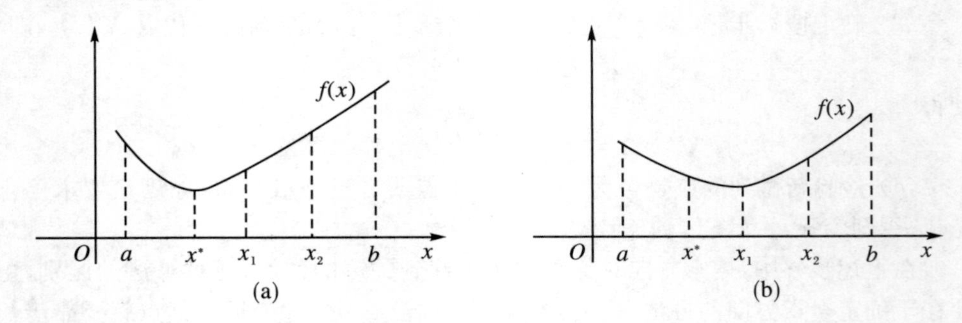

图 7.2 $f(x)$图形

7.2.1 斐波那契法

若数列$\{F_n\}$满足关系:

$$F_0 = F_1 = 1$$

$$F_n = F_{n-1} + F_{n-2} \quad (n = 2,3,\cdots) \tag{7.11}$$

则称$\{F_n\}$为**斐波那契数列**,F_n 称为第 $n+1$ 个**斐波那契数**,称相邻两个斐波那契数之比$\dfrac{F_{n-1}}{F_n}$为**斐波那契分数**,显然$\dfrac{F_{n-1}}{F_n} > \dfrac{1}{2}$($n=1,2,3,\cdots$)利用公式(7.11),可依次算出各 F_n 的值,见表 7.1.

表 7.1　斐波那契数列

n	0	1	2	3	4	5	6	7	8	9	10	11	12	13
F_n	1	1	2	3	5	8	13	21	34	55	89	144	233	377

可以证明,计算 n 次函数值所能获得的最大缩短率(缩短后的区间长度与原区间长度之比)为$\frac{1}{F_n}$. 当用 n 个试点来缩短某一区间时,如果区间长度的第一次缩短率为$\frac{F_{n-1}}{F_n}$,其后各次分别为$\frac{F_{n-2}}{F_{n-1}},\frac{F_{n-3}}{F_{n-2}},\cdots,\frac{3}{5},\frac{2}{3},\frac{1}{2}$,则区间的总缩短率为$\frac{F_{n-1}}{F_n}\cdot\frac{F_{n-2}}{F_{n-1}}\cdot\cdots\cdot\frac{1}{2}=\frac{1}{F_n}$,因此获得了最大缩短率. 由此,若 x_1 和 $x_2(x_1<x_2)$是单峰区间$[a,b]$中第一个和第二个试点的话且

$$\frac{F_{n-1}}{F_n}+\frac{F_{n-2}}{F_n}=1\quad(n=2,3,\cdots)$$

当试点个数确定之后,最初的两个试点分别为

$$x_1=a+\frac{F_{n-2}}{F_n}(b-a),\quad x_2=a+\frac{F_{n-1}}{F_n}(b-a)F \tag{7.12}$$

由于$\frac{F_{n-1}}{F_n}>\frac{1}{2}$,因此确实有 $x_1<x_2$,而且它们是关于$\frac{a+b}{2}$对称的点,即 a 到 x_1 的距离等于 x_2 到 b 的距离.

如果要求经过一系列试点搜索之后,使最后的试点和最优解之间的距离不超过精度 $\varepsilon(\varepsilon>0)$,这就要求最后区间的长度不超过 ε,即

$$F_n\geqslant\frac{b-a}{\varepsilon} \tag{7.13}$$

据此,我们应按照预先给定的精度 ε,确定使(7.13)式成立的最小整数 n 作为搜索次数,直到进行到第 n 个试点时停止.

用上述不断缩短函数 $f(x)$的单峰区间$[a,b]$的办法,来求得问题(7.10)的近似解,是 Kiefer 于 1953 年提出的,叫作**斐波那契法**,具体步骤如下:

(1) 选取初始数据,确定单峰区间$[a,b]$,给出搜索精度 $\varepsilon>0$.

(2) $c=\frac{b-a}{\varepsilon}$,$n=1$,$F_0=1$,$F_1=1$,继续.

(3) $n:=n+1$,$F_n=F_{n-1}+F_{n-2}$,继续.

(4) 若 $F_n<c$,则转(2),反之进行下一步.

(5) $k=1$,

$$x_1=a+\frac{F_{n-2}}{F_n}(b-a),\quad f_1=f(x_1)$$

$$x_2=a+\frac{F_{n-1}}{F_n}(b-a),\quad f_2=f(x_2)$$

(6) 若 $f(x_1)<f(x_2)$,则 $b=x_2$,$x_2=x_1$,$f_2=f_1$,

$x_1=a+\frac{F_{n-k-2}}{F_{n-k}}(b-a)$，$f_1=f(x_1)$，继续下一步；

若 $f(x_1)\geqslant f(x_2)$，则 $a=x_1$，$x_1=x_2$，$f_1=f_2$，

$x_2=a+\frac{F_{n-k-1}}{F_{n-k}}(b-a)$，$f_2=f(x_2)$，继续下一步.

(7) 令 $k:=k+1$，若 $k<n-2$，则转(5)；若 $k=n-2$，继续下一步.

(8) 若 $f_1<f_2$，则 $b=x_2$，$x_2=x_1$，$f_2=f_1$，继续下一步；

若 $f_1\geqslant f_2$，则 $a=x_1$，继续下一步.

(9) $x_1=x_2-0.1(b-a)$，$f_1=f(x_1)$，

若 $f_1<f_2$，则 $x^*=\frac{1}{2}(a+x_2)$；

若 $f_1=f_2$，则 $x^*=\frac{1}{2}(x_1+x_2)$；

若 $f_1>f_2$，则 $x^*=\frac{1}{2}(b+x_1)$.

由上述分析可知，斐波那契法使用对称搜索的方法，逐步缩短所考察的区间，它能以尽量少的函数求值次数，达到预定的某一缩短率.在借助于计算 n 个函数值的所有非随机搜索方法中，斐波那契法可使原始区间与最终区间长度之比达到最大值，但是该法的区间缩短比不固定，增加了计算量.

例 7.3 试用斐波那契法求函数 $f(x)=x^2-x+2$ 的近似极小点，要求缩短后的区间不大于区间[−1,3]的 0.08 倍.

解 容易验证，在此区间上函数 $f(x)=x^2-x+2$ 在区间[−1,3]上是下单峰函数，且 $\varepsilon\leqslant(3+1)\times0.08=0.32$，令 $a=-1$，$b=3$.

由 $F_n\geqslant\frac{b-a}{\varepsilon}=12.5$ 可知，应取试点个数 $n=6$，进行五次迭代.

迭代过程如下：

第一次迭代

初始两个试点为 x_1，x_2，

$x_1=a+\frac{F_4}{F_6}(b-a)=-1+\frac{5}{13}\times4=0.538$，$x_2=a+\frac{F_5}{F_6}(b-a)=1.462$

$f(0.538)=1.751<f(1.462)=2.675$，所以压缩区间为[−1,1.462].

第二次迭代

令 $x_2=0.538$，$f(x_2)=1.751$，取 $x_1=-1+\frac{F_3}{F_5}(1.462+1)=-0.077$，$f(-0.077)=2.083>f(0.538)$，所以新的压缩区间为[−0.077,1.462].

第三次迭代

令 $x_1=0.538$，$f(x_1)=1.751$，取 $x_2=-0.077+\frac{F_3}{F_4}(1.462+0.077)=0.846$，

$f(0.846)=1.870>f(0.538)$，所以新的压缩区间为$[-0.077,0.846]$.

第四次迭代

令 $x_2=0.538, f(x_2)=1.751$，取 $x_1=-0.077+\frac{F_1}{F_3}(0.847+0.077)=0.231$，$f(0.231)=1.822>f(0.538)$，所以新的压缩区间为$[0.231,0.846]$.

第五次迭代

令 $x_2=0.538, f(x_2)=1.751$，取 $x_1=-0.1\times(0.847-0.231)=0.477$，$f(0.477)=1.751=f(0.538)$，所以最优解为 $x^*=\frac{1}{2}(x_1+x_2)=0.508$，$f^*=1.750\ 064$.

本题的精确解为

$$x^*=0.5,\quad f(x^*)=1.75$$

我们可以看出，进行五次迭代的近似极小点已经非常接近极小点，最小值基本相同.

7.2.2　0.618 法

由前面的分析我们知道，斐波那契法的区间缩短比是不固定的，区间的压缩比依次为

$$\frac{F_{n-1}}{F_n},\frac{F_{n-2}}{F_{n-1}},\frac{F_{n-3}}{F_{n-2}},\cdots,\frac{3}{5},\frac{2}{3},\frac{1}{2}$$

可以证明 $n\to\infty$ 时，$\frac{F_{n-1}}{F_n}\to 0.618$.

现在我们用不变的压缩比 0.618 来代替斐波那契法中的每次不同的压缩率，就得到了 **0.618 法（黄金分割法）**.这个方法可以看成是斐波那契法的近似，实现起来比较容易，效果也相当好，因而易于为人们所接受.

用 0.618 法求解，从第二个试点开始每增加一个试点作一轮迭代以后，原单峰区间要缩短 0.618 倍.

$$x_1=a+0.382(b-a),\quad x_2=a+0.618(b-a)$$

由于每次压缩区间的比率固定，我们不需要计算迭代次数，可以直接利用压缩后区间的长度来确定是否需要继续迭代.具体步骤如下：

确定$[a,b]$及 ε.

(1) $x_2=a+0.618(b-a), f_2=f(x_2)$，继续.

(2) $x_1=a+0.382(b-a), f_1=f(x_1)$，继续.

(3) 若$|b-a|\leqslant\varepsilon$，则 $x^*=\frac{a+b}{2}$，停止计算，否则继续.

(4) 若 $f_1<f_2$，则 $b=x_2, x_2=x_1, f_2=f_1$，转(2)；

若 $f_1=f_2$，则 $b=x_2, a=x_1$，转(1)；

若 $f_1>f_2$，则 $a=x_1, x_1=x_2, f_1=f_2$，转(2).

也可以和斐波那契法一样，先计算迭代次数，再根据次数来迭代.

7.3 无约束极值问题

无约束极值问题可表述为

$$\min f(\boldsymbol{X}),\quad \boldsymbol{X}\in \mathbf{R}^n \tag{7.14}$$

求解问题(7.14)时常使用迭代法.迭代法中涉及搜索方向和步长，步长可以用一维搜索法求，理想的搜索方向确定比较麻烦.根据确定搜索方向是否使用到目标函数的导数可以将该问题的算法分为两类：一是用到函数的一阶导数或二阶导数，称为**解析法**，包括最速下降法、牛顿法、共轭梯度法、拟牛顿法等；另一类在迭代过程中仅用到函数值，不使用导数，称为**直接法**.

7.3.1 梯度法(最速下降法)

对基本迭代格式

$$\boldsymbol{X}^{(k+1)}=\boldsymbol{X}^{(k)}+t_k\boldsymbol{p}^{(k)} \tag{7.15}$$

我们考虑从点 $\boldsymbol{X}^{(k)}$ 出发沿哪一个方向 $\boldsymbol{p}^{(k)}$，使目标函数 f 下降得最快.微积分的知识告诉我们，点 $\boldsymbol{X}^{(k)}$ 的负梯度方向

$$\boldsymbol{p}^{(k)}=-\nabla f(\boldsymbol{X}^{(k)}) \tag{7.16}$$

是从点 $\boldsymbol{X}^{(k)}$ 出发使 f 下降最快的方向.为此，称负梯度方向 $-\nabla f(\boldsymbol{X}^{(k)})$ 为 f 在点 $\boldsymbol{X}^{(k)}$ 处的**最速下降方向**.

按基本迭代格式(7.15)，每一次从点 $\boldsymbol{X}^{(k)}$ 出发沿最速下降方向 $-\nabla f(\boldsymbol{X}^{(k)})$ 做一维搜索，建立求解无约束极值问题的方法，称之为**最速下降法**.

这个方法的特点是，每轮的搜索方向都是目标函数在当前点下降最快的方向.同时，用 $\nabla f(\boldsymbol{X}^{(k)})=0$ 或 $\|\nabla f(\boldsymbol{X}^{(k)})\|\leqslant\varepsilon$ 作为停止条件.其具体步骤如下：

(1) 选取初始数据.选取初始点 $\boldsymbol{X}^{(0)}$，给定终止误差，令 $k:=0$.

(2) 求梯度向量.计算 $\nabla f(\boldsymbol{X}^{(k)})$，若 $\|\nabla f(\boldsymbol{X}^{(k)})\|\leqslant\varepsilon$，停止迭代，输出 $\boldsymbol{X}^{(k)}$.否则，转下一步.

(3) 构造负梯度方向.取

$$\boldsymbol{p}^{(k)}=-\nabla f(\boldsymbol{X}^{(k)})$$

(4) 进行一维搜索.求 t_k，使得

$$f(\boldsymbol{X}^{(k)}+t_k\boldsymbol{p}^{(k)})=\min_{t\geqslant 0} f(\boldsymbol{X}^{(k)}+t\boldsymbol{p}^{(k)})$$

(5) 令 $\boldsymbol{X}^{(k+1)}=\boldsymbol{X}^{(k)}+t_k\boldsymbol{p}^{(k)}$，$k:=k+1$，转(2).

如果 $f(\boldsymbol{X})$ 具有二阶连续偏导数，则有

$$f(\boldsymbol{X}^{(k)}+t\nabla f(\boldsymbol{X}^{(k)})\approx f(\boldsymbol{X}^{(k)})+\nabla f(\boldsymbol{X}^{(k)})^{\mathrm{T}}t\nabla f(\boldsymbol{X}^{(k)})$$

$$+\frac{1}{2}t\nabla f(\boldsymbol{X}^{(k)})^{\mathrm{T}}\nabla^2 f(\boldsymbol{X}^{(k)})t\nabla f(\boldsymbol{X}^{(k)})$$

上式对 t 求导,并令其等于 0,则有近似最佳步长:

$$t_k=\frac{\nabla f(\boldsymbol{X}^{(x)})^{\mathrm{T}}\nabla f(\boldsymbol{X}^{(x)})}{\nabla f(\boldsymbol{X}^{(x)})^{\mathrm{T}}\nabla^2 f(\boldsymbol{X}^{(x)})\nabla f(\boldsymbol{X}^{(x)})}$$

例 7.4　用最速下降法求解 $f(\boldsymbol{X})=x_1^2+5x_2^2$ 的极小值,设初始点为 $\boldsymbol{X}^{(0)}=(2,1)^{\mathrm{T}}$,允许误差为 $\varepsilon=0.7$.

解　因为$\nabla f(\boldsymbol{X})=(2x_1,10x_2)^{\mathrm{T}}$,$\nabla f(\boldsymbol{X}^{(0)})=(4,10)^{\mathrm{T}}$,海赛矩阵为

$$\nabla^2 f(\boldsymbol{X})=\begin{pmatrix}2&0\\0&10\end{pmatrix}$$

$$t_0=\frac{(4\quad 10)\begin{pmatrix}4\\10\end{pmatrix}}{(4\quad 10)\begin{pmatrix}2&0\\0&10\end{pmatrix}\begin{pmatrix}4\\10\end{pmatrix}}=0.112\,4$$

$$\boldsymbol{X}^{(1)}=\begin{pmatrix}2\\1\end{pmatrix}-0.112\,4\begin{pmatrix}4\\10\end{pmatrix}=\begin{pmatrix}1.550\,4\\-0.124\,0\end{pmatrix}$$

$$\nabla f(\boldsymbol{X}^{(1)})=\begin{pmatrix}3.100\,8\\-1.240\,0\end{pmatrix},\quad \|\nabla f(\boldsymbol{X}^{(1)})\|^2=11.526>\varepsilon$$

$$t_1=\frac{\begin{pmatrix}3.100\,8&-1.240\\3.100\,8&-1.240\end{pmatrix}\begin{pmatrix}3.100\,8\\-1.240\,0\end{pmatrix}}{(3.100\,8\quad -1.240)\begin{pmatrix}2&0\\0&10\end{pmatrix}\begin{pmatrix}3.100\,8\\-1.240\,0\end{pmatrix}}=0.322\,3$$

$$\boldsymbol{X}^{(2)}=\begin{pmatrix}1.550\,4\\-0.124\,0\end{pmatrix}-0.322\,3\begin{pmatrix}3.100\,8\\-1.24\end{pmatrix}=\begin{pmatrix}0.551\\0.275\,7\end{pmatrix}$$

$$\nabla f(\boldsymbol{X}^{(2)})=\begin{pmatrix}1.102\\2.757\end{pmatrix},\quad \|\nabla f(\boldsymbol{X}^{(2)})\|^2=8.815>\varepsilon$$

$$t_2=\frac{(1.102\quad 2.757)\begin{pmatrix}1.102\\2.757\end{pmatrix}}{(1.102\quad 2.757)\begin{pmatrix}2&0\\0&10\end{pmatrix}\begin{pmatrix}1.102\\2.757\end{pmatrix}}=0.112\,4$$

$$\boldsymbol{X}^{(3)}=\begin{pmatrix}0.551\\0.275\,7\end{pmatrix}-0.112\,4\begin{pmatrix}1.102\\2.757\end{pmatrix}=\begin{pmatrix}0.427\,1\\-0.034\,19\end{pmatrix}$$

$$\nabla f(\boldsymbol{X}^{(3)})=\begin{pmatrix}0.854\,2\\-0.341\,9\end{pmatrix},\quad \|\nabla f(\boldsymbol{X}^{(3)})\|^2=0.846\,6>\varepsilon$$

$$t_3=\frac{(0.854\,2\quad -0.341\,9)\begin{pmatrix}0.854\,2\\-0.341\,9\end{pmatrix}}{(0.854\,2\quad -0.341\,9)\begin{pmatrix}2&0\\0&10\end{pmatrix}\begin{pmatrix}0.854\,2\\-0.341\,9\end{pmatrix}}=0.322\,1$$

$$\boldsymbol{X}^{(4)} = \begin{pmatrix} 0.427\,1 \\ -0.034\,19 \end{pmatrix} - 0.322\,1 \begin{pmatrix} 0.854\,2 \\ -0.341\,9 \end{pmatrix} = \begin{pmatrix} 0.152 \\ 0.075\,9 \end{pmatrix}$$

$$\nabla f(\boldsymbol{X}^{(4)}) = \begin{pmatrix} 0.304 \\ 0.759 \end{pmatrix}, \quad \| \nabla f(\boldsymbol{X}^{(4)}) \|^2 = 0.668\,5 < \varepsilon$$

所以 $\boldsymbol{X}^{(4)} = (0.152, 0.075\,9)^{\mathrm{T}}$ 为近似极小点,此时函数值为 $f(\boldsymbol{X}^{(4)}) = 0.051\,9$.

我们给出该问题的精确解 $\boldsymbol{X}^* = (0,0)^{\mathrm{T}}, f(\boldsymbol{X}^*) = 0$,要想得到更进一步的解,需要不断地迭代下去.虽然沿负梯度方向具有最速下降性,但是负梯度方向并不一定是理想的搜索方向.某点的负梯度方向通常只是在该点附近才具有这种下降的性质,在接近极小点时,其收敛速度就不理想.利用步长的定义可以证明在相继两次迭代中,搜索方向是相互正交的.最速下降法的接近极小点的路线是呈锯齿状,越靠近极小点步长越小,收敛的速度越慢.

7.3.2 牛顿法

最速下降法因迭代路径呈锯齿形,收敛速度慢,它是一种用线性函数去近似目标函数的方法,如果想快速得到近似解,我们可以考虑使用高次函数去逼近目标函数.考虑目标函数 f 在点 $\boldsymbol{X}^{(k)}$ 处的二次逼近式

$$\begin{aligned} f(\boldsymbol{X}) \approx Q(\boldsymbol{X}) = {} & f(\boldsymbol{X}^{(k)}) + \nabla f(\boldsymbol{X}^{(k)})^{\mathrm{T}}(\boldsymbol{X} - \boldsymbol{X}^{(k)}) \\ & + \frac{1}{2}(\boldsymbol{X} - \boldsymbol{X}^{(k)})^{\mathrm{T}} \nabla^2 f(\boldsymbol{X}^{(k)})(\boldsymbol{X} - \boldsymbol{X}^{(k)}) \end{aligned}$$

假定海赛矩阵

$$\nabla^2 f(\boldsymbol{X}^{(k)}) = \begin{bmatrix} \dfrac{\partial^2 f(\boldsymbol{X}^{(k)})}{\partial x_1^2} & \cdots & \dfrac{\partial^2 f(\boldsymbol{X}^{(k)})}{\partial x_1 \partial x_n} \\ \dfrac{\partial^2 f(\boldsymbol{X}^{(k)})}{\partial x_2 \partial x_1} & \cdots & \dfrac{\partial^2 f(\boldsymbol{X}^{(k)})}{\partial x_2 \partial x_n} \\ \vdots & & \vdots \\ \dfrac{\partial^2 f(\boldsymbol{X}^{(k)})}{\partial x_n \partial x_1} & \cdots & \dfrac{\partial^2 f(\boldsymbol{X}^{(k)})}{\partial x_n^2} \end{bmatrix}$$

正定.

由于 $\nabla^2 f(\boldsymbol{X}^{(k)})$ 正定,函数 Q 的稳定点 $\boldsymbol{X}^{(k+1)}$ 是 $Q(\boldsymbol{X})$ 的最小点.为求此最小点,令

$$\nabla Q(\boldsymbol{X}^{(k+1)}) = \nabla f(\boldsymbol{X}^{(k)}) + \nabla^2 f(\boldsymbol{X}^{(k)})(\boldsymbol{X}^{(k+1)} - \boldsymbol{X}^{(k)}) = 0$$

即可解得

$$\boldsymbol{X}^{(k+1)} = \boldsymbol{X}^{(k)} - [\nabla^2 f(\boldsymbol{X}^{(k)})]^{-1} \nabla f(\boldsymbol{X}^{(k)})$$

对照基本迭代格式(7.15),可知从点 $\boldsymbol{X}^{(k)}$ 出发沿搜索方向

$$\boldsymbol{p}^{(k)} = -[\nabla^2 f(\boldsymbol{X}^{(k)})]^{-1} \nabla f(\boldsymbol{X}^{(k)}) \tag{7.17}$$

并取步长 $t_k = 1$ 即可得 $Q(\boldsymbol{X})$ 的最小点 $\boldsymbol{X}^{(k+1)}$.通常,把方向 $\boldsymbol{p}^{(k)}$ 叫作从点 $\boldsymbol{X}^{(k)}$ 出

发的**牛顿方向**. 从一初始点开始,每一轮从当前迭代点出发,沿牛顿方向并取步长为 1 的求解方法,称之为**牛顿法**,其具体步骤如下:

(1) 选取初始数据. 选取初始点 $\boldsymbol{X}^{(0)}$,给定终止误差 $\varepsilon>0$,令 $k:=0$.

(2) 求梯度向量. 计算 $\nabla f(\boldsymbol{X}^{(k)})$,若 $\|\nabla f(\boldsymbol{X}^{(k)})\|\leqslant\varepsilon$,停止迭代,输出 $\boldsymbol{X}^{(k)}$. 否则,进行下一步.

(3) 构造牛顿方向. 计算 $[\nabla^2 f(\boldsymbol{X}^{(k)})]^{-1}$,取

$$\boldsymbol{p}^{(k)}=-[\nabla^2 f(\boldsymbol{X}^{(k)})]^{-1}\nabla f(\boldsymbol{X}^{(k)}).$$

(4) 求下一迭代点. 令 $\boldsymbol{X}^{(k+1)}=\boldsymbol{X}^{(k)}+\boldsymbol{p}^{(k)}$,$k:=k+1$,转(2).

例 7.5　用牛顿法计算例 7.4 的极小值.

解　由初始点 $\boldsymbol{X}^{(0)}=(2,1)^{\mathrm{T}}$ 和目标函数有,$\nabla f(\boldsymbol{X}^{(0)})=(4,10)^{\mathrm{T}}$ 则

$$\nabla^2 f(\boldsymbol{X}^{(0)})=\begin{pmatrix}2&0\\0&10\end{pmatrix},\quad -[\nabla^2 f(\boldsymbol{X}^{(0)})]^{-1}=\begin{pmatrix}\frac{1}{2}&0\\0&\frac{1}{10}\end{pmatrix}$$

$$\boldsymbol{X}^{(1)}=\boldsymbol{X}^{(0)}-[\nabla^2 f(\boldsymbol{X}^{(0)})]^{-1}\nabla f(\boldsymbol{X}^{(0)})=\begin{pmatrix}2\\1\end{pmatrix}-\begin{pmatrix}\frac{1}{2}&0\\0&\frac{1}{10}\end{pmatrix}\begin{pmatrix}4\\10\end{pmatrix}=\begin{pmatrix}0\\0\end{pmatrix}$$

$$\nabla f(\boldsymbol{X}^{(1)})=(0,0)^{\mathrm{T}},\text{即 }\boldsymbol{X}^{*}=\boldsymbol{X}^{(1)}=(0,0)^{\mathrm{T}},f(\boldsymbol{X}^{*})=0$$

可以看出利用牛顿法经过一次迭代就可以得到最优解.

如果目标函数是非二次函数,一般地说,用牛顿法通过有限轮迭代并不能保证求得其最优解.

牛顿法的优点是收敛速度快. 缺点是有时进行不下去而需采取改进措施,此外,当维数较高时,计算 $[\nabla^2 f(\boldsymbol{X}^{(k)})]^{-1}$ 的工作量很大.

7.4　约束极值问题

求解约束极值问题要比求解无约束极值问题困难得多. 为了简化其优化工作,可采用以下方法:将约束问题化为无约束问题;将非线性规划问题化为线性规划问题,以及能将复杂问题变换为较简单问题的其他方法.

7.4.1　最优性条件

约束极值问题最优性条件又称为**库恩-塔克**(Kuhn-Tucker)**条件**,是非线性规划领域中的重要理论成果之一,是确定某点为局部最优解的一阶必要条件,只要是最优解就必满足这个条件. 但一般来说它不是充分条件,即满足这个条件的点不一

定是最优解.但对于凸规划,库恩-塔克条件既是必要条件,也是充分条件.

考虑只含不等式约束条件下求极小值问题的数学模型:

$$\begin{cases}\min f(X) \\ g_i(X) \geqslant 0 \quad (i = 1,2,\cdots,m)\end{cases} \tag{7.18}$$

其中可行域 $K=\{X \mid g_i(X) \geqslant 0, i=1,2,\cdots,m\}$.

对于上述问题,设 $X^{(0)}$ 是非线性规划(7.18)的一个可行解,若 $g(X^{(0)})>0$,点 $X^{(0)}$ 不是处于这一约束条件形成的可行域的边界上,因而这一约束对 $X^{(0)}$ 的微小摄动不起限制作用,从而称这个约束条件是 $X^{(0)}$ 点的**不起作用约束(或无效约束)**;另外 $g(X^{(0)})=0$,点 $X^{(0)}$ 处于该约束条件形成的可行域的边界上,它对 $X^{(0)}$ 的摄动起到了某种限制作用,故称这个约束是 $X^{(0)}$ 点的**起作用约束(或有效约束)**.等式约束对所有可行点来说都是起作用约束.

设 $X^{(0)}$ 是非线性规划(7.18)的一个可行点,对某一个方向 P,若存在实数 $t_0>0$,对任意的 $t \in [0, t_0]$,均有下式成立:

$$X^{(0)} + tP \in \mathbf{R}$$

则称 P 为 $X^{(0)}$ 点的一个可行方向.

设 $X^{(0)} \in \mathbf{R}$,对某一个方向 P,若存在实数 $t_0>0$,对任意的 $t \in [0, t_0]$,均有下式成立

$$f(X^{(0)} + tP) < f(X^{(0)})$$

则称 P 为 $X^{(0)}$ 点的一个下降方向.

若 $X^{(0)}$ 点的某一个方向 P,既是该点的可行方向,又是该点的下降方向,就称为这个点的可行下降方向.

对于只含有不等式约束的非线性规划问题,有定理如下:

定理 7.3(库恩-塔克条件) 设 X^* 是非线性规划问题(7.18)的极小点,若 X^* 起作用约束的梯度 $\nabla g_i(X^*)$ 线性无关(即 X^* 是一个正则点),则存在 $\boldsymbol{\Gamma}^* = (\gamma_1, \gamma_2, \cdots, \gamma_m)^{\mathrm{T}}$,使下式成立

$$\begin{cases}\nabla f(X^*) - \sum_{i=1}^{m} \gamma_i^* \cdot \nabla g_i(X^*) = 0 \\ \gamma_i^* \cdot g_i(X^*) = 0 \quad (i = 1,2,\cdots,m) \\ \gamma_i^* \geqslant 0 \quad (i = 1,2,\cdots,m)\end{cases} \tag{7.19}$$

条件(7.19)称为库恩-塔克条件(简称 K-T 条件),满足这个条件的点称为库恩-塔克点或 K-T 点.

对同时含有等式与不等式约束的问题

$$\min f(X)$$

$$(\mathrm{NLP}) \quad \text{s.t.} \begin{cases} g_i(X) \geqslant 0 \quad (i = 1,2,\cdots,m) \\ h_j(X) = 0 \quad (j = 1,2,\cdots,p)\end{cases}$$

为了利用以上定理,令 $h_j(\boldsymbol{X})=0$,用

$$\begin{cases} h_j(X) \geqslant 0 \\ -h_j(X) \geqslant 0 \end{cases}$$

来代替.这样即可得到同时含有等式与不等式约束条件的库恩-塔克条件如下：

设 X^* 为非线性规划问题(NLP)的极小点，若 X^* 起作用约束的梯度 $\nabla g_i(X^*)$ 和 $\nabla h_j(X^*)$ 线性无关，则存在 $\boldsymbol{\Gamma}^* = (\gamma_1^*, \gamma_2^*, \cdots, \gamma_m^*)^{\mathrm{T}}$ 和 $\boldsymbol{\Lambda}^* = (\lambda_1^*, \lambda_2^*, \cdots, \lambda_p^*)^{\mathrm{T}}$，使下式成立

$$\begin{cases} \nabla f(X^*) - \sum_{i=1}^{m} \gamma_i^* \cdot \nabla g_i(X^*) - \sum_{j=1}^{p} \lambda_j^* \cdot \nabla h_j(X^*) = 0 \\ \gamma_i^* \cdot \nabla g_i(X^*) = 0 \quad (i = 1,2,\cdots,m) \\ \gamma_i^* \geqslant 0 \quad (i = 1,2,\cdots,m) \end{cases} \tag{7.20}$$

例 7.6　求下列非线性规划问题的 K-T 点.

$$\begin{cases} \max f(x) = (x-4)^2 \\ g_1(x) = x - 1 \geqslant 0 \\ g_2(x) = -x + 6 \geqslant 0 \end{cases}$$

解　各函数的梯度为

$$\nabla f(x) = -2(x-4), \quad \nabla g_1(x) = 1, \quad \nabla g_2(x) = 1$$

则有

$$\begin{cases} -2(x^* - 4) - \mu_1^* - \mu_2^* = 0 \\ \mu_1^*(x^* - 1) = 0 \\ \mu_2^*(6 - x^*) = 0 \\ \mu_1^*, \mu_2^* \geqslant 0 \end{cases}$$

解上方程组有：

(1) $\mu_1^* > 0, \mu_2^* > 0$：无解.

(2) $\mu_1^* > 0, \mu_2^* = 0$：$x^* = 1, f(x^*) = 9$.

(3) $\mu_1^* = 0, \mu_2^* = 0$：$x^* = 4, f(x^*) = 0$.

(4) $\mu_1^* = 0, \mu_2^* > 0$：$x^* = 6, f(x^*) = 4$.

则有 K-T 点为 $x^* = 4$，如图 7.3 所示.

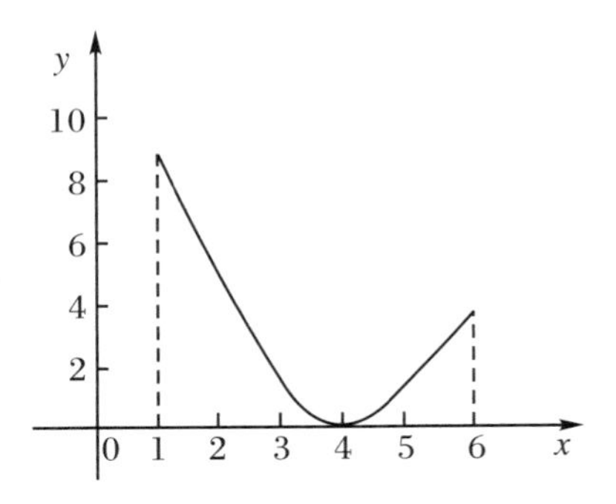

图 7.3　非线归规划 K-T 点

7.4.2　二次规划

目标函数为 $\boldsymbol{X}$ 的二次函数，约束函数为线性函数，称这样的非线性规划为**二次规划**.现实中许多问题可抽象成这种规划.

二次规划规划的数学模型可表达为

$$\begin{cases}\min f(\boldsymbol{X}) = \sum_{j=1}^{n} c_j x_j + \frac{1}{2}\sum_{j=1}^{n}\sum_{k=1}^{n} c_{jk}x_j x_k \\ c_{jk} = c_{kj} \quad (k = 1,2,\cdots,n;j = 1,2,\cdots,n) \\ \sum_{j=1}^{n} a_{ij}x_j + b_i \geqslant 0 \quad (i = 1,2,\cdots,m) \\ x_j \geqslant 0 \quad (j = 1,2,\cdots,n)\end{cases} \tag{7.21}$$

上式中,若目标函数中的二次型正定(或半正定),则目标函数为严格凸函数(或凸函数),二次规划的可行域已是凸集,故此时便为凸规划.凸规划的局部极值为全局极值,这种情况下,库恩-塔克条件就是极值点存在的充分必要条件.

对于二次规划,可以用库恩-塔克条件求解.在引用库恩-塔克条件时,用 y 代替公式中的 γ,于是按库恩-塔克条件公式可将(7.21)式的二次规划展开如下:

根据

$$\nabla f(\boldsymbol{X}) - \sum_{j=1}^{n} \gamma_j \nabla g_j = 0$$

得出

$$-\sum_{k=1}^{n} c_{jk}x_k + \sum_{i=1}^{m} a_{ij}y_{n+i} + y_j = c_j \quad (j = 1,2,\cdots,n) \tag{7.22}$$

在(7.21)式中,加入松弛变量 x_{n+i} 得等式(设 $b_i \geqslant 0$)

$$\sum_{j=1}^{n} a_{ij}x_j - x_{n+i} + b_i = 0 \quad (i = 1,2,\cdots,m) \tag{7.23}$$

同时将库恩-塔克条件中 $\gamma_j g_j(\boldsymbol{X})=0$ 用于上述二次规划,并与(7.23)式结合得

$$x_j y_j = 0 \quad (j = 1,2,\cdots,n+m) \tag{7.24}$$

$$x_j \geqslant 0,\quad y_j \geqslant 0 \quad (j = 1,2,\cdots,n+m) \tag{7.25}$$

于是,联立求解(7.22)式和(7.23)式,同时满足(7.24)式和(7.25)式的解,便是原二次规划之解.其中,共有 $n+m$ 个方程和 $2(n+m)$ 个未知量,可用线性规划中的单纯形法求解,这需引进人工变量 $z_j(z_j \geqslant 0)$.

为了寻求初始解,右端项起始值需全为正,而(7.22)式中的右端项 c_j 不知正负,故在等号左边的人工变量 z_j 前需冠以符号函数,若 c_j 为正,符号取正,c_j 为负,符号取负,这样便为求出初始基可行解创造条件.于是(7.22)式可变为

$$\sum_{i=1}^{m} a_{ij}y_{n+i} + y_j - \sum_{k=1}^{n} c_{jk}x_k + \operatorname{sgn}(c_j)z_j = c_j \quad (j = 1,2,\cdots,n)$$

于是,基可行解可取为

$$\begin{cases} z_j = \operatorname{sgn}(c_j)c_j & (j = 1,2,\cdots,n) \\ x_{n+i} = b_i & (i = 1,2,\cdots,m) \\ x_j = 0 & (j = 1,2,\cdots,n) \\ y_j = 0 & (j = 1,2,\cdots,n+m)\end{cases} \tag{7.26}$$

只有当 $z_j=0$ 时,才能得到原始问题的解.

于是,二次规划的求解归结为单纯形法的迭代,即求解下述问题:

$$\begin{cases}\min \varphi(Z) = \sum_{j=1}^{n} z_j \\ \sum_{i=0}^{m} a_{ij} y_{n+i} + y_j - \sum_{k=1}^{n} c_{jk} x_k + \operatorname{sgn}(c_j) z_j = c_j \quad (j = 1,2,\cdots,n) \\ \sum_{j=1}^{n} a_{ij} x_j - x_{n+i} + b_i = 0 \quad (i = 1,2,\cdots,m) \\ x_j \geqslant 0, y_j \geqslant 0 \quad (j = 1,2,\cdots,n+m) \\ z_j \geqslant 0 \quad (j = 1,2,\cdots,n)\end{cases} \tag{7.27}$$

同时满足 $x_j y_j = 0$,即 x_j, y_j 不能同时为基变量.

若解得上述规划最优解为

$$(x_1^*, \cdots, x_{n+m}^*, y_1^*, \cdots, y_{n+m}^*, z_1 = 0, \cdots, z_n = 0)^{\mathrm{T}}$$

则 $(x_1^*, x_2^*, \cdots, x_{n+m}^*)^{\mathrm{T}}$ 就是原二次规划的最优解.

7.4.3 制约函数法

将约束问题的求解转化成无约束问题的求解.我们可以根据约束的特点,构造某种"惩罚函数"然后把他们加到目标函数中去,把约束问题转化成一系列无约束问题.

利用问题中的约束函数作出适当的辅助,由此构造出带参数的增广目标函数,在求解无约束问题的迭代点中给予很大的目标约束函数,迫使一系列无约束问题的极限点无限靠近可行域或者一直在可行域内移动,直到迭代点列收敛到原约束问题的极值.把问题转化为无约束非线性规划问题,主要有两种形式:罚函数法和障碍函数法.

1. 罚函数法

考虑如下约束极值问题:

$$\begin{cases}\min f(\boldsymbol{X}) \\ g_i(\boldsymbol{X}) \geqslant 0 \quad (i = 1,2,\cdots,m)\end{cases} \tag{7.28}$$

为求其最优解,构造一个函数 $\varphi(t) = \begin{cases}0 & (t \geqslant 0) \\ +\infty & (t < 0)\end{cases}$,现把 $g_i(\boldsymbol{X})$ 当作所构造函数的自变量 t 来看待,显然当 $\boldsymbol{X} \in R$(R 代表可行域)时,$\varphi(g_i(\boldsymbol{X})) = 0$ $(i = 1,2,\cdots,m)$;当 $\boldsymbol{X} \notin R$ 时,$\varphi(g_i(\boldsymbol{X})) = +\infty$.再构造一个函数 $F(\boldsymbol{X}) = f(\boldsymbol{X}) + \sum_{i=1}^{m} \varphi(g_i(\boldsymbol{X}))$,求解 $\min F(\boldsymbol{X})$,假设该问题有最优解 $\boldsymbol{X}^*$,则 $\varphi(g_i(\boldsymbol{X}^*)) = 0$ $(i = 1,2,\cdots,m)$,即最优解一定是可行解.因此,$\boldsymbol{X}^*$ 不仅是 $F(\boldsymbol{X})$ 的极小解,同时也是原函数 $f(\boldsymbol{X})$ 的极小解.这样一来,就把约束极值问题转化成了无约束极值问题.

为了避免函数 $\varphi(t)$在 $t=0$ 处不连续,导数不存在问题.为此,将 $\varphi(t)$修改为

$$\varphi(t)=\begin{cases}0 & (t\geqslant 0)\\ t^2 & (t<0)\end{cases}$$

修改后的 $\varphi(t)$ 在 $t=0$ 处连续可导,对任意 t 都连续. 当 $\boldsymbol{X}\in R$ 时, $\sum_{i=1}^{m}\varphi(g_i(\boldsymbol{X}))=0$,当 $\boldsymbol{X}\notin R$ 时,$0<\sum_{i=1}^{m}\varphi(g_i(\boldsymbol{X}))<\infty$,取一个充分大的正数 M,将 $F(\boldsymbol{X})$ 修改为

$$F(\boldsymbol{X},M)=f(\boldsymbol{X})+M\sum_{i=1}^{m}\varphi(g_i(\boldsymbol{X}))$$

或

$$F(\boldsymbol{X},M)=f(\boldsymbol{X})+M\sum_{i=1}^{m}(\min(0,g_i(\boldsymbol{X}))^2 \tag{7.29}$$

从而可使 min $F(\boldsymbol{X},M)$的解 $\boldsymbol{X}(M)$为原问题的极小解或近似极小解. 若 $\boldsymbol{X}(M)\in R$,则 $\boldsymbol{X}(M)$必定是原问题的极小解.事实上,对于所有的 $\boldsymbol{X}(M)\in R$ 都有

$$f(\boldsymbol{X})+M\sum_{i=1}^{m}\varphi(g_i(\boldsymbol{X}))=P(\boldsymbol{X},M)\geqslant P(\boldsymbol{X}(M),M)=f(\boldsymbol{X}(M))$$

即当 $\boldsymbol{X}\in R$ 时,有 $f(\boldsymbol{X})\leqslant f(\boldsymbol{X}(M))$.

函数 $P(\boldsymbol{X},M)$ 称为**惩罚函数**,第二项 $M\sum_{i=1}^{m}\varphi(g_i(\boldsymbol{X}))$ 称为**惩罚项**,M 称为**惩罚因子**.当点 X 位于可行域以外时,$F(\boldsymbol{X},M)$ 取值很大,而且离可行域越远其值越大;当点在可行域内时,函数 $F(\boldsymbol{X},M)=f(\boldsymbol{X})$.

例 7.7 求解非线性规划问题.

$$\begin{cases}\min\,(x_1-1)^2+x_2^2\\ x_2-1\geqslant 0\end{cases}$$

解 设惩罚函数为

$$\begin{aligned}F(\boldsymbol{X},M)&=(x_1-1)^2+x_2^2+M[\min\{0,x_2-1\}]^2\\&=\begin{cases}(x_1-1)^2+x_2^2 & (x_2\geqslant 1)\\(x_1-1)^2+x_2^2+M(x_2-1)^2 & (x_2<1)\end{cases}\end{aligned}$$

用解析法求解无约束非线性规划问题

$$\min F(\boldsymbol{X},M)$$

有

$$\frac{\partial F}{\partial x_1}=2(x_1-1),\quad \frac{\partial F}{\partial x_2}=\begin{cases}2x_2 & (x_2\geqslant 1)\\2x_2+2M(x_2-1) & (x_2<1)\end{cases}$$

令$\frac{\partial F}{\partial x_1}=0,\frac{\partial F}{\partial x_2}=0$,得到问题 min $F(\boldsymbol{X},M)$的解为

$$\boldsymbol{X}(M)=\begin{bmatrix}1\\ \dfrac{M}{1+M}\end{bmatrix}$$

易见,当 $M \to +\infty$ 时,

$$X(M) \to X^* = \begin{bmatrix} 1 \\ 1 \end{bmatrix}$$

X^* 为所求非线性规划的最优解.

用此法求得的无约束问题的近似最优解往往是不满足约束条件的,它是从可行域外部,随着 M 的增大而趋于 X^*,故此法又称为**外点法**.

实际计算中,惩罚因子的选择很重要.如果 M 太小,则惩罚函数的极小点远离约束问题的最优解;如果 M 太大,则给计算增加困难.一般是取一个趋向于无穷大的严格递增正数列$\{M_k\}$,从 M_1 开始,对每个 k,求解无约束问题

$$\min F(X, M_k) = f(X) + M_k P(X)$$

得到极小点序列$\{X(M_k)\}$,在适当的条件下,这个序列收敛于约束问题的最优解.如此通过求解一系列无约束问题来获得约束问题的最优解的方法称为序列无约束极小化技术.

罚函数法的迭代步骤如下:

(1) 取 $M_1 > 0$(比如取 $M_1 = 1$),允许误差 $\varepsilon > 0$,以及放大系数 $c > 1$,并令 $k := 1$.

(2) 求无约束问题的最优解 $X^{(k)}$

$$\min F(X, M_k) = f(X) + M_k P(X)$$

其中

$$P(X) = \sum_{i=1}^{m} [\min(0, g_i(X))]^2 + \sum_{j=1}^{p} [h_j(X)]^2$$

(3) 若对某个 $i(0 \leqslant i \leqslant m)$有

$$-g_i(X^{(k)}) \geqslant \varepsilon$$

或对某个 $j(0 \leqslant j \leqslant m)$有

$$|h_j(X^{(k)})| \geqslant \varepsilon$$

则取 $M_{k+1} = cM_k$,令 $k := k+1$,并转向步骤(2);否则,停止迭代,得

$$X_{\min} \approx X^{(k)}$$

外点法既适合不等式约束的非线性规划,也适合等式约束的非线性规划.

2. 障碍函数法

外点法的最大特点是其初始点可以任意选择(不要求是可行点),这虽然给计算带来了很大的方便但每个近似最优解不一定是可行解,同时要想迭代加快,计算量就越大.为了使迭代点总是可行的,或者说迭代点总在可行域内部我们可以采取如下策略:在可行域的边界设置障碍函数,一旦迭代点靠近可行域的边界,目标函数值猛然增大,阻止迭代点超过边界,始终让最优点在可行域内.这种方法又称为**障碍函数法(或内点法)**,迭代中总是从可行域的内点出发,并保持在可行域内部进行搜索.这种方法适用于只含有不等式约束的问题(式7.18).

为了保持迭代点含于可行域内部,我们定义障碍函数

$$F(\boldsymbol{X},r)=f(\boldsymbol{X})+rB(\boldsymbol{X}) \tag{7.30}$$

其中 $B(\boldsymbol{X})$是连续函数,当点 $\boldsymbol{X}$ 趋向于可行域的边界时,$B(\boldsymbol{X})\to+\infty$.两种重要的形式是

$$B(\boldsymbol{X})=\sum_{i=1}^{m}\frac{1}{g_i(\boldsymbol{X})} \tag{7.31}$$

及

$$B(\boldsymbol{X})=-\sum_{i=1}^{m}\log[g_i(\boldsymbol{X})] \tag{7.32}$$

r 是很小的正数.这样,当 X 趋向于边界时,函数 $F(\boldsymbol{X},r)\to+\infty$;否则,由于 r 很小,函数 $F(\boldsymbol{X},r)$的取值近似于 $f(\boldsymbol{X})$.这样可将问题(7.18)转化成关于障碍函数 $F(\boldsymbol{X},r)$的无约束最小化问题

$$\min F(\boldsymbol{X},r)=f(\boldsymbol{X})+rB(\boldsymbol{X}) \tag{7.33}$$

根据障碍函数 $F(\boldsymbol{X},r)$的定义,r 取值越小,问题(7.33)的最优解 $\boldsymbol{X}(r)$越接近问题(7.18)的最优解;但 r 太小将给问题(7.33)的计算带来很大困难.因此,仍采取序列无约束最小化技术(SUMT),取一个严格单调递减且趋于 0 的正数列 $\{r_k\}$,对每一个 k,从内部出发,求解无约束问题

$$\min F(\boldsymbol{X},r_k)=f(\boldsymbol{X})+r_kB(\boldsymbol{X}) \tag{7.34}$$

得到极小点序列$\{\boldsymbol{X}(M_k)\}$,在适当的条件下,这个序列收敛于约束问题的最优解.

障碍函数法的迭代步骤如下:

(1) 取 $r_1>0$(比如取 $r_1=10$),允许误差 $\varepsilon>0$,以及缩小系数 $\beta\in(0,1)$,并令 $k:=1$.

(2) 求无约束问题的最优解 $\boldsymbol{X}^{(k)}$

$$\min F(\boldsymbol{X},r_k)=f(\boldsymbol{X})+r_kB(\boldsymbol{X})$$

其中,$B(\boldsymbol{X})$为(7.31)式或(7.32)式(注意:初始迭代点要取为问题(7.18)的可行域的内点).

(3) 若 $r_kB(\boldsymbol{X})<\varepsilon$,则停止计算,得到问题(7.18)的近似极小点 $\boldsymbol{X}_{\min}\approx\boldsymbol{X}^{(k)}$;否则令 $k:=k+1$,返回(2).

例 7.8 求解非线性规划问题.

$$\begin{cases}\min\ (x_1-2)^4+(x_1-2x_2)^2\\ -x_1^2+x_2\geqslant 0\end{cases}$$

解 设障碍函数为

$$F(\boldsymbol{X},r)=(x_1-2)^4+(x_1-2x_2)^2+\frac{r}{-x_1^2+x_2}$$

各次迭代结果列在表 7.2 中.迭代以 $r_1=10.0$ 开始,并且函数 $F(\boldsymbol{X},r_1)$的无约束极小化是从可行点(0.0,1.0)开始,参数 β 取为 0.10.在第 6 次迭代后到达点 $\boldsymbol{X}^{(6)}=(0.943\ 89,0.896\ 35)$.而 $r_6B(\boldsymbol{X}^{(6)})=0.018\ 4$,并且算法终止.读者可以验

证这点很接近于最优解.

表 7.2　迭代结果

迭代次数 k	r	$\boldsymbol{X}^{(k)}$	$f(\boldsymbol{X}^{(k)})$	$r_k B(\boldsymbol{X}^{(k)})$
1	10.0	$(0.7079,1.5315)^{\mathrm{T}}$	8.3338	9.705
2	1.0	$(0.8282,1.1098)^{\mathrm{T}}$	3.8214	2.3591
3	0.1	$(0.8989,0.9638)^{\mathrm{T}}$	2.5282	0.6419
4	0.01	$(0.9294,0.9162)^{\mathrm{T}}$	2.1291	0.1908
5	0.001	$(0.9403,0.9011)^{\mathrm{T}}$	2.0039	0.0590
6	0.0001	$(0.94389,0.89635)^{\mathrm{T}}$	1.9645	0.0184

障碍函数法的迭代过程必须由问题式(7.18)的可行域的某个内点开始.在处理实际问题时,往往需要先找出一个初始内点.有些初始内点可以简单地看出,有些需要计算.

习　题　7

1. 图解下列非线性规划.

(1) $\begin{cases}\min f(\boldsymbol{X})=(x_1-3)^2+(x_2-3)^2\\(x_1-1)^2+x_2^2\leqslant 2\\x_1+2x_2\leqslant 4\\x_1,x_2\geqslant 0\end{cases}$

(2) $\min f(x)=x_1^2+x_2^2$

$\text{s.t.}\begin{cases}1-x_1-x_2\leqslant 0\\x_1-1\leqslant 0\\x_2-1\geqslant 0\end{cases}$

2. 试证明 $f(\boldsymbol{X})=-x_1^2-x_2^2$ 为凹函数.

3. 用斐波拉契法和 0.618 法求函数 $f(x)=x^2-6x+2$ 在区间$[0,10]$上的极小点,要求缩短后的区间长度不大于原区间长度的 8%.

4. 用最速下降法求解无约束非线性规划问题.

$$\min f(\boldsymbol{X})=(x_1-2)^4+(x_1-2x_2)^2$$

其中,$\boldsymbol{X}=(x_1,x_2)^{\mathrm{T}}$,要求选取初始点 $\boldsymbol{X}^0=(0,3)^{\mathrm{T}}$,终止误差 $\varepsilon=0.1$.

5. 用最速下降法求解,设 $\varepsilon=0.1$,

$$\max f(\boldsymbol{X})=-(x_1-2)^2-2x_2^2$$

(1) 用 $\boldsymbol{X}^{(0)}=(0,0)^{\mathrm{T}}$ 为初始迭代点.

(2) 用 $\boldsymbol{X}^{(0)}=(0,1)^{\mathrm{T}}$ 为初始迭代点进行两次迭代.

(3) 比较上述的寻优过程.

6. 用牛顿法求解

$$\min f(\boldsymbol{X})=x_1^2+x_2^2+x_3^2$$

初始点 $\boldsymbol{X}^{(0)}=(2,-2,1)^{\mathrm{T}}$,要求做三次迭代,并验证相邻两步的搜索方向正交.

7. 求下列非线性规划问题的 K－T 点.

$$\begin{cases}\min f(\boldsymbol{X})=2x_1^2+2x_1x_2+x_2^2-10x_1-10x_2\\x_1^2+x_2^2\leqslant 5\\3x_1+x_2\leqslant 6\end{cases}$$

8. 给出二次规划.

$$\begin{cases} \max f(\boldsymbol{X}) = 10x_1 + 4x_2 - x_1^2 + 4x_1x_2 - 4x_2^2 \\ x_1 + x_2 \leqslant 6 \\ 4x_1 + x_2 \leqslant 18 \\ x_1, x_2 \geqslant 0 \end{cases}$$

(1) 写出 K－T 条件并求最优解.

(2) 写出等价的线性规划问题并求解.

9. 求解非线性规划.

$$\begin{cases} \min f(\boldsymbol{X}) = x_1 + x_2 \\ -x_1 + x_2 \geqslant 0 \\ x_1 \geqslant 0 \end{cases}$$

第 8 章　动 态 规 划

动态规划是运筹学的一个重要分支,是解决多阶段决策过程最优化的一种数学方法.1951 年美国数学家贝尔曼(Rechard Bellman)等人在研究多阶段决策过程的优化问题时,提出了著名的最优性原理,把多阶段决策过程转化为一系列单阶段问题逐个求解,创立了解决多阶段过程优化问题的新方法——动态规划.1957 年贝尔曼发表了动态规划方面的第一本专著《动态规划》.动态规划是一种重要的决策方法,在工程技术、企业管理、工农业生产及军事等部门都有广泛的应用,并且效果显著.它可以用于解决最优路径问题、资源分配问题、生产计划与库存、投资、设备更新、排序、装载及生产过程的最优控制等问题.由于动态规划的独特的解题思路,许多规划问题用动态规划的方法来处理,常比线性规划或非线性规划更有效.

动态规划主要用于求解以时间划分阶段的动态过程的优化问题,它是将一个较复杂的多阶段决策问题,分解为若干相互关联的较容易求解的子决策问题,而每一个子决策问题都有多种选择,并且当一个子决策问题确定以后,将影响另一个子决策问题,从而影响整个问题的决策.一些与时间无关的静态规划(如线性规划、非线性规划),也可以人为引入时间因素,把它视为多阶段决策过程,也可以用动态规划方法方便地求解.根据过程的时间是连续的还是离散的和转移过程是确定性的还是随机性的,动态规划的模型可以分为:连续确定型、连续随机型、离散确定型、离散随机型四种基本决策过程,其中应用最广及最基本的是确定型多阶段决策过程,本章重点介绍离散确定型决策问题.

本章通过动态规划中最短路问题的介绍,引入动态规划的基本概念和原理.进一步将动态规划理论应用于实际问题,针对不同的问题运用动态规划的方法建立相应的模型,然后运用动态规划的方法进行求解.

8.1　动态规划的基本概念和基本原理

在生产和科学实验中,经常会碰到这样一类决策问题,可以依据时间和空间划分为若干个互相联系的阶段,每一个阶段都需要做出决策(选择方案),从而使整个过程达到最好的活动效果.因此,各个阶段的决策既依赖于当前面临的状态,又影响以后的发展.当各个阶段的决策确定后,就组成了一个决策序列,也就确定了整个决策过程.这种把一个问题看成是一个前后关联具有链状结构的多阶段过程(图 8.1)就称为多阶段决策过程,这种问题称为多阶段决策问题.

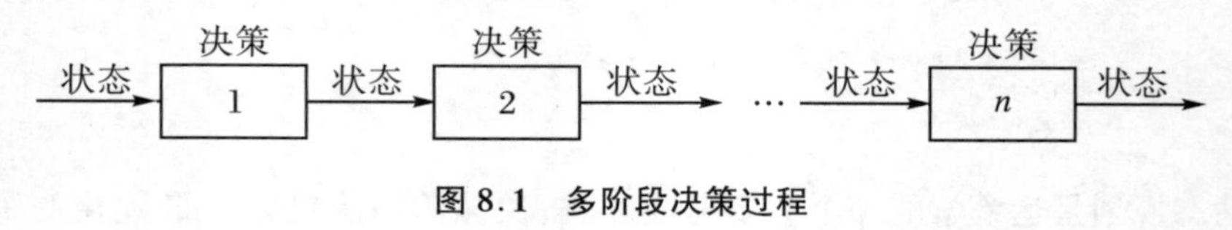

图 8.1　多阶段决策过程

8.1.1　多阶段决策问题实例

例 8.1(最短路径问题)　某人从城镇 A 到城镇 E 办事,途中必须经过另外三个不同的城镇才能到达城镇 E,这三个城镇有相当大的选择余地,如图 8.2 所示,图中的数字表示各城镇间的距离(单位:km),问该办事者如何走距离最短?

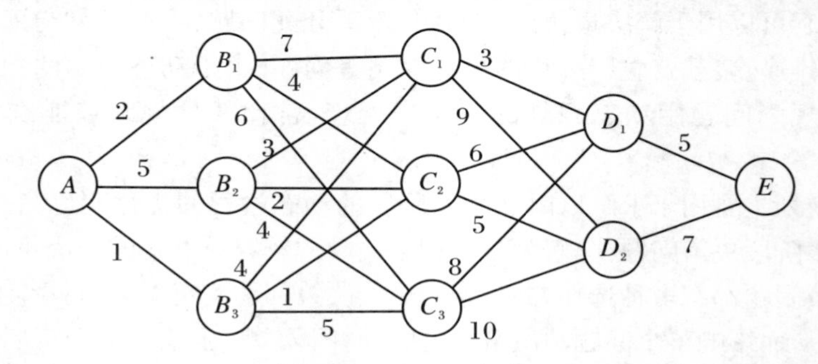

图 8.2　最短路径问题

从 A 到 B,B 到 C,C 到 D,D 到 E 各看成一个阶段,这是一个四阶段决策问题,每个阶段的开始都需要做出下一步的选择,直至终点 E.

例 8.2(设备更新问题)　企业在使用设备时都要考虑设备的更新问题,因为设备越陈旧所需要的维修费用越多,但购买新设备则要一次性支出较大的费用.现某企业要决定一台设备未来八年的更新计划,已预测了第 j 年购买设备的价格 K_j,设 G_j 为设备经过 j 年后的残值,C_j 为设备连续使用 $j-1$ 年后的第 j 年的维修费($j=1,2,\cdots,8$),问应在哪些年更新设备可使总费用最小?

把每年看成一个阶段,这是一个八阶段决策问题,每年年初要作出决策,是继续使用旧设备,还是购买新设备?

例 8.3(背包问题)　一旅行者要带一个背包,它最多可装 a kg 物品,设有 n 件物品可供他装入背包中,这 n 种物品的编号为 $1,2,\cdots,n$.已知每件第 i 种物品的质量为 w_i kg,使用价值为 c_i,选取装入背包的物品及件数,使总效应最大.

把每个物品看成一个阶段,这就是一个 n 阶段的决策问题,每个阶段都需要决定是否选择该物品,使得最终的效应最大.

8.1.2 动态规划的基本概念

使用动态规划方法解决多阶段决策问题，首先要将实际问题写成动态规划模型，用来描述多阶段决策问题的基本概念有：阶段、状态及状态变量、决策及策略、状态转移方程、指标函数和最优指标函数.

1. 阶段

阶段是指将一个问题划分为前后相连的过程，就是阶段的划分过程. 为了应用动态规划方法，首先必须根据实际问题所处的时间、空间或其他条件，将所研究的问题适当地划分为若干个相互联系的阶段，以便按次序去求每阶段的解，常用字母 k 表示阶段变量. 例 8.1 中，按经过的中间城镇的先后次序划分为如图 8.2 所示的四个阶段，从 $A \to B_i(i=1,2,3)$ 是第一阶段，从 $B_i \to C_j(j=1,2,3)$ 是第二阶段，从 $C_j \to D_k(k=1,2)$ 是第三阶段，从 $D_k \to E$ 是第四阶段.

2. 状态及状态变量

状态表示每个阶段开始时所面临的自然状况或客观条件，是问题的过程状况的描述，是阶段的起始位置，又称不可控因素. 它既是该阶段某一支路的起点，又是前一阶段某一支路的终点. 通常一个阶段有若干个状态，一个阶段的状态就是该阶段所有起始点的集合. 描述各阶段状态的变量称为状态变量，常用 s_k 表示第 k 阶段的状态变量，状态变量 s_k 的取值集合称为状态集合，常用 S_k 表示.

在例 8.1 中，第一阶段状态为 A，第二阶段则有三个状态：B_1，B_2，B_3，状态变量 s_1 的集合为 $S_1=\{A\}$，其余各阶段的状态集合分别为：$S_2=\{B_1,B_2,B_3\}$，$S_3=\{C_1,C_2,C_3\}$，$S_4=\{D_1,D_2\}$.

动态规划中的状态应具有如下的性质：当某阶段状态给定以后，在这阶段以后过程的发展不受这阶段以前的各阶段状态的影响. 也就是说，当前的状态是过去历史的一个完整总结，过程的过去历史只能通过当前的状态去影响它未来的发展，这称为无后效性. 如果所选定的变量不具备无后效性，就不能作为状态变量来构造动态规划模型. 例如研究物体受外力作用后的空间运动轨迹问题，如果只选位置作为过程的状态，则不能满足无后效性，如果把速度和位置都作为过程状态变量，则实现了无后效性的要求.

当某阶段的初始状态已选定，即办事者准备从某城镇出发时，从该城镇以后要到达的城镇只与该城镇有关，而不受之前所到达的城镇的影响，因而满足状态的无后效性.

3. 决策及策略

当各阶段的状态取定后，就可以做出不同的决定或选择，从而决定下一阶段的决定或选择，这种决定或选择称为决策. 表示决策的变量称为决策变量，常用 $u_k(s_k)$ 表示第 k 阶段当前状态为 s_k 时的决策变量，它是状态变量的函数. 在实际问题中，决策变量取值经常限制在一定范围内，这种范围称为允许决策集合，常用

$D_k(s_k)$表示第 k 阶段从状态s_k 出发允许的决策集合，显然有 $u_k(s_k)\in D_k(s_k)$.

在例 8.1 中，从第三阶段的状态 C_2 出发，可选择的状态有 D_1，D_2，即其允许决策集合为 $D_3(C_2)=\{D_1,D_2\}$. 若决定选择 D_2，则可表示为 $u_3(C_2)=D_2$.

各阶段决策确定后，整个问题的决策序列就构成一个策略，用 $p_{1,n}\{u_1(s_1),u_2(s_2),\cdots,u_n(s_n)\}$表示. 对每个实际问题，可供选择的策略有一定范围，称为允许策略集合，记作 $p_{1,n}$，使整个问题到达最优效果的策略就是最优策略，在例 8.1 中的最优策略是

$$p_{1,4}^*\{u_1^*(s_1),u_2^*(s_2),u_3^*(s_3),u_4^*(s_4)\}=\{B_3,C_1,D_1,E\}\text{或}\{B_3,C_2,D_1,E\}.$$

从允许策略中找出达到最优效果的策略成为最优策略. 动态规划的方法就是要从允许的策略集中找出最优策略.

4. 状态转移方程

动态规划中本阶段的状态往往是上一阶段状态和上一阶段的决策结果. 状态转移方程是确定决策过程由一个状态到另一个状态的转移过程，决策过程处在阶段 k 的状态s_k，执行决策 $u_k(s_k)$的结果是过程状态的转移，即由阶段 k 的状态s_k 转移到阶段$k+1$ 的状态 s_{k+1}，由于无后效性，s_{k+1}的取值只与 s_k 与u_k 相关，这种关系可表示为如下关系式：

$$s_{k+1}=T_k(s_k,u_k) \tag{8.1}$$

由于(8.1)式表示了由第 k 阶段到第$k+1$ 阶段的状态转移规律，所以称之为状态转移方程. 在例 8.1 中，状态转移方程为

$$s_{k+1}=u_k(s_k)$$

5. 指标函数和最优指标函数

任何决策过程都有一个衡量其策略优劣尺度的数量指标，这种数量指标称之为指标函数. 一个 n 阶段决策过程，从 1 到 n 叫作问题的原过程，对于任意给定的 $k(1\leqslant k\leqslant n)$，从第 k 阶段到第 n 阶段的过程称为原过程的一个后部子过程. $V_{k,n}(s_k,p_{k,n})$表示初始状态为 s_k 采用策略$p_{k,n}$时，后部子过程的指标函数值，而 $V_{k,n}(s_k,p_{k,n})$表示在第 k 阶段，状态为 s_k 采用策略$p_{k,n}$时，后部子过程的指标函数值. 最优指标函数记为 $f_k(s_k)$，它表示从第 k 阶段状态s_k 采用最优策略$p_{k,n}^*$到过程终止时的最优效益值. $f_k(s_k)$与 $V_{k,n}(s_k,p_{k,n})$间的关系为

$$f_k(s_k)=V_{k,n}(s_k,p_{k,n}^*)=\underset{p_{k,n}\in P_{k,n}}{\text{opt}}\ V_{k,n}(s_k,p_{k,n}) \tag{8.2}$$

式中，opt(全称 optimum)是“最优化”的英文缩写，根据具体问题取 max 或 min. 当 $k=1$ 时，$f_1(s_1)$就是从初始状态 s_1 到全过程结束的整体最优函数值.

指标函数根据不同的决策问题有不同的含义，它可能是距离，也可能是利润、资金、产量、时间等. 在例 8.1 中，指标函数是距离，如第二阶段，状态为 B_2 时，$V_{2,4}(B_2)$表示从 B_2 到 E 的距离，而 $f_2(B_2)$表示从 B_2 到 E 的最短距离. 本问题总目标是求 $f_1(A)$，即从起点 A 到终点E 的最短距离.

常见的指标函数的形式为：

(1) 求和型指标函数

$$V_k(x_k,u_k,\cdots,x_n,u_n) = \sum_{j=k}^{n} v_j(x_j,u_j)$$

此时 $V_k(x_k,u_k,\cdots,x_n,u_n) = v_k(x_k,u_k) + V_{k+1}(x_{k+1},u_{k+1},\cdots,x_n,u_n)$.

(2) 乘积型指标函数

$$V_k(x_k,u_k,\cdots,x_n,u_n) = \prod_{j=k}^{n} v_j(x_j,u_j)$$

此时 $V_k(x_k,u_k,\cdots,x_n,u_n) = v_k(x_k,u_k)V_{k+1}(x_{k+1},u_{k+1},\cdots,x_n,u_n)$.

(3) 最大最小型指标函数

$$V_k(x_k,u_k,\cdots,x_n,u_n) = \max_{j\leqslant k\leqslant n}\{v_j(x_j,u_j)\}$$

而

$$f_k(x_k) = \min_{\{u_k,\cdots,u_n\}} V_k$$

此时，$V_k(x_k,u_k,\cdots,x_n,u_n) = \max\{v_k(x_k,u_k) + V_{k+1}(x_{k+1},u_{k+1},\cdots,x_n,u_n)\}$.

(4) 最小最大型指标函数

$$V_k(x_k,u_k,\cdots,x_n,u_n) = \min_{j\leqslant k\leqslant n}\{v_j(x_j,u_j)\}$$

而

$$f_k(x_k) = \max_{\{u_k,\cdots,u_n\}} V_k$$

此时，$V_k(x_k,u_k,\cdots,x_n,u_n) = \min\{v_k(x_k,u_k) + V_{k+1}(x_{k+1},u_{k+1},\cdots,x_n,u_n)\}$.

8.1.3 最短路问题动态规划解法

最短路问题是典型的多阶段决策问题，例 8.1 中由于从 A 到 E 中间经过的城镇只有三个，我们可以考虑使用穷举法，把所有可能的路线一一列举出来，分别计算路线长度，再通过比较即可以找到最短路径. 用穷举法，则从 A 到 E 一共有 18 条不同的路径，逐个计算每条路径的长度，总共需要进行 72 次加法计算；对 18 条路径的长度做两两比较，找出其中最短的一条，总共要进行 17 次比较. 如果从 A 到 C 的站点有 k 个，则总共有 $3^{k-1}\times 2$ 条路径，用穷举法求最短路径总共要进行 $2(k+1)\times 3^{k-1}$ 次加法，$2\times 3^{k-1}-1$ 次比较. 当 k 的值增加时，需要进行的加法和比较的次数将迅速增加. 例如当 $k=10$ 时，加法次数为 433 026 次，比较 39 365 次，因此，用穷举法虽然很简单，但实现起来却很难，解决这类问题是不可取的. 首先通过讨论最短路问题的动态规划解法来说明动态规划的基本思想.

按经过的中间城镇的先后次序划分为四个阶段，从 $A\to B_i$ $(i=1,2,3)$ 是第一阶段，从 $B_i\to C_j$ $(j=1,2,3)$ 是第二阶段，从 $C_j\to D_k$ $(k=1,2)$ 是第三阶段，从 $D_k\to E$ 是第四阶段. 每一阶段都有一个初始起点(初始状态)，每一阶段都需做一个选择(决策)，决策本阶段由初始状态应转移到下一阶段的哪一个起始点(本阶段的终点).一个阶段的决策不仅影响到本阶段的效果,还影响到下一阶段的初始状态,从而也就影响整个决策过程,因此,在进行某一阶段决策时,就不能仅从这一阶段本身考虑,要把它看成整个决策过程中的一个环节,要考虑整个过程的最优效果.如当前处在第一阶段,初始状态为 A,现在决策从 A 应到 B_1 ,B_2 ,B_3 中哪个点为好,这个决策不能仅从这一阶段本身考虑,若仅从第一阶段本身效果考虑,显然第一阶段的决策选 B_3 为好,但选择 B_3 后,还影响到第二、第三、第四阶段的状态与决策,那么应该如何选择呢?

我们知道最短路径的一个性质:如果 $A\to S_1\to S_2\to\cdots\to S_k\to\cdots\to S_n\to E$ 是 $A\to E$的最短路径,则该路径上任一点 $S_k\to\cdots\to S_n\to E$ 是S_k 到E 的所有可能路线中的最短路线.这个性质可以通过反证法来证明.

最短路的上述特性启发我们可以从终点开始,由终点向起点逐段递推,寻求各点到终点的最短子路径,当递推到起点 A 时,便是全过程的最短路径.这种由后向前逆向递推的方法正是动态规划常用的逆序法(也称为后向法).

设 S_k 表示在第k 阶段出发的城镇集合(状态集合),则有 $S_1=\{A\}$,$S_2=\{B_1,B_2,B_3\}$,$S_3=\{C_1,C_2,C_3\}$,$S_4=\{D_1,D_2\}$;$u_k(s_k)=s_{k+1}$表示第 k 阶段从状态s_k 出发所作的决策为s_{k+1},$D_k(s_k)$表示第 k 阶段从状态s_k 出发允许的决策集合,如 $D(B_2)=S_3=\{C_1,C_2,C_3\}$;$d_k(s_k,u_k)$表示第 k 阶段从状态s_k 出发,采取决策 u_k 到达第$k+1$ 阶段的状态 s_{k+1}时的两点间的距离;$f_k(s_k)$表示从第 k 阶段从状态s_k 出发到城镇E 的最短距离,$f_1(s_1)$即为所求.

下面采用逆序法求最短路径.

(1) $k=4$,第四阶段.状态 s_4 可取两种状态 D_1,D_2,它们到 E 的路长分别为5,7,且由于 E 是终点,所以 $f_5(E)=0$,于是有 $f_4(D_1)=5$,$f_4(D_2)=7$.

(2) $k=3$,第三阶段.状态 s_3 可取三种状态 C_1,C_2,C_3,它们需要经过一个中间城镇才能到达 E,是两级决策问题,从 C_1 到下一阶段有两条路径,需要加以比较取其中最短的,即

$$f_3(C_1)=\min\begin{Bmatrix}d_3(C_1,D_1)+f_4(D_1)\\d_3(C_1,D_2)+f_4(D_2)\end{Bmatrix}=\min\begin{Bmatrix}3+5\\9+7\end{Bmatrix}=8,\quad C_1\to D_1$$

类似可得

$$f_3(C_2)=\min\begin{Bmatrix}d_3(C_2,D_1)+f_4(D_1)\\d_3(C_2,D_2)+f_4(D_2)\end{Bmatrix}=\min\begin{Bmatrix}6+5\\5+7\end{Bmatrix}=11,\quad C_2\to D_1$$

$$f_3(C_3)=\min\begin{Bmatrix}d_3(C_3,D_1)+f_4(D_1)\\d_3(C_3,D_2)+f_4(D_2)\end{Bmatrix}=\min\begin{Bmatrix}8+5\\10+7\end{Bmatrix}=13,\quad C_3\to D_1$$

由上结果得,C_1 ,C_2,C_3 到 E 的最短距离分别 8,11,13,其最短路径分别为 $C_1\to D_1\to E$,$C_2\to D_1\to E$,$C_3\to D_1\to E$.

(3) $k=2$,第二阶段.状态 s_2 可取三种状态 B_1,B_2,B_3,它们需要经过两个中间城镇才能到达 E,是三级决策问题,从 B_1 到下一阶段有三条路径,需要加以比较

取其中最短的,即

$$f_2(B_1)=\min\begin{Bmatrix}d_2(B_1,C_1)+f_3(C_1)\\d_2(B_1,C_2)+f_3(C_2)\\d_2(B_1,C_3)+f_3(C_3)\end{Bmatrix}=\min\begin{Bmatrix}7+8\\4+11\\6+13\end{Bmatrix}=15,\quad B_1\rightarrow C_1;B_1\rightarrow C_2$$

类似可得

$$f_2(B_2)=\min\begin{Bmatrix}d_2(B_2,C_1)+f_3(C_1)\\d_2(B_2,C_2)+f_3(C_2)\\d_2(B_2,C_3)+f_3(C_3)\end{Bmatrix}=\min\begin{Bmatrix}3+8\\2+11\\4+13\end{Bmatrix}=11,\quad B_2\rightarrow C_1$$

$$f_2(B_3)=\min\begin{Bmatrix}d_2(B_3,C_1)+f_3(C_1)\\d_2(B_3,C_2)+f_3(C_2)\\d_2(B_3,C_3)+f_3(C_3)\end{Bmatrix}=\min\begin{Bmatrix}4+8\\1+11\\5+13\end{Bmatrix}=12,\quad B_3\rightarrow C_1;B_3\rightarrow C_2$$

由以上结果得,B_1,B_2,B_3 到 E 的最短距离分别15,11,12,其最短路径分别为 $B_1\rightarrow C_1\rightarrow D_1\rightarrow E$ 或 $B_1\rightarrow C_2\rightarrow D_1\rightarrow E$,$B_2\rightarrow C_1\rightarrow D_1\rightarrow E$,$B_3\rightarrow C_1\rightarrow D_1\rightarrow E$ 或 $B_3\rightarrow C_2\rightarrow D_1\rightarrow E$.

(4) $k=1$,第一阶段.状态 s_1 只取状态 A,它需要经过三个中间城镇才能到达 E,是四级决策问题,从 A 到下一阶段有三条路径,需要加以比较,取其中最短的,即

$$f_1(A)=\min\begin{Bmatrix}d_1(A,B_1)+f_2(B_1)\\d_1(A,B_2)+f_2(B_2)\\d_1(A,B_3)+f_2(B_3)\end{Bmatrix}=\min\begin{Bmatrix}2+15\\5+11\\1+12\end{Bmatrix}=13,\quad A\rightarrow B_3$$

由计算结果得,A 到 E 的最短距离为13,最优路径为 $A\rightarrow B_3\rightarrow C_1\rightarrow D_1\rightarrow E$ 或 $A\rightarrow B_3\rightarrow C_2\rightarrow D_1\rightarrow E$.可用图8.3表示,可以看到,我们不仅得到了从 A 到 D 的最短路径,同时,还得到了从图中任一点到 E 的最短路径.

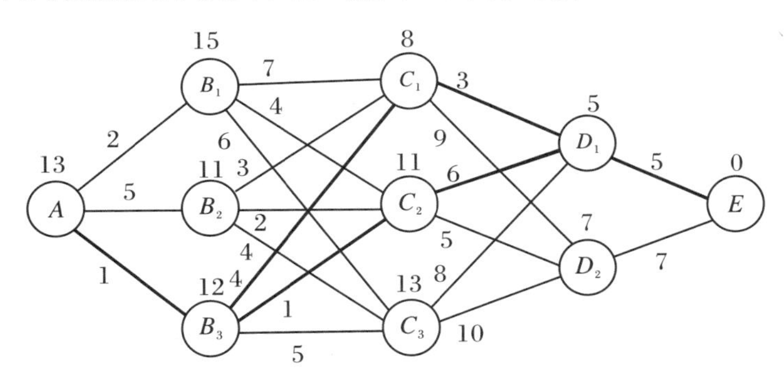

图8.3 最短路径

以上过程,仅用了18次加法,11次比较,计算效率远高于穷举法.

8.1.4 动态规划的基本原理

在例 8.1 的求解过程中，我们关键运用了一个常识性的结论："如果 $A\to S_1\to S_2\to\cdots\to S_k\to\cdots\to S_n\to EP$ 是 $A\to E$ 的最短路径，则该路径上任一点 $S_k\to\cdots\to S_n\to E$ 是 $S_k\to E$ 的最短路径"，利用该结论采用逆序法求解. 这一结论实际上就是 19 世纪 50 年代贝尔曼等人在研究无后效性的多阶段决策问题基础上所提出最优化原理——"作为整个过程的最优策略具有这样的性质：不管该最优策略上某状态和决策如何，对该状态而言，余下的诸决策必构成最优子策略"，即最优策略的任一后部子策略都是最优的.

从例 8.1 的计算过程中还可以看出，在求解的各阶段都利用了如下的递推关系：

$$\begin{cases} f_k(s_k) = \min\{r_k(s_k, x_k) + f_{k+1}(x_{k+1})\} \quad (k = n, n-1, \cdots, 2, 1) \\ f_{n+1}(s_{n+1}) = 0 \end{cases} \tag{8.3}$$

这种递推关系称为动态规划的基本方程，是递推逐段求解的根据.

动态规划方法利用最优化原理，将多阶段决策问题的求解过程表示成形如(8.3)式的一个连续的递推过程，由后向前逐步计算. 在求解时，前面的各状态与决策，对后面的子过程而言，只相当于初始条件，并不影响后面子过程的最优决策.

结合例 8.1 的求解过程和动态规划方法的基本原理，可以将动态规划方法的基本思想总结如下：

(1) 将多阶段决策问题按照空间或时间顺序划分成相互联系的阶段，即把一个大问题分解成一组同类型的子问题，选取恰当的状态变量和决策变量，写出状态转移方程，定义最优指标函数，写出递推关系式和边界条件，然后逐个求解.

(2) 求解从边界条件开始，由后向前逐段递推寻找最优. 在每一个阶段的计算中都要用到前一阶段的子问题的最优结果，最后一个子问题的最优解就是整个问题的最优解.

(3) 在多阶段决策过程中，确定每个阶段的最优决策，不仅要考虑本阶段最优，而且要考虑本阶段及其所有后部子过程的整体最优，因此，每阶段的最优决策的选取是从全局角度考虑的.

8.2 动态规划模型的建立与求解

使用动态规划方法解决多阶段决策问题，关键要建立实际问题的动态规划模型. 建立动态规划模型，就是通过对实际问题的分析建立出动态规划的基本方程. 成功应用动态规划方法的关键在于识别问题的多阶段特征，将问题划分为可用递推关系式联系起来的若干个子问题,或者说正确地建立具体问题的基本方程.而正确建立基本递推关系方程的关键在于正确选择状态变量,保证各阶段的状态变量具有递推的状态转移关系:$s_{k+1}=T_k(s_k,u_k)$.

8.2.1　动态规划模型的建立

根据动态规划的概念及前面所述的例子不难看出,在用动态规划方法解决实际问题时,就要建立动态规划模型,必须首先解决如下问题:

(1) 划分阶段.

(2) 确定状态变量和决策变量以及相应的取值范围.

(3) 建立状态转移方程.

(4) 确定指标函数,建立动态规划基本方程.

(5) 确定边界条件.建立动态规划模型是解决动态规划问题的第一步,也是非常重要的一步.模型建立的是否简捷、准确,直接关系到问题最优解的筛选及准确性,因此,建立动态规划模型是十分重要的.

根据例 8.1 的求解过程可知,建立一个确定型多阶段决策过程的动态规划模型一般步骤:

(1) 划分阶段.根据问题的性质识别出问题的多阶段特性,并按时间或空间顺序,将过程恰当地划分为若干个相互联系的阶段.

(2) 正确选择状态变量 s_k,使它既能描述过程的状态又满足无后效性,并确定状态集合 S_k.

状态变量应满足以下条件:

ⓐ 包含系统情况和确定决策所需要的全部信息,能反映过程的变化特征;

ⓑ 满足无后效性,即某状态给定后,则以后过程的发展不会再受前面各阶段状态的影响;

ⓒ 具有可知性,确定状态变量后,根据具体问题的性质,可以找出状态变量在各阶段的取值范围.

(3) 确定决策变量 $u_k(s_k)$及各阶段的允许决策集合 $D_k(s_k)$.

(4) 写出状态转移方程 $s_{k+1}=T_k(s_k,u_k)$.

(5) 确定指标函数 $V_{k,n}(s_k,p_{k,n})$.指标函数 $V_{k,n}(s_k,p_{k,n})$应具有如下三个性质:

ⓐ $V_{k,n}(s_k,p_{k,n})$是定义在全过程和所有后部子过程上的数量函数;

ⓑ 满足递推关系

$$V_{k,n}(s_k,p_{k,n})=\Psi(s_k,p_{k,n},V_{k+1,n}(s_{k+1},p_{k+1,n}))\tag{8.4}$$

ⓒ $\Psi(s_k,p_{k,n},V_{k+1,n}(s_{k+1},p_{k+1,n}))$对于 $V_{k+1,n}$来说是严格单调的.

最优指标函数为

$$f_k(s_k)=V_{k,n}(s_k,p_{k,n}^*)=\underset{p_{k,n}\in P_{k,n}}{\mathrm{opt}}V_{k,n}(s_k,p_{k,n})\tag{8.5}$$

其中,$p_{k,n}^*$是初始状态为s_k的后部子过程的最优子策略.

(6) 最后建立动态规划的基本方程.一般形式为

$$\begin{cases} f_k(s_k) = \min\limits_{u_k}(\max)\{v_k(s_k,u_k) + f_{k+1}(s_{k+1})\} \quad (k = n,n-1,\cdots,2,1) \\ f_{n+1}(s_{n+1}) = 0 \end{cases} \tag{8.6}$$

以上六步是建立动态规划数学模型的一般步骤.由于动态规划模型与线性规划模型不同,动态规划模型没有统一的模式,建模时关键要灵活运用最优化原理.

下面以资源分配为例说明动态规划建模步骤.

例 8.4 有一个工厂研制甲、乙、丙三种新产品,估计这三种新产品研制成功的概率分别是0.6,0.4,0.3.由于工厂急于推出新产品,决定再加拨2万元研制费,以提高新产品研制成功的概率.据估计,把增加的研制费用于各种新产品研制时,研制成功的概率见表8.1.现把这批研制费分配给各新产品(不分配、分配给1万元或者分配给2万元),使这三种新产品都研制成功的概率最大.应怎么分配?试建立决策模型.

表 8.1 新产品研制成功的概率

增加研制费(万元)	新产品研制成功的概率		
	甲	乙	丙
0	0.60	0.40	0.30
1	0.80	0.70	0.60
2	0.85	0.90	0.70

解 构造该问题的动态规划模型如下:

划分阶段:把对某一种新产品增加研制费用作为一个阶段,本例中有甲、乙、丙三种新产品,故本题可以划分为三个阶段:对甲产品增加研制费用为第一个阶段,对乙产品增加研制费用为第二个阶段,对丙产品增加研制费用为第三个阶段.即$k=1,2,3$;

状态变量:把有可能提供的研制费用作为状态变量,记为s_k,它的可能取值为0,1,2万元(不分配、分配给1万元或者分配给2万元);

决策变量:把给第k种新产品的研制费用的数量作为决策变量u_k,它由决策者确定,u_k不能超过当时拥有的金额s_k,即满足条件:$u_k \leqslant s_k$;

状态转移方程:根据以上对状态变量和决策变量的规定,显然有

$$s_{k+1} = s_k - u_k$$

边界条件:由于开始时可用的金额为2万元,最后所增加的研制费用全部用完,所以$s_1=2$,$s_4=0$;

指标函数:定义各阶段研制成功的概率$p_k(s_k,u_k)$的乘积为指标函数,并求出指标函数最大化,所以,基本方程为

$$\begin{cases} f_k(s_k) = \max\{p_k(s_k, u_k) \times f_{k+1}(s_{k+1})\} \quad (k = 3,2,1) \\ f_4(s_4) = 1 \end{cases}$$

8.2.2 动态规划模型的求解方法

动态规划模型建立之后，求解动态规划问题与线性规划不同，线性规划问题有统一的解法（如单纯形法），而动态规划模型没有统一的模式，它必须对具体问题具体分析，结合数学技巧灵活求解. 在下一节中，我们结合具体问题采用不同的求解方法.

虽然动态规划的求解没有固定的方法，但由于动态规划的求解一般都是对基本方程逐步递推，较为基本的有逆序解法（后向法）和顺序解法（前向法）两种. 上面例 8.1 所采用的方法是逆序解法，其寻优的方向与多阶段决策过程的实际进行方向相反. 与逆序解法相反的是顺序解法，其寻优方向与决策过程的行进方向一致，计算时从第一阶段开始向后递推，计算后一阶段要用到前一阶段的求优结果，最后一阶段的计算结果就是整个过程的最优结果.

1. *逆序解法*

设已知初始状态为 s_1，最优函数 $f_k(s_k)$ 表示第 k 阶段的初始状态为 s_k，从 k 阶段到 n 阶段所得到的最大效益.

当 $k = n$ 时，$f_n(s_n) = \max\limits_{x_n \in D_n(s_n)} v_n(s_n, x_n)$，其中 $D_n(s_n)$ 为状态 s_n，所确定的第 n 阶段的允许决策集合，得到最优解 $x_n = x_n(s_n)$ 和最优值 $f_n(s_n)$.

当 $k = n-1$ 时，$f_{n-1}(s_{n-1}) = \max\limits_{x_{n-1} \in D_n(s_{n-1})} (v_{n-1}(s_{n-1}, x_{n-1}) \otimes f_n(s_n))$.

此处 $\otimes$ 表示某种运算，其中 $s_n = T_{n-1}(s_{n-1}, x_{n-1})$，得到最优解 $x_{n-1} = x_{n-1}(s_{n-1})$ 和最优值 $f_{n-1}(s_{n-1})$.

……

当 $k = 1$ 时，$f_1(s_1) = \max\limits_{x_1 \in D_1(s_1)} (v_1(s_1, x_1) \otimes f_2(s_2))$.

其中 $s_2 = T_1(s_1, x_1)$，得到最优解 $x_1 = x_1(s_1)$ 和最优值 $f_1(s_1)$.

由于初始状态 s_1 已知，故 $x_1 = x_1(s_1)$ 和最优值 $f_1(s_1)$ 确定，从而 $x_2 = x_2(s_2)$ 和最优值 $f_2(s_2)$ 确定，按照上述递推过程相反的顺序推算下去，就可以确定每阶段的决策.

2. *顺序解法*

设已知初始状态为 s_{n+1}，最优函数 $f_k(s_{k+1})$ 表示第 k 阶段的终止状态为 s_{k+1}，从 1 阶段到 k 阶段所得到的最大效益.

当 $k = 1$ 时，$f_1(s_2) = \max\limits_{x_1 \in D_1(s_1)} v_1(s_1, x_1)$.

其中 $s_1 = T_1(s_2, x_1)$，解得最优解 $x_1 = x_1(s_2)$ 和最优值 $f_1(s_2)$.

当 $k = 2$ 时，$f_2(s_3) = \max\limits_{x_2 \in D_2(s_2)} (v_2(s_2, x_1) \otimes f_1(s_2))$.

此处⊗表示某种运算，其中 $s_2 = T_2(s_3, x_2)$，得到最优解 $x_2 = x_2(s_3)$ 和最优值 $f_2(s_3)$.

……

当 $k = n$ 时，$f_n(s_{n+1}) = \max\limits_{x_n \in D_n(s_n)} (v_n(s_n, x_n) \otimes f_{n-1}(s_n))$.

其中 $s_n = T_n(s_{n+1}, x_n)$，得到最优解 $x_n = x_n(s_{n+1})$ 和最优值 $f_n(s_{n+1})$.

由于初始状态 s_{n+1} 已知，故最优解 $x_n = x_n(s_{n+1})$ 和最优值 $f_n(s_{n+1})$ 确定，按照上述递推过程相反的顺序推算下去，就可以确定每阶段的决策.

例 8.5 采用顺序解法再次求解例 8.1.

解 设 $f_k(s_{k+1})$ 表示从城镇 A 出发到第 k 阶段的终止状态 s_{k+1} 的最短距离，则 $f_4(s_5)$ 即为所求. 由于状态 A 是整个过程的起点状态，所以 $f_0(s_1) = f_0(A) = 0$，这是边界条件.

(1) $k = 1$，第一阶段. 状态 s_2 可取三种状态 B_1, B_2, B_3，A 到它们的路径长分别为 2,5,1，所以 $f_1(B_1) = 2, f_1(B_2) = 5, f_1(B_3) = 1$.

因此，由 A 到状态 B_1, B_2, B_3 的最短距离分别 2,5,1，其最短路径分别为 $A \to B_1, A \to B_2, A \to B_3$.

(2) $k = 2$，第二阶段. 状态 s_3 可取三种状态 C_1, C_2, C_3，由 A 至它们需要经过一个中间城镇才能到达，是两级决策问题，从上一阶段到达 C_1 的有三条路径，需要加以比较，取其中最短的，即

$$f_2(C_1) = \min \begin{Bmatrix} d_2(B_1, C_1) + f_1(B_1) \\ d_2(B_2, C_1) + f_1(B_2) \\ d_2(B_3, C_1) + f_1(B_3) \end{Bmatrix} = \min \begin{Bmatrix} 2+7 \\ 5+3 \\ 1+4 \end{Bmatrix} = 5, \quad B_3 \to C_1$$

类似可得

$$f_2(C_2) = \min \begin{Bmatrix} d_2(B_1, C_2) + f_1(B_1) \\ d_2(B_2, C_2) + f_1(B_2) \\ d_2(B_3, C_2) + f_1(B_3) \end{Bmatrix} = \min \begin{Bmatrix} 2+4 \\ 5+2 \\ 1+1 \end{Bmatrix} = 2, \quad B_3 \to C_2$$

$$f_2(C_3) = \min \begin{Bmatrix} d_2(B_1, C_3) + f_1(B_1) \\ d_2(B_2, C_3) + f_1(B_2) \\ d_2(B_3, C_3) + f_1(B_3) \end{Bmatrix} = \min \begin{Bmatrix} 2+6 \\ 5+4 \\ 1+5 \end{Bmatrix} = 6, \quad B_3 \to C_3$$

由以上结果得，由 A 到第二阶段的状态 C_1, C_2, C_3 的最短距离分别 5,2,6，其最短路径分别为 $A \to B_3 \to C_1, A \to B_3 \to C_2, A \to B_3 \to C_3$.

(3) $k = 3$，第三阶段. 状态 s_4 可取两种状态 D_1, D_2，由 A 至它们需要经过两个中间城镇才能到达，是三级决策问题，从上一阶段到 D_1 有三条路径，需要加以比较，取其中最短的，即

$$f_3(D_1) = \min \begin{Bmatrix} d_3(C_1, D_1) + f_2(C_1) \\ d_3(C_2, D_1) + f_2(C_2) \\ d_3(C_3, D_1) + f_2(C_3) \end{Bmatrix} = \min \begin{Bmatrix} 5+3 \\ 2+6 \\ 6+8 \end{Bmatrix} = 8, \quad C_1 \to D_1; C_2 \to D_1$$

类似可得

$$f_3(D_2)=\min\begin{Bmatrix}d_3(C_1,D_2)+f_2(C_1)\\ d_3(C_2,D_2)+f_2(C_2)\\ d_3(C_3,D_2)+f_2(C_3)\end{Bmatrix}=\min\begin{Bmatrix}5+9\\ 2+5\\ 6+10\end{Bmatrix}=7,\quad C_2\to D_2$$

由以上结果得，由 A 到 D_1，D_2 的最短距离分别 8，7，其最短路径分别为 $A\to B_3\to C_1\to D_1$ 或 $A\to B_3\to C_2\to D_1$，$A\to B_3\to C_2\to D_2$.

(4) $k=4$，第四阶段.状态 s_5 只取状态 E，由 A 到它需要经过三个中间城镇才能到达，是四级决策问题，从上一阶段到 E 有两条路径，需要加以比较，取其中最短的，即

$$f_4(E)=\min\begin{Bmatrix}d_4(D_1,E)+f_3(D_1)\\ \\ d_4(D_2,E)+f_3(D_2)\end{Bmatrix}=\min\begin{Bmatrix}8+5\\ \\ 7+7\end{Bmatrix}=13,\quad D_1\to E$$

由计算结果得，A 到 E 的最短距为 13，最优路径为，$A\to B_3\to C_1\to D_1\to E$ 或 $A\to B_3\to C_2\to D_1\to E$.这与用逆序方法得到的最短路径完全相同.

类似于逆序解法，可以将上述解法写成如下的递推方程：

$$\begin{cases}f_k(s_{k+1})=\min\limits_{u_k}(\max)\{d_k(s_{k+1},u_k)+f_{k-1}(s_k)\}\quad(k=1,2,\cdots,n)\\ f_0(s_1)=0\end{cases}\tag{8.7}$$

其中，$s_k=T_k(s_{k+1},u_k)$.

比较顺序解法与逆序解法可知，它们本质上并无区别，一般来说，当初始状态给定时可用逆序解法；当终止状态给定时可用顺序解法.若一个问题给定了一个初始状态与一个终止状态，则这两种解法都可以使用，且结果相同，如例 8.1 和例 8.5.但若初始状态虽已给定，终点状态有多个，需要比较到达不同终点状态的各个路径及最优指标函数值，以选取总效益最优的终点状态时，使用顺序解法比较简便.

8.3　动态规划应用举例

除了前面讲到的最短路径等问题外，动态规划还有许多应用.

8.3.1　背包问题

背包问题不仅可以解决车、船、飞机、航天器等工具的最优装载问题，还可以用于解决机床加工中的零件最优加工、下料问题、投资决策等，具有广泛的实际应用价值.

背包问题就是一个旅行者携带背包去登山，他的背包所能承受的质量为 w kg，有 n 种物品供其选择装入背包中，第 i 种物品的单位质量为w_i kg，其价值

(物品对登山者重要性的指标)是携带数量 x_i 的函数 $g_i(x_i)(i=1,2,\cdots,n)$,问该旅行者应如何选择携带物品的件数,以使总价值最大?

设 x_i 为携带第 i 种物品的数量,则背包问题可以归结为如下整数规划:

$$\max z = \sum_{i=1}^{n} g_i(x_i)$$

$$\text{s.t.}\begin{cases}\sum_{i=1}^{n} w_i x_i \leqslant w \\ x_i \geqslant 0,\text{且为整数} \quad (i=1,2,\cdots,n)\end{cases}$$

该整数规划问题也可以用动态规划方法求解.

划分阶段 k:将装载 n 种物品看作依次分为 n 个阶段,用 $k(k=1,2,\cdots,n)$来代表阶段;

状态变量 s_{k+1}:在第 k 阶段开始时,背包中允许装入前 k 中物品的总质量;

决策变量 x_k:装入第 k 种物品的数量,显然,$0\leqslant x_k \leqslant \left[\frac{s_{k+1}}{w_k}\right]$,且 x_k 为整数;

状态转移方程为:$s_k = s_{k+1} - w_k x_k$;

最优指标函数:$f_k(s_{k+1})$表示在背包中允许装入物品的总质量 s_{k+1} kg,采用最优策略只装前 k 种物品时的最大使用价值.

于是,可得到动态规划的顺序递推方程为

$$\begin{cases} f_k(s_{k+1}) = \max\limits_{0\leqslant a_k x_k \leqslant s_{k+1}} \{g_k(x_k) + f_{k-1}(s_{k+1} - w_k x_k)\} \quad (k=1,2,\cdots,n) \\ f_0(s_1) = 0 \end{cases} \tag{8.8}$$

例 8.6 有一艘货船的最大载重量为 5×10^3 kg,用以装载三种货物,每种货物的单位质量及相应单位价值如表 8.2 所示.应如何装载可使总价值最大?

表 8.2 货物质量和相应单位价值表

货物编号 k	1	2	3
单位质量($\times10^3$ kg)	3	2	5
单位价值 g_k	8	5	12

解 设第 k 种货物的件数为 $x_k(k=1,2,3)$,则问题可表述为

$$\max z = 8x_1 + 5x_2 + 12x_3$$

$$\text{s.t.}\begin{cases}3x_1 + 2x_2 + 5x_3 \leqslant 5 \\ x_k \geqslant 0,\text{且为整数} \quad (k=1,2,3)\end{cases}$$

下面用动态规划顺序解法建模求解:

阶段 k:将可装入物品按 1,2,3 的顺序排序,每段装入一种物品,共划分三个阶段,即 $k=1,2,3$;

状态变量 s_{k+1}:在第 k 段开始时,背包(货船)中允许装入前 k 种物品的总质量;

决策变量 x_k:装入第 k 种物品的件数;

状态转移方程：$s_k = s_{k+1} - a_k x_k$；

最优指标函数 $f_k(s_{k+1})$：在背包中允许装入物品的总质量不超过 s_{k+1}（$\times 10^3$ kg），采取最优策略只装前 k 种物品时的最大使用价值.

由此可得动态规划的顺序递推方程为

$$\begin{cases} f_k(s_{k+1}) = \max\limits_{0 \leqslant a_k x_k \leqslant s_{k+1}} \{g_k(x_k) + f_{k-1}(s_{k+1} - a_k x_k)\} \quad (k=1,2,3) \\ f_0(s_1) = 0 \end{cases} \tag{8.9}$$

由于 x_k 取整数，故 $s_k \in \{0,1,2,\cdots,5\}$，下面用顺序法求解.

当 $k=1$ 时，

$$f_1(s_2) = \max_{0 \leqslant 3x_1 \leqslant s_2} \{g_1(x_1) + f_0(s_1)\} = \max_{0 \leqslant 3x_1 \leqslant s_2} \{8x_1\} = 8\left[\frac{s_2}{3}\right]$$

计算结果见表8.3.

表8.3 第一阶段计算表

s_2	0	1	2	3	4	5
$f_1(s_2)$	0	0	0	8	8	8
x_1^*	0	0	0	1	1	1

当 $k=2$ 时，

$$f_2(s_3) = \max_{0 \leqslant 2x_2 \leqslant s_3} \{g_2(x_2) + f_1(s_2)\} = \max_{0 \leqslant 2x_2 \leqslant s_3} \{5x_2 + f_1(s_3 - 2x_2)\}$$

计算结果见表8.4.

表8.4 第二阶段计算表

s_3	0	1	2	3	4	5
x_2	0	0	0,1	0,1	0,1,2	0,1,2
g_2+f_1	0	0	0,5	8,5	8,5,10	8,13,10
$f_2(s_3)$	0	0	5	8	10	13
x_2^*	0	0	1	0	2	1

当 $k=3$ 时，

$$\begin{aligned} f_3(s_4) = f_3(5) &= \max_{0 \leqslant 5x_3 \leqslant s_4} \{g_3(x_3) + f_2(s_3)\} = \max_{0 \leqslant 5x_3 \leqslant 5} \{12x_3 + f_2(5 - 5x_3)\} \\ &= \max\{0 + f_2(5), 12 + f_2(0)\} \\ &= \max\{0 + 13, 12 + 0\} = 13 \end{aligned}$$

此时，$x_3^* = 0$.

逆推得最优解

$$\begin{aligned} &x_3^* = 0, s_3 = s_4 - 5x_3 = 5 - 0 = 5 \Rightarrow x_2^* = 1 \\ &s_2 = s_3 - 2x_2 = 5 - 2 = 3 \qquad \Rightarrow x_1^* = 1 \end{aligned}$$

最优解为 $x_1^* = 1, x_2^* = 1, x_3^* = 0$，获得的最大装载总价值为 $f_3(5) = 13$.

8.3.2 资源分配问题

所谓资源分配问题，就是将一定数量的一种或若干种资源（如原材料、机器设备、资金、劳动力等）恰当地分配给若干个使用者，以使资源得到最有效地利用.设有 m 种资源，总量分别为 $b_i(i=1,2,\cdots,m)$，用于生产 n 种产品，若用 $x_{ij}(j=1,2,\cdots,n)$代表用于生产第 j 种产品的第 i 种资源的数量，则生产第 j 种产品的收益是其所获得的各种资源数量的函数，即 $g_j=f(x_{1j},x_{2j},\cdots,x_{nj})$. 由于总收益是 n 种产品收益的和，此问题可用如下静态模型加以描述：

$$\max z=\sum_{j=1}^{n}g_j$$

$$\text{s.t.}\begin{cases}\sum_{j=1}^{n}x_{ij}=b_i & (i=1,2,\cdots,m)\\ x_{ij}\geqslant 0 & (i=1,2,\cdots,m;j=1,2,\cdots,n)\end{cases} \tag{8.10}$$

若 x_{ij}是连续变量，当 $g_j=f(x_{1j},x_{2j},\cdots,x_{nj})$是线性函数时，该模型是线性规划模型；当 $g_j=f(x_{1j},x_{2j},\cdots,x_{nj})$是非线性函数时，该模型是非线性规划模型.若 x_{ij}是离散变量或$g_j=f(x_{1j},x_{2j},\cdots,x_{nj})$是离散函数时，此模型用线性规划或非线性规划来求解都将是非常麻烦的.然而在此情况下，由于这类问题的特殊结构，可以将它看成为一个多阶段决策问题，并利用动态规划的递推关系来求解.

本书只考虑一维资源的分配问题，设状态变量 s_k 表示分配于从第k 个阶段至过程最终（第 N 个阶段）的资源数量，即第 k 个阶段初资源的拥有量；决策变量 x_k 表示第k 个阶段资源的分配量.于是有状态转移律：

$$s_{k+1}=s_k-x_k$$

允许决策集合：

$$D_k(s_k)=\{x_k\mid 0\leqslant x_k\leqslant s_k\}$$

最优指标函数（动态规划的逆序递推关系式）：

$$\begin{cases}f_k(s_k)=\max\limits_{0\leqslant x_k\leqslant s_k}\{g_k(x_k)+f_{k+1}(s_{k+1})\} & (k=N,N-1,\cdots,2,1)\\ f_{N+1}(s_{N+1})=0\end{cases} \tag{8.11}$$

利用这一递推关系式，最后求得的 $f_1(s_1)$即为所求问题的最大总收益，下面来看一个具体的例子.

例 8.7 某公司拟将 500 万元的资本投入所属的甲、乙、丙三个工厂进行技术改造，各工厂获得投资后年利润将有相应的增长，增长额如表 8.5 所示.试确定 500 万元资本的分配方案，以使公司总的年利润增长额最大.

表 8.5 技术改造及增长利润表 (单位:万元)

投资额	100	200	300	400	500
甲	30	70	90	120	130
乙	50	100	110	110	110
丙	40	60	110	120	120

解 将问题按工厂分三个阶段($k=1,2,3$),设状态变量 $s_k(k=1,2,3)$代表从第 k 个工厂到第3个工厂的投资额,决策变量 x_k 代表第 k 个工厂的投资额.于是有状态转移率 $s_{k+1}=s_k-x_k$,允许决策集合 $D_k(s_k)=\{x_k|0\leqslant x_k\leqslant s_k\}$和递推关系式:

$$\begin{cases} f_k(s_k) = \max\limits_{0\leqslant x_k\leqslant s_k}\{g_k(x_k)+f_{k+1}(s_k-x_k)\} \quad (k=3,2,1) \\ f_4(s_4)=0 \end{cases}$$

当 $k=3$ 时,

$$f_3(s_3) = \max_{0\leqslant x_3\leqslant s_3}\{g_3(x_3)+0\} = \max_{0\leqslant x_3\leqslant s_3}\{g_3(x_3)\}$$

于是有表 8.6,表中 x_3^* 表示第三个阶段的最优决策.

表 8.6 第三阶段最优决策 (单位:百万元)

s_3	0	1	2	3	4	5
x_3^*	0	1	2	3	4	5
$f_3(s_3)$	0	0.4	0.6	1.1	1.2	1.2

当 $k=2$ 时,

$$f_2(s_2) = \max_{0\leqslant x_2\leqslant s_2}\{g_2(x_2)+f_3(s_2-x_2)\}$$

于是有表 8.7.

表 8.7 第二阶段最优决策 (单位:百万元)

s_2 \ x_2	$g_2(x_2)+f_3(s_2-x_2)$						$f_2(s_2)$	x_2^*
	0	1	2	3	4	5		
0	0+0						0	0
1	0+0.4	0.5+0					0.5	1
2	0+0.6	0.5+0.4	1.0+0				1.0	2
3	0+1.1	0.5+0.6	1.0+0.4	1.1+0			1.4	2
4	0+1.2	0.5+1.1	1.0+0.6	1.1+0.4	1.1+0		1.6	1,2
5	0+1.2	0.5+1.2	1.0+1.1	1.1+0.6	1.1+0.4	1.1+0	2.1	2

当 $k=1$ 时,

$$f_1(s_1) = \max_{0\leqslant x_1\leqslant s_1}\{g_1(x_1)+f_2(s_1-x_1)\}$$

于是有表 8.8.

表 8.8 第一阶段最优决策 (单位:百万元)

s_1 \ x_1	$g_1(x_1)+f_2(s_1-x_1)$						$f_1(s_1)$	x_1^*
	0	1	2	3	4	5		
5	0+2.1	0.3+1.6	0.7+1.4	0.9+1.0	1.2+0.5	1.3+0	2.1	0.2

然后按计算表格的顺序反推算,可知最优分配方案有两个:

(1) 甲工厂投资 200 万元,乙工厂投资 200 万元,丙工厂投资 100 万元.

(2) 甲工厂没有投资,乙工厂投资 200 万元,丙工厂投资 300 万元.

按最优分配方案分配投资(资源),年利润将增长 210 万元.

8.3.3 生产与库存计划问题

在生产和经营管理中,经常遇到如何合理地安排生产计划、采购计划与货物的库存计划等问题,达到既满足需求,又尽量降低成本的目的,因此,正确地制定生产、采购与货物的库存策略确定不同时期的生产量、采购量与库存量使得总的生产成本费用、采购费用和库存费用之和最小,这就是生产与库存计划问题的目标.下面通过例子来说明这类问题的处理技巧.

例 8.8 某中转仓库要按月在月初供应一定数量的某种部件给总装车间.由于生产条件的变化,生产车间在各月份中生产每单位这种部件所需耗费的工时不同,各月份的生产量于当月的月底前,全部要存入仓库以备后用.已知总装车间的各个月份的需求量以及在加工车间生产该部件每单位数量所需要的工时见表8.9.

表 8.9 各月份需求和工时表

月份 k	0	1	2	3	4	5	6
需求量	0	8	5	3	2	7	4
单位工时	11	18	13	17	20	10	

设仓库的容量为 9,开始库存量为 2,最终库存量为 0,要制定一个半年的逐月生产计划,既满足需要和仓库容量的限制,又使生产这种部件的总耗费工时数最少.

解 按月份划分阶段,每个月为一个阶段,用 k 表示月份的序号.

设状态变量 s_k 为第 k 阶段开始时的部件库存量(即本阶段需求量送出之前,上阶段产品送入之后的部件部件库存量),$0 \leqslant k \leqslant 6$.

决策变量 u_k 为第 k 阶段内的部件生产量.

状态转移方程为

$$s_{k+1} = s_k + u_k - d_k \quad (d_k \leqslant s_k \leqslant H)$$

其中,d_k 为第 k 月份的需求量;H 为仓库的库存容量.

最优指标函数:$f_k(s_k)$表示在第 k 阶段开始的库存量为 s_k 时,从第 k 阶段到最后一阶段生产部件的最小累计工时数.

动态规划的基本方程为

$$f_k(s_k) = \min\{a_k u_k + f_{k+1}(s_{k+1})\}$$

边界条件:因开始库存量为2,即 $s_0=2$;最终库存量为0.即 $s_7=0$,所以第6阶段内不用生产,即 $u_6=0$.

当 $k=6$ 时,因 $d_6=4,u_6=0$,则 $s_6=s_7-u_6+d_6=4$.

当 $k=5$ 时,因 $u_5=s_6-s_5+d_5=4-s_5+7=11-s_5$,所以第五阶段的最优决策为:$u_5^*(s_5)=11-s_5$,最小累计工时数为 $f_5(s_5)=a_5u_5^*=10(11-s_5)=110-10s_5$.

当 $k=4$ 时,由 $f_k(s_k)=\min\{a_ku_k+f_{k+1}(s_{k+1})\}$得

$$\begin{aligned} f_4(s_4) &= \min\{a_4u_4+f_5(s_5)\} = \min\{20u_4+110-10(s_4+u_4-2)\} \\ &= \min\{10u_4-10s_4+130\} \end{aligned}$$

则 u_4 的允许集合为

$$D_4(s_4)=\{u_4:u_4\geqslant 0,d_5\leqslant s_4+u_4-d_4\leqslant H\}=\{u_4:9-s_4\leqslant u_4\leqslant 11-s_4\}$$

所以第四阶段的最优决策为 $u_4^*(s_4)=9-s_4$,最小累计工时数为 $f_3(s_3)=a_3u_3^*-10s_4+130=220-20s_4$.

当 $k=3$ 时,由 $f_k(s_k)=\min\{a_ku_k+f_{k+1}(s_{k+1})\}$知

$$\begin{aligned} f_3(s_3) &= \min\{a_3u_3+f_4(s_4)\} = \min\{17u_3+220-20(s_3+u_3-d_3)\} \\ &= \min\{-3u_3-20s_3+280\} \end{aligned}$$

则 u_3 的允许集合为

$$\max\{0,5-s_3\}\leqslant u_3\leqslant 12-s_3$$

所以第三阶段的最优决策为 $u_3^*(s_3)=12-s_3$,最小累计工时数为 $f_3(s_3)=-3u_3^*-20s_3+280=244-17s_3$.

当 $k=2$ 时,由 $f_k(s_k)=\min\{a_ku_k+f_{k+1}(s_{k+1})\}$知

$$\begin{aligned} f_2(s_2) &= \min\{a_2u_2+f_3(s_3)\} = \min\{13u_2+244-17(s_2+u_2-d_2)\} \\ &= \min\{-4u_2-17s_2+329\} \end{aligned}$$

则 u_2 的允许集合为

$$\max\{0,8-s_2\}\leqslant u_2\leqslant 14-s_2$$

所以第二阶段的最优决策为 $u_2^*(s_2)=14-s_2$,最小累计工时数为 $f_2(s_2)=-4u_2^*-17s_2+329=273-13s_2$.

当 $k=1$ 时,由 $f_k(s_k)=\min\{a_ku_k+f_{k+1}(s_{k+1})\}$知

$$\begin{aligned} f_1(s_1) &= \min\{a_1u_1+f_2(s_2)\} = \min\{18u_1+273-13(s_1+u_1-d_1)\} \\ &= \min\{5u_1-13s_1+377\} \end{aligned}$$

则 u_1 的允许集合为

$$\max\{0,13-s_1\}\leqslant u_1\leqslant 17-s_1$$

所以第一阶段的最优决策为 $u_1^*(s_1)=13-s_1$,最小累计工时数为 $f_1(s_1)=5u_1^*-$

$13s_1+377=442-18s_1$.

当 $k=0$ 时,由 $f_k(s_k)=\min\{a_k u_k+f_{k+1}(s_{k+1})\}$知

$$\begin{aligned}f_0(s_0)&=\min\{a_0u_0+f_1(s_1)\}\\&=\min\{11u_0+442-18(s_0+u_0-d_0)\}\\&=\min\{-7u_0-18s_0+442\}\\&=\min\{-7u_0+406\}\end{aligned}$$

则 u_1 的允许集合为

$$\max\{0,13-s_1\}\leqslant u_1\leqslant 17-s_1$$

由 $8\leqslant s_1\leqslant 9$ 得 $0\leqslant u_0\leqslant 7$,所以 $u_0^*=7, f_0=-7\times7+406=357$,即最优计划下的最小总工时数,所以最优决策为

$$\begin{aligned}u_0^*&=7(s_0=2)\rightarrow u_1^*\\&=4(s_1=s_0+u_0^*-d_0)\rightarrow u_2^*\\&=9(s_2=s_1+u_1^*-d_1)\rightarrow u_3^*\\&=3(s_3=s_2+u_2^*-d_2)\rightarrow u_4^*\\&=0(s_4=s_3+u_3^*-d_3)\rightarrow u_5^*\\&=4(s_5=s_4+u_4^*-d_4)\end{aligned}$$

故各月最优的生产计划为7,4,9,3,0,4.

8.3.4 设备更新问题

企业生产中经常碰到因设备陈旧或损坏需要更新的问题.从经济上分析,一台设备应该使用多少年更新最合算,这就是设备更新问题.一台设备虽然使用时间越长,它所产生的经济效益也随之增大,但并不是越长越好,因为随着设备陈旧,维修费用也将随之提高,而且设备随着使用年限的增加,折旧费用将降低,因此,处于某个阶段的各种设备,就会面临是保留还是更新的选择.设备的保留还是更新,不应只从局部的某个阶段的回收额考虑,而应该从整个计划期间总的回收额来考虑,因此这也是一个多阶段决策过程,可以用动态规划方法来求解.

设备更新问题的一般提法:在已知一台设备的效益函数 $r(t)$,维修费用函数 $u(t)$及更新费用函数 $c(t)$的条件下,要求在 n 年内的每年年初做出决策,是继续使用旧设备还是更换一台新设备,使 n 年总效益最大.

设 t 表示设备已使用的年限,$r_k(t)$表示在第 k 年设备已使用过 t 年(或称役龄为 t 年),再使用1年的效益,它随着 t 的增加而减小.$r_k(0)$表示在第 k 年新设备的效益;

$u_k(t)$表示在第 k 年设备役龄为 t 年,再使用1年的维修费用,它随着 t 的增加而增加.$u_k(0)$表示在第 k 年新设备的维修费用;

$c_k(t)$表示在第 k 年卖掉一台役龄为 t 年的设备,买进一台新设备的更新净费用,它随着 t 的增加而增加.$c_k(0)$表示在第 k 年买进一台新设备的净费用;

于是，$r_k(t)-u_k(t)$表示使用过 t 的设备第k 年继续使用所获得的效益，$r_k(0)-u_k(0)-c_k(t)$表示使用过 t 年的设备更新后在第k 年所获得的效益.

α 为折旧因子$(0\leqslant\alpha\leqslant1)$，表示一年以后的单位收入价值相当于现年的 α 单位.

下面建立动态规划模型.

阶段 k：表示计划使用该设备的年限数$(k=1,2,\cdots,n)$；

状态变量 s_k：第 k 年初，设备已使用过的年限数或役龄；

决策变量 x_k：第 k 年初更新还是保留使用旧设备，分别用 R 与K 表示；

状态转移方程：

$$s_{k+1}=\begin{cases}s_k+1 & (x_k=K)\\ 1 & (x_k=R)\end{cases}\tag{8.12}$$

阶段指标：

$$v_j(s_k,x_k)=\begin{cases}r_k(s_k)-u_k(s_k) & (x_k=K)\\ r_k(0)-u_k(0)-c_k(s_k) & (x_k=R)\end{cases}\tag{8.13}$$

指标函数：

$$V_{k,n}=\sum_{j=k}^{n}v_j(s_k,x_k)\quad(k=1,2,\cdots,n)$$

最优指标函数 $f_k(s_k)$表示第 k 年初，使用一台已用了 s_k 年的设备到第n 年末的最大效益，则可得到如下的逆序动态规划基本方程：

$$\begin{cases}f_k(s_k)=\max\limits_{x_k=K\text{ or }R}\{v_j(s_k,u_k)+\alpha f_{k+1}(s_{k+1})\quad(k=n,n-1,\cdots,2,1)\\ f_{n+1}(s_{n+1})=0\end{cases}\tag{8.14}$$

即

$$\begin{cases}f_k(s_k)=\max\begin{cases}r_k(s_k)-u_k(s_k)+\alpha f_{k+1}(s_k+1) & (x_k=K)\\ r_k(0)-u_k(0)-c_k(s_k)+\alpha f_{k+1}(1) & (x_k=R)\end{cases}\\ f_{n+1}(s_{n+1})=0\end{cases}\tag{8.15}$$

例 8.9 某医院要考虑某种设备在 5 年内的更新问题. 在每年年初需做出决策，是继续使用(K)还是更新(R). 如果继续使用，则需支付维修费用. 问如何在每一年采用何种策略，使得 5 年内的总收益最大？已知使用了不同年限后的设备每年所获得的收益、所需的维修费用及卖掉旧设备购买新设备的净费用等数据如表 8.10(单位：万元)所示($\alpha=0.5$).

表 8.10 设备维修更新数据表

役龄	0	1	2	3	4	5
$r_k(t)$	30	26	22	20	14	12
$u_k(t)$	2	3	4	7	8	10
$c_k(t)$	12	14	14	17	18	19

解 如前述建立动态规划模型，$n=5$，$\alpha=0.5$.

第五阶段：$k=5$

$$f_5(s_5)=\max\begin{cases}r_5(s_5)-u_5(s_5) & (x_5=K)\\ r_5(0)-u_5(0)-c_5(s_5) & (x_5=R)\end{cases}$$

状态变量 s_5 可取 1,2,3,4，于是，

$$f_5(1)=\max\begin{cases}r_5(1)-u_5(1) & (x_5=K)\\ r_5(0)-u_5(0)-c_5(1) & (x_5=R)\end{cases}$$

$$=\max\begin{Bmatrix}26-3\\ 30-2-14\end{Bmatrix}=23\quad (x_5(1)=K)$$

$$f_5(2)=\max\begin{cases}r_5(2)-u_5(2) & (x_5=K)\\ r_5(0)-u_5(0)-c_5(2) & (x_5=R)\end{cases}$$

$$=\max\begin{Bmatrix}22-4\\ 30-2-14\end{Bmatrix}=18\quad (x_5(2)=K)$$

$$f_5(3)=\max\begin{cases}r_5(3)-u_5(3) & (x_5=K)\\ r_5(0)-u_5(0)-c_5(3) & (x_5=R)\end{cases}$$

$$=\max\begin{Bmatrix}20-7\\ 30-2-17\end{Bmatrix}=13\quad (x_5(3)=K)$$

$$f_5(4)=\max\begin{cases}r_5(4)-u_5(4) & (x_5=K)\\ r_5(0)-u_5(0)-c_5(4) & (x_5=R)\end{cases}$$

$$=\max\begin{Bmatrix}14-8\\ 30-2-18\end{Bmatrix}=10\quad (x_5(4)=R)$$

上述计算可归纳如表 8.11 所示.

表 8.11 第五阶段决策表

s_5	x_5		$f_5(s_5)$	x_5^*
	继续使用(K)	更新(R)		
1	23	14	23	K
2	18	14	18	K
3	13	11	13	K
4	6	10	10	R

第四阶段：$k=4$

$$f_4(s_4)=\max\begin{cases}r_4(s_4)-u_4(s_4)+0.5f_5(s_4+1) & (x_4=K)\\ r_4(0)-u_4(0)-c_4(s_4)+0.5f_5(1) & (x_4=R)\end{cases}$$

状态变量 s_4 可取 1,2,3，根据 $f_4(s_4)$ 的计算公式及表 8.11 可得到 $f_4(s_4)$ 在 s_4 取不同值时的指标值，如表 8.12 所示.

表 8.12 第四阶段决策表

s_4	x_4		$f_4(s_4)$	x_4^*
	继续使用(K)	更新(R)		
1	23+9=32	14+11.5=25.5	32	$x_4^*(1)=K$
2	18+6.5=24.5	14+11.5=25.5	22.5	$x_4^*(2)=R$
3	13+5=18	11+11.5=22.5	22.5	$x_4^*(3)=R$

第三阶段:$k=3$

$$f_3(s_3)=\max\begin{cases} r_3(s_3)-u_3(s_3)+0.5f_4(s_3+1) & (x_3=K) \\ r_3(0)-u_3(0)-c_3(s_3)+0.5f_4(1) & (x_3=R) \end{cases}$$

状态变量 s_3 可取 1,2,根据 $f_3(s_3)$的计算公式及表 8.12 可得到 $f_3(s_3)$在 s_3 取不同值时的指标值,如表 8.13 所示.

表 8.13 第三阶段决策表

s_3	x_3		$f_3(s_3)$	$x_3^*(s_3)$
	继续使用(K)	更新(R)		
1	23+12.25=35.25	14+16=20	35.25	$x_3^*(1)=K$
2	18+11.25=29.25	14+16=20	30	$x_3^*(2)=R$

第二阶段:$k=2$

$$f_2(s_2)=\max\begin{cases} r_2(s_2)-u_2(s_2)+0.5f_3(s_2+1) & (x_2=K) \\ r_2(0)-u_2(0)-c_2(s_2)+0.5f_3(1) & (x_2=R) \end{cases}$$

状态变量 s_2 只能取 1,所以根据 $f_2(s_2)$的计算公式及表 8.13 可得到

$$\begin{aligned} f_2(1) &= \max\begin{cases} r_2(1)-u_2(1)+0.5f_3(2) & (x_2=K) \\ r_2(0)-u_2(0)-c_2(1)+0.5f_3(1) & (x_2=R) \end{cases} \\ &= \max\begin{cases} 26-3+0.5\times 30 \\ 30-2-22+0.5\times 35.25 \end{cases} \\ &= \max\begin{cases} 38 \\ 31.625 \end{cases} \\ &= 38, \quad x_2^*(s_2)=x_2^*(1)=K \end{aligned}$$

第一阶段:$k=1$

$$f_1(s_1)=\max\begin{cases} r_1(s_1)-u_1(s_1)+0.5f_2(s_1+1) & (x_1=K) \\ r_1(0)-u_1(0)-c_1(s_1)+0.5f_2(1) & (x_1=R) \end{cases}$$

状态变量 s_1 只能取 0,所以根据 $f_1(s_1)$的计算公式得

$$f_1(0)=\max\begin{cases} r_1(0)-u_1(0)+0.5f_2(1) & (x_1=K) \\ r_1(0)-u_1(0)-c_1(1)+0.5f_2(1) & (x_1=R) \end{cases}$$

$$= \max\begin{cases}30 - 2 + 0.5 \times 38 \\ 30 - 2 - 14 + 0.5 \times 38\end{cases}$$

$$= \max\begin{cases}47 \\ 33\end{cases}$$

$$= 47, \quad x_1^*(s_1) = x_1^*(0) = K$$

将上述计算过程逆推回去即可得最优解.

当 $x_1^*(s_1) = x_1^*(0) = K$ 时,

由状态转移方程:$s_2 = \begin{cases}s_1 + 1, & x_1 = K \\ 1, & x_1 = R\end{cases}$ 得 $s_2 = 1$,查 $f_2(1)$得 $x_2^*(s_2) = x_2^*(1) = K$;

由 $s_3 = \begin{cases}s_2 + 1, x_2 = K \\ 1, x_2 = R\end{cases}$ 得 $s_3 = 2$,查 $f_3(2)$ 得 $x_3^*(s_3) = x_3^*(2) = R$;

由 $s_4 = \begin{cases}s_3 + 1, x_3 = K \\ 1, x_3 = R\end{cases}$ 得 $s_4 = 1$,查 $f_4(1)$ 得 $x_4^*(s_4) = x_4^*(1) = K$;

由 $s_5 = \begin{cases}s_4 + 1, x_4 = K \\ 1, x_4 = R\end{cases}$ 得 $s_5 = 2$,查 $f_5(2)$ 得 $x_5^*(s_5) = x_5^*(2) = K$;

即最优策略为$\{K, K, R, K, K\}$,也即第一年初购买的设备,第二继续使用,第三年初更新,第四、第五年初继续使用第三年更新的设备,到第五年末,其总收益为47万元.

8.3.5 货郎担问题(旅行售货员问题)

旅行售货员问题的一般提法为:一售货员携带货物从一城镇出发,经过 $n-1$ 个城镇,边旅行边售货,要求经过每个城镇一次且仅一次,问如何选择行走路径,使得行程最短,这是运筹学中的一个著名问题,实际中有很多问题可以归结为这类问题.

设 $v_1, v_2, v_3, \cdots, v_n$ 分别代表n 个城镇,d_{ij}表示从 v_i 到 v_j 的距离,现求从 v_1 出发,经各城镇一次且仅一次返回 v_1 的最短路程.这也是一个最短路径问题,但它与例8.1的最短路径问题有很大不同,建立动态规划模型时,虽然也可以按城镇数目 n 划分为n 个阶段,但状态变量不好选取,不容易满足无后效性.为了保持状态间的相互独立,可以按以下方法进行建模.

设 S 表示从v_1 到 v_i 中间所有可能城镇集合,S 实际上是包含除v_1 与 v_i 两个点之外的其余点的集合,但 S 中的点的个数要随阶段数改变.

状态变量(i,S)表示从 v_1 点出发,经过 S 集合中所有点一次后到达v_i.

最优指标函数 $f_k(i,S)$表示从 v_1 点出发经由 k 个目的地的S 集合到v_i 的最短距离.

决策变量 $P_k(i,S)$表示从 v_1 点出发经由 k 个中间城镇的S 集合到v_i 的最短路线上邻接 v_i 的前一个城镇,则动态规划的顺序递推关系为

$$\begin{cases} f_k(i,S)=\min\limits_{j\in S}\{f_{k-1}(i,S\backslash\{j\})+d_{ji}\} & (8.16\text{a}) \\ f_0(i,\varnothing)=d_{1i} \quad (k=1,2,\cdots,n-1,i=2,3,\cdots,n) & (8.16\text{b}) \end{cases}$$

其中$\varnothing$为空集.

例 8.10　已知五个城镇之间的距离如表 8.14 所示,求从 v_1 点出发经由其余城镇一次且仅一次最后返回 v_1 的最短路线与距离.

表 8.14　城镇间距离表

v_j \ v_i	1	2	3	4	5
1	0	8	8	10	7
2	8	0	9	6	4
3	8	9	0	5	9
4	10	6	5	0	7
5	7	4	9	7	0

由边界条件(8.16b)知

$$f_0(2,\varnothing)=d_{12}=8, f_0(3,\varnothing)=d_{13}=8$$
$$f_0(4,\varnothing)=d_{14}=10, f_0(5,\varnothing)=d_{15}=7$$

当 $k=1$ 时,从 v_1 点出发经过一个城镇到达 v_i 的最短距离为

$$f_1(2,\{3\})=f_0(3,\varnothing)+d_{32}=8+9=17$$
$$f_1(2,\{4\})=f_0(4,\varnothing)+d_{42}=10+6=16$$
$$f_1(2,\{5\})=f_0(5,\varnothing)+d_{52}=7+4=11$$

所以,$P_1(2,\{5\})=5$.

$$f_1(3,\{2\})=f_0(2,\varnothing)+d_{23}=8+9=17$$
$$f_1(3,\{4\})=f_0(4,\varnothing)+d_{43}=10+5=15$$
$$f_1(3,\{5\})=f_0(5,\varnothing)+d_{53}=7+9=16$$

所以,$P_1(3,\{4\})=4$.

$$f_1(4,\{2\})=f_0(2,\varnothing)+d_{24}=8+6=14$$
$$f_1(4,\{3\})=f_0(3,\varnothing)+d_{34}=8+5=13$$
$$f_1(4,\{5\})=f_0(5,\varnothing)+d_{54}=7+7=14$$

所以,$P_1(4,\{3\})=3$.

$$f_1(5,\{2\})=f_0(2,\varnothing)+d_{25}=8+4=12$$
$$f_1(5,\{3\})=f_0(3,\varnothing)+d_{35}=8+9=17$$
$$f_1(5,\{4\})=f_0(4,\varnothing)+d_{45}=10+7=17$$

所以,$P_1(5,\{2\})=2$.

当 $k=2$ 时,从 v_1 点出发经过两个城镇到达 v_i 的最短距离为

$$f_2(2,\{3,4\})=\min\{f_1(3,\{4\})+d_{32},f_1(4,\{3\})+d_{42}\}=\min\{15+9.13+6\}=19$$
$$f_2(2,\{3,5\})=\min\{f_1(3,\{5\})+d_{32},f_1(5,\{3\})+d_{52}\}=\min\{16+9.17+4\}=21$$

$f_2(2,\{4,5\})=\min\{f_1(5,\{4\})+d_{52},f_1(4,\{5\})+d_{42}\}=\min\{17+4.14+6\}=20$
所以，$P_2(2,\{3,4\})=4$.

$f_2(3,\{2,4\})=\min\{f_1(4,\{2\})+d_{43},f_1(2,\{4\})+d_{23}\}=\min\{14+5.16+9\}=19$

$f_2(3,\{4,5\})=\min\{f_1(4,\{5\})+d_{43},f_1(5,\{4\})+d_{53}\}=\min\{14+5.17+9\}=19$

$f_2(3,\{2,5\})=\min\{f_1(5,\{2\})+d_{53},f_1(2,\{5\})+d_{23}\}=\min\{12+9.11+9\}=20$
所以，$P_2(3,\{2,4\})=4$.

$f_2(4,\{2,3\})=\min\{f_1(3,\{2\})+d_{34},f_1(2,\{3\})+d_{24}\}=\min\{17+5.17+6\}=22$

$f_2(4,\{2,5\})=\min\{f_1(5,\{2\})+d_{54},f_1(2,\{5\})+d_{24}\}=\min\{12+7.11+6\}=17$

$f_2(4,\{3,5\})=\min\{f_1(5,\{3\})+d_{54},f_1(3,\{5\})+d_{34}\}=\min\{17+7.16+5\}=21$
所以，$P_2(4,\{2,5\})=5$.

$f_2(5,\{2,3\})=\min\{f_1(2,\{3\})+d_{25},f_1(3,\{2\})+d_{35}\}=\min\{17+4.17+9\}=21$

$f_2(5,\{2,4\})=\min\{f_1(2,\{4\})+d_{25},f_1(4,\{2\})+d_{45}\}=\min\{16+4,14+7\}=20$

$f_2(5,\{3,4\})=\min\{f_1(3,\{4\})+d_{35},f_1(4,\{3\})+d_{45}\}=\min\{15+9,13+7\}=20$
所以，$P_2(5,\{2,3\})=2$ 或 4.

当 $k=3$ 时，从 v_1 点出发经过三个城镇到达 v_i 的最短距离为

$$f_3(2,\{3,4,5\}) = \min\{f_2(5,\{3,4\}) + d_{52},f_2(4,\{3,5\}) + d_{42},f_2(3,\{4,5\}) + d_{32}\} = \min\{20 + 4,21 + 6,19 + 9\} = 24$$

所以，$P_3(2,\{3,4,5\}) = 5$.

$$f_3(3,\{2,4,5\}) = \min\{f_2(5,\{2,4\}) + d_{53},f_2(4,\{2,5\}) + d_{43},f_2(2,\{4,5\}) + d_{23}\} = \min\{20 + 9,17 + 5,20 + 9\} = 22$$

所以，$P_3(3,\{2,4,5\}) = 4$.

$$f_3(4,\{2,3,5\}) = \min\{f_2(5,\{2,3\}) + d_{54},f_2(3,\{2,5\}) + d_{34},f_2(2,\{3,5\}) + d_{24}\} = \min\{21 + 7,20 + 5,21 + 6\} = 25$$

所以，$P_3(4,\{2,3,5\}) = 3$.

$$f_3(5,\{2,3,4\}) = \min\{f_2(4,\{2,3\}) + d_{45},f_2(3,\{2,4\}) + d_{35},f_2(2,\{3,4\}) + d_{25}\} = \min\{22 + 7,19 + 9,19 + 4\} = 23$$

所以，$P_3(5,\{2,3,4\}) = 2$.

当 $k=4$ 时，从 v_1 点出发经过四个城镇返回 v_1 的最短距离为

$$\begin{aligned} f_4(1,\{2,3,4,5\}) &= \min\{f_3(5,\{2,3,4\})+d_{51},f_3(4,\{2,3,5\})+d_{41}, \\ &\quad f_3(3,\{2,4,5\})+d_{31},f_3(2,\{3,4,5\})+d_{21}\} \\ &= \min\{23+7,25+10,22+8,24+8\} \\ &= 30 \end{aligned}$$

所以，$P_4(1,\{2,3,4,5\})=5$ 或 3.

逆推回去，售货员的最短路线有两条：

(1) ①→③→④→②→⑤→①.

(2) ①→⑤→②→④→③→①.

这两条路线实际上是同一条回路，其长度是30.

旅行售货员问题当城镇数目增加时，用动态规划方法求解，无论是计算量还是存储量都会大大增加.所以本方法只适用于 n 较小的情况.

习　题　8

1. 某工厂从国外进口一部精密机器，由机器制造厂至出口港有三个港口可供选择，而进口港又有三个港口可供选择，进口后可经由两个城市到达目的地，期间的运输成本由图8.4中数字所示，试求运输最低的路线.

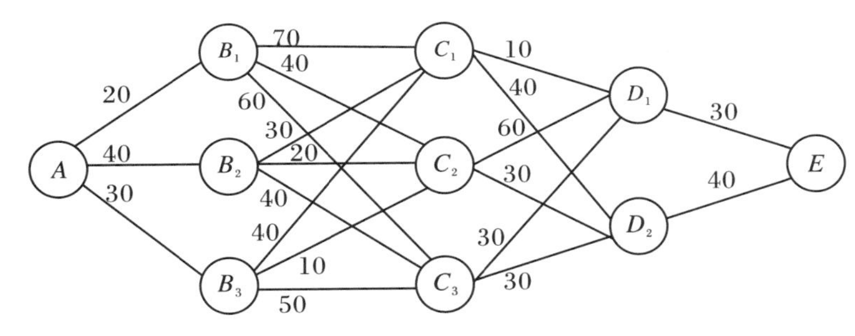

图8.4　运输成本图

2. 某药厂定期为几家医药公司提供某种药品，医药公司采取预订方式购买，因此药厂可以预测未来的需求量(单位:件).为保证需求，药厂为下一年制定四季度的生产计划.由订单显示该种药品的需求情况见表8.15.

表8.15　季度需求量表

k(季度)	1	2	3	4
g_k(需求量)	2 000	3 000	2 000	4 000

该药厂的每季度开工的固定费用为3 000元(不开工为0)，每1 000件产品的生产成本为2 000元.工厂每季度的最大生产能力为6 000件，每季度每1 000件产品的库存费用为1 000元(按季度初的库存量计算库存费).假定年初年末均无库存，问如何安排各季度的生产量，使得全年的总的费用最小?

3. 写出下列动态规划的基本方程.

(1) $\max z = \sum_{i=1}^{n} y_i(x_i)$

$$\text{s.t.}\begin{cases}\sum_{i=1}^{n} x_i = b & (b > 0)\\ x_i \geqslant 0 & (i = 1,2,\cdots,n)\end{cases}$$

(2) $\min z = \sum_{i=1}^{n} c_i x_i^2$

$$\text{s.t.}\begin{cases}\sum_{i=1}^{n} c_i x_i^2 \geqslant b & (a_i > 0)\\ x_i \geqslant 0 & (i = 1,2,\cdots,n)\end{cases}$$

4. 用动态规划的方法求解下列问题.

(1) $\max z = 4x_1 + 9x_2 + 2x_3^2$

$$\text{s.t.}\begin{cases} x_1 + x_2 + x_3 = 10 \\ x_i \geqslant 0 \quad (i = 1,2,\cdots,n) \end{cases}$$

(2) $\min z = 3x_1^3 - 4x_1 + 2x_2^2 - 5x_2 + 2x_3$

$$\text{s.t.}\begin{cases} 2x_1 + 3x_2 + 2x_3 \geqslant 16 \\ x_i \geqslant 0 \quad (i = 1,2,3) \end{cases}$$

(3) $\min z = \sum_{i=1}^{n} x_i^p \quad (p > 1)$

$$\text{s.t.}\begin{cases} \sum_{i=1}^{n} x_i = c \quad (c > 0) \\ x_i \geqslant 0 \quad (i = 1,2,\cdots,n) \end{cases}$$

5. 某科研项目由三个小组用不同方法独立进行研究，它们失败的概率分别为 0.40，0.60 和 0.80. 为了减少三个小组都失败的可能性. 现决定暂派两名高级科学家参加这一科研项目. 把这两人分配到各组后，各小组仍失败的概率如表 8.16 所示，问应如何分派这两名高级科学家以使三个小组都失败的概率最小?

表 8.16 失败概率表

高级科学家人数 \ 小组	1	2	3
0	0.40	0.60	0.80
1	0.20	0.40	0.50
2	0.15	0.20	0.30

6. 某公司拟将 3 千万元资金用于改造扩建所属的三个工厂. 每个工厂的利润增长额与所分配到的投资额有关. 各工厂在获得不同的投资额时所能增加的利润如表 8.17 所示(单位：百万元). 问应如何分配这些资金，使公司总的利润增长额最大?

表 8.17 投资利润表

工厂 \ 投资额	0	10	20	30
1	0	2.5	4	10
2	0	3	5	8.5
3	0	2	6	9

7. 某单位在五年内需使用一台机器，该种机器的年收入、年运行费及每年年初一次性更新重置的费用(单位：万元)随机器的役龄变化如表 8.18 所示. 该单位现有一台役龄为一年的旧机器，试制定最优更新计划，以使五年内的总利润最大(不计五年期末时机器的残值).

表 8.18 机器维修更新表

机龄	0	1	2	3	4	5
年收入	20	19	18	16	14	10
年运行费	4	4	6	6	9	10
更新费	25	27	30	32	35	36

8. 某公司生产一种产品，估计该产品在未来四个月的销售量分别为300，400，350和250件. 生产该产品的固定费用为600元，每件的变动费用为5元，存储费用为每件每月2元. 假定第一个月月初的库存为100件，第四个月月底的存货为50件. 试求该公司在这四个月内的最优生产计划.

9. 求解四个城市旅行推销员问题，其距离矩阵如表8.19所示，当推销员从1城市出发，经过每个城市一次且仅一次，最后回到1城，问按怎样的路线走，使总的行程距离最短？

表8.19　距离矩阵表

距离 i / j	1	2	3	4
1	0	8	5	6
2	6	0	8	5
3	7	9	0	5
4	9	7	8	0

第 9 章　图与网络分析

图论是一门应用广泛且内容丰富的运筹学分支，在实际生活、生产和科学研究中，有许多问题都可以用图论的理论和方法来解决. 1736 年，瑞士科学家欧拉发表了关于图论方面的第一篇科学论文，解决了著名的哥尼斯堡七座桥问题. 德国的哥尼斯堡城有一条普雷格尔河，河中有两个岛屿，河的两岸和岛屿之间有七座桥相互连接，如图 9.1(a)所示. 问题如下：一个人能否走过这七座桥，并且每座桥只能走过一次，最终回到原出发地？

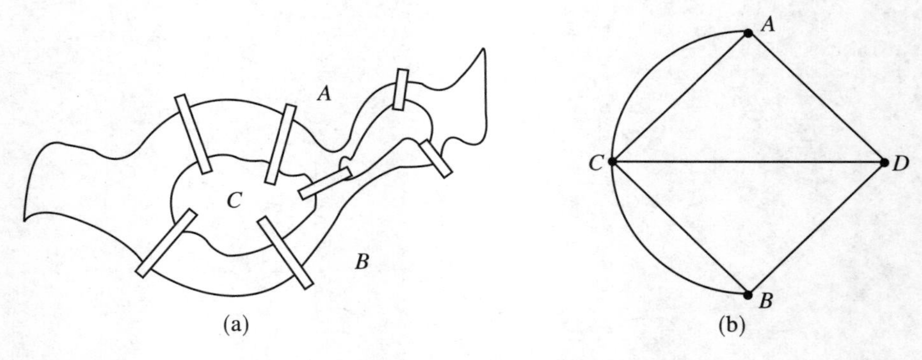

图 9.1　古典图论

欧拉用点代表陆地，用点之间的连线代表桥，将这个问题抽象成如图 9.1(b)所示图形的一笔画问题. 即能否从某一点开始不重复地一笔画出这个图形，最终回到原点. 欧拉在他的论文中证明了这是不可能的，这是古典图论中的一个著名问题.

随着科学技术的发展以及电子计算机的出现和广泛应用，图与网络理论已广泛应用于管理学、系统科学、运筹学和信息论、军事科学、电子计算机等各个领域，并在数学、工程技术及经营管理等各方面受到越来越广泛的重视.

9.1　图的基本概念

在实际生活中，人们为了反映一些事物之间的关系，常常在纸上画出各种各样的示意图:公路或铁路交通图、管网图等.运筹学中研究的图是上述各类图的抽象概括,它表明一些研究对象和这些对象之间的相互关系.为了后面的讨论,首先了解图的一些名词和基本概念.

定义 9.1　设 V 是代表有限个事物所构成的非空点集;E 是 V 中某些无序点对所构成的集合(边集),则称由 V 和 E 所构成的二元组为无向图,记作 $G(V,E)$,简记为 G.

如果记 A 为 V 中某些有序点对构成的集合,A 称为弧集,则称由 V 和 A 所构成的二元组为**有向图**,记作 $D(V,A)$.

在图中,点代表被研究的对象,边(弧)代表对象之间的特定关系.如果这种关系具有对称性,也就是说,如果甲与乙有这种关系,那么同时乙与甲也有这种关系,例如同学关系,朋友关系等,则在图中可以用无向边来表示这种关系;如果这种关系不具有对称性,如单位中的领导与被领导关系,比赛中的胜负关系等,则在图中可以用有向的弧来表示.边(弧)不能离开点而独立存在,每条边(弧)都有两个端点.在画图时,顶点的位置、边(弧)的长短形状都是无关紧要的,只要两个图的顶点及边(弧)是对应相同的,则认为两个图是相同的.

图 9.2 是一无向图,图中的点用 v 表示,边用 e 表示.每条边也可用它所连接的点来表示,一条连接点 v_i,v_j 的边 e 可记为 $e=[v_i,v_j]$.如 $e_1=[v_1,v_1]$,$e_2=[v_1,v_2]$,$e_3=[v_1,v_3]$.若 $e=[v_i,v_j]\in E$,则称 v_i,v_j 为 e 的**端点**,而 e 称为点 v_i 和 v_j 的**关联边**,也称 v_i,v_j 与 e 边相关联.若点 v_i 和 v_j 与同一条边相关联,则称 v_i 和 v_j 为**相邻点**;若两条边 e_i 和 e_j 有同一个端点,则称 e_i 和 e_j **相关联**.

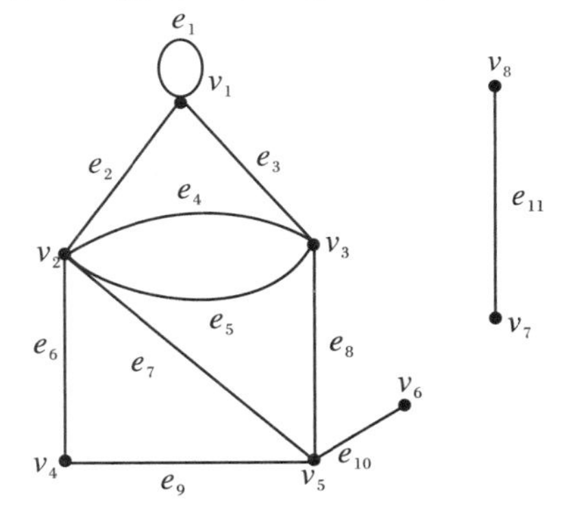

图 9.2　无向图

集合 V 中元素的个数称为图 G 的顶点数,记作 $p(G)$.集合 E 中元素的个数称为图 G 的边数,记作 $q(G)$.

如图 9.2 所示的图 G 中,$p(G)=8$,$q(G)=11$,v_1,v_2 是 e_2 的端点,e_2 是 v_1 和 v_2 的关联边;v_2 和 v_3 为相邻点,v_2 和 v_6 不相邻;e_2 与 e_3 相关联;e_5 和 e_9 不相关联.

定义 9.2　若一条边的两个端点相同,则称该边为**环**,例如在图 9.2 中的 e_1;若两个点之间有多于一条边时,称为**多重边**,例如在图 9.2 中的 e_4 和 e_5.一个无环、无多重边的图称为**简单图**.若 G 上每条边都有一个确定的数(称为边的权)与之对应,则称 G 为**赋权无向图**;若 D 上每条弧都有一个确定的数(称为弧的权)与之对应,则称 D 为**赋权有向图**.

定义 9.3　与顶点 v 关联的边的条数称为点 v 的**度**,记作 $d(v)$.例如在图 9.2 中,$d(v_1)=4$,$d(v_5)=4$,$d(v_6)=1$(环 e_1 在计算 $d(v_1)$ 时算作两次).$d(v)=1$ 的

点 v 称为**悬挂点**,与悬挂点关联的边 e 称为**悬挂边**,$d(v)=0$ 的点 v 称为**孤立点**.度数为奇数(偶数)的点称为**奇点(偶点)**.

定义 9.4 由图 G 中某些点和边所构成的交替序列 $\mu=\{v_{i_1},e_{i_1},v_{i_2},e_{i_2},\cdots,v_{i_{k-1}},e_{i_{k-1}},v_{i_k}\}$,满足 $e_{i_t}=[v_{i_t},v_{i_{t+1}}](t=1,2,\cdots,k-1)$,称为图 G 上连接点 v_{i_1} 和 v_{i_k} 的一条**路**,若 $v_{i_1}=v_{i_k}$,则称为**回路**.若路(回路)中的各边均不相同,则称为**简单路(回路)**.以后说到路(回路)除非特别交代,均指简单路(回路).

若图 G 中,任何两点之间至少有一条路,则称 G 为**连通图**,否则称为**不连通图**.若 G 是不连通图,它的每个连通部分称为 G 的一个连通分图(也称 G 的连通分支).显然,任何图 G 都可分解为若干个连通的分图.

在图 9.2 中,$\mu_1=\{v_1,e_2,v_2,e_4,v_3,e_8,v_5\}$ 是连接点 v_1 和 v_5 的一条简单路;$\mu_2=\{v_1,e_2,v_2,e_7,v_5,e_8,v_3,e_3,v_1\}$ 是一条回路.图 9.2 有两个连通分支.

定理 9.1 任何图 G 中,所有顶点度数的和,等于边数 q 的两倍,即

$$\sum_{v\in V}d(v)=2q \tag{9.1}$$

定理 9.1 是显然的,因为在计算各点的度时,每条边都计算了两次,于是图 G 中全部顶点的度的和就是边数的两倍.

定理 9.2 在任一图中,奇点的个数必为偶数.

证明 设 V_1 和 V_2 分别是图 G 中度数为奇数和偶数的顶点集合.

$$\sum_{v\in V_1}d(v)+\sum_{v\in V_2}d(v)=\sum_{v\in V}d(v)=2q$$

显然,式中 $\sum_{v\in V_2}d(v)$,$\sum_{v\in V}d(v)=2q$ 均为偶数,则 $\sum_{v\in V_1}d(v)$ 也必为偶数,因为只有偶数个奇数的和才为偶数,所以奇点的个数必为偶数.

定义 9.5 设有两个图 $G_1=(V_1,E_1)$ 和 $G_2=(V_2,E_2)$,若 $V_2\subseteq V_1,E_2\subseteq E_1$,则称 G_2 是 G_1 的**子图**;若 $V_2=V_1,E_2\subset E_1$,则称 G_2 是 G_1 的**生成子图**.

如图 9.3 所示中的 G_2 是 G_1 的子图;G_3 是 G_1 的生成子图.

定义 9.6 一个简单图中若任意两顶点之间均有边相连,称这样的图为**完全图**.显然,含 n 个顶点的完全图,共有 C_n^2 条边.如果图的顶点能分成两个互不相交的非空集合 V_1 和 V_2,使在同一集合中的任意两个顶点均不相邻,称这样的图为**偶图**(也称二分图).如果偶图的顶点集合 V_1,V_2 之间的每一对不同顶点都有一条边相连,称这样的图为**完全偶图**.若完全偶图中 V_1 有 m 个顶点,V_2 有 n 个顶点,则其边数共有 $m\times n$ 条.图 9.4 分别画出了完全图 K_5 和完全二分图 $K_{3,4}$.

定义 9.7 设 $V=\{v_1,v_2,\cdots,v_p\}$ 是代表有限个事物所构成的非空点集,$A=\{a_1,a_2,\cdots,a_q\}$ 是 V 中某些有序点对上带箭头连线(称它为弧)的集合,则称由 V 和 A 构成的二元组为有向图,记作 $D=(V,A)$,简记为 D.一条方向从 v_i 指向 v_j 的弧记为 (v_i,v_j).

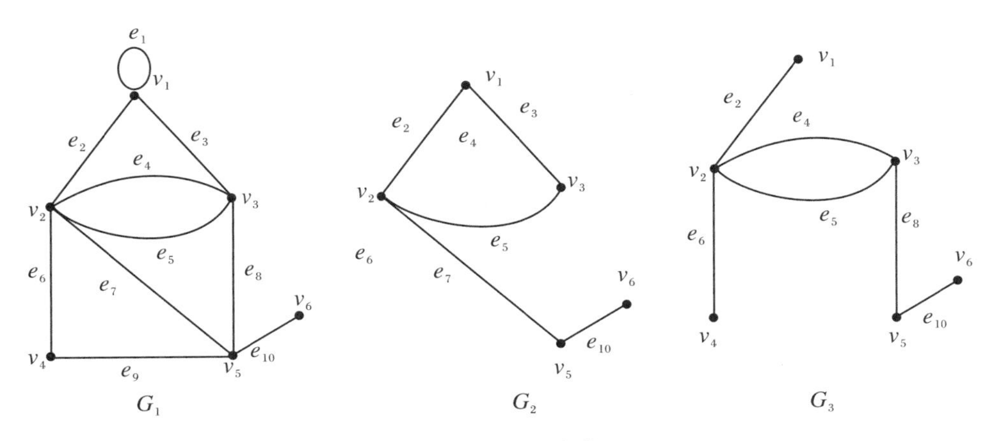

图 9.3　图和子图、生成子图

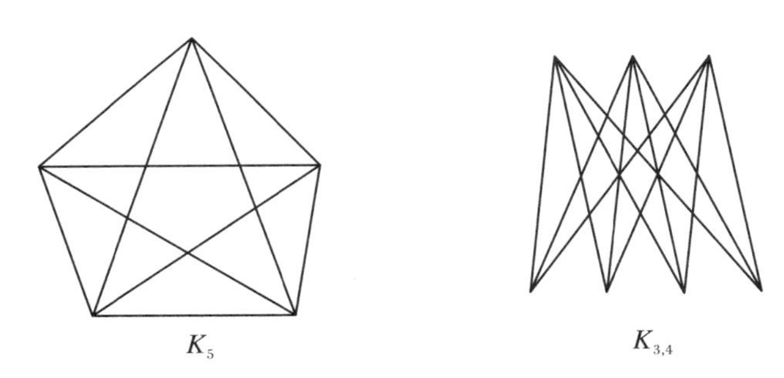

图 9.4　完全图和完全二分图

对要研究的问题确定具体对象及这些对象之间的性质关系，并用图的形式表示出来，这就是对研究的问题建立图的模型.

例 9.1　有甲、乙、丙、丁、戊、己六名运动员参加 A,B,C,D,E,F 六个项目的比赛. 已知他们分别参加的项目为：甲：A,D,F；乙：A,B,D；丙：C,E；丁：A,E；戊：A,B,E；己：C,D,F. 问六个项目的比赛顺序应如何安排，才能做到每名运动员都不连续参加两项比赛？

解　把比赛项目作为研究对象，用点表示. 如果两个项目有同一名运动员参加，在代表这两个项目的点之间连一条线，得到图 9.5. 只要在图中找出一个点序列，使得依次排列的两个点不相邻即可. 由图易知，A,C,B,F,E,D 就可满足要求.

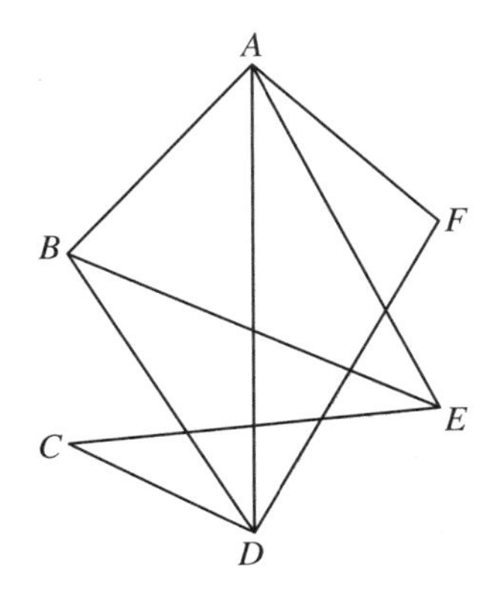

图 9.5　运动员和比赛项目图系

9.2 最小生成树

树是图论中一类简单而又十分有用的图,它是基尔霍夫在解决电路理论中求解联立方程组问题时首先提出的.现在树的概念已经被广泛地应用到各个科学领域,如铁路专用线、学科分类和一些决策过程都可以用树的形式来表示.

9.2.1 树的定义和性质

定义 9.8 无回路的连通图称为**树**,记作 $T(V,E)$.

根据树的定义,可得关于树的以下主要性质.

定理 9.3 设 $G=(V,E)$是一个树,$p(G)\geqslant 2$,则 G 中至少有两个悬挂点.

证明 令 $P=(v_1,v_2,\cdots,v_k)$是 G 中含边数最多的一条简单路,因 $p(G)\geqslant 2$,并且 G 是连通的,故 P 中至少有一条边,从而 v_1,v_k是不同的.先证明 v_1是悬挂点.用反证法,如果 $d(v_1)\geqslant 2$,则存在边$[v_1,v_m]$,使 $m\neq 2$.若点 v_m 不在 P 上,那么$(v_m,v_1,v_2,\cdots,v_k)$是 G 中的一条简单路,它含的边数比 P 多一条,这与假设矛盾.若点 v_m在P 上,则$(v_1,v_2,\cdots,v_m,v_1)$是 G 中的一个回路,与树的定义矛盾,所以 v_1必是悬挂点.同理可证,v_k也是悬挂点,因而 G 至少有两个悬挂点.

定理 9.4 设 $G=(V,E)$,$V=\{v_1,v_2,\cdots,v_p\}$,$E=\{e_1,e_2,\cdots,e_q\}$,则下述六种不同描述是等价的:

(1) G 是无回路的连通图.

(2) G 无回路,且 $q=p-1$.

(3) G 是连通图,且 $q=p-1$.

(4) G 无回路,但增加一条边后必有回路.

(5) G 是连通图,但若删去一条边,G 便不连通.

(6) 每一对顶点之间有一条且仅有一条路.

9.2.2 最小树问题

定义 9.9 若 T 是图 $G=(V,E)$的生成子图,且 T 是树,则称 T 为 G 的**生成树**.

若 T 是G 的一个生成树,则 T 中边的个数为$p(G)-1$,G 中不属于树T 的边数是 $q(G)-p(G)+1$.

已知赋权连通图 $G(V,E)$,权集为 W.设 T 是 G 的一棵生成树,它的权定义为

$$\omega(T)=\sum_{(v_i,v_j)\in T}\omega(v_i,v_j)$$

G 上权最小的一棵生成树 T^* 称为**最小生成树**,即

$$\omega(T^*) = \min \omega(T)$$

最小树问题即为求赋权图的最小生成树.

最小生成树问题有很强的应用背景.例如在某一个国家或地区,需要营造一铁路网把一些城市连接起来,要求总长度最短或造价最低,这个问题就是赋权图上的最小树问题.

下面介绍最小生成树的两个算法.

1. *Kruskal 算法*

将赋权图 G 的边按权从小到大依次排序,从权最小的边开始挑选,每步从未选的边中选出一条权最小的边,使之与已选定的边不构成回路,直到选用的边数等于顶点数减 1,即得最小生成树.简而言之,在不构成回路的情况下"择优录取"权小的边.

2. *管梅谷算法*

在赋权图 G 中任取一个回路,删去其中一条权最大的边.在余下的图中重复上述做法,直到无回路为止,便可得到最小生成树.

需要指出的是,一般情况下,图的最小生成树不一定唯一,但最小生成树的权肯定是唯一的.

例 9.2　如图 9.6(a)所示,S,A,B,C,D,E,T 代表村镇,村镇之间的连线上赋予了权值(可代表距离、费用、流量等),现沿图中连线架设电线,使各村镇全部通电,问如何架设使电线总长最短?

解　要使上述村镇全部通电,各点之间必须连通.要使架设的电线总长度最短,即求图 9.6(a)的一个最小生成树.

用 Kruskal 算法求解如下:

(1) 把图 9.6(a)中的边按权从小到大的顺序排列:

$$\omega_{BC} = \omega_{DE} = 1,\quad \omega_{SA} = \omega_{AB} = 2, \omega_{BE} = 3$$
$$\omega_{SC} = \omega_{CE} = 4,\quad \omega_{SB} = \omega_{BD} = \omega_{DT} = 5$$
$$\omega_{AD} = \omega_{ET} = 7$$

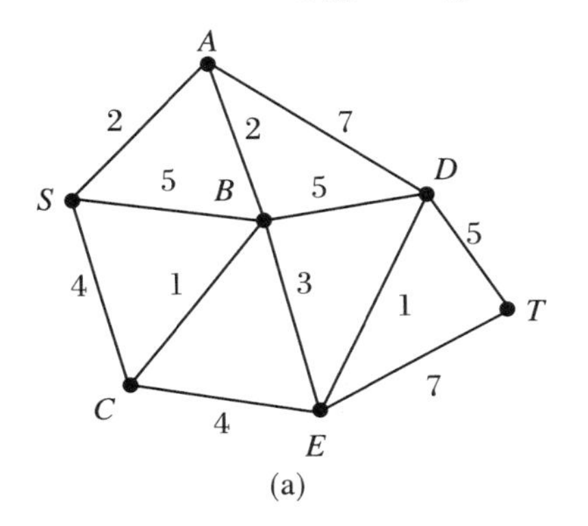

(a)

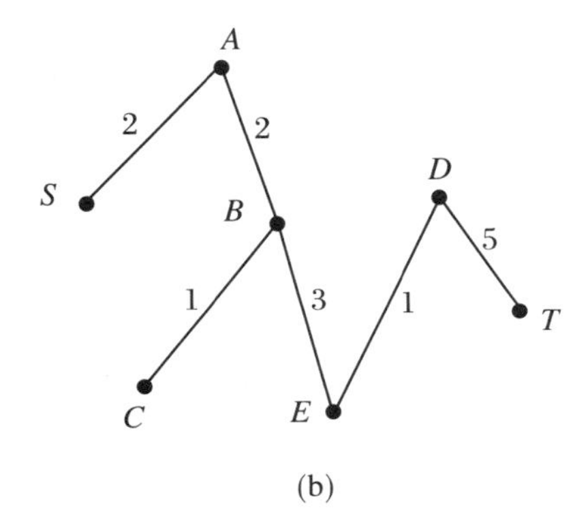

(b)

图 9.6　村镇铺设电线最小生成树

(2) 把上面各边按顺序逐个加上去,若出现回路则排除该边.得出其最小生成树如图 9.6(b)所示,最小生成树总长 = 2 + 2 + 1 + 3 + 1 + 5 = 14.

9.3 最短路问题

在一个赋权图中,一条路的权就是这条路上所有边(弧)的权的总和.所谓**最短路问题**是指在已知赋权有向(或无向)图中,求从始点 v_s 到终点 v_t 的所有路中权最小的一条路(即 v_s 到 v_t 的最短路)的问题.

最短路问题是重要的优化问题之一,它广泛应用于解决生产实际中的许多问题,如管道铺设、线路安排、厂区布局、设备更新等.在实际网络中,权数可以是路径的长度,也可以是时间、费用等.

本节主要介绍求从某一点到其他各点之间的最短距离的 Dijkstra 算法.

9.3.1 最短路问题的双标号法——Dijkstra 算法

该算法是由 Dijkstra 于 1959 年首次提出的,适用于所有边(弧)的权非负的情况,算法能求出始点到其他所有点的最短路和最短距离,其基本思想是:若 $v_1 v_2 \cdots v_{n-1} v_n$ 是 v_1 到 v_n 的最短路径,则 $v_1 v_2 \cdots v_{n-1}$ 也必然是 v_1 到 v_{n-1} 的最短路径.

用 d_{ij} 表示两相邻顶点 v_i 到 v_j 的直接距离(两点之间有边);若两点之间没有边,则令 $d_{ij} = \infty$;若两点间是有向边,则 $d_{ji} = \infty$;令 $d_{ii} = 0$,现要求从始点 v_s 到终点 v_t 的最短路.

用 Dijkstra 算法时,每个点有两种标号:T 标号和 P 标号,表示从始点 v_s 到该顶点的距离.其中 P 标号为永久标号,表示始点到该点的最短距离(权);T 标号是临时标号,表示始点在目前路径中到该点的距离.通过不断改进 T 标号,当其最小时,将其改为 P 标号,从而求得从始点到各顶点的最短距离.

具体过程如下:开始时,令始点 v_s 有 $P = 0$ 的 P 标号,其他节点为 $T = +\infty$.标号过程分为两步:

(1) 修改 T 标号.假定 v_i 是新产生的 P 标号点,考察以 v_i 为始点的所有边(弧)$v_i v_j$,如果 v_j 是 P 标号点,则对该点不再进行标号;如果 v_j 是 T 标号点,则进行如下修改:

$$T(v_j) = \min\{T(v_j), P(v_i) + d_{ij}\}$$

(2) 产生新的 P 标号点,原则是:在所有具有 T 标号的顶点中将值最小者改为 P 标号.

重复上述过程,一直到终点 v_t 得到 P 标号为止.

例 9.3 设有一批货物要从 v_1 运到 v_7,如图 9.7 所示,求最短运输路线.

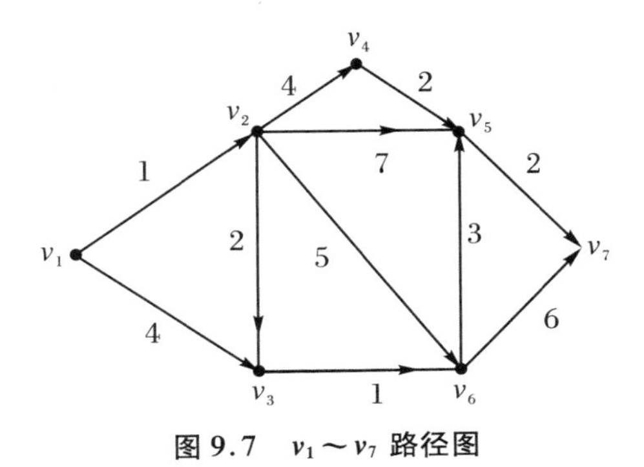

图 9.7　$v_1 \sim v_7$ 路径图

解　用 Dijkstra 算法求解如下，其中 S 表示永久标号的顶点集合，$\bar{S}$ 表示临时标号的顶点集合.

开始时 $S=\{v_1\}, P(v_1)=0, T(v_j)=\infty, v_j \in \bar{S}=\{v_2, v_3, v_4, v_5, v_6, v_7\}$.

第一次迭代

计算 $T(v_j), j=2,3,4,5,6,7$ 如下：

$$T(v_2)=\min\{T(v_2), P(v_1)+d_{12}\}=\min\{\infty, 0+1\}=1$$
$$T(v_3)=\min\{T(v_3), P(v_1)+d_{13}\}=\min\{\infty, 0+4\}=4$$
$$T(v_4)=T(v_5)=T(v_6)=T(v_7)=\infty$$

取

$$\min_{v_j \in \bar{S}}\{T(v_j)\}=1=T(v_2)$$

令

$$P(v_2)=1$$

此时 $S=\{v_1, v_2\}, \bar{S}=\{v_3, v_4, v_5, v_6, v_7\}$.

第二次迭代

计算 $T(v_j), j=3,4,5,6,7$ 如下：

$$T(v_3)=\min\{T(v_3), P(v_2)+d_{23}\}=\min\{4, 1+2\}=3$$
$$T(v_4)=\min\{T(v_4), P(v_2)+d_{24}\}=\min\{\infty, 1+4\}=5$$
$$T(v_5)=\min\{T(v_5), P(v_2)+d_{25}\}=\min\{\infty, 1+7\}=8$$
$$T(v_6)=\min\{T(v_6), P(v_2)+d_{26}\}=\min\{\infty, 1+5\}=6$$
$$T(v_7)=\infty$$

取

$$\min_{v_j \in \bar{S}}\{T(v_j)\}=T(v_3)=3$$

令

$$P(v_3)=3$$

此时 $S=\{v_1, v_2, v_3\}, \bar{S}=\{v_4, v_5, v_6, v_7\}$.

第三次迭代

计算 $T(v_j), j=4,5,6,7$ 如下：

$$T(v_4)=5, T(v_5)=8$$

$$T(v_6)=\min\{T(v_6), P(v_3)+d_{36}\}=\min\{6,3+1\}=4, T(v_7)=\infty$$

取

$$\min_{v_j \in \bar{S}}\{T(v_j)\}=T(v_6)=4$$

令

$$P(v_6)=4$$

此时 $S=\{v_1, v_2, v_3, v_6\}, \bar{S}=\{v_4, v_5, v_7\}$.

第四次迭代

计算 $T(v_j), j=4,5,7$ 如下：

$$T(v_4)=5, T(v_5)=\min\{T(v_5), P(v_6)+d_{65}\}=\min\{8,4+3\}=7$$

$$T(v_7)=\min\{T(v_7), P(v_6)+d_{67}\}=\min\{\infty,4+6\}=10$$

取

$$\min_{v_j \in \bar{S}}\{T(v_j)\}=T(v_4)=5$$

令

$$P(v_4)=5$$

此时 $S=\{v_1, v_2, v_3, v_4, v_6\}, \bar{S}=\{v_5, v_7\}$.

第五次迭代

计算 $T(v_j), j=5,7$ 如下：

$$T(v_5)=\min\{T(v_5), P(v_4)+d_{45}\}=\min\{7,5+2\}=7, T(v_7)=10$$

取

$$\min_{v_j \in \bar{S}}\{T(v_j)\}=T(v_{54})=7$$

令

$$P(v_5)=7$$

此时 $S=\{v_1, v_2, v_3, v_4, v_5, v_6\}, \bar{S}=\{v_7\}$.

第六次迭代

计算 $T(v_j), j=7$ 如下：

$$t(v_7)=\min\{T(v_7), P(v_5)+d_{57}\}=\min\{10,7+2\}=9$$

此时令 $P(v_7)=9$,因此已找 v_1 到 v_7 的最短距离为 9,同时也求出了的 v_1 到 v_2, v_3, v_4, v_5, v_6 的最短距离分别为 1,3,5,7 和 4.

为了寻找 v_1 到 v_7 的最短路径,可从 v_7 开始,根据永久性标号数值回溯得到.由最后一次迭代中计算 $T(v_7)$ 的过程很容易查出,v_1 到 v_7 的最优路线是先由 v_1 到 v_5 走最短路线,然后由 v_5 直接到达 v_7.从第五次迭代中计算 $T(v_5)$ 的过程可以看出，从 v_1 到 v_5 的最短路线，是先由 v_1 到 v_4 走最短路线，然后由 v_4 直接到达 v_5，或由 v_1 到 v_6 走最短路线，然后由 v_6 直接到达 v_5. 依此类推，可得从 v_1 到 v_7 的最短路线是：

$$v_1 v_2 v_4 v_5 v_7 \quad 或 \quad v_1 v_2 v_3 v_6 v_5 v_7$$

同理，v_1 到其他各点的最短路线分别是：$v_1 \to v_2$；$v_1 \to v_2 \to v_3$；$v_1 \to v_2 \to v_4$；$v_1 \to v_2 \to v_3 \to v_6$；$v_1 \to v_2 \to v_4 \to v_5$；$v_1 \to v_2 \to v_3 \to v_5$；$v_1 \to v_2 \to v_3 \to v_5 \to v_6$.

9.3.2　应用举例

例 9.4（设备更新问题）　某公司每年年初都要决定是否更换某件设备. 购置新设备要支付一定的购置费用；继续使用旧设备，需支付一定的维修费用. 两类费用随年份变化情况见表 9.1（单位：万元人民币）. 如何计划一个五年内的设备更新方案，使总费用最小？

表 9.1　设备维修更新费用表

年份	一	二	三	四	五
年初购置费	11	11	12	12	13
使用年数	0～1	1～2	2～3	3～4	4～5
维修费	5	6	8	11	18

解　用点 v_i 代表"第 i 年年初购进一台新设备"（v_6 代表第五年年底）. 用弧 (v_i, v_j) 表示在"第 i 年年初购进新设备一直用到第 j 年年初"，取弧上的权 w_{ij} 等于第 i 年年初购进新设备一直用到第 j 年年初的总费用，得赋权有向图 D（图 9.8）. 这样 D 上从 v_1 到 v_6 的最短路，就是设备最优更新方案.

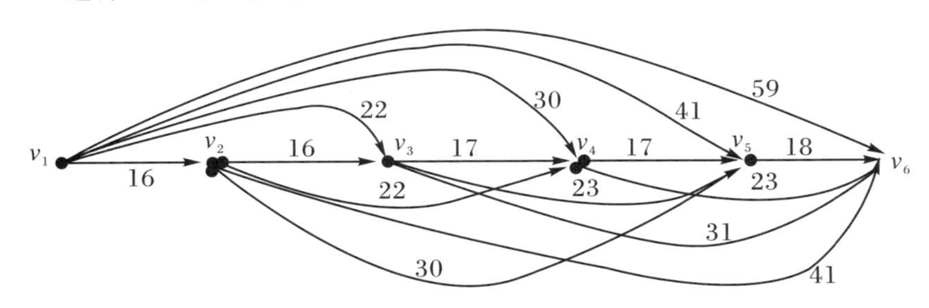

图 9.8　设备更新赋权有向图

由最短路算法，可找到 D 上从 v_1 到 v_6 的两条最短路：

$$v_1 \to v_3 \to v_6 \quad 或 \quad v_1 \to v_4 \to v_6$$

故设备最优更新方案为：第一年购进一台新设备连续用两年或三年后换购一台新设备，此时费用最少，为 53 万元.

9.4　网络最大流问题

9.4.1　基本概念与基本定理

1. 网络与流

定义 9.10　给定一个有向图 $D=(V,A)$，在 V 中指定一点称为发点，记为 v_s，另一点称为收点，记为 v_t，其余的点叫中间点. 对于 A 中的每条弧 (v_i,v_j)，都对应有一个 $c_{ij}\geqslant 0$，称为该弧的容量. 这样的有向图 D，称为**网络**，记作 $D=(V,A,C)$.

网络 D 上的一个**流**，是指定义在弧集 A 上的一个函数 $f=\{f_{ij}\mid f_{ij}=f(v_i,v_j)\}$，$f_{ij}$ 称为弧 (v_i,v_j) 上的**流量**.

图 9.9(a)就是一个网络，其中 v_1 是发点，v_7 是收点，其他点是中间点. 弧旁的数字为容量 c_{ij}. 而图 9.9(b)是这个网络上的一个流，每个弧上的数字代表该弧上的流量，如 $f_{12}=3,f_{23}=3,f_{56}=5,f_{45}=f_{46}=0$ 等.

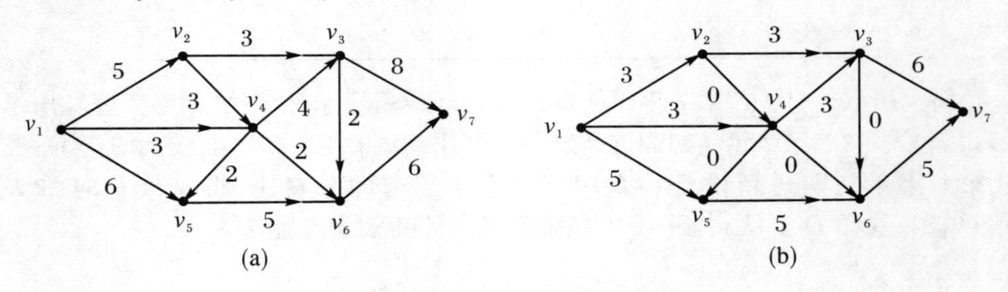

图 9.9　网络有向图

2. 可行流与最大流

定义 9.11　若网络 D 上的一个流 $f=\{f_{ij}\}$ 满足约束条件：

(1) 容量限制条件：

$$0\leqslant f_{ij}\leqslant c_{ij}$$

(2) 平衡条件：

$$\sum_j f_{ij}-\sum_j f_{ji}=\begin{cases}v & (i=s)\\0 & (i\neq s,t)\\-v & (i=t)\end{cases}$$

则称 $f=\{f_{ij}\}$ 是网络 D 上的一个**可行流**，v 称为 f 的**流量**，记为 $v(f)$.

可行流总是存在的，如果让所有弧上的流量 $f_{ij}=0$，则得到一个流量为 $v(f)=0$ 的可行流，称为**零流**.

若可行流 f^* 满足 $v(f^*)=\max\limits_f v(f)$，则称 f^* 为网络 D 上的**最大流**.

很显然，求网络的最大流问题是一个线性规划问题，而利用图的特点，可以找到解决该问题的更有效的方法.

3. 增广路

给定一个可行流 $f=\{f_{ij}\}$，称网络中使 $f_{ij}=c_{ij}$ 的弧为**饱和弧**. 使 $f_{ij}<c_{ij}$ 的弧为**非饱和弧**，使 $f_{ij}=0$ 的弧为**零流弧**，使 $f_{ij}>0$ 的弧为**非零流弧**.

若 u 是网络中联结发点 v_s 和收点 v_t 的一条简单路，定义路的方向从 v_s 到 v_t，则路上的弧被分为两类：一类是弧的方向与路的方向一致，叫作**前向弧**，前向弧的全体记为 u^+；另一类弧与路的方向相反，称为**后向弧**，后向弧的全体记为 u^-.

定义 9.12　设 f 是一个可行流，u 是从从 v_s 到 v_t 的一条路，若 u 中的弧满足所有的前向弧都是非饱和弧，而所有的后向弧都是非零流弧，则称 u 为关于 f 的一条**增广路**.

图 9.9(b)中，易验证路 $u=(v_1,v_2,v_4,v_6,v_7)$ 是一条增广路.

4. 割集

定义 9.13　在容量网络 $D=(V,A,C)$ 中，若

$$S\cup\bar{S}=V,S\cap\bar{S}=\varnothing,\quad v_s\in S,v_t\in\bar{S}$$

$$(S,\bar{S})=\{(u,v)\mid u\in S,v\in\bar{S}\},\quad c(S,\bar{S})=\sum_{a\in B}c(a)$$

则 $(S,\bar{S})$ 称为 D 的一个**割集**，简称**割**，称 $c(S,\bar{S})$ 为 B 的容量，具有最小容量的割集称为 D 的**最小割**.

定理 9.5(最大流最小割定理)　在任何容量网络 D 中，最大流量等于最小割的容量.

定理 9.6　可行流 f^* 为网络 D 上的最大流，当且仅当不存在关于 f^* 的增广路.

证明　若 f^* 为网络 D 上的最大流，设 D 中存在关于 f^* 的增广路 u，令

$$\theta=\min\{\min_{u^+}(c_{ij}-f_{ij}^*),\min_{u^-}f_{ij}^*\}$$

由增广路的定义可知 $\theta>0$，令

$$f_{ij}^{**}=\begin{cases}f_{ij}^*+\theta & ((v_i,v_j)\in u^+)\\ f_{ij}^*-\theta & ((v_i,v_j)\in u^-)\\ f_{ij}^* & ((v_i,v_j)\notin u)\end{cases}$$

不难验证 $\{f_{ij}^{**}\}$ 是一个可行流，且 $v(f^{**})=v(f^*)+\theta>v(f^*)$. 与 f^* 是最大流的假设矛盾.

现假设 D 中不存在关于 f^* 的增广路，证明 f^* 是最大流. 定义 V_1^* 如下：

令 $v_s\in V_1^*$.

若 $v_i\in V_1^*$，且 $f_{ij}^*<c_{ij}$，则令 $v_j\in V_1^*$；

若 $v_i\in V_1^*$，且 $f_{ji}^*>0$，则令 $v_j\in V_1^*$.

因为不存在关于 f^* 的增广路，故 $v_t\notin V_1^*$.

记$\overline{V}_1^* = V \backslash V_1^*$，于是得到一个割集$(V_1^*, \overline{V}_1^*)$．显然有

$$f_{ij}^* = \begin{cases} c_{ij} & ((v_i, v_j) \in (V_1^*, \overline{V}_1^*)) \\ 0 & ((v_i, v_j) \in (\overline{V}_1^*, V_1^*)) \end{cases}$$

所以 $v(f^*) = c(V_1^*, \overline{V}_1^*)$．于是 f^* 是最大流．定理得证．

定理9.6实际上提供了一个寻求网络最大流的方法．若给了一个可行流 f，只要判断 D 中有无关于 f 的增广路．如果有增广路，则按定理9.6的前半部分证明的方法，改进 f，即得到一个流量增大的可行流．如果没有增广路，则得最大流．

而利用定理9.6后半部分的证明中定义 V_1^* 的办法，根据 v_t 是否属于 V_1^* 来判断 D 中有无关于 f 的增广路．

9.4.2 Ford-Fulkerson 标号法

利用最大流-最小割定理，Ford 和 Fulkerson 于1956年提出了求解最大流的一个有效方法，即 Ford-Fulkerson 标号法．其实质是判断是否有增广路，并设法把增广路找出来．算法步骤如下：

1. 标号过程

(1) 给发点 v_s 标号$(0, \infty)$，这时 v_s 是已标号而未检查的点，其余顶点都是未标号点．

(2) 找出与已标号节点 v_i 相邻的所有未标号节点 v_j．

若(v_i, v_j)是前向弧且饱和，则节点 v_j 不标号；

若(v_i, v_j)是前向弧且未饱和，则节点 v_j 标号为$[v_i+, \theta(j)]$，其中 $\theta(j) = \min[\theta(i), c_{ij} - f_{ij}]$．这时点 v_j 成为标号而未检查的点；

若(v_j, v_i)是后向弧，$f_{ji} = 0$，则节点 v_j 不标号；

若(v_j, v_i)是后向弧，$f_{ji} > 0$，则节点 v_j 标号为$[v_i-, \theta(j)]$，其中 $\theta(j) = \min[\theta(i), f_{ji}]$．这时点 v_j 成为标号而未检查的点，v_i 成为标号且已检查过的点．

(3) 重复步骤(2)，可能出现两种情况：① 收点 v_t 尚未标号，但无法继续标记，说明网路中已不存在增广路，当前流 $v(f)$ 就是最大流，算法结束；② 节点 v_t 获得标号，表明找到一条增广路，转入增广过程．

2. 增广过程

首先按收点 v_t 及其他点的第一个标号，利用"反向追踪"的办法，找出增广路．令调整量 θ 为$\theta(v_t)$，即收点 v_t 的第二个标号值．

(1) 对增广路中的前向弧，令 $f' = f + \theta$．

(2) 对增广路中的后向弧，令 $f' = f - \theta$．

(3) 非增广路上的所有弧的流量保持不变．

去掉图上的所有标号，对新的可行流重新进入标号过程．

例 9.5　用标号法求图 9.10 中 v_1 到 v_7 的最大流量，并找出该网络的最小割，弧上的数字为(容量，流量).

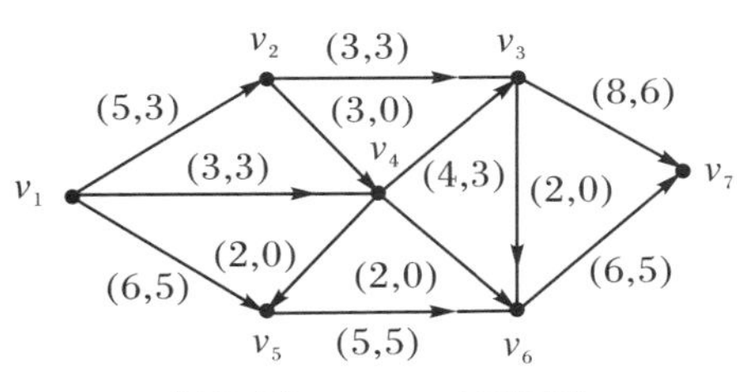

图 9.10　$v_1 \sim v_7$ 有向图

第一次迭代

解　(1) 标号过程.

ⓐ 首先给起点 v_1 标号$(0, \infty)$，其余顶点都未标号.

ⓑ 检查 v_1，在弧(v_1, v_2)上 $f_{12}=3<c_{12}=5$，则给 v_2 标号(v_1+, θ_2)，$\theta_2=\min\{\theta_1, c_{12}-f_{12}\}=\min\{\infty, 2\}=2$；在弧$(v_1, v_4)$上 $f_{14}=c_{14}=3$，则 v_4 不标号；在弧(v_1, v_5)上 $f_{15}=5<c_{15}=6$，则给 v_5 标号(v_1+, θ_5)，取 $\theta_5=\min\{\theta_1, c_{15}-f_{15}\}=\min\{\infty, 1\}=1$.

ⓒ 检查 v_2，在弧(v_2, v_3)上 $f_{23}=c_{23}=3$，则 v_3 不标号；在弧(v_2, v_4)上 $f_{24}=0<c_{24}=3$，则给 v_4 标号(v_2+, θ_4)，$\theta_4=\min\{\theta_2, c_{24}-f_{24}\}=\min\{2, 3\}=2$.

ⓓ 检查 v_4，在弧(v_4, v_3)上，$f_{43}=3<c_{43}=4$，则给 v_3 标号(v_4+, θ_3)，取 $\theta_3=\min\{\theta_4, c_{43}-f_{43}\}=\min\{2, 1\}=1$.

ⓔ 检查 v_3，在弧(v_3, v_7)上，$f_{37}=6<c_{37}=8$，则给 v_7 标号(v_3+, θ_7)，取 $\theta_7=\min\{\theta_3, c_{37}-f_{37}\}=\min\{1, 2\}=1$.

由于 v_7 获得标号，故已找到一条增广路，沿标号逆向可查出此增广路为 $v_1 \to v_2 \to v_4 \to v_3 \to v_7$.

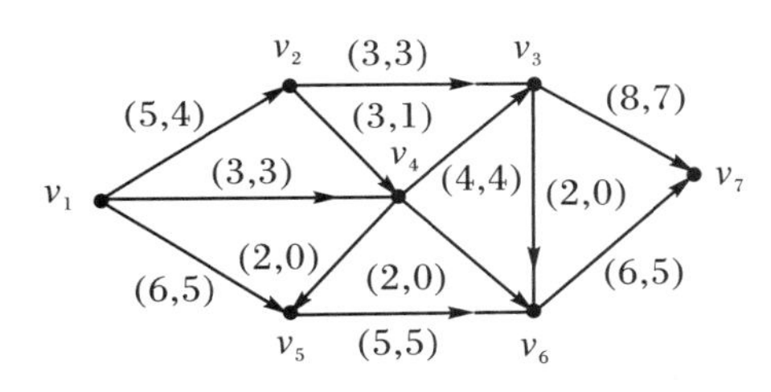

图 9.11　调整流量

(2) 在增广路上调整流量.

由于 v_7 获得标号为$(v_3+, 1)$，所以在增广路 $v_1 \to v_2 \to v_4 \to v_3 \to v_7$ 上可增加流量 1，调整流量如图 9.11 所示.

第二次迭代

(1) 标号过程.

ⓐ 首先给起点 v_1 标号$(0, \infty)$，其余顶点都未标号.

ⓑ 检查 v_1，在弧(v_1, v_2)上的流量 $f_{12}=4<c_{12}=5$，则给 v_2 标号(v_1+, θ_2)，$\theta_2=\min\{\theta_1, c_{12}-f_{12}\}=\min\{\infty, 1\}=1$；在弧$(v_1, v_5)$上 $f_{15}=5<c_{15}=6$，则给 v_5 标号(v_1+, θ_5)，取 $\theta_5=\min\{\theta_1, c_{15}-f_{15}\}=\min\{\infty, 1\}=1$.

ⓒ 检查 v_2，在弧(v_2, v_3)上 $f_{23}=c_{23}=3$，v_2 不用标号；在弧(v_2, v_4)上 $f_{24}=1<c_{24}=3$，则给 v_4 标号(v_2+, θ_4)，$\theta_4=\min\{\theta_2, c_{24}-f_{24}\}=\min\{1, 2\}=1$.

ⓓ 检查 v_4，在弧(v_4, v_6)上，$f_{46}=0<c_{46}=2$，则给 v_6 标号(v_4+, θ_6)，取 $\theta_6=\min\{\theta_4, c_{46}-f_{46}\}=\min\{1, 2\}=1$.

ⓔ 检查 v_6，在弧(v_6, v_7)上，$f_{67}=5<c_{67}=6$，则给 v_7 标号(v_6+, θ_7)，取 $\theta_7=\min\{\theta_6, c_{67}-f_{67}\}=\min\{1, 1\}=1$.

由于 v_t 获得标号，故已找到一条增广路，沿标号逆向可查出此增广链为 $v_1 \to v_2 \to v_4 \to v_6 \to v_7$.

(2) 在增广链上调整流量.

由于 v_7 获得标号为$(v_6+,1)$，所以在增广路 $v_1 \to v_2 \to v_4 \to v_6 \to v_7$ 上可增加流量 1，调整流量如图 9.12 所示.

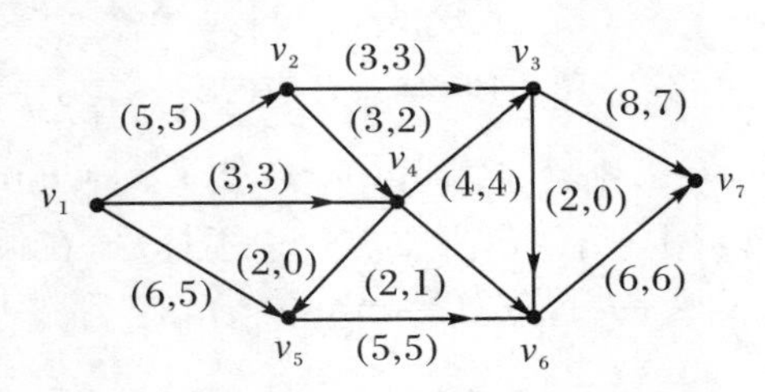

图 9.12　增广链上调整流量

在图 9.12 中重复上述标号过程，对点 v_1，v_5 标号后，标号中断，故图中给出的可行流即为该网络的最大流，最大流量为 $v(f) = f_{12} + f_{14} + f_{15} = 13$.

此时，记已标号的点 v_1，v_5 对应的集合记为 V，其余未标号的点对应的集合记为 $\bar{V}$，则可得最小割集为$\{(v_1,v_2), c(v_1,v_4), (v_5,v_6)\}$，可以验证该割集的容量等于最大流，即 $c(v_1,v_2) + c(v_1,v_4) + c(v_5,v_6) = 5+3+5 = 13$.

9.4.3　最大流问题的推广

前面的最大流问题是在只有一个发点和一个收点的网络上讨论的，在实际问题中往往存在多发点多收点的情况，对于这类问题，我们可以通过增加一个虚拟总发点和一个虚拟总收点将其转化为单发点单收点的问题.

某种物资有 l 个发点 $x_1, x_2, \cdots, x_l$，m 个收点 $y_1, y_2, \cdots, y_m$. 如图 9.13 所示，对于这种网络增加一个虚拟总发点 v_s 和一个虚拟总收点 v_t，而且认为弧(v_s, x_i)和(y_j, v_t)的容量均为 $+\infty$，即可将其转化为单发点单收点的问题. 在求得最大流后，通过 x_i 的物资均看作是由 x_i 发出，经由 y_i 的物资均由 y_i 收留.

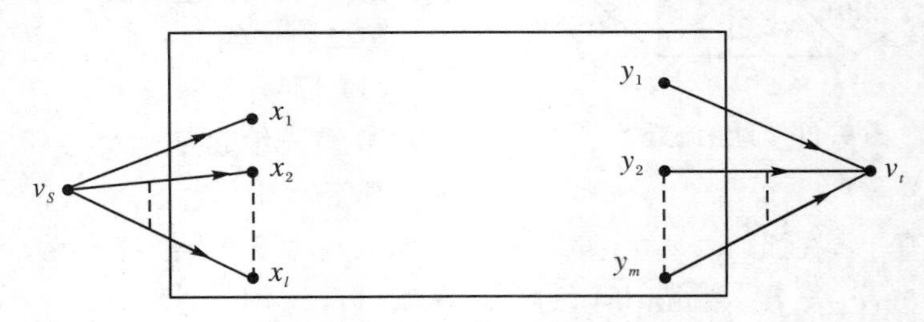

图 9.13　物资发点、收点图

9.5　最小费用最大流问题

在实际的网络系统中，当涉及有关流的问题的时候，往往不仅仅考虑的是流量,还经常要考虑费用的问题.比如一个铁路系统的运输网络流,既要考虑网络流的货运量最大,又要考虑总费用最小.最小费用最大流问题就是要解决这一类问题.

若在容量网络 $D=(V,A,C)$ 中,在弧 (v_i,v_j) 上除了给出容量 c_{ij} 外,还给出了单位流量的费用 $b(v_i,v_j)\geqslant 0$(简记为 b_{ij}).所谓最小费用最大流问题就是要求一个最大流 f,使流的总费用

$$b(f)=\sum_{(v_i,v_j)\in A} b_{ij}f_{ij}$$

取极小值.

下面介绍求解最小费用最大流问题的一种算法.

定义 9.14　若网络 $D=(V,A,C)$ 有可行流 f,构造赋权有向图 $W(f)$ 如下:它的顶点是原网络 D 的各顶点,而把 D 中每条弧 (v_i,v_j) 用两条方向相反的弧 (v_i,v_j) 和 (v_j,v_i) 代替,定义各弧的权 w_{ij} 如下:

(1) 当边 $(v_i,v_j)\in E$,令

$$w_{ij}=\begin{cases} b_{ij} & (f_{ij}<c_{ij}) \\ +\infty & (f_{ij}=c_{ij}) \end{cases}$$

(2) 当边 (v_j,v_i) 为 (v_i,v_j) 反向边,令

$$w_{ji}=\begin{cases} -b_{ij} & (f_{ij}>0) \\ +\infty & (f_{ij}=0) \end{cases}$$

权为 $+\infty$ 的弧可以从 $W(f)$ 中略去.

最小费用最大流算法的步骤如下:

开始取 $f^{(0)}=0$,一般情况下若在第 $k-1$ 步得到最小费用流 $f^{(k-1)}$,则构造赋权有向图 $W(f^{(k-1)})$,在 $W(f^{(k-1)})$ 中,寻求从 v_s 到 v_t 的最短路.若不存在最短路,则 $f^{(k-1)}$ 就是最小费用最大流;若存在最短路,则在网络 D 中得到相应的增广路 u,在增广路上对 $f^{(k-1)}$ 进行调整.调整量为

$$\theta=\min\left[\min_{u^+}(c_{ij}-f_{ij}^{(k-1)}),\min_{u^-}(f_{ij}^{(k-1)})\right]$$

令

$$f_{ij}^{(k)}=\begin{cases} f_{ij}^{(k-1)}+\theta & ((v_i,v_j)\in u^+) \\ f_{ij}^{(k-1)}-\theta & ((v_i,v_j)\in u^-) \\ f_{ij}^{(k-1)} & ((v_i,v_j)\notin u) \end{cases}$$

得到新的可行流 $f^{(k)}$,再对 $f^{(k)}$ 重复上述步骤.

例 9.6　求图 9.14 的最小费用最大流(弧 (v_i,v_j) 上的数字表示 (f_{ij},c_{ij})).

解　取 $f^{(0)}=\{0\}$ 为初始可行流.

第一次迭代

构造赋权有向图 $W(f^{(0)})$,并求出从 v_s 到 v_t 的最短路 (v_s,v_2,v_1,v_t),如图 9.15(a)所示(粗线为最短路).

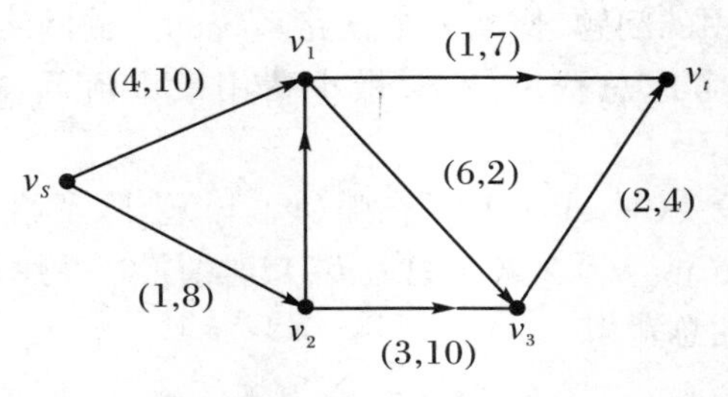

图 9.14 有向图

在原网络 D 中，与这条最短路相应的增广路为 $u=(v_s,v_2,v_1,v_t)$. 在 u 上进行调整，$\theta=5$，得 $f^{(1)}$（图 9.15(b)）. 按照上述算法依次得 $f^{(1)},f^{(2)},f^{(3)},f^{(4)}$，流量依次为 5，7，10，11；构造相应的赋权有向图为 $W(f^{(1)})$，$W(f^{(2)})$，$W(f^{(3)})$，$W(f^{(4)})$，如图 9.15 所示.

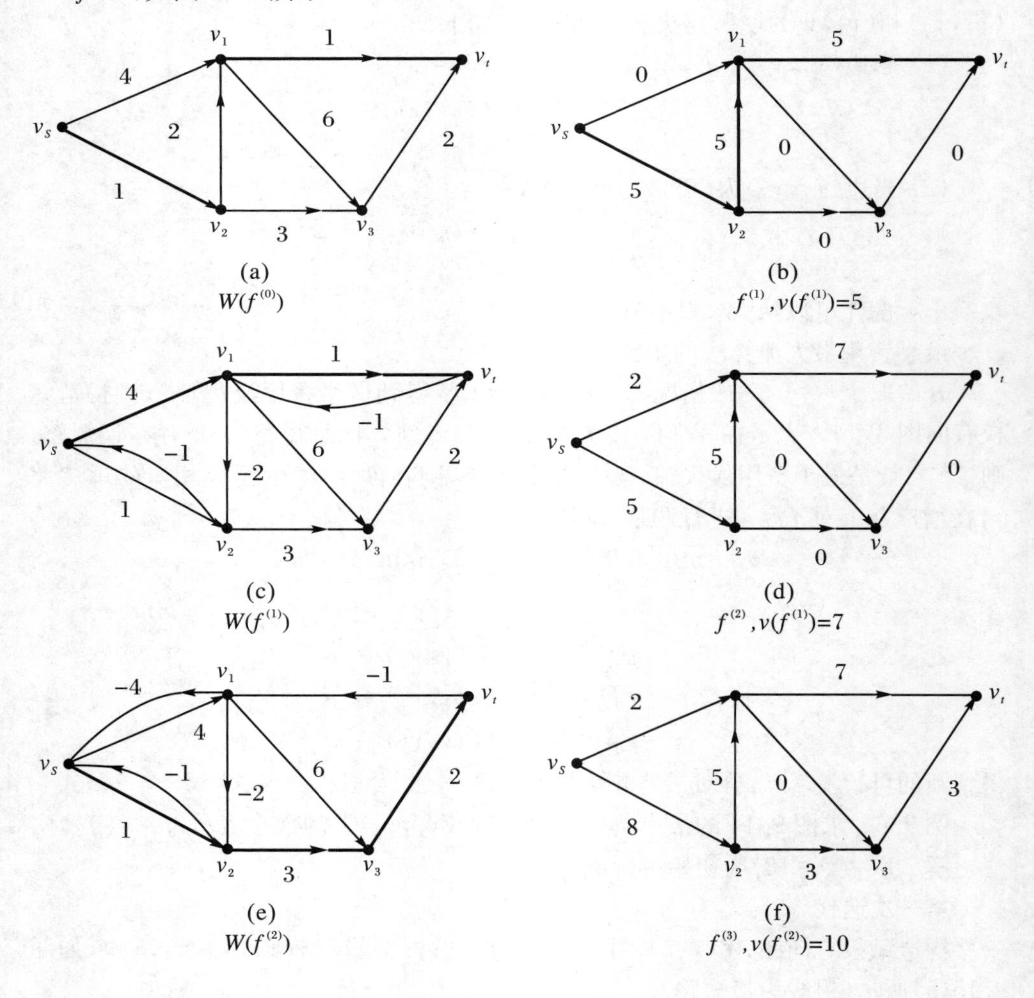

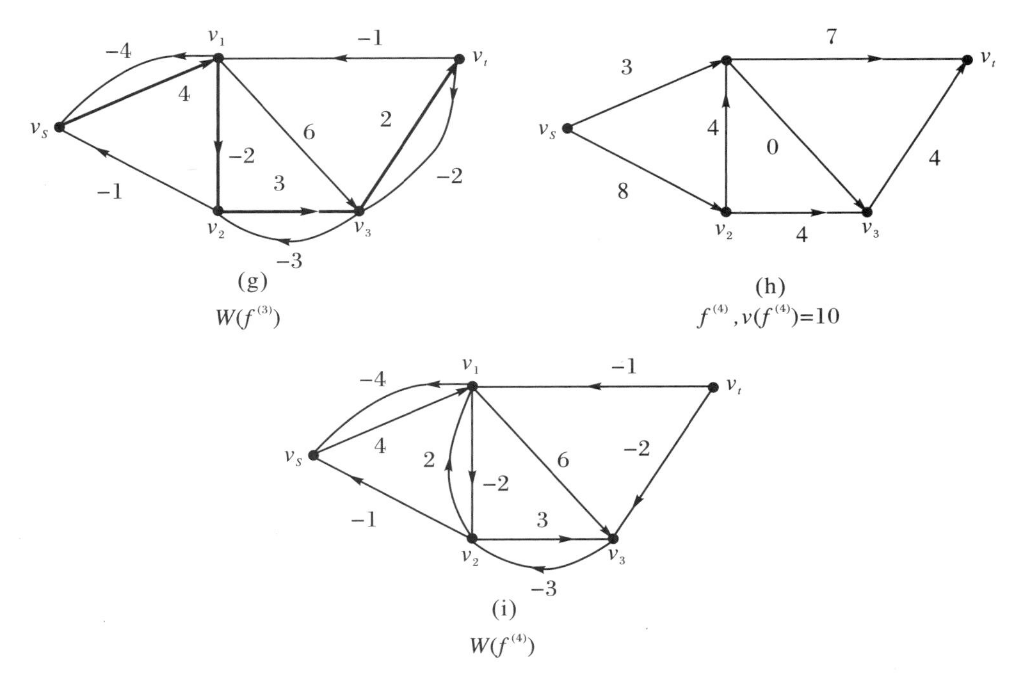

图 9.15　解最小费用最大流过程

此时 $W(f^{(4)})$ 中已不存在从 v_s 到 v_t 的最短路，所以 $f^{(4)}$ 为最小费用最大流.

此时费用总和为

$$b(f) = \sum b_{ij}f_{ij} = b_{s1}f_{s1} + b_{s2}f_{s2} + b_{21}f_{21} + b_{23}f_{23} + b_{13}f_{13} + b_{1t}f_{1t} + b_{3t}f_{3t}$$
$$= 4\times 2 + 1\times 8 + 2\times 5 + 3\times 3 + 6\times 0 + 1\times 7 + 2\times 3 = 48$$

9.6　应用举例

本节讨论的问题是由我国学者管梅谷在 1962 年首先提出的，在国际上通称为中国邮递员问题. 图 9.16 是一个街道图，负责该街道的一名邮递员送信要走完全部投递点，完成任务后回到邮局，问应该按照怎样的路线行走，才能够使得走过的路程最短？

中国邮递员问题比较复杂，不同的街道图会使得算法变复杂. 下面仅对照图 9.16 简单介绍下该问题的解决思路.

一笔画问题　给定一个连通多重图 G，若存在一条链，过每边一次，且仅一次，则称这条链为欧拉链. 若存在一个简单圈，过每条边一次且仅一次，称为欧拉圈. 一个图若有欧拉圈，则称为欧拉图. 显然，一个图如果能一笔画出，这个图必是欧拉图

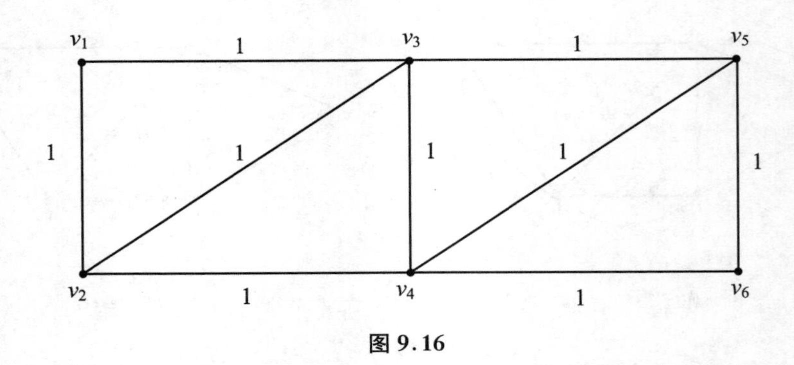

图 9.16

或含有欧拉链.

定理 9.7　连通多重图 G 有欧拉圈,当且仅当图中无奇点.

定理 9.8　连通多重图 G 有欧拉链,当且仅当图中含有两个奇点.

上述定理为我们提供了识别一个图能否可以一笔画的方法,如著名的哥尼斯堡七桥问题的回答是否定的.现在的问题是如果我们已经知道图,怎样才能把它一笔画出来?

下面简单介绍下 Fleury 提供的方法.设 $G=(V,E)$是无奇点的连通图,

记 $\mu_k=(v_{i_0},e_{i_1},v_{i_1},e_{i_2},v_{i_2},\cdots,v_{i_{k-1}},e_{i_k},v_{i_k})$是在第 k 步得到的简单链.

$E_k=(e_{i_1},e_{i_2},\cdots,e_{i_k})$,$\bar{E}_k=E\setminus E_k$,$G_k=(V,\bar{E}_k)$.开始 $k=0$ 时,令 $\mu_0=(v_{i_0})$,这里 v_{i_0} 是图 G 的任意一点,$E_0=\varnothing$,$G_0=G$.第 $k+1$ 步时,在 G_k 中选 v_{i_k} 的一条关联边 $e_{i_{k+1}}=[v_{i_k},v_{i_{k+1}}]$,使得 $e_{i_{k+1}}$ 不是 G_k 的割边.令

$$\mu_k=(v_{i_0},e_{i_1},v_{i_1},e_{i_2},v_{i_2},\cdots,v_{i_{k-1}},e_{i_k},v_{i_k},e_{i_{k+1}},v_{i_{k+1}})$$

重复以上过程直到选不到所要求的边为止.可以证明这时的简单链必定终止于 v_{i_0},就是我们要求的欧拉圈.若 G 是恰有两个奇点的连通图,只需选取 v_{i_0} 是图的一个奇点,最终可以得到该图中连接两个奇点的欧拉链.

奇偶点图上作业法　根据上面讨论,如果在某邮递员所负责的范围内,街道图中没有奇点,那么他可以从邮局出发,走过每天街道一次,且仅一次,最后回到邮局,这样他走过的路程就是最短的路程.对于有奇点的街道如图 9.16 所示,必须在某些街道上重复走一次或者几次.

例如,图 9.16 的街道,若 v_1 是邮局,邮递员可以按照如下路线投递信件:

$$v_1\to v_2\to v_4\to v_3\to v_2\to v_4\to v_6\to v_5\to v_4\to v_6\to v_5\to v_3\to v_1$$

总权为 12.

也可以按照另外一条线路走:

$$v_1\to v_2\to v_3\to v_2\to v_4\to v_5\to v_6\to v_4\to v_3\to v_5\to v_3\to v_1$$

总权为 11.

按照第一条路线走,$[v_2,v_4]$,$[v_4,v_6]$,$[v_6,v_5]$重复走了一次.按照第二条路

线,$[v_3,v_2]$,$[v_3,v_5]$重复走了一次.

如果在某条路线中,边$[v_i,v_j]$重复走了几次,我们就在图中对应的两点之间增加几条边,令每条边的权和原来的权相等,并把增加的边称为重复边.于是这条路线就是相应的新图中的欧拉圈.例如在图 9.16 中,采用上面两条投递路线分别得到图 9.17、图 9.18 中的欧拉圈.

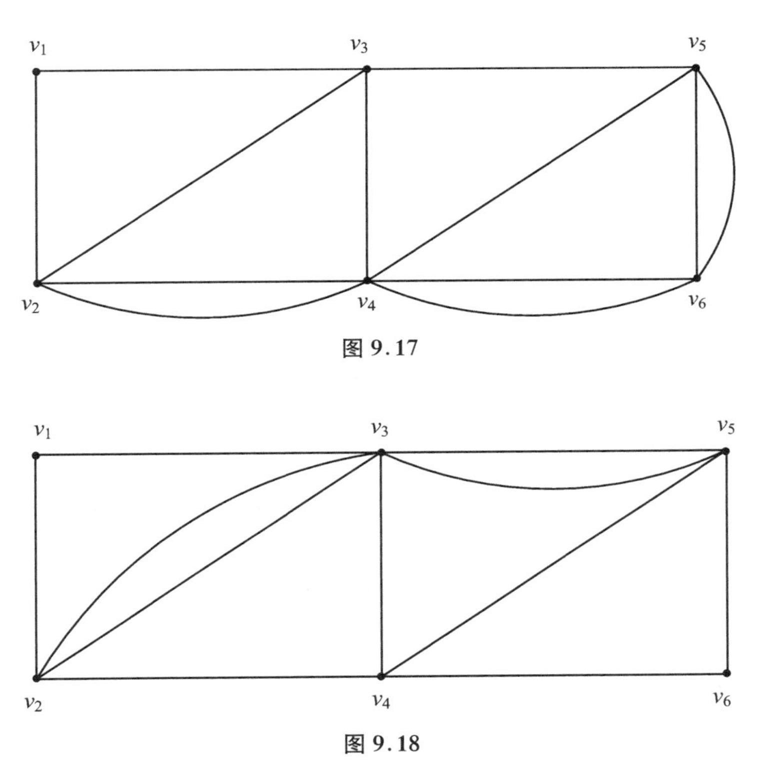

图 9.17

图 9.18

显然,两条邮递投递路线的总权的差必然等于相应重复边总权差.因而,中国邮递员问题可以理解为,在一个有奇点的图中,要求增加一些重复边,使得新图中不含奇点,且重复边的总权为最小.关于中国邮递员问题目前已经有比较好的算法,我们这里就不去一一介绍了.

习　题　9

1. 求图 9.19 中的最小生成树及其权长.
2. 求图 9.20 中 v_1 至各点的最短路.

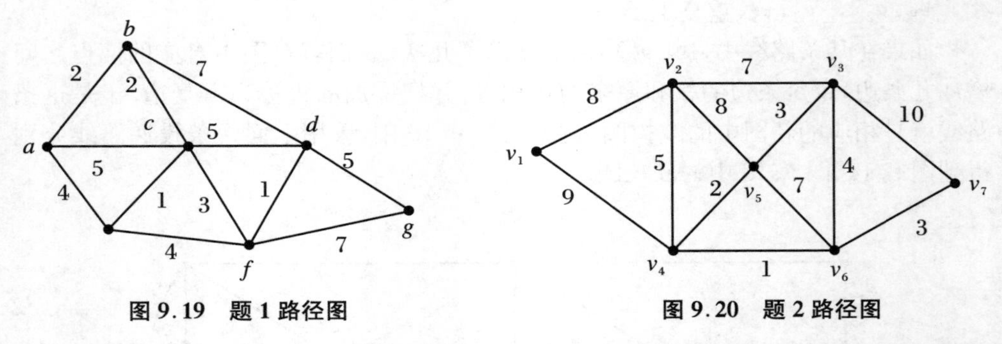

图 9.19　题 1 路径图　　　图 9.20　题 2 路径图

3. 求图 9.21 中从 v_s 到 v_t 的最大流，并标出各网络的最小割集. 图中弧上的数字为容量和流量.

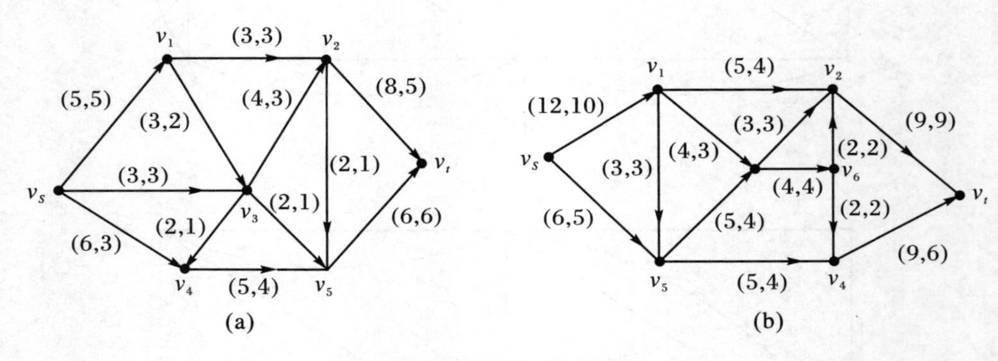

图 9.21　题 3 有向图

4. 小张购买一台电脑，准备在今后四年内使用. 他可以在第一年年初购买一台新电脑，连续使用四年，也可以于任何一年年末卖掉，在下一年年初更换新电脑. 已知各年年初的新电脑购置价见表 9.2，不同年限电脑的年使用维修费和年末处理价见表 9.3. 要求确定小张的最优更新策略，使四年内用于购买、更换及维护的总费用最省.

表 9.2　电脑购价表　　　(单位:万元)

	第一年	第二年	第三年	第四年
年初购置价	2.5	2.6	2.8	3.1

表 9.3　电脑维修更新表　　　(单位:万元)

	电脑年龄			
	0～1	1～2	2～3	3～4
年使用维护费	0.3	0.5	0.8	1.2
年末处理费	2.0	1.6	1.3	1.1

5. 已知某物流基地 v_s，通过中转站 v_2，v_3，v_4，v_5 向另一基地 v_t 运送物资的交通图及每段路(v_i, v_j)上允许通过的最大物资量 c_{ij}，如图 9.22 所示. 试确定在每段路(v_i, v_j)上的实际运

输量 f_{ij} 的大小，可使从发点 v_s 向收点 v_t 运送的物资量最大.

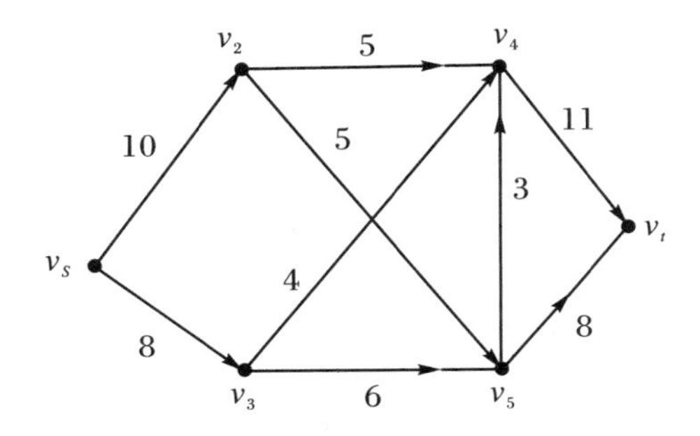

图 9.22　运送物资量有向图

6. 求如图 9.23 所示的网络的最小费用最大流，每弧旁的的数字是(f_{ij}, c_{ij}).

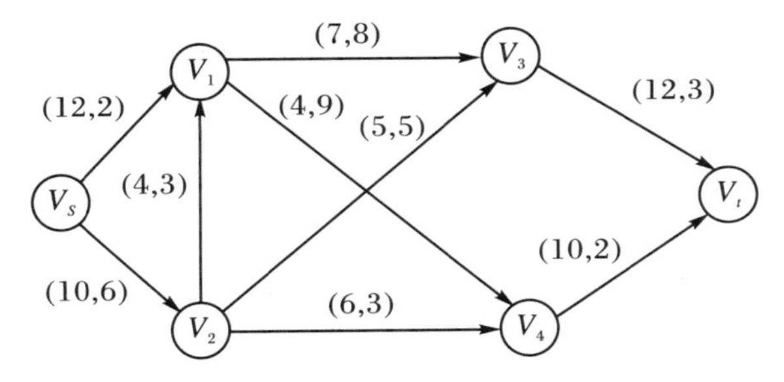

图 9.23　网络费用流量有向图

第10章　网络计划

网络计划技术是对含有多项活动(工作、工序)相衔接的一个复杂任务工程进行统一筹划、组织安排,以达到最优地完成任务的一种科学方法.网络计划技术可以应用在各种不同的项目计划上,特别适用于生产技术复杂、工作项目繁多且联系紧密的一些跨部门的工作计划,例如新产品的研制开发,工厂、大楼、高速公路等大型工程项目的建设,大型复杂设备的维护以及新系统的设计与安装等计划.

网络计划技术是在20世纪50年代末在美国发展起来的,1956年美国杜邦公司为了协调企业不同业务部门的系统规划,应用网络方法制定了第一套网络计划,提出了关键路线方法(Critical Path Method,简称CPM).1962年,美国政府规定,凡与政府签订合同的企业,都必须采用网络计划技术,以保证工程进度和质量.20世纪60年代初期著名科学家钱学森将网络计划方法引入我国,并在航天系统应用.

网络计划技术包括绘制计划网络图、计算时间参数、确定关键路线、网络计划优化等环节,下面将分别讨论这些内容.

10.1　网　络　图

网络计划图的基本思想是,首先应用网络计划图来表示工程项目中计划要完成的各项工作,这些工作必然存在先后顺序及其相互依赖的逻辑关系;这些关系用节点和箭线来构成网络图.网络图的绘制要遵循一定的绘制原则,利用网络图可以进行时间参数的计算,找出计划中的关键工作和关键线路;通过不断改进网络计划,寻求最优方案,保证人力、财力和物力的合理利用,以最小的消耗取得最大的经济效果.

10.1.1　网络图的基本术语

网络计划图实质上是有时序的有向赋权图,根据其自身的特点和要求,需给出一套专用的术语和符号.

1. *工序*

工序(也称工作)指任何消耗人力、时间或资源的行动,如产品的设计、购买零件、可靠实验等.它们是网络计划图的基本组成部分,用箭线表示.常用 a,b,c 等表示工序,如图10.1所示的是由工序 a,b,c,d,e,f,g 七道工序组成的网络图,工序旁边的数表示完成该工序需要的时间.

紧前工序指紧接在本工序之前的工序,且其完成后才能开始本工序.

紧后工序指紧接在本工序之后的工序,且本工序完成后才能做的工序.

平行工序指可与本工序同时进行的各工序.

例如,图10.1中的 d,c 是 f 的紧前工序;e,d 均是 a 的紧后工序;e 和 d 是平行工序.

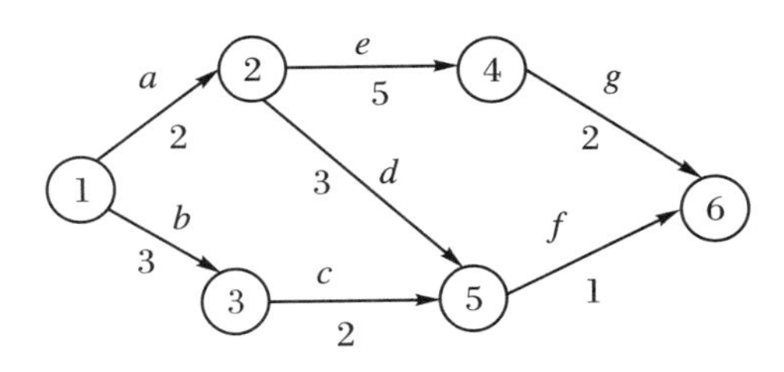

图10.1　网络计划图

交叉工序指相互交替进行的工序.一般要借助虚工序来表述.

虚工序指不消耗人力、物质,也不需要时间的一种虚拟工序,它只表示前后两个工序之间的逻辑关系.一般用虚箭线表示.

如一项工程由挖沟和埋管两个工序组成,施工时不必把沟全部挖好,再去埋管.可以挖好一段,在继续挖下一段时,同时给前一段埋管子,接下去交替进行.这时可把挖沟 A 分成三段 a_1,a_2,a_3,埋管 B 分成三段 b_1,b_2,b_3,用网络图(图10.2)表示.

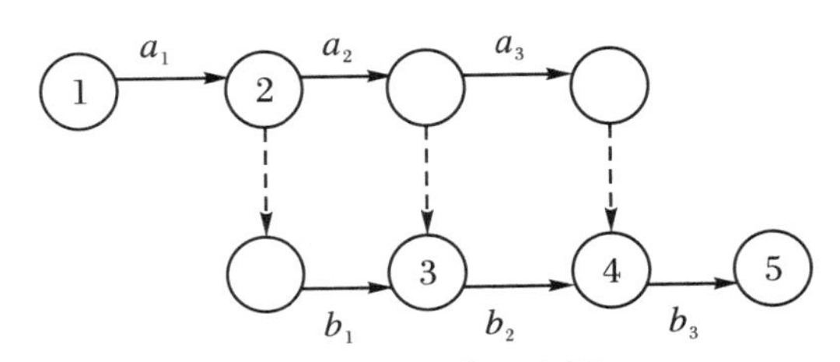

图10.2　网络工序图

2. 事项

事项在网络图中指前后工序的交接点,常用"○"加数字表示.图10.1中标号从1～6,代表有六个事项,有时也用事项标号来表示工序,如工序 e = ②→④.

根据事项之间的相互关系,也可分为前置事项,后继事项、起(始)点事项和终点事项.

前置事项指工序箭尾所连接的事项,它表示一个工序的开始.

后继事项指工序箭头所指的事项,它表示一个工序的结束.

例如,图 10.1 中②和③均是⑤的前置事项,⑤是②和③的后继事项.

始点事项指整个网络图开始的事项,即没有箭头进入的事项,也称为网络的始点,表示工程项目的开始.例如图 10.1 中的①.

终点事项指网络图的最后一个事项,即没有箭尾出去的事项,也称为网络的终点,表示工程项目的完成.例如图 10.1 中的⑥.

介于始点事项和终点事项之间的所有事项均称为**中间事项**,它们所代表的意义都是双重的:既表示前一项工序的结束,又表示后一项工序的开始.图 10.1 中②,③,④,⑤是中间事项.

3. 线路

线路(或路线)指网络图中从始点事项到终点事项的由各项工序连贯成的一条道路.线路上各工序所延续的时间之和称为线路长.一个网络图中一般有很多条线路,称所需时间最长的线路为**关键线路**,它决定着整个网络计划的总工期,在网络图中一般用粗线或双线表示.关键线路上的工序和事项分别被称为关键工序和关键事项.

例如图 10.1 中共有三条线路:$a\to e\to g$,$a\to d\to f$,$b\to c\to f$;三条线路长分别是:$2+5+2=9$,$2+3+1=6$,$3+2+1=6$;关键线路是 $a\to e\to g$;总工期为 9.

10.1.2 网络图的绘制准则和注意事项

为了正确绘制网络计划图,应遵循以下规则和注意事项:

(1) 网络计划图是有向有序的赋权图,按项目的工序流程自左向右地绘制,在时序上反映完成各项工序的先后顺序.沿箭线方向节点编号由小到大,自左向右增长,工序的箭尾节点编号要小于箭头节点编号.

(2) 任何两事项之间只能由一条箭线连接.若两事项之间出现并行工序可引入虚工序.图 10.3(a)中事项①和②之间有两项工序,该画法是不正确的,应加入虚工序 c 画成 10.3(b),虚工序 c 用虚线表示.

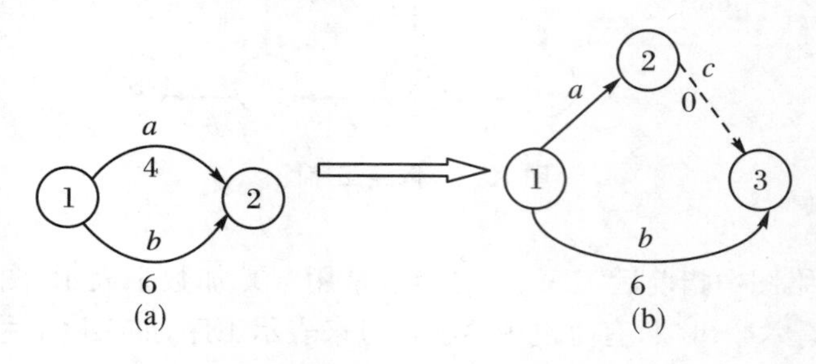

图 10.3 绘制网络图

(3) 网络图中不允许出现循环回路和缺口.在网络图中,如果从某个节点出发,顺某一线路又回到原节点,就称为循环回路.回路表示工序永远无法完成.网络计划图中出现缺口,表示这些工序永远达不到终点,项目无法完成.例如图 10.4 中的②→④→⑤→②,就是一个循环回路.

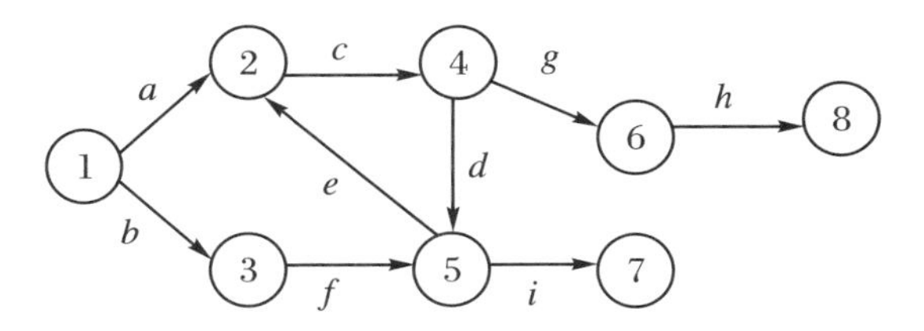

图 10.4 循环回路和两个终点事项

(4) 网络图只能有一个始点事项和一个终点事项.例如图 10.4 中有两个终点事项⑦和⑧,就是错误的,需把两事项合并,如图 10.5.一般在实际中应将没有紧前工序的所有事项合并起来,构成网络的始点事项,把没有紧后工序的所有事项合并起来,构成网络的终点事项.

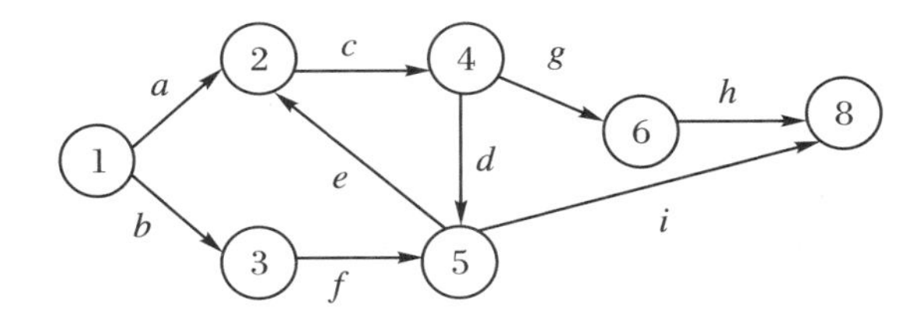

10.5 合并两个终点事项

(5) 在不改变逻辑关系的情况下合理安排工序间的相对位置,尽量避免箭线交叉.例如图 10.6(a)的网络图中有交叉箭线,可以调整为图 10.6(b).

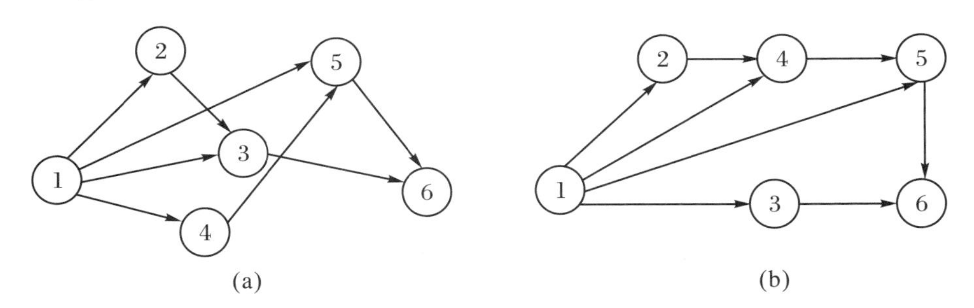

图 10.6 交叉线调整为无交叉线

(6) 网络图应简便易读.最好先画草图,在画出草图后,应修改、整理,使画面清晰醒目,简单明了.做到逻辑关系正确,而且布局合理、条理清楚,便于下一步分析、计算及运用.

绘制网络图时根据明细表的各工序先后顺序关系,可从工程始点事项开始,逐项确定每道工序的紧后(或紧前)工序,直到终点事项为止,也可以从终点事项开始,确定每道工序的紧前工序,向前反推,直至始点事项为止.一般先绘制出草图,再对照原问题,检查核对,做调整.注意不能违背网络图的基本规则.

例 10.1 一个工程由 11 道工序组成，先后关系如下：

A 完工后，B，C，G 可同时开工；B 完工后，E，D 可同时开工；C，D 完工后，H 可以开工；E，F 完工后，I 可以开工；G，H 完工后，F，J 可同时开工；I，J 完工后，K 可以开工，试绘出工程网络图.

解 先根据各工序的先后关系列出明细表(表 10.1)：

表 10.1 工序先后关系明细表

工程序号	A	B	C	D	E	F	G	H	I	J	K
紧前工序	—	A	A	B	B	G H	A	C D	E F	G H	I J

根据各工序的先后关系，画出网络图，如图 10.7 所示.

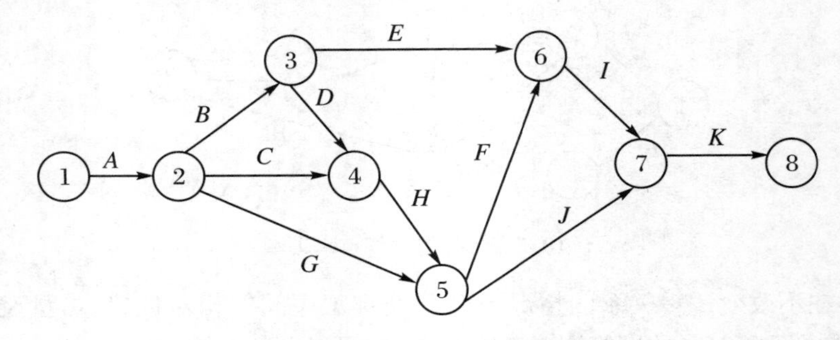

图 10.7 工序网络图

10.2 网络时间参数

网络图中工序的时间参数包括：工序持续时间 T，工序最早开始时间(T_{ES})；工序最早完成时间(T_{EF})；工序最晚开始时间(T_{LS})，工序最晚完成时间(T_{LF})；工序总时差(R)和工序自由时差(F)等.

10.2.1 工序持续时间 T

工序持续时间是指进行该工序所必需的延续时间，可以小时、日、周、月等为单位表示. 一道工序所需时间可以用同类工序进行对比、类推或参考有关的统计资料来确定，也可以根据经验进行估算. 这里简述计算工序所需时间的两种方法.

1. 单时估计法

每项工序只估计或规定一个确定的持续时间值的方法. 一般已知工序的工作

量，劳动定额资料以及投入人力的多少等，则各工序的所需时间为

$$T = \frac{Q}{R \cdot S \cdot n}$$

其中，Q 为工序的工作量，以时间单位表示，如小时，或以体积、质量、长度等单位表示；R 为可投入人力和设备的数量；S 为每人或每台设备每工作班能完成的工作量；n 为每天正常工作班数.

当具有类似工序的所需时间的历史统计资料时，可以根据这些资料，采用分析对比的方法确定工序的所需时间.

2. 三时估计法

在不具备有关工序的所需时间的历史资料时，或在较难估计出工序所需时间时，可对工序估计三种时间值，然后计算其平均值.这三种时间值是：

乐观时间——在一切都顺利时，完成工序需要的最少时间，记作 a.

最可能时间——在正常条件下，完成工序所需要的时间，记作 m.

悲观时间——在不顺利条件下，完成工序需要最多的时间，记作 b.

显然上述三种时间发生都具有一定的概率，根据经验，这些时间的概率分布认为是正态分布.一般情况下，通过专家估计法，给出三种时间估计的数据.可以认为工序进行时出现最顺利和最不顺利的情况比较少，较多是出现正常的情况.按平均意义可用以下公式计算工序所需时间值：

$$T = \frac{a + 4m + b}{6}, \quad 方差\ \sigma^2 = \left(\frac{b - a}{6}\right)^2$$

如果一项工程的关键线路上有 n 道工序，每道工序的平均需要时间为 t_{ei}，方差为 $\sigma_i^2(i = 1, 2, \cdots, n)$，则工程的工期等于关键线路上各工序的时间和，即

$$T_E = \sum_{i=1}^{n} t_{e_i}, \quad \sigma^2 = \sum_{i=1}^{n} \sigma_i^2$$

由正态分布的和仍为正态分布，所以工期 $T \sim N(T_E, \sigma^2)$，这样可以计算出工程在指定时间 T_k 内完工的概率：

$$P(T \leqslant T_k) = P\left(\frac{T - T_E}{\sigma} \leqslant \frac{T_K - T_E}{\sigma}\right) = \Phi\left(\frac{T_k - T_E}{\sigma}\right)$$

由标准正态分布表，可得此概率值.反之，已知完工概率，同样可求得工期.

例 10.2 某项工程的网络图如图 10.8 所示，每道工序的最快完工时间，最可能完工时间，最慢完工时间按顺序 $a - m - b$ 标在图上(单位：天)，求：

(1) 在 22.78 天前完工的概率为多少？

(2) 若要有 90%以上的把握完工，工期定为多少合适？

解 求出各工序的期望时间 t_e：

$$t_{eA} = \frac{2 + 4 \times 3 + 4}{6} = 3, \ t_{eB} = \frac{2 + 4 \times 2 + 2}{6} = 2, \ t_{eC} = \frac{3 + 4 \times 4 + 8}{6} = 4.5$$

$$t_{eD} = \frac{3 + 4 \times 4 + 11}{6} = 5, \ t_{eE} = 8, \ t_{eF} = 7, \ t_{eG} = 8, \ t_{eH} = 6.5$$

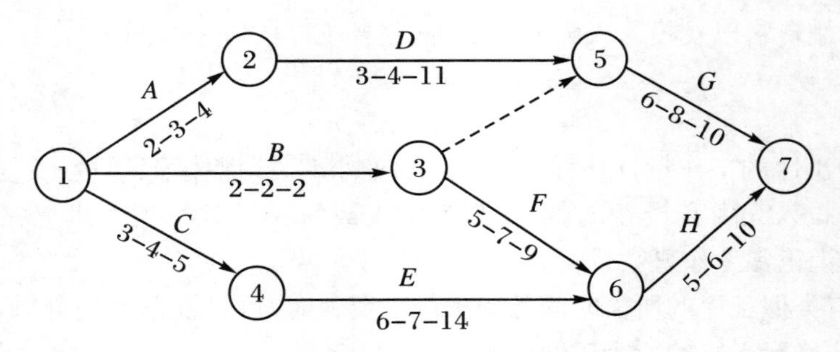

图 10.8 某工程网络图

经比较得关键线路为①→④→⑥→⑦,即关键工序由 C,E,H 组成,从而工期的期望值和均方差分别为

$$T_E = t_{eC} + t_{eE} + t_{eH} = 4.5 + 8 + 6.5 = 19(\text{天})$$

$$\sigma = \sqrt{\sigma_C^2 + \sigma_E^2 + \sigma_H^2} = \sqrt{\left(\frac{8-3}{6}\right)^2 + \left(\frac{14-6}{6}\right)^2 + \left(\frac{10-5}{6}\right)^2} \approx 1.8$$

(1) $P(T \leqslant 22.78) = \Phi_0\left(\dfrac{22.78-19}{1.8}\right) = \Phi_0(2.1) \approx 0.98.$

(2) 因为 $\Phi_0(1.28) = 0.9$,即得 $\lambda = 1.28$.

所以 $T_K = T_E + \lambda \cdot \sigma = 19 + 1.28 \times 1.8 \approx 21.3$(天).

因此工程要在 22.78 天前完工的概率是 0.98,若要以 90% 的把握完工,工期只要 21.3 天.

10.2.2 工序的时间参数

时间参数的计算步骤如下:

(1) 计算各路线的持续时间.

(2) 按网络图的箭线方向,从起始工序开始,计算各工序的 T_{ES}, T_{EF}.

(3) 从网络图的终点事项开始,按逆箭线的方向,推算出各工序的 T_{LS}, T_{LF}.

(4) 确定关键路线.

(5) 计算工序的时差.

(6) 资源优化.

通过下面的例子来说明各时间参数的计算.

例 10.3 某公司装配一条新的生产线,其装配过程中的各个工序与其所需时间以及它们之间的相互衔接关系如表 10.2 所示,试求各工序的时间参数,关键路线及相应的关键工序及完成此工程所需最少时间.

解 根据表 10.2,绘制出网络图 10.9.图中①为整个网络的起始事项,⑧为最终事项.标在箭线上的时间是完成各项工序所需时间.下面逐一计算各工序的时间参数.

表10.2 工序时间联系表

工序代号	工序内容	所需时间(天)	紧后工序
a	生产线设计	60	b,c,d,e
b	外购零配件	45	j
c	下料、锻件	10	f
d	工装制造1	20	g,h
e	木模、铸件	40	h
f	机械加工1	18	j
g	工装制造2	30	i
h	机械加工2	15	j
i	机械加工3	25	j
j	装配调试	35	

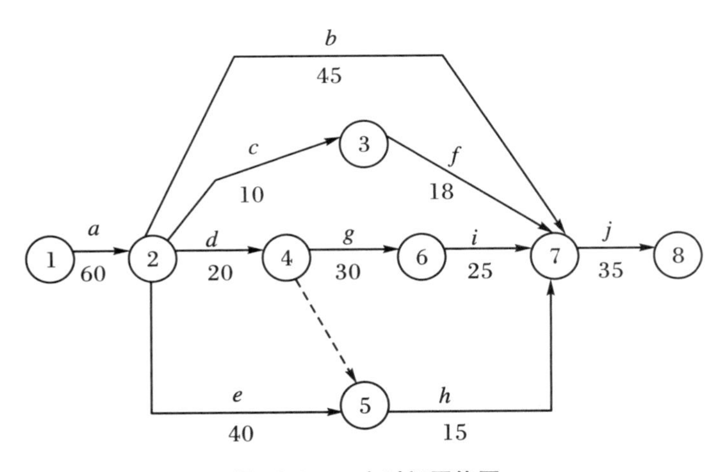

图10.9 工序时间网络图

(1) 工序的最早开始时间,用 T_{ES} 表示,它是指本工序可能开始进行的最早时刻.任何一道工序必须等它所有的紧前工序全部完成后才能开始,因此可以通过它的所有紧前工序的最早开始时间加上本工序的持续时间取最大值来计算,也等于其所有紧前工序最早完成时间中的最大值.

工序的最早完成时间,用 T_{EF} 表示,是指工序按最早开始时间开始,所能达到的完工时间,它等于工序的最早开始时间加上本工序持续时间之和,简称工序的最早完工期.设一个工序(i,j)所需的持续时间为 $T(i,j)$,则对同一个工序来说,有

$$T_{ES}(i,j) = \max\{T_{ES}(k,i) + T(k,i)\} \tag{10.1}$$

$$T_{EF}(i,j)=T_{ES}(i,j)+T(i,j) \tag{10.2}$$

从网络的起始工序开始，利用上述公式按顺序可以计算出每个工序的最早开始时间和最早完成时间.

(2) 工序的最迟开始时间，用 T_{LS} 表示，指工序最迟必须开始的时刻. 该时间加上工序的持续时间，就称为工序的最迟完成时间，用 T_{LF} 表示. 工序的最迟完成时间是它的各项紧后工序最迟开始事件中的最小一个，各项工序的紧后工序的开始时间应以不延误整个工期为原则. 用公式表示为

$$T_{LF}(i,j)=\min\{T_{LS}(j,k)\} \tag{10.3}$$

$$T_{LS}(i,j)=T_{LF}(i,j)-T(i,j) \tag{10.4}$$

3. 时差

所谓时差，是指在不影响工程按期完成的条件下，各工序可以灵活机动使用的一段时间，所以又称为机动时间或宽裕时间. 常用的时差有两种：工序的总时差和工序的自由时差.

(1) 工序的总时差是指在不影响总工期的条件下，该工序可以延迟其开工时间的最大幅度，用 $R(i,j)$ 表示，其计算公式如下：

$$R(i,j)=T_{LF}(i,j)-T_{EF}(i,j)=T_{LS}(i,j)-T_{ES}(i,j) \tag{10.5}$$

(2) 自由时差，也称单时差，是指在不影响紧后工序最早开工条件下，此工序可以延迟开工时间的最大幅度，用 $F(i,j)$ 表示，其计算公式为

$$F(i,j)=T_{ES}(j,k)-T_{EF}(i,j) \tag{10.6}$$

其中，(j,k) 是工序 (i,j) 的紧后工序.

例如有

$$F(e)=100-100=0$$

工序自由时差是某项工序单独拥有的机动时间，其大小不受其他工序机动时间的影响.

(3) 时差的意义.

ⓐ 计算和利用时差，可以为计划进度的安排提供选择的可能性，求得计划安排和资源分配的合理方案.

工序总时差和单时差的区别与联系可以通过图 10.10 来说明. 在图 10.10 中，工序 b 和工序 c 同为工序 a 的紧后工序.

可以看出，工序 a 的单时差不影响紧后工序的最早开工时间；而总时差却不仅包括本工序的单时差，而且包括了工序 b，c 的时差，使工序 c 失去了部分时差，而工序 b 失去了全部自由机动时间. 所以占用一道工序的总时差虽不影响整个工程工期，却有可能使其紧后工序失去自由机动的余地.

ⓑ 计算和利用时差是决定关键路线的科学依据.

关键路线具有如下特征：在路线上从起点到终点都由关键工序组成；是所有从起点到终点的路线中工序所需时间总和最长的路线；在关键路线上无机动时间，各

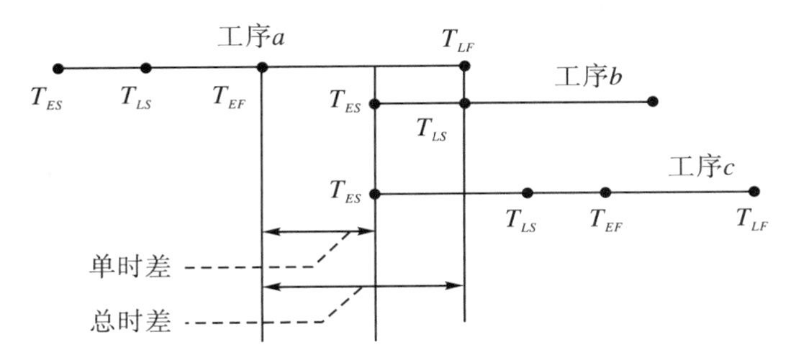

图 10.10　工序总时差和单时差联系图

工序总时差为 0.

所有工序的时间参数可以直接在图上进行，也可以用列表的方式进行，例10.3中的所有计算结果见图 10.11 和表 10.3. 依据时间参数找到了一条由关键工序 a，d，g，i 和 j 依次连成的从始点到终点的关键路线，可以把这条关键路线用粗箭线在网络图上表示出来.

表 10.3　关键工序表

工序	最早开始时间(T_{ES})	最晚开始时间(T_{LS})	最早完成时间(T_{EF})	最晚完成时间(T_{LF})	总时差($T_{LS}-T_{ES}$)	自由时差	是否为关键工序
a	0	0	60	60	0	0	是
b	60	90	105	135	30	30	否
c	60	107	70	117	47	0	否
d	60	60	80	80	0	0	是
e	60	80	100	120	20	0	否
f	70	117	88	135	47	47	否
g	80	80	110	110	0	0	是
h	100	120	115	135	20	20	否
i	110	110	135	135	0	0	是
j	135	135	170	170	0	0	是

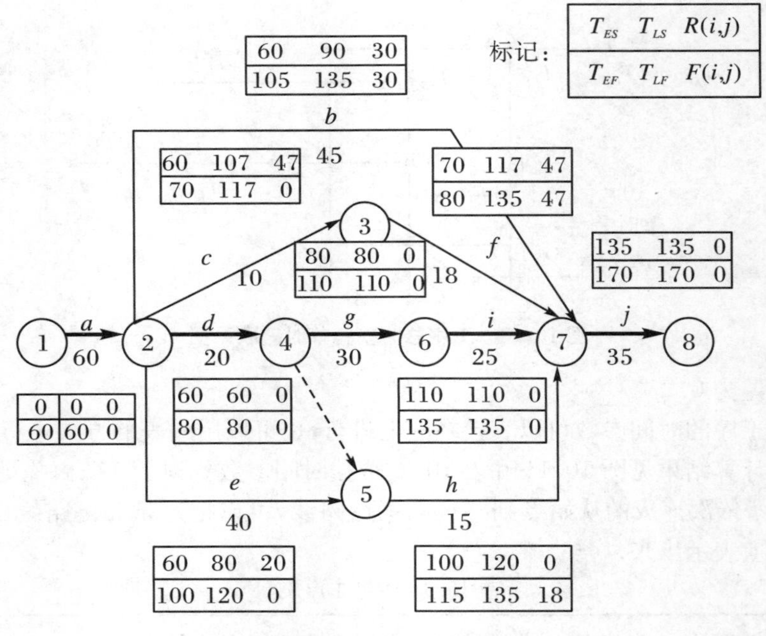

图 10.11 关键工序图

10.3 网络优化

绘制网络图、计算网络时间参数和确定关键路线，仅仅得到了一个初始的计划方案.然后根据上级要求和实际资源的配置，需要对初始方案进行调整和完善，即进行网络优化，目的是综合考虑进度、合理利用资源、降低费用等.

10.3.1 工期优化

若网络计划图的初始计算工期大于要求的计划工期，则必须缩短工程项目的完工工期.主要是增加对关键工序的投入，以减少关键工序的持续时间，实现工期缩短.主要途径如下：

(1) 检查关键线路上各项工序的持续时间是否定得恰当.如果定得过长，可适当缩短.

(2) 改进工序的组织方式、优化工序的组织关系：将串联工序调整为平行工序或交叉工序；利用某些工序顺序的可变性，优化它们的组织关系.

(3) 利用非关键工序的时差，从非关键工序抽调人力、物力支援关键工序，加快关键工序的进度.

以上缩短工期的方法在使用过程中，会随时引起网络计划的改变，每次改变后都要重新计算网络时间参数和确定关键路线，直到满足要求为止.

一般情况下，如果已知由项目的初始网络计划图计算的工期 T_E 和上级要求的计划工期 T（$T<T_E$），则工期优化的循环算法如图 10.12 所示.

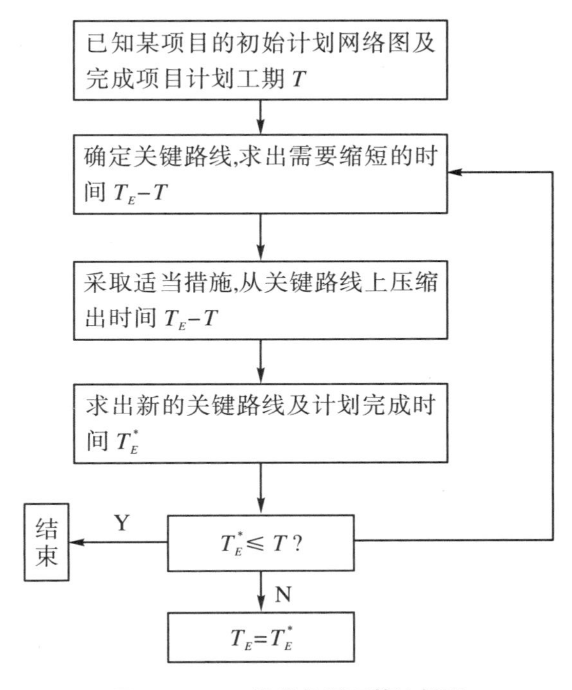

图 10.12　工期优化循环算法框图

例 10.4　已知某工程项目的网络计划图（图 10.13），初始方案计划时间为 19 周完成，现因特殊情况，上级要求提前三周完工，即总工期压缩为 16 周，应怎样调整各工序施工时间？

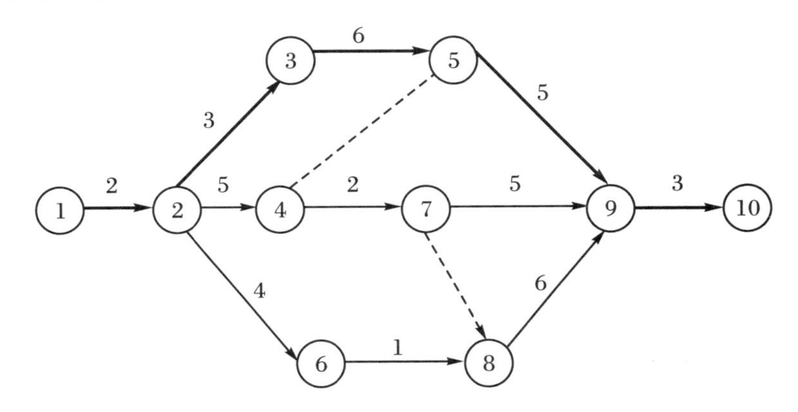

图 10.13　某工程网络计划图及关键路线

解 如图 10.13 所示,其关键路线为①→②→③→⑤→⑨→⑩,工期为 19 周,需压缩三周时间,按照网络计划的时间优化的循环算法,压缩关键工序所需时间,调整过程如下:

(1) 将关键工序②→③,③→⑤,⑨→⑩各压缩一周,网络计划图调整为图 10.14.

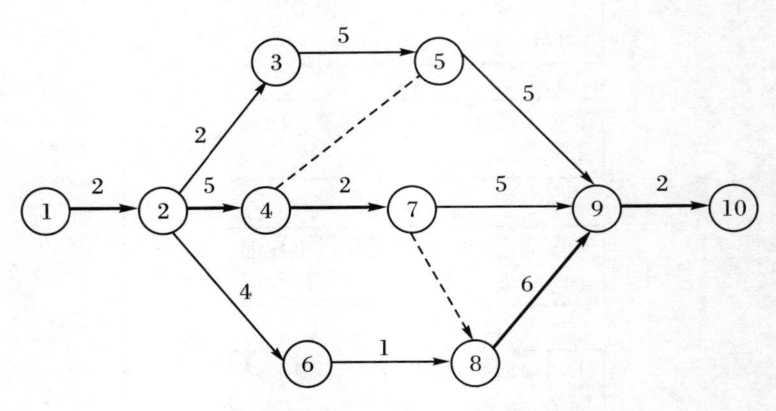

图 10.14 压缩工期后网络计划图

其关键路线为①→②→④→⑦→⑧→⑨→⑩,工期为 17 周,需压缩一周时间.

(2) 将⑧→⑨改为五周,网络计划图调整为图 10.15.

关键线路为①→②→③→⑤→⑨→⑩,①→②→④→⑦→⑨→⑩和①→②→④→⑦→⑧→⑨→⑩,总工期为 16 周,符合规定的要求,算法结束.

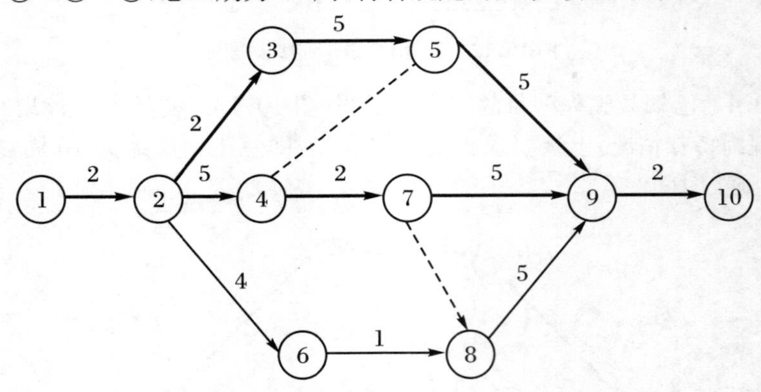

图 10.15 调整后网络计划图

10.3.2 时间-费用优化

编制网络计划时,要研究如何使完成项目的工期尽可能缩短,费用尽可能少;或在保证既定项目完成时间条件下,所需要的费用最少;或在费用限制的条件下,项目完工的时间最短.这就是时间-费用优化要解决的问题.

完成项目的费用可以分为两大类：

（1）直接费用：直接与项目的规模有关的费用，包括材料费用、直接生产工人工资等.为了缩短工序的持续时间和工期，就需要增加投入，即增加直接费用.工序缩短单位工时所增加的费用称为它的追加费用.

（2）间接费用：间接费用包括管理费、办公费等.一般按项目工期长度进行分摊，工期越短，分摊的间接费用就越少.

一般项目的总费用与直接费用、间接费用、项目工期之间存在一定的关系，可以用图10.16表示.图中：

T_1——最短工期，项目总费用最高.

T_2——最佳工期，当总费用最少而工期短于要求工期时，就是最佳工期.

T_3——正常的工期.

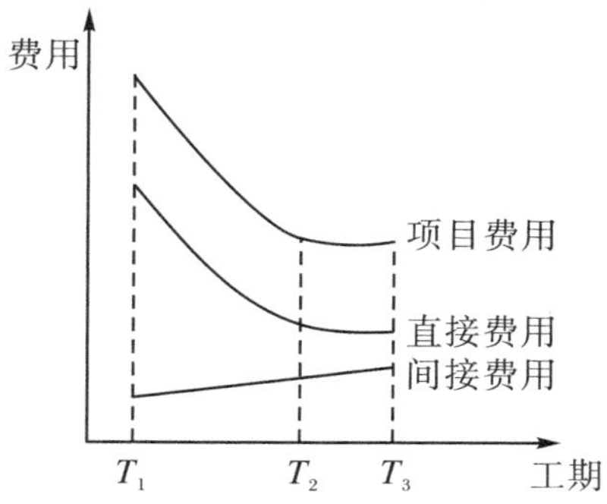

费用
项目费用
直接费用
间接费用
T_1　T_2　T_3　工期

图10.16　费用工期关系图

下面主要考虑两类问题：

1. 在保证既定项目完成时间条件下，所需要的费用最少

其算法如框图10.17所示.

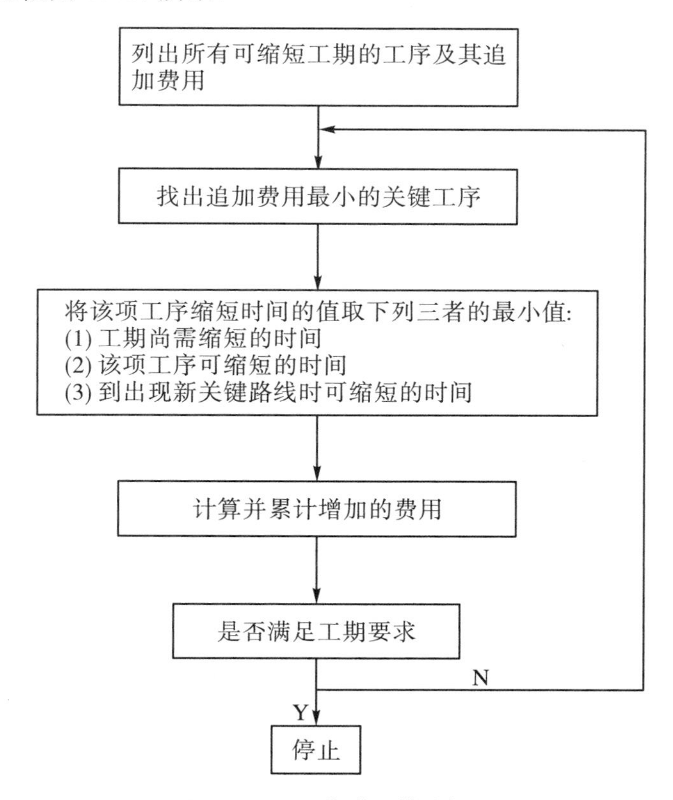

图10.17　工期费用算法框图

例 10.5 已知某工程的工序及费用如表 10.4 所示，现欲将工程工期比标准完工期提前三天，问应该让哪些工序赶进度，使总费用最少？

表 10.4 工程工序费用表

工序代号	紧前工序	计划用时	完成工序的标准费用(元)	赶进度的追加费用(元/天)	允许赶进度的天数
a		4	3 100	700	1
b	a	8	4 000	800	2
c	a	6	6 000	500	2
d	b	5	1 500	900	1
e	c	10	5 400	300	2
f	c,d	4	5 000	1 700	3
g	c	8	5 000	1 750	2
h	g	3	1 500		0

解 首先画出网络图(图 10.18).

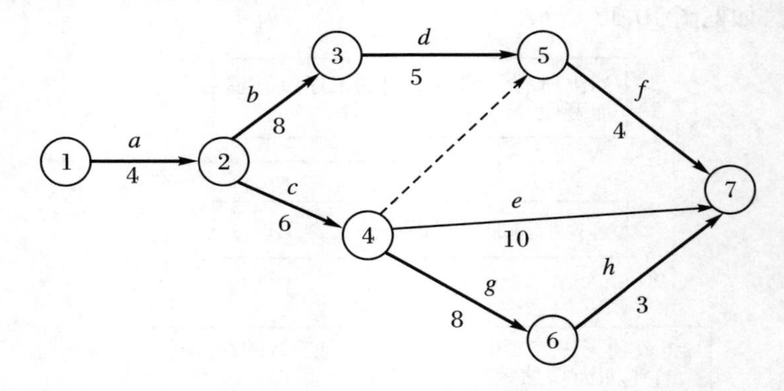

图 10.18 工序费用网络计划表

得到关键路线两条：$a \to b \to d \to f$，$a \to c \to g \to h$，工期为 21 天，此时工程总费用为

$$F = 3\,100 + 4\,000 + 6\,000 + 1\,500 + 5\,400 + 5\,000 + 5\,000 + 1\,500 = 31\,500(\text{元})$$

整个工程需压缩三天时间，按照各工序允许赶进度的时间及追加费用，将工序 b，c 压缩两天、工序 a 压缩一天. 得到新的网络计划图，如图 10.19 所示.

此时关键路线为 $a \to b \to d \to f$，$a \to c \to g \to h$，工期为 18 天，满足问题要求，整个工程工期缩短了三天，其最小总费用为

$$\min F = 31\,500 + (500 + 800) \times 2 + 700 = 34\,800(\text{元})$$

2. 计算最低成本日程

在进行时间-费用优化时，需要计算工程在不同完工时间下各工序总费用和工程所需总费用. 使工程总费用最低的工程完工时间称为最低成本日程.

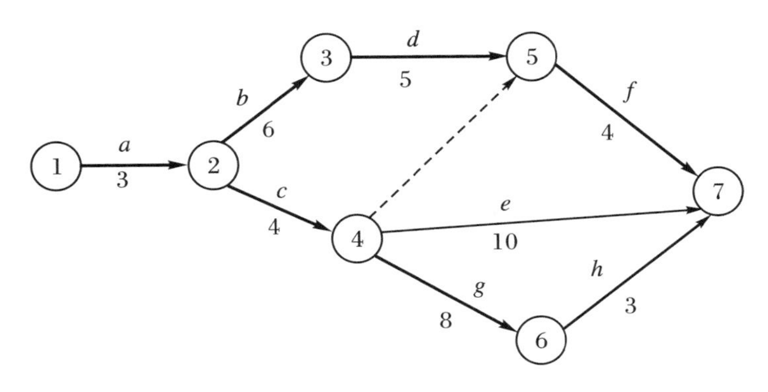

图 10.19　压缩工期后网络计划图

为了寻求最低成本日程，一般从关键路线入手，即从哪些追加费用最低的关键工序上缩短时间，这种求最低成本日程的方法称为关键路线成本法. 其算法如框图 10.20 所示.

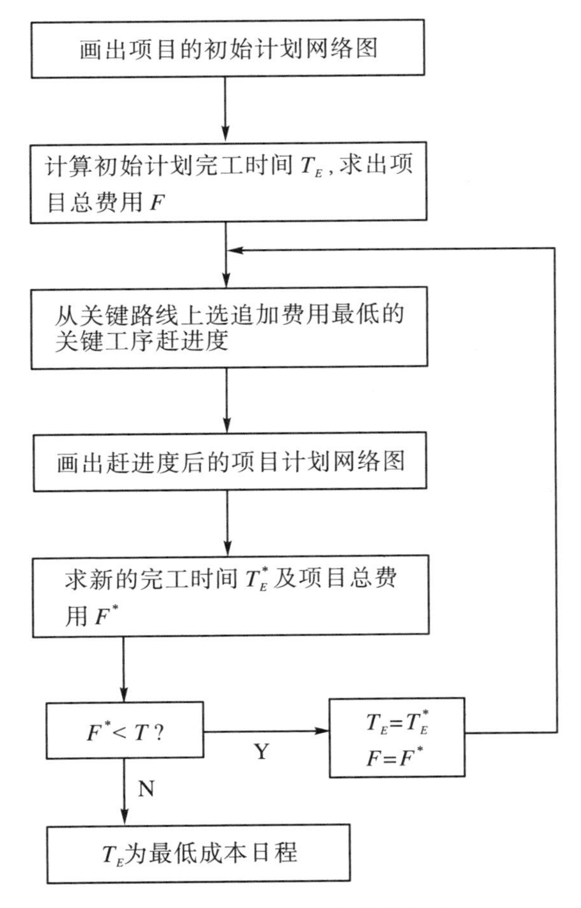

图 10.20　最低成本算法框图

习 题 10

1. 请根据表 10.5、表 10.6、表 10.7 所给数据，绘制计划网络图.

表 10.5 工序表一

工序	紧后工序	工序	紧后工序
a	c,d	e	g
b	c,d,e	f	—
c	f	g	—
d	g		

表 10.6 工序表二

工序	紧后工序	工序	紧后工序
a	c,d	e	h
b	d,e	f	h
c	f,g	g	
d	h	h	

表 10.7 工序表三

工 序	紧后工序	工 序	紧后工序
a	d	h	i,j
b	d,e,f,h	i	m
c	g,k	j	k
d	k	k	l
e	i,j	l	m
f	g,k	m	n
g	m	n	

2. 请根据表 10.8 所给数据，完成以下工作：

(1) 绘制计划网络图.

(2) 计算出每个工序的最早开始时间、最早完成时间、最晚开始时间、最晚完成时间及总时差.

(3) 找出关键工序与关键路线.

表 10.8 工序时间表

工 序	紧后工序	工序时间(天)	工 序	紧后工序	工序时间(天)
a	b,c,d,e,f	60	j	l,m	10
b	g	14	k	l,m	25
c	g	20	l	n	10
d	j	30	m	p	5
e	h	21	n	o	15
f	h,i	10	o	q	2
g	j	7	p	q	7
h	k	12	q		5
i	n	60			

3. 表 10.9 是一个课题研究的计划表.

表 10.9 课题研究计划表

工序代号	工序说明	周期(天)	紧前作业
A	系统地提出问题	4	—
B	研究选点问题	7	A
C	准备调研方案	10	A
D	收集资料,安排工作	8	B
E	挑选和训练调研人员	12	B,C
F	准备有关表格	7	D
G	实地调查	5	D,E,F
H	分析调查数据,写调查报告	4	G

(1) 绘制计划网络图.

(2) 计算出每个工序的最早开始时间、最早完成时间、最晚开始时间、最晚完成时间及总时差.

(3) 找出关键工序与关键路线.

4. 为筹建某餐馆,需制订计划.将工程分为 14 道工序,各工序需时及先后关系如表 10.10 所示.试求该工程完工期及关键路径.

表 10.10 筹建餐馆工序时间表

工序	内容	紧前工序	所需天数
A	购买炉灶及材料	—	10
B	购买室内设备	—	3
C	招集工人	—	1
D	选择开业地点	—	2
E	申请许可得到执照	D	7
F	修理门窗、粉刷墙壁	E	3
G	砌炉灶、水池	A,F	5
H	接通上下水道	G	4
I	安装室内设备	B,H	4
J	做好室内装饰	B,H	3
K	购进米面及副食品	I,J	6
L	张贴开业广告	G	3
M	人员训练	C,I	4
N	开业前操作试验	K,L	7

5. 某工程有 11 项工序,有关资料如表 10.11 所示.

表 10.11 某工程工序时间表

工序	紧前工序	乐观时间(天)	最可能时间(天)	悲观时间(天)
A	—	1	2	3
B	—	1	2	3
C	—	1	2	3
D	A	1	10.5	17
E	B	1	5	14
F	B	3	6	15
G	C	2	3	10
H	C	1	2	9
I	G,H	1	4	7
J	D,E	1	2	9
K	F,I,J	4	4	4

(1) 画出施工网络图,确定关键路线及完工期.

(2) 估计工程在 20 周内完工的概率.

6. 已知某工程的工序及费用表如表 10.12 所示,现欲将工程工期比标准完工期提前三天,问应该让哪些工序赶进度,使总费用最少?

表 10.12 某工程工序费用表

工序代号	紧前工序	计划用时	完成工序的标准费用(元)	赶进度的追加费用(元/天)	允许赶进度的天数
a		4	3 100	700	1
b		8	4 000	800	2
c	a	6	6 000	500	2
d	c,b	5	1 500	900	1
e	a	10	5 400	300	2
f	c,b	4	5 000	1 700	3
g	d,e	8	5 000	1 750	2
h	f	3	1 500		0

7. 已知某工程项目的工序及费用表如表 10.13 所示,求其最低成本日程.

表 10.13 某工程工序费用表

工序代号	紧前工序	计划用时	正常进度的直接费用(元)	赶进度的追加费用(元/天)	间接费用(元/天)
a		10	2 000		250
b	a	15	4 000	180	
c	b	10	3 000	120	
d		25	1 500	80	
e	d	15	2 500	100	
f		20	2 000	280	
g	f	50	10 000	150	
直接费用合计			25 000		

第11章　排　队　论

排队论,又称随机服务系统理论或等待线理论,是通过研究各种服务系统在排队等待现象中的概率特征,从而解决服务系统最优控制的一门学科,也是运筹学的一个重要分支.

11.1　基本概念

排队是人们日常生活和工作中经常遇到的现象,如去售票处购票的购票人,到医院看病的病人,在火车站等车的旅客等,常常都需要排队等候才能接受或得到服务.还有电话的传呼与交换,计算机网站的访问,故障机器的停机待修,水库的存储调节等,都是有形或无形的排队现象.

在排队论中,一般把要求得到服务的对象称为"顾客",把从事服务的服务者称为"服务员"或"服务台",如上述事例中的"购票人""旅客""病人""上网者"等都是顾客,而"售票口""火车""医生""计算机网站"则分别对应于提供服务的服务台,他们分别构成一个排队系统或服务系统.排队系统描述见图 11.1.

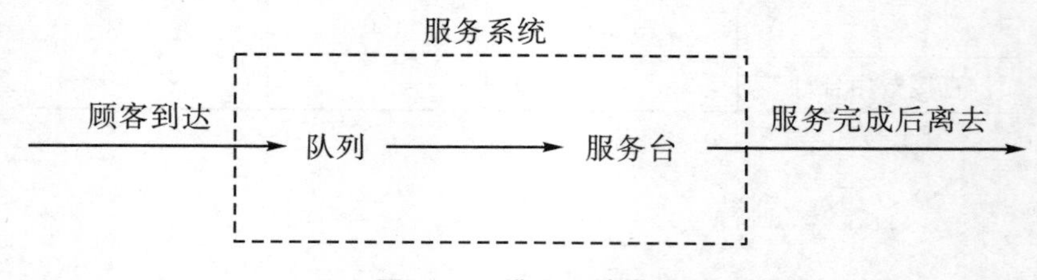

图 11.1　排队系统描述

在排队系统中,一般来说,在顾客相继到达时间间隔和服务时间这两个量中至少有一个是随机的,因此,排队论又称为随机服务系统理论.

11.1.1　排队系统的模型概述

一般的排队系统都有三个基本组成部分:输入过程、排队规则、服务机构.

1. 输入过程

输入过程描述顾客按怎样的规律到达系统,需从下述三个方面来描述:

(1) 顾客总体(或顾客源)数可以是有限的,也可以是无限的.

(2) 顾客到达方式可以是单个到达或成批到达.

(3) 顾客相继到达时间间隔的分布.令 T_n 为第 n 个顾客到达的时刻,$T_0=0$,则有 $T_0\leqslant T_1\leqslant\cdots\leqslant T_n\leqslant\cdots$,记 $X_n=T_n-T_{n-1}(n=1,2,\cdots)$,则 X_n 是第 n 个顾客与第 $n-1$ 个顾客到达的时间间隔.一般假定 $\{X_n\}$ 是独立同分布的.关于 $\{X_n\}$ 的分布,排队论中常用的有以下几种:

① 定长分布(D):顾客相继到达时间间隔为确定的常数.

② 最简流(M)(或称 Poisson 流,Poisson 过程):顾客相继到达时间间隔 $\{X_n\}$ 独立同负指数分布,其密度函数为

$$f(t)=\begin{cases}\lambda e^{-\lambda t} & (t\geqslant 0)\\ 0 & (t<0)\end{cases}$$

还有 k 阶爱尔朗分布(E_k),一般独立输入(GI)等.

2. 排队规则

排队规则主要描述从队列中挑选顾客进行服务的规则.常见的排队规则有:

(1) 损失制排队系统.此系统的排队空间为0,即不允许排队.当顾客到达系统时,若所有服务台均被占用,则自动离去,并不再回来.

(2) 等待制排队系统.当顾客到达时,若所有服务台都被占用且又允许排队,则该顾客将进入队列等待,服务台对顾客进行服务所遵循的规则通常有:

① 先来先服务(FCFS):按顾客到达的先后对顾客进行服务.

② 后来先服务(LCFS).

③ 具有优先权的服务(PS):服务台对优先权高的先服务.

④ 随机服务(RS):服务台随机选取一名顾客服务,每一名等待顾客被选取的可能性相同.

(3) 混合制排队系统.该系统是等待制和损失制系统的结合,一般是指允许排队,但又不允许队列无限长下去,具体说来,大致有三种:

① 队长有限,即系统的等待空间是有限的.例如最多只能容纳 k 个顾客在系统中,当新顾客到达时,若系统中的顾客数(又称为队长)小于 k,则可进入系统排队或接受服务;否则,便离开系统,并不再回来.

② 等待时间有限,即顾客在系统中的等待时间不超过某一给定的长度 T,当等待时间超过 T 时,顾客将自动离去并不再回来.

③ 逗留时间(等待时间与服务时间之和)有限.

3. 服务机制

服务机制主要包括服务台的数量及连接形式,服务方式及服务时间分布等.在这些因素中,服务时间的分布更为重要.

记某服务台的服务时间为 V,其分布函数为 $B(t)$,密度函数为 $b(t)$,则常见的分布有:

(1) 定长分布(D):每个顾客接受服务的时间是个确定的常数.

(2) 负指数分布(M):每个顾客接受服务的时间相互独立,具有相同的负指数分布:

$$b(t)=\begin{cases}\mu e^{-\mu t} & (t\geqslant 0)\\ 0 & (t<0)\end{cases}$$

其中,$\mu>0$,为一常数.

(3) k 阶爱尔朗分布(E_k):每个顾客接受服务的时间服从 k 阶爱尔朗分布,其密度函数为

$$b(t)=\frac{k\mu\ (k\mu t)^{k-1}}{(k-1)!}e^{-k\mu t}$$

爱尔朗分布比负指数分布具有更多的适应性.当 $k=1$ 时,爱尔朗分布即为负指数分布;当 k 增加时,爱尔朗分布逐渐变为对称的.事实上,当 $k\geqslant 30$ 以后,爱尔朗分布近似于正态分布.当 $k\to\infty$ 时,由方差为 $1/k\mu^2$ 可知,方差将趋于 0,即为完全非随机的.所以,k 阶爱尔朗分布可看成完全随机($k=1$)与完全非随机之间的分布,有更广泛的应用.

11.1.2 排队系统的符号表示

为了方便描述一个排队系统,D. G. Kendall 于 20 世纪 50 年代提出了一种目前在排队论中被广泛采用的"Kendall 记号",即

$$X/Y/Z/A/B/C$$

这里的 X 记顾客相继到达时间间隔的分布,Y 记服务时间的分布,Z 记服务台数目,A 记系统的容量,B 记顾客源的数目,C 记服务规则.若省去后三项时,约定为 $X/Y/Z/\infty/\infty/\mathrm{FCFS}$ 的情形,即是系统容量为无限(等待制),顾客源无限,排队规则为先来先服务的排队模型.如 $M/M/s/K$ 表示顾客输入为 Poisson 流,服务时间为负指数分布,s 个服务台,系统容量为 K,顾客源无限,先来先服务的排队模型;$GI/E_k/1$ 表示一个单服务台,服务时间为 k 阶爱尔朗分布,一般独立输入的排队模型,等等.

11.1.3 排队系统的数量指标

描述一个排队系统运行状况的主要数量指标有:

$N(t)$:时刻 t 系统中的顾客数(又称为系统的状态),即队长.

$N_q(t)$:时刻 t 系统中的顾客数,即排队长.

$T(t)$:时刻 t 到达系统的顾客在系统中的逗留时间.

$T_q(t)$:时刻 t 到达系统的顾客在系统中的等待时间.

这些数量指标一般都是和系统运行时间有关的随机变量，其瞬时分布的求解一般很困难，在很多情形下，系统运行足够长的时间后将趋于统计平衡（或称平衡状态）. 在统计平衡状态下，队长的分布、等待时间的分布等都和系统所处的时刻无关，而且系统的初始状态的影响也会消失. 因此，本章将主要讨论统计平衡性质.

记 $p_n(t)$ 为时刻 t 时系统处于状态 n 的概率，即系统的瞬时分布. 记 P_n 为系统达到统计平衡时处于状态 n 的概率. 又记：

N：系统处于平衡状态时的队长，其均值 $L=E(N)$，称为平均队长.

N_q：系统处于平衡状态时的排队长，其均值 $L_q=E(N_q)$，称为平均排队长.

T：系统处于平衡状态时的顾客的逗留时间，其均值 $W=E(T)$，称为平均逗留时间.

T_q：系统处于平衡状态时顾客的等待时间，其均值 $W_q=E(T_q)$，称为平均等待时间.

λ_n：当系统处于状态 n 时新来顾客的平均到达率（即单位时间内到达系统的平均顾客数）.

μ_n：当系统处于状态 n 时整个系统的平均服务率（即单位时间内可以服务完的平均顾客数）.

当 λ_n 为常数时，记 $\lambda_n=\lambda$；当每个服务台的平均服务率为常数时，记每个服务台的服务率为 μ，则当 $n\geqslant s$（s 为系统中的并行的服务台数）时，有 $\mu_n=s\mu$. 因此，顾客相继到达的平均时间间隔为 $1/\lambda$，对每个顾客的平均服务时间为 $1/\mu$，令 $\rho=\lambda/(s\mu)$，则 ρ 为系统的服务强度.

衡量一个排队系统工作状况的主要指标有：

(1) 平均队长 L 和平均排队长 L_q. 这是顾客和服务员都关心的. 在设计排队服务系统时也很重要，因为它涉及系统需要的空间大小.

(2) 平均逗留时间 W 和平均等待时间 W_q. 顾客通常希望这段时间越短越好.

(3) 忙期和闲期. 忙期是指从顾客到达空闲服务机构开始到服务机构再次成为空闲状态为止的时间，是个随机变量，它关系到服务员的服务强度，与忙期相对的是闲期，即服务机构连续保持空闲的时间长度. 在排队系统中，忙期和闲期是相互交替出现的.

11.1.4　排队论研究的基本问题

排队论研究的问题大体可分为统计问题和最优化问题两大类.

统计问题是排队系统建模中的一个组成部分，它主要研究对现实数据的处理问题. 在输入数据的基础上，首先要研究顾客相继到达的间隔时间是否独立同分布，如果是独立同分布，还要研究分布类型以及有关参数的确定问题. 类似地，对服务时间也要进行相应的研究.

排队系统的优化问题涉及系统的设计、控制以及有效性评价等方面的内容、有最少费用问题、服务率的控制问题、服务台的开关策略、顾客(或服务)根据优先权的最优排序等方面的问题.

11.2 生灭过程

11.2.1 生灭过程

在排队论中,若 $N(t)$表示时间 t 系统中的顾客数,则$\{N(t), t\geqslant 0\}$就构成了一个随机过程.如果用"生"表示顾客的到达,"灭"表示顾客的离去,则对许多排队过程来说,$\{N(t), t\geqslant 0\}$即为一类特殊的随机过程——生灭过程.

定义 11.1 设$\{N(t), t\geqslant 0\}$为一随机过程,若 $N(t)$的概率分布有以下性质:

(1) 给定 $N(t)=n$,则从时刻 t 起到下一个顾客到达(生)时刻止的间隔服从参数为 $\lambda_n(n=0,1,2,\cdots)$的负指数分布.

(2) 给定 $N(t)=n$,从时刻 t 起到下一个顾客离去(灭)时刻止的间隔时间服从参数为 $\mu_n(n=1,2,\cdots)$的负指数分布.

(3) 同一时刻只有一个顾客到达或离去(即同一时刻只可能发生一个生或一个灭).

则称$\{N(t), t\geqslant 0\}$为**生灭过程**.

一般地,计算 $N(t)$的概率分布 $p_n(t)=P\{N(t)=n\}(n=0,1,2,\cdots)$是很困难的,故通常只考虑系统达到平衡状态分布,记为 $p_n(n=0,1,2,\cdots)$.

为求 p_n,考虑系统可能处的任一状态 n,假如记录了一段时间内系统进入状态 n 和离开状态 n 的次数,则因为"进入"和"离开"是交替发生的,所以这两个数或相等,或相差为 1,但就这两种事件的平均发生率来说,可以认为是相等的,即当系统运行相当时间而达到平稳状态后,对任一状态 n 来说,单位时间内进入该状态的平均次数和单位时间内离开该状态的平均次数应相等,这即是系统在统计平衡下的"流入=流出"原理.由此原理,可列出对各个状态建立的平衡方程(表 11.1).

表 11.1 生灭过程的状态平衡方程

状态	流入=流出
0	$\mu_1 p_1=\lambda_0 p_0$
1	$\lambda_0 p_0+\mu_2 p_2=(\lambda_1+\mu_1)p_1$
2	$\lambda_1 p_1+\mu_3 p_3=(\lambda_2+\mu_2)p_2$
…	…

续表

状态	流入 = 流出
$n-1$	$\lambda_{n-2}p_{n-2}+\mu_n p_n=(\lambda_{n-1}+\mu_{n-1})p_n$
n	$\lambda_{n-1}p_{n-1}+\mu_{n+1}p_{n+1}=(\lambda_n+\mu_n)p_n$
…	…

由表 11.1,可求得

$$p_1=\frac{\lambda_0}{\mu_1}p_0$$

$$p_2=\frac{\lambda_1}{\mu_2}p_1+\frac{1}{\mu_2}(\mu_1 p_1-\lambda_0 p_0)=\frac{\lambda_1}{\mu_2}p_1=\frac{\lambda_1\lambda_0}{\mu_2\mu_1}p_0$$

$$p_3=\frac{\lambda_2}{\mu_3}p_2+\frac{1}{\mu_3}(\mu_2 p_2-\lambda_1 p_1)=\frac{\lambda_2}{\mu_3}p_2=\frac{\lambda_2\lambda_1\lambda_0}{\mu_3\mu_2\mu_1}p_0$$

…

$$p_n=\frac{\lambda_{n-1}}{\mu_n}p_{n-1}+\frac{1}{\mu_n}(\mu_{n-1}p_{n-1}-\lambda_{n-2}p_{n-2})=\frac{\lambda_{n-1}}{\mu_n}p_{n-1}=\frac{\lambda_{n-1}\lambda_{n-2}\cdots\lambda_0}{\mu_n\mu_{n-1}\cdots\mu_1}p_0$$

…

令

$$C_n=\frac{\lambda_{n-1}\lambda_{n-2}\cdots\lambda_0}{\mu_n\mu_{n-1}\cdots\mu_1}\quad(n=1,2,\cdots)\tag{11.1}$$

则平稳状态的分布为

$$p_n=C_n p_0\quad(n=1,2,\cdots)\tag{11.2}$$

由 $\sum_{n=0}^{\infty}p_n=1$,得

$$\left(1+\sum_{n=1}^{\infty}C_n\right)p_0=1$$

于是得

$$p_0=\frac{1}{1+\sum_{n=1}^{\infty}C_n}\tag{11.3}$$

(11.3) 式只有当级数 $\sum_{n=1}^{\infty}C_n$ 收敛时才成立.

11.2.2 Poisson 过程

Poisson 过程(或称为 Poisson 流,最简流)是排队论中用于描述顾客到达规律的特殊随机过程.

定义 11.2 设 $N(t)$为时间$[0,t]$内到达系统的顾客数,若 $N(t)$满足:

(1) 平稳性:在$[t,t+\Delta t]$内有一个顾客到达的概率为 $\lambda t+o(\Delta t)$.

(2) 独立性(或无后效性):任意两个不相交区间内顾客到达情况相互独立.

(3) 普通性:在$[t,t+\Delta t]$内多于一个顾客到达的概率为$o(\Delta t)$.

则称$\{N(t),t\geqslant 0\}$为 Poisson 过程.

定理 11.1 设$N(t)$为时间$[0,t]$内到达系统的顾客数,则$\{N(t),t\geqslant 0\}$为 Poisson 过程的充分必要条件是

$$P\{N(t)=n\}=\frac{(\lambda t)^n}{n!}\mathrm{e}^{-\lambda t}\quad (n=1,2,\cdots) \tag{11.4}$$

此定理说明,若顾客的到达为 Poisson 流,则到达顾客数的分布恰为 Poisson 分布.

实际应用中较易考虑的是顾客相继到达的时间间隔.

定理 11.2 设$N(t)$为时间$[0,t]$内到达系统的顾客数,则$\{N(t),t\geqslant 0\}$为参数λ的 Poisson 过程的充分必要条件是:相继到达时间间隔服从相互独立的参数λ的负指数分布.

11.3 生灭过程排队系统

对生灭过程的排队系统,到达流为 Poisson 流,服务时间服从负指数分布.

11.3.1 $M/M/s$ 等待制排队模型

1. 单服务台($M/M/s$)模型

由(11.1)式、(11.2)式、(11.3)式,并注意到$\lambda_n=\lambda(n=0,1,2,\cdots)$和$\mu_n=\mu$ $(n=1,2,\cdots)$,记$\rho=\dfrac{\lambda}{\mu}$,并设$\rho<1$,则有

$$C_n=\left(\frac{\lambda}{\mu}\right)^n=\rho^n\quad (n=1,2,\cdots)$$

即得稳态下队长N的概率分布

$$p_n=P\{N=n\}=\rho^n p_0\quad (n=1,2,\cdots)$$

其中

$$p_n=\frac{1}{1+\sum_{n=1}^{\infty}\rho^n}=(\sum_{n=0}^{\infty}\rho^n)^{-1}=\left(\frac{1}{1-\rho}\right)^{-1}=1-\rho \tag{11.5}$$

所以

$$p_n=(1-\rho)\rho^n\quad (n=0,1,2,\cdots) \tag{11.6}$$

上式中的ρ有其具体意义,根据ρ的表达式的不同,可以有不同的解释.当$\rho=\dfrac{\lambda}{\mu}$时,它是平均到达率与平均服务率之比.若表示为$\rho=\dfrac{\left(\frac{1}{\mu}\right)}{\left(\frac{1}{\lambda}\right)}$,它是为一个顾客

的服务时间与到达间隔时间之比，称 ρ 为服务强度. 由(11.6)式，$\rho=1-p_0$，它反映了系统繁忙的程度. 此外，(11.6)式只有在 $\rho=\frac{\lambda}{\mu}<1$ 时才成立，即要求顾客的平均到达率小于系统的平均服务率，才能使系统达到统计平衡.

由(11.6)式可求出系统的几个主要数量指标：

平均队长 L 为

$$L=\sum_{n=0}^{\infty}np_n=\sum_{n=1}^{\infty}n(1-\rho)\rho^n=\frac{\rho}{1-\rho}=\frac{\lambda}{\mu-\lambda} \tag{11.7}$$

平均排队长为

$$L_q=\sum_{n=1}^{\infty}(n-1)p_n=L-(1-p_0)=L-\rho=\frac{\rho^2}{1-\rho}=\frac{\lambda^2}{\mu(\mu-\lambda)} \tag{11.8}$$

关于顾客在系统中逗留的时间 T，在 $M/M/1$ 情形下，T 服从参数为 $\mu-\lambda$ 的负指数分布(证明略)，所以顾客在系统中平均逗留时间 W 为

$$W=E(T)=\frac{1}{\mu-\lambda} \tag{11.9}$$

顾客在队列中平均等待时间为

$$W_q=W-\frac{1}{\mu}=\frac{\lambda}{\mu(\mu-\lambda)} \tag{11.10}$$

由以上各式可得

$$L=\lambda W \tag{11.11}$$

$$L_q=\lambda W_q \tag{11.12}$$

$$W=W_q+\frac{1}{\mu} \tag{11.13}$$

$$L=L_q+\frac{\lambda}{\mu} \tag{11.14}$$

(11.11)式、(11.12)式、(11.13)式、(11.14)式通常称为 Little 公式，是排队论中非常重要的公式.

例 11.1 某修理店只有一个修理工，来修理的顾客到达过程为 Poisson 流，平均 3 人/h，修理时间服从负指数分布，平均需 10 min，求：

(1) 修理店空闲的概率.

(2) 店内恰好有四个顾客的概率.

(3) 店内至少有一个顾客的概率.

(4) 在店内顾客的平均数.

(5) 等待服务的顾客的平均数.

(6) 平均等待修理时间.

(7) 每位顾客在店内逗留时间超过 15 min 的概率.

解 本例是一个 $M/M/1/\infty$ 排队问题,其中,$\lambda=3,\mu=\dfrac{1}{\frac{1}{6}}=6,\rho=\dfrac{\lambda}{\mu}=\dfrac{1}{2}$.

(1) 修理店空闲的概率:$p_0=1-\rho=1-\dfrac{1}{2}=\dfrac{1}{2}$.

(2) 店内恰有四个顾客的概率:$p_4=\rho^4p_0=\left(\dfrac{1}{2}\right)^4\dfrac{1}{2}=\dfrac{1}{32}$.

(3) 店内至少有一个顾客的概率:$P\{N\geqslant 1\}=1-p_0=\dfrac{1}{2}$.

(4) 在店内顾客的平均数:$L=\dfrac{\rho}{1-\rho}=\dfrac{\frac{1}{2}}{1-\frac{1}{2}}=1$(人).

(5) 等待服务的顾客的平均数:$L_q=L-\rho=1-\dfrac{1}{2}=\dfrac{1}{2}$(人).

(6) 平均等待修理时间:$W_q=\dfrac{L_q}{\lambda}=\dfrac{1}{6}(\text{h})=10(\text{min})$.

(7) 顾客在店内逗留时间超过 15 min 的概率:

$$P(T>15)=\mathrm{e}^{-(6-3)\frac{15}{60}}=\mathrm{e}^{-\frac{3}{4}}\approx 0.472$$

2. 多服务台($M/M/s$)模型

$M/M/s$ 排队模型表示顾客单个到达,相继到达间隔时间服从参数为 λ 的负指数分布,服务时间服从参数为 μ 的负指数分布.系统内并列 s 个服务台,顾客在系统内仅排成一列等待服务,等待空间是无限的.

对有 s 个服务台的服务系统,有

$$\lambda_n=\lambda\quad(n=0,1,2,\cdots)$$

及

$$\mu_n=\begin{cases}n\mu & (n=1,2,\cdots,s)\\ s\mu & (n=s,s+1,\cdots)\end{cases}$$

记 $\rho_s=\dfrac{\rho}{s}=\dfrac{\lambda}{s\mu}$,则当 $\rho_s<1$ 时,由(11.1)式、(11.2)式、(11.3)式,有

$$C_n=\begin{cases}\dfrac{\left(\frac{\lambda}{\mu}\right)^n}{n!} & (n=1,2,\cdots,s)\\ \dfrac{\left(\frac{\lambda}{\mu}\right)^n}{s!}\left(\dfrac{\lambda}{s\mu}\right)^{n-s}=\dfrac{\left(\frac{\lambda}{\mu}\right)^n}{s!\,s^{n-s}} & (n=s,s+1,\cdots)\end{cases}\tag{11.15}$$

故

$$p_n=\begin{cases}\dfrac{\left(\frac{\lambda}{\mu}\right)^n}{n!}p_0 & (n=1,2,\cdots,s)\\ \dfrac{\left(\frac{\lambda}{\mu}\right)^n}{s!\,s^{n-s}}p_0 & (n=s,s+1,\cdots)\end{cases}\tag{11.16}$$

将(11.6)式代入$\sum_{n=0}^{\infty} p_n = 1$,求得

$$p_0 = \left[\sum_{n=0}^{s-1} \frac{\rho^n}{n!} + \frac{\rho^s}{s!(1-\rho_s)}\right]^{-1} \tag{11.17}$$

当$n \geqslant s$时,即系统中顾客数不少于服务台数,这时再来的顾客必须等待,需要等待的概率为

$$C(s,\rho) = \sum_{n=s}^{\infty} p_n = \frac{\rho^s}{s!(1-\rho_s)} p_0 \tag{11.18}$$

上式称为爱尔朗等待公式.

下面求多服务台排队系统的数量指标.

$$\begin{aligned} L_q &= \sum_{n=s}^{\infty} (n-s) p_n = \frac{p_0 \rho^s}{s!} \sum_{n=s}^{\infty} (n-s) \rho_s^{n-s} \\ &= \frac{p_0 \rho^s}{s!} \frac{\mathrm{d}}{\mathrm{d}\rho_s} \left(\sum_{n=1}^{\infty} \rho_s^n\right) = \frac{p_0 \rho^s \rho_s}{s!(1-\rho_s)^2} = \frac{c(s,\rho)\rho_s}{1-\rho_s} \end{aligned} \tag{11.19}$$

L = 平均排队长 + 正在接受服务的顾客的平均数

$$L_q + \frac{\lambda}{\mu} = L_q + \rho \tag{11.20}$$

对多服务台系统,Little 公式仍然成立,即有

$$W_q = \frac{L_q}{\lambda}, \qquad W = W_q + \frac{1}{\mu} \tag{11.21}$$

例 11.2 某售票站有三个窗口,顾客到达为 Poisson 流,平均到达率为$\lambda = 0.9$人/min;售票时间服从负指数分布,平均服务率$\mu = 0.4$人/min.假如顾客到达后有两种排队方式可供选择:① 排成一队,依次向空闲的窗口购票;② 顾客到达后在每个窗口前排成一队,且进入队列后不再换队,形成三个队列,求:

(1) 整个售票处空闲的概率p_0.

(2) 平均队长和平均排队长.

(3) 平均等待时间和平均逗留时间.

(4) 顾客到达时必须排队等待的概率.

解 ①是$M/M/3$排队系统,$\lambda = 0.9$(人/min),$\mu = 0.4$(人/min),$\rho = \frac{\lambda}{\mu} = 2.25$,$\rho_s = \rho_3 = \frac{\lambda}{3\mu} = \frac{2.25}{3} < 1$.

(1) $p_0 = \left[\frac{2.25^0}{0!} + \frac{2.25^1}{1!} + \frac{2.25^2}{2!} + \frac{2.25^3}{3!\left(1 - \frac{2.25}{3}\right)}\right]^{-1} = 0.0748$.

(2) $L_q = \dfrac{0.0748 \times 2.25^3 \times \frac{2.25}{3}}{3!\left(1 - \frac{2.25}{3}\right)^2} = 1.70$(人),

$L=L_q+\rho=1.70+2.25=3.95$(人).

(3) $W=\dfrac{L}{\lambda}=\dfrac{3.95}{0.9}=4.39(\text{min})$,

$W_q=\dfrac{L_q}{\lambda}=\dfrac{1.70}{0.9}=1.89(\text{min})$.

(4) 顾客到达时必须排队等待的概率

$$P\{N\geqslant 3\}=\frac{2.25^3}{3!\left(1-\dfrac{2.25}{3}\right)}\times 0.0748=0.57$$

②是三个 $M/M/1$ 排队系统,$\lambda_1=\lambda_2=\lambda_3=\dfrac{\lambda}{3}=\dfrac{0.9}{3}=0.3$(人/min),每个排队系统的平均到达率为

$$\rho=\frac{\lambda_i}{\mu}=\frac{0.3}{0.4}=\frac{3}{4}$$

(1) 对每个子系统,空闲概率 $p_0=1-\rho=\dfrac{1}{4}$.

(2) 每个子系统平均队长为 $L=\dfrac{\rho}{1-\rho}=3$,整个系统的平均队长为 $3\times3=9$,每个子系统的平均排队长为 $L_q=L-\rho=3-\dfrac{3}{4}=2.25$.

(3) 平均逗留时间:$W=\dfrac{L}{\lambda}=\dfrac{3}{0.3}=10$,

平均等待时间:$W_q=\dfrac{L_q}{\lambda}=7.5$.

(4) 顾客到达须排队等待的概率为

$$P\{N_i\geqslant 1\}=1-p_0=\rho=\frac{3}{4}$$

其中,$N_i(i=1,2,3)$为第 i 个子系统内顾客数.

比较上述①,②两种情形可知,一个 $M/M/3$ 系统比由三个 $M/M/1$ 系统组成的排队系统有显著的优越性,故应按单队列进行排队.

11.3.2 $M/M/s$ 混合制排队模型

$M/M/s$ 混合制模型用 $M/M/s/K$ 表示($K\geqslant s$),顾客相继到时间服从参数为 λ 的负指数分布,服务台个数为 s,每个服务台服务时间相互独立,且服从参数为 μ 的负指数分布,系统容量为 K,

$$\lambda_n=\begin{cases}\lambda & (n=0,1,2,\cdots,K-1)\\ 0 & (n\geqslant K)\end{cases}$$

1. 单服务台($M/M/1/K$ 排队模型)

因为

$$\mu_n = \mu(n = 1,2,\cdots,K), \quad C_n = \begin{cases} \left(\dfrac{\lambda}{\mu}\right)n = \rho^n & (n = 1,2,\cdots,K) \\ 0 & (n > K) \end{cases} \tag{11.22}$$

所以

$$p_n = \rho^n p_0 \quad (n=1,2,\cdots,K)$$

其中

$$p_0 = \frac{1}{1 + \sum_{n=1}^{k} \rho^n} = \begin{cases} \dfrac{1-\rho}{1-\rho^{k+1}} & (\rho \neq 1) \\ \dfrac{1}{k+1} & (\rho = 1) \end{cases} \tag{11.23}$$

当 $\rho \neq 1$ 时，平均队长 L 为

$$\begin{aligned} L &= \sum_{n=0}^{K} np_n = p_0 \rho \sum_{n=1}^{K} n\rho^{n-1} = p_0 \rho \frac{\mathrm{d}}{\mathrm{d}\rho}\left(\sum_{n=1}^{K} \rho^n\right) \\ &= p_0 \rho \frac{\mathrm{d}}{\mathrm{d}\rho}\left(\frac{\rho(1-\rho^k)}{1-\rho}\right) = \frac{\rho}{1-\rho} - \frac{(K+1)\rho^{k+1}}{1-\rho^{k+1}} \end{aligned} \tag{11.24}$$

当 $\rho = 1$ 时，平均队长 L 为

$$L = \sum_{n=0}^{K} np_n = \sum_{n=1}^{K} n\rho^n p_0 = \frac{K}{2} \tag{11.25}$$

平均排队长 L_q 为

$$L_q = \sum_{n=1}^{K} (n-1) p_n = L - (1 - p_0) \tag{11.26}$$

由于排队系统的容量有限，只有 $K-1$ 个排队位置，设顾客的平均到达率为 λ，当系统处于状态 K 时，新来的顾客不能进入系统，即顾客可进入系统的概率是 $1-p_k$. 因此单位时间内实际可进入系统的顾客的平均数为

$$\lambda_e = \lambda(1 - p_k) \tag{11.27}$$

称 λ_e 为有效到率，p_k 称为顾客损失率，可证明

$$\lambda_e = \mu(1 - p_0) \tag{11.28}$$

由 Little 公式，得平均逗留时间

$$W = \frac{L}{\lambda_e} = \frac{L}{\lambda(1 - p_k)} \tag{11.29}$$

平均等待时间

$$W_q = \frac{L_q}{\lambda_e} = \frac{L_q}{\lambda(1 - p_k)} \tag{11.30}$$

且 $W = W_q + \dfrac{1}{\mu}$ 仍成立.(11.29)式、(11.30)式中的 W 及 W_q 都是针对能够进入系统的顾客而言的.

例 11.3 某修理店只有 1 个修理工人，如店内已有 4 个顾客，则后来的顾客不再进屋等候，已知顾客到达时间间隔与修理时间均为负指数分布，平均到达间隔

80 min,平均修理时间为 50 min,试求任一顾客期望等候时间及该修理店潜在顾客的损失率.

解 该系统是一个 $M/M/1/4$ 系统,由$\frac{1}{\lambda}=80$(min/人),$\frac{1}{\mu}=50$(min/人)得

$$\rho=\frac{\lambda}{\mu}=\frac{5}{8}=0.625$$

$$p_0=\frac{1-\rho}{1-\rho^{k+1}}=\frac{1-0.625}{1-0.625^5}\approx 0.414\,5$$

$$L=\frac{\rho}{1-\rho}-\frac{(K+1)\rho^{k+1}}{1-\rho^{k+1}}\approx 1.139\,6(\text{人})$$

$$L_q=L-(1-p_0)\approx 1.139\,6-(1-0.414\,5)\approx 0.554\,1(\text{人})$$

$$\lambda_e=\mu(1-p_0)=\frac{1}{50}\times(1-0.414\,5)=0.011\,7$$

故任一顾客期望等候时间为

$$W_q=\frac{L_q}{\lambda_e}\approx 47(\text{min})$$

该修理站潜在顾客的损失率为

$$p_4=\rho^4p_0=0.625^4\times 0.414\,5\approx 0.06$$

2. 多服务台($M/M/s/K$ 排队模型)

$$\mu_n=\begin{cases}n\mu & (n=0,1,2,\cdots,s-1)\\ s\mu & (n=s,s+1,\cdots,K)\end{cases}$$

于是有

$$C_n=\begin{cases}\dfrac{\rho^n}{n!} & (n=0,1,2,\cdots,s-1)\\[2mm] \dfrac{\rho^n}{s!s^{n-s}} & (n=s,s+1,\cdots,K)\\[2mm] 0 & (n>K)\end{cases}$$

$$p_n=\begin{cases}\dfrac{\rho^n}{n!}p_0 & (n=1,2,\cdots,s-1)\\[2mm] \dfrac{\rho^n}{s!s^{n-s}}p_0 & (n=s,s+1,\cdots,K)\\[2mm] 0 & (n>K)\end{cases} \tag{11.31}$$

其中

$$p_0=\begin{cases}\left(\displaystyle\sum_{n=0}^{s-1}\frac{\rho^n}{n!}+\frac{\rho^s(1-\rho^{k-s+1})}{s!(1-\rho_s)}\right)^{-1} & (\rho_s\neq 1)\\[2mm] \left(\displaystyle\sum_{n=0}^{s-1}\frac{\rho^n}{n!}+\frac{\rho^s}{s!}(K-s+1)\right)^{-1} & (\rho_s=1)\end{cases} \tag{11.32}$$

由平稳分布 $p_n(n=0,1,2,\cdots,K)$,得平均排队长 L_q:

$$L_q = \sum_{n=s}^{K}(n-s)p_n$$

$$= \begin{cases} \dfrac{p_0\rho^s\rho_s}{s!(1-\rho_s)^2}[1-\rho_s^{k-s+1}-(1-\rho_s)(K-s+1)\rho_s^{k-s}] & (\rho_s \neq 1) \\ \dfrac{p_0\rho^s(K-s)(K-s+1)}{2s!} & (\rho_s = 1) \end{cases} \tag{11.33}$$

由

$$L_q = \sum_{n=s}^{K}np_n - \sum_{n=s}^{K}sp_n = \sum_{n=0}^{K}np_n - \sum_{n=0}^{s-1}np_n - s(1-\sum_{n=0}^{s-1}p_n)$$

$$= L - \sum_{n=0}^{s-1}(n-s)p_n - s$$

即得

$$L = L_q + S + \sum_{n=0}^{s-1}\frac{(n-s)\rho^n}{n!} \tag{11.34}$$

因系统容量有限,为求 W 及 W_q,必须考虑顾客的有效到达率

$$\lambda_e = \lambda(1-p_k) \tag{11.35}$$

利用 Little 公式得

$$W = \frac{L}{\lambda_e},\quad W_q = \frac{L_q}{\lambda} = W - \frac{1}{\mu} \tag{11.36}$$

设 $\bar{s}$ 为正在接受服务的顾客的平均数(或平均被占用的服务台数),则

$$\bar{s} = \sum_{n=0}^{s-1}np_n + \sum_{n=s}^{K}sp_n = p_0\left(\sum_{n=0}^{s-1}\frac{n\rho^n}{n!} + s\sum_{n=s}^{k}\frac{\rho^n}{s!s^{n-s}}\right)$$

$$= p_0\rho\left[\sum_{n=1}^{s-1}\frac{\rho^{n-1}}{(n-1)!} + \sum_{n=s}^{K}\frac{\rho^{n-1}}{s!s^{n-1-s}}\right]$$

$$= p_0\rho\left(\sum_{n=0}^{s-1}\frac{\rho^n}{n!} + \sum_{n=s}^{K}\frac{\rho^n}{s!s^{n-s}} - \frac{\rho^k}{s!s^{K-s}}\right) = \rho\left(1 - \frac{\rho^k}{s!s^{K-s}}p_0\right)$$

$$= \rho(1-p_k) \tag{11.37}$$

于是有

$$L = L_q + \bar{s} = L_q + \rho(1-p_k) \tag{11.38}$$

例 11.4 某停车场有 10 个停车位置,汽车按 Poisson 流到达,平均 10 辆/h,每辆汽车停留时间服从负指数分布,平均 10 min. 试求:

(1) 停车位置的平均空闲数.

(2) 到达汽车能找到一个空位停车的概率.

(3) 每天(24 h)在该停车场找不到空闲位置停放的汽车的平均数.

(4) 被占用的停车位置的平均数 $\bar{s}$.

解 本题是一个 $M/M/10/10$ 系统. $\lambda = 10/\text{h}$, $\mu = 6/\text{h}$, $\rho = \dfrac{\lambda}{\mu} = \dfrac{5}{3}$,可求得

$p_0 = 0.1889$.

(1) 停车位置平均空闲数为 $\sum_{n=0}^{10}(10-n)p_n = 8.3262$.

(2) 到达车能找到一个空位停车的概率为 $1 - p_{10} = 1 - \frac{\rho^{10}}{10!}p_0 \approx 1$.

(3) $24\lambda \cdot p_{10} = 24 \times 10 \times \frac{\left(\frac{5}{3}\right)^{10}}{10!} \times 0.1889 = 0.0021$.

(4) $\bar{s} = \rho(1 - p_k) = \frac{5}{3}(1 - p_{10}) \approx \frac{5}{3}$.

注意 上例中,服务台个数 $s = 10 =$ 系统容量 K,当 $s = K$ 时,即为多服务台损失制排队系统.在(11.31)式和(11.32)式中,令 $K = s$,即得损失制排队系统的基本公式:

$$p_0 = \left(\sum_{n=0}^{s}\frac{\rho^n}{n!}\right)^{-1} \tag{11.39}$$

$$p_n = \frac{\rho^n}{n!}p_0 \quad (n = 1,2,\cdots,s) \tag{11.40}$$

$$L_q = 0, W_q = 0, W = \frac{1}{\mu} \tag{11.41}$$

$$L = L_q + \bar{s} = \rho(1 - p_k) \tag{11.42}$$

顾客的损失率为

$$B(s,\rho) = p_s = \frac{\rho^s}{s!}\left(\sum_{n=0}^{s}\frac{\rho^n}{n!}\right)^{-1} \tag{11.43}$$

称(11.43)式为爱尔朗损失公式,$B(s,\rho)$即为到达系统后由于系统空间已被占满而不能进入系统的顾客的百分比,可证明得

$$\bar{s} = \rho(1 - B(s,\rho)) \tag{11.44}$$

10.3.3 有限源排队模型($M/M/s/\infty/m$)

设系统的顾客源为有限数 m,每个顾客来到系统中接受服务后仍回到原来的总体,还有可能再来.这类有限排队系统的典型例子是 s 个工人共同看管 m 台机器,当机器出故障时即停下来等待修理,修好后再投入使用,且仍可能再出故障,此外还有 m 个打字员共用一台打字机等.如图 11.2 所示.

关于平均到达率,在无限源的情形是按全体顾客来考虑的,在有限源的情形下必须按每个顾客来考虑.设各个顾客的到达率都是相同的 λ(λ 的含义是指单位时间内该顾客来到系统请求服务的次数),每位顾客在系统外的时间服从参数为 λ 的负指数分布.系统的有效到达率为

$$\lambda_e = \lambda(m - L) \tag{11.45}$$

稳态下状态间的转移率为

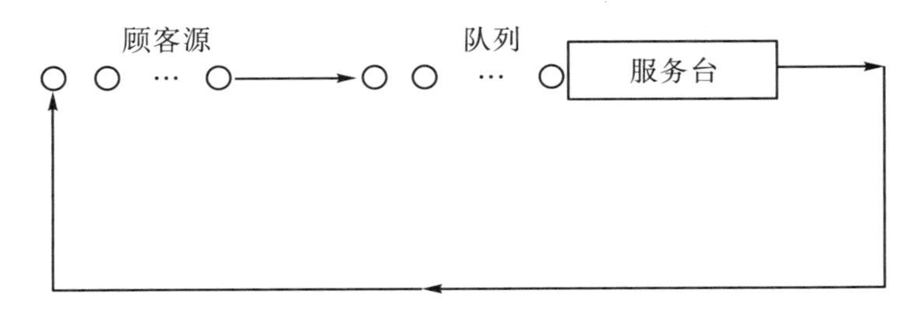

图 11.2 有限源排队系统

$$\lambda_n = \lambda(m-n) \quad (n = 0,1,2,\cdots,m-1)$$

$$\mu_n = \begin{cases} n\mu & (n = 1,2,\cdots,s) \\ s\mu & (n = s+1,\cdots,m) \end{cases} \tag{11.46}$$

基于生灭过程的 C_n 为

$$C_n = \begin{cases} \dfrac{m!}{(m-n)!n!}\rho^n & (n = 1,2,\cdots,s) \\ \dfrac{m!}{(m-n)!s!s^{n-s}}\rho^n & (n = s,\cdots,m) \end{cases} \tag{11.47}$$

于是有

$$p_n = \begin{cases} \dfrac{m!}{(m-n)!n!}\rho^n p_0 & (n = 1,2,\cdots,s) \\ \dfrac{m!}{(m-n)!s!s^{n-s}}\rho^n p_0 & (n = s,\cdots,m) \end{cases} \tag{11.48}$$

其中

$$p_0 = \left[\sum_{n=0}^{s-1} \frac{m!}{(m-n)!n!}\rho^n + \sum_{n=s}^{m} \frac{m!}{(m-n)!s!s^{n-s}}\rho^n\right]^{-1}$$

由此可求出有关运行指标：

$$L_q = \sum_{n=s}^{m}(n-s)p_n \tag{11.49}$$

$$\begin{aligned} L &= \sum_{n=0}^{m} np_n = \sum_{n=0}^{s} np_n + s\sum_{n=s+1}^{m} p_n + \sum_{n=s+1}^{m}(n-s)p_n \\ &= \sum_{n=0}^{s-1} np_n + L_q + s\left(1 - \sum_{n=0}^{s-1} p_n\right) \end{aligned} \tag{11.50}$$

L 或由下式求出：

$$L = L_q + \frac{\lambda_e}{\mu} = L_q + \rho(m-L) \tag{11.51}$$

再利用 Little 公式，有

$$W = \frac{L}{\lambda_e}, \quad W_q = \frac{L_q}{\lambda_e} \tag{11.52}$$

特别，对单服务台（即 $s=1$）排队系统，有

$$p_n = \frac{m!}{(m-n)!}\rho^n p_0 \quad (n = 1,\cdots,m) \tag{11.53}$$

$$p_0 = \left[\sum_{n=0}^{m}\frac{m!}{(m-n)!}\rho^n\right]^{-1} \tag{11.54}$$

$$L_q = \sum_{n=0}^{m}(n-1)p_n = m - \frac{\lambda+\mu}{\lambda}(1-p_0) \tag{11.55}$$

$$L = \sum_{n=0}^{m}np_n = L_q + (1-p_0) = m - \frac{\mu}{\lambda}(1-p_0) \tag{11.56}$$

$$W = \frac{L}{\lambda_e} = \frac{m}{\mu(1-p_0)} - \frac{1}{\lambda} \tag{11.57}$$

$$W_q = \frac{L_q}{\lambda_e} = W - \frac{1}{\mu} \tag{11.58}$$

例 11.5 设有一工人看管 5 台机器，已知每台机器平均 2 h 发生一次故障，服从负指数分布. 工人维修速度为 3.2 台/h，服从 Poisson 分布，试求：

(1) 修理工人空闲的概率.

(2) 5 台机器都出故障的概率.

(3) 等待修理的机器的平均数.

(4) 每台机器发生一次故障的平均停工时间.

(5) 工人的维修能力.

解 本例属 $M/M/1/5/5$ 排队系统，$\lambda=0.5$ 台/h，$\mu=3.2$ 台/h，$\rho=\frac{5}{32}$.

(1) 修理工人空闲的概率也即求全部机器处于运行状态的概率 p_0，

$$p_0=\left[\sum_{n=0}^{5}\frac{5!}{(5-n)!}\left(\frac{\lambda}{\mu}\right)^n\right]^{-1}=0.387\,4.$$

(2) $p_5=\frac{5!}{0!}\left(\frac{5}{32}\right)^5 p_0=0.004\,3$.

(3) $L_q=5-\frac{3.7}{0.5}\times 0.612\,6=0.467$(台).

(4) $W=\frac{5}{3.2\times(1-0.387\,4)}-\frac{1}{0.5}=0.550\,6$(h).

(5) 工人的维修能力即单位时间内系统实际可完成的服务次数，为

$$\mu(1-p_0) = 3.2\times(1-0.387\,4) = 1.96(\text{台})$$

由上述分析可知，本系统机器停工时间 W 和看管工人的空闲都较合理. 否则，若停工时间过长，修理工人的空闲时间很小，则应采取措施提高服务率或增加工人.

11.3.4 服务率或到达率依赖状态的排队模型

在实际的排队问题中，到达率或服务率可能是随系统的状态而变化的. 例如，后来的顾客得知系统中顾客数已经比较多时，也许不愿意再进入该系统；服务员的

服务率当顾客较多时也可能会提高.

对单服务台系统,可设实际的平均到达率和平均服务率(它们均依赖于系统所处的状态 n)分别为

$$\lambda_n = \frac{\lambda_0}{(n+1)^b} \quad (n = 0,1,2,\cdots)$$

$$\mu_n = n^a \mu_1 \quad (n = 0,1,2,\cdots)$$

对多服务台系统,可设实际的平均到达率和平均服务率分别为

$$\lambda_n = \begin{cases} \lambda_0 & (n \leqslant s-1) \\ \left(\dfrac{s}{n+1}\right)^b \lambda_0 & (n \geqslant s-1) \end{cases}$$

$$\mu_n = \begin{cases} n\mu_1 & (n \leqslant s) \\ \left(\dfrac{n}{s}\right)^a s\mu_1 & (n \geqslant s) \end{cases}$$

于是,对多服务台系统,有

$$C_n = \begin{cases} \dfrac{\left(\dfrac{\lambda_0}{\mu_1}\right)^n}{n!} & (n = 1,2,\cdots,s) \\ \dfrac{\left(\dfrac{\lambda_0}{\mu_1}\right)^n}{s!\left(\dfrac{n!}{s!}\right)^{a+b} s^{(1-a-b)(n-s)}} & (n = s,s+1,\cdots) \end{cases} \tag{11.59}$$

下面讨论一个到达率依赖状态的单服务台等待制系统 $M/M/1/\infty$,其参数为

$$\lambda_n = \frac{\lambda}{n+1} \quad (n = 0,1,2,\cdots)$$

$$\mu_n = \mu \quad (n = 1,2,\cdots)$$

于是有

$$C_n = \frac{\lambda\left(\dfrac{\lambda}{2}\right)\left(\dfrac{\lambda}{3}\right)\cdots\left(\dfrac{\lambda}{n}\right)}{\mu^n} = \frac{\lambda^n}{n!\mu^n} = \frac{\rho^n}{n!}$$

设 $\rho = \dfrac{\lambda}{\mu} < 1$,有

$$p_n = \frac{\rho^n}{n!} p_0 \tag{11.60}$$

$$p_0 = \left(\sum_{n=0}^{\infty} \frac{\rho^n}{n!}\right)^{-1} = \mathrm{e}^{-\rho} \tag{11.61}$$

$$L = \sum_{n=0}^{\infty} nP_n = \sum_{n=0}^{\infty} \frac{n\rho^n}{n!} p_0 = \rho \tag{11.62}$$

$$L_q = \sum_{n=1}^{\infty} (n-1)P_n = L - (1 - P_0) = \rho + \mathrm{e}^{-\rho} - 1 \tag{11.63}$$

有效到达率(单位时间内实际进入系统的顾客的平均数)为

$$\lambda_e = \sum_{n=0}^{\infty} \frac{\lambda}{n+1} P_n = \mu(1 - e^{-\rho}) \tag{11.64}$$

$$W = \frac{L}{\lambda_e} = \frac{\rho}{\mu(1 - e^{-\rho})} \tag{11.65}$$

$$W_q = \frac{L_q}{\lambda_e} = W - \frac{1}{\mu} \tag{11.66}$$

11.4 非生灭过程排队系统

前面所讨论的排队模型都是顾客到达为 Poisson 流,服务时间服从负指数分布的生灭过程排队模型.这类排队系统具有马尔可夫性,即由系统当前状态可推出未来的状态.但是到达流不是 Poisson 流或服务时间不服从负指数分布时,则由系统的当前状态去推断未来状态,条件不充足,故须用新的方法来研究具有非负指数分布的排队系统.

非生灭过程排队模型的分析都是非常困难的,下面就几种特殊情形给出一些结果.

11.4.1 $M/G/1$ 排队模型

$M/G/1$ 模型是指顾客的到达为 Poisson 流,服务时间为一般独立分布的单服务台排队模型.

设顾客的平均到达率为 λ,服务时间的均值为$\frac{1}{\mu}<\infty$,方差 $\sigma^2<\infty$.可证明,当$\rho=\frac{\lambda}{\mu}<1$,系统即可达到平稳状态,有

$$p_0 = 1 - \rho \tag{11.67}$$

$$L_q = \frac{\lambda^2\sigma^2 + \rho^2}{2(1-\rho)} \tag{11.68}$$

$$L = \rho + L_q \tag{11.69}$$

$$W_q = \frac{L_q}{\lambda} \tag{11.70}$$

$$W = W_q + \frac{1}{\mu} \tag{11.71}$$

由上述公式可看出,L_q,L,W,W_q 都仅仅依赖于ρ 和服务时间的方差σ^2,而与分布的类型没有关系,这是排队论中一个非常重要的结果,称(11.68)式为 Pollaczek-Khintchine(P-K)公式.

由P－K公式发现,当服务率μ给定,方差σ^2减少时,平均队长和等待时间都将减少,于是,可通过改变σ^2来缩短平均队长L.当$\sigma^2=0$时,即服务时间为定长时,平均队长和等待时间可减到最小值,说明服务时间越有规律,等候的时间也就越短.

例11.6 某单人理发店,顾客到达为Poisson流,平均每小时三人,理发时间T服从正态分布,期望是15分钟,方差$\sigma^2=1/18$,求有关运行指标.

解 已知$\lambda=3$(人/h),$E(T)=\frac{1}{4}$(h),$D(T)=\frac{1}{18}$,$\rho=\lambda E(T)=\frac{3}{4}$,$\mu=4$,故

$$L_q=\frac{3^2\frac{1}{18}+\left(\frac{3}{4}\right)^2}{2(1-\frac{3}{4})}=2.215(\text{人})$$

$$L=2.215+\frac{3}{4}=2.875(\text{人})$$

$$W=\frac{2.875}{3}=0.958(\text{h})$$

$$W_q=\frac{2.215}{3}=0.708(\text{h})$$

11.4.2 $M/D/1$排队模型

对定长服务时间的$M/D/1/\infty$模型,这时$E(V)=\frac{1}{\mu}$,$D(V)=0$,由Pollaczek-Khintchine公式,有

$$L_q=\frac{\rho^2}{2(1-\rho)}=\frac{\lambda^2}{2\mu(\mu-\lambda)} \tag{11.72}$$

$$L=L_q+\rho=\frac{\lambda(2\mu-\lambda)}{2\mu(\mu-\lambda)} \tag{11.73}$$

$$W_q=\frac{\rho^2}{2\lambda(1-\rho)}=\frac{\lambda}{2\mu(\mu-\lambda)} \tag{11.74}$$

$$W=W_q+\frac{1}{\mu} \tag{11.75}$$

11.4.3 $M/E_k/1$排队模型

设顾客必须经过k个串联的服务阶段,在每个服务阶段的服务时间T_i相互独立,并服从相同的负指数分布,参数为$k\mu$,则$T=\sum_{i=1}^{k}T_i$服从k阶爱尔朗分布,其密度函数为

$$f(t)=\frac{k\mu(k\mu t)^{k-1}}{(k-1)!}\mathrm{e}^{-k\mu t}\quad(t\geqslant 0) \tag{11.76}$$

故其均值和方差为

$$E(T_i) = \frac{1}{k\mu}, \quad D(T_i) = \frac{1}{k^2\mu^2}$$

$$E(T) = \frac{1}{\mu}, \quad D(T) = \frac{1}{k\mu^2}, \quad k = \frac{(E(T))^2}{D(T)}$$

因 $M/E_k/1$ 模型可作为 $M/G/1$ 系统的一个特例，于是由 P-K 公式，可得

$$L_q = \frac{\lambda^2 \frac{1}{k\mu^2} + \rho^2}{2(1-\rho)} = \frac{\rho^2(k+1)}{2k(1-\rho)} \overset{\rho=\frac{\lambda}{\mu}}{=} \frac{1+k}{2k}\frac{\lambda^2}{\mu(\mu-\lambda)} \tag{11.77}$$

$$L = L_q + \rho = \frac{(1-k)\rho^2 + 2k\rho}{2k(1-\rho)} \tag{11.78}$$

$$W = \frac{L}{\lambda} = \frac{(1-k)\rho + 2k}{2k\mu(1-\rho)} \tag{11.79}$$

$$W_q = \frac{L_q}{\lambda} = \frac{\rho(k+1)}{2k\mu(1-\rho)} = \frac{1+k}{2k}\frac{\lambda}{\mu(\mu-\lambda)} \tag{11.80}$$

例 11.7 一个办事员核对登记的申请书时，必须依次检查 8 张表格，核对每张表格需 1 min，顾客到达率为 6 人/h，服务时间和到达时间均为负指数分布，求：

(1) 办事员空闲的概率.

(2) L, L_q, W 和 W_q.

解 分析题意知此系统为 $M/E_k/1$ 模型，$k=8$，由 $\frac{1}{8\mu}=1(\text{min})$ 得

$$\mu = \frac{1}{8}(\text{人/min}) = 7.5(\text{人/h}), \quad \lambda = 6(\text{人/h}), \quad \rho = \frac{\lambda}{\mu} = 0.8$$

(1) $p_0 = 1-\rho = 0.2$.

(2) $L_q = \frac{0.8^2(8+1)}{2\times 8\times 0.2} = 1.8(\text{人})$, $\quad L = L_q + \rho = 2.6(\text{人})$,

$$W = \frac{L}{\lambda} = \frac{13}{30}(h) = 26(\text{min}), \quad W_q = \frac{L_q}{\lambda} = \frac{3}{10}(h) = 18(\text{min}).$$

11.5 排队系统的优化

排队系统的优化设计是指系统设计的最优化和系统控制最优化. 本节只讨论系统设计的最优化，其常用目标函数有：稳态系统单位时间的平均总费用或平均总利润. 平均总费用由服务费用和等待费用构成，最优化的目标之一是两者费用之和为最小，并确定达到最优目标的最优的服务水平. 平均总利润由服务收入与服务成本构成，最优化的目标之一是两者之差为最大，如图 11.3 所示.

在稳态下各种费用可按单位时间计算或估计,对不可计算的一些费用,如特殊情形下的顾客的等待费用等,可由统计的经验资料来估计.

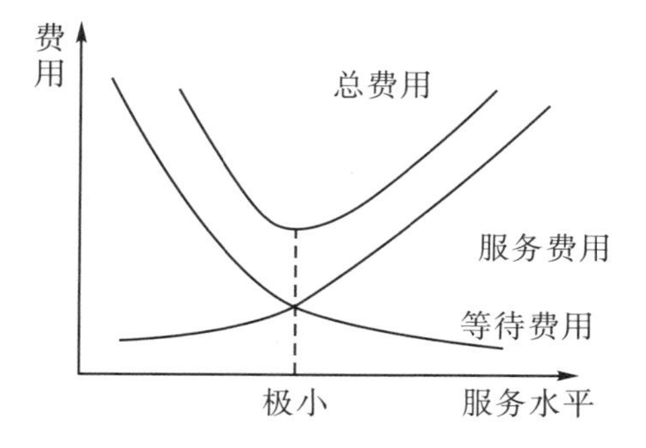

图 11.3 排队系统优化

服务水平可由不同形式表示,如平均服务率 μ,服务台的个数 s,系统容量 K 等,服务水平也可通过服务强度 ρ 来表示.

对优化问题的求解,一般对于离散变量常用边际分析法,对于连续变量常用经典的微分法,对复杂的优化问题有时需要采用非线性规划或动态规划等方法.

11.5.1 $M/M/1$ 排队模型中最优服务率

1. 标准的 $M/M/1$ 模型

先考虑 $M/M/1/\infty$ 模型,取目标函数 z 为单位时间服务成本与顾客在系统中逗留费用之和的期望值,即

$$z = c_s\mu + c_w L$$

其中,c_s 为当$\mu=1$ 时单位时间的平均费用,c_w 为每个顾客在系统中逗留单位时间的费用.

把 $M/M/1/\infty$ 模型中的 $L=\frac{\lambda}{\mu-\lambda}$代入上式,得

$$z = c_s\mu + c_w\frac{\lambda}{\mu-\lambda}$$

令

$$\frac{\mathrm{d}z}{\mathrm{d}u} = c_s - c_w\lambda\frac{1}{(\mu-\lambda)^2} = 0$$

得最优服务率

$$\mu^* = \lambda + \sqrt{\frac{c_w}{c_s}\lambda} \tag{11.81}$$

2. 系统中顾客最大限制数 K

针对 $M/M/1/K$ 模型,从使服务机构利润最大化来考虑.由于在平衡状态下,单位时间内到达并进入系统的平均顾客数为 $\lambda_e=\lambda(1-p_k)$,也等于单位时间内实际服务完的平均顾客数.设每服务一个顾客服务机构的收入为 G 元,于是单位时间内收入的期望值为 $\lambda(1-p_K)G$ 元,故利润 z 为

$$z = \lambda(1-p_K)G - c_s\mu = \lambda G\frac{1-\rho^K}{1-\rho^{K+1}} - c_s\mu = \lambda\mu G\frac{\mu^K-\lambda^K}{\mu^{K+1}-\lambda^{K+1}} - c_s\mu$$

令$\frac{\mathrm{d}z}{\mathrm{d}u}=0$,得

$$\rho^{K+1}\frac{K-(K+1)\rho+\rho^{K+1}}{(1-\rho^{K+1})^2}=\frac{c_s}{G} \tag{11.82}$$

最优解 μ^* 应满足(11.82)式,式中 K 和 c_s/G 都是给定的.但要由(11.82)式解出 μ^* 是很困难的.通常是通过数值计算来求 μ^* 的,或将(11.82)式左方(对一定的 K)作为 ρ 的函数作出图形,对于给定的 c_s/G,根据图形可求出 μ^*/λ.

11.5.2　$M/M/s$ 模型中的最优的服务台数 s^*

下面仅讨论 $M/M/s/\infty$ 模型.已知在平稳状态下单位时间内总费用(服务费用与等待费用之和)的期望值为

$$z=c_s'\cdot s+c_w\cdot L \tag{11.83}$$

其中,s 是服务台数,c_s'是每个服务台单位时间内的总费用,c_w 为每个顾客在系统停留单位时间的费用,L 是系统中的顾客平均数(也可把 L 换成系统中等待的顾客平均数 L_q).

显然,它们都随 s 值的不同而不同,因为 c_s'和 c_w 都是给定的,唯一可能变动的是服务台数 s,所以 z 是 s 的函数 $z(s)$,并求 s^* 使 $Z(s^*)$为最小.

因为 s 只能取整数值,于是 $z(s)$不是连续变量的函数,采用边际分析法,根据 $Z(s^*)$是最小的特点,有

$$Z(s^*)\leqslant Z(s^*-1),\quad Z(s^*)\leqslant Z(s^*+1)$$

将(11.83)式中 z 代入,得

$$\begin{cases}c_s's^*+c_wL(s^*-1)\leqslant c_s'(s^*-1)+c_wL(s^*-1)\\ c_s's^*+c_wL(s^*)\leqslant c_s'(s^*+1)+c_wL(s^*+1)\end{cases}$$

化简后,得

$$L(s^*)-L(s^*+1)\leqslant\frac{c_s'}{c_w}\leqslant L(s^*-1)-L(s^*)$$

依次求 $s=1,2,\cdots$时 L 的值,并求相邻的 L 值之差,因$\frac{c_s'}{c_w}$是已知数,根据这个数落在哪个不等式的区间里就可定出 s^*.

习　题　11

1. 在某单人理发店,顾客到达为 Poisson 流,平均到达间隔为 20 min,理发时间服从负指数分布,平均时间为 15 min,求:

(1) 顾客来理发不必等待的概率.

(2) 理发店内顾客平均数.

(3) 顾客在理发店内平均逗留时间.

(4) 若顾客在店内平均逗留时间超过 1.25 h,则店主将考虑增加设备及理发员,问平均到达

率提高多少时店主才考虑这样做?

2．汽车按平均每小时90辆的Poisson流到达高速公路收费口,每辆车通过收费口平均需时35 s,服从负指数分布.由于驾驶人员反映等待交费时间太长,管理部门拟采用新装置使汽车通过收费口的平均时间减少到平均30 s,但条件是原收费口平均等待车辆超过6辆,且新装置的利用率不低于75%时才采用,根据这一要求,分析采用新装置是否合理?

3．有一台电话的公用电话亭,打电话顾客服从$\lambda=6$人/h的Poisson分布,平均每人打电话时间为3 min,服从负指数分布,试求:

(1) 到达者在开始打电话前需等待10 min以上的概率.

(2) 顾客从到达时算起到打完电话离开超过10 min的概率.

(3) 管理部门决定当打电话顾客平均等待时间超过3 min时,将安装第二台电话,问当λ值多大时需安装第二台?

4．称顾客为等待所费时间与服务时间之比为顾客损失率,用R表示.

(1) 试证:对于$M/M/1$模型,$R=\dfrac{\lambda}{\mu-\lambda}$.

(2) 在(1)中,设λ不变而μ可控制,试决定μ使顾客损失率小于4.

5．在例11.1中,若顾客的平均到达率增加到4人/h,服务时间不变,这时增加了一个理发员.

(1) 根据λ/μ的值说明增加理发员的原因.

(2) 求:增加理发员后店内空闲的概率;店内至少有两个顾客的概率.

(3) 求L, L_q, W, W_q.

6．在$M/M/1/K/\infty$模型中,若$\rho=1(\lambda=\mu)$,试证:

$$p_n=\frac{1}{K+1}\quad(n=0,1,2,\cdots)$$

7．对于$M/M/1/K/\infty$模型,试证:

$$\lambda(1-p_k)=\mu(1-p_0)$$

8．对于$M/M/1/m/m$模型,试证:

$$L=m-\frac{\mu(1-P_0)}{\lambda}$$

并给予直观解释.

9．对于$M/M/s/\infty/\infty$模型,μ是每个服务台的平均服务率,试证:

(1) $L-L_q=\dfrac{\lambda}{\mu}$　　(2) $\lambda=\mu\left[s-\sum\limits_{n=0}^{s}(s-n)p_n\right]$

10．车间内有m台机器,有s个修理工($m>s$),每台机器发生故障率为λ,符合$M/M/s/m/m$模型,试证:

$$\frac{W}{\dfrac{1}{\lambda}+W}=\frac{L}{m}$$

11．某停车场有10个停车位置,汽车到达服从Poisson分布,平均10辆/h,每辆汽车停留时间服从负指数分布,平均10 min.试求:

(1) 停车位置的平均空闲数.

(2) 到达汽车能找到一个空位停车的概率.

(3) 在该场地停车的汽车占总到达数的比例.

(4) 每天(24 h)在该停车场找不到空闲位置停放的汽车的平均数.

12. 考虑某个只有一个服务员的排队系统,输入为参数 λ 的 Poisson 流,假定服务时间的概率分布未知,但期望值已知为 $1/\mu$.

(1) 比较每个顾客在队伍中的期望等待时间,如服务时间的分布分别为:① 负指数分布;② 定长分布;③ 爱尔朗分布,其均方差 σ' 值为负指数分布 σ 的 1/2.

(2) 若 λ 与 μ 值均增大为原来的两倍,σ 值也相应变化,求上述三种分布情况下顾客在队伍中期望等待时间的改变情况.

13. 存货被使用的时间服从参数为 μ 的负指数分布,再补充之间的时间间隔服从参数为 λ 的负指数分布,如库存不足时每单位时间每件存货的损失费用为 c_2,n 件存货在库时的单位时间存储费用为 $c_1 n$,这里 $c_2 > c_1$.求:

(1) 求每单位时间平均总费用 C 的表达式.

(2) $\rho = \dfrac{\lambda}{\mu}$ 的最优值是什么?

第 12 章 存 储 论

存储论又称库存理论，是运筹学中发展较早的分支. 早在 1915 年，哈里斯(F. Harris)针对银行货币的储备问题进行了详细的研究，建立了一个确定性的存储费用模型，并求得了最佳批量公式. 1934 年威尔逊(R. H. Wilson)重新得出了这个公式，后来人们称这个公式为经济订购批量公式(简称为 E. O. Q. 公式). 这是属于存储论的早期工作. 存储论真正作为一门理论发展起来还是在 20 世纪 50 年代. 1958 年威汀(T. M. Whitin)出版了《存储管理的理论》一书，随后阿罗(K. J. Arrow)等出版了《存储和生产的数学理论研究》，毛恩(P. A. Moran)在 1959 年写了《存储理论》. 此后，存储论成了运筹学中的一个独立的分支，有关学者相继对随机或非平稳需求的存储模型进行了广泛深入的研究. 本章仅介绍存储论涉及基本的相关概念和简单的存储模型.

12.1 存储论的基本概念

12.1.1 存储问题的提出

现代化的生产和经营活动都离不开存储，为了使生产和经营活动有条不紊地进行，工商企业一般总需要一定数量的储备物资来支持. 例如，一个工厂为了持续进行生产，就需要储备一定数量的原材料或半成品；一个商店为了满足顾客的需求，就必须有足够的商品库存；农业部门为了进行正常生产，需要贮备一定数量的种子、化肥、农药；军事部门为了战备的需要，要存储各种武器弹药等军用物品；一个银行为了进行正常的业务，需要有一定的资金储备；在信息时代的今天，人们又建立了各种数据库和信息库，存储大量的信息等等. 因此，存储问题是人类社会活动，特别是生产活动中一个普遍存在的问题. 物资的存储，除了用来支持日常生产经营活动外，有的库存调节还可以满足高于平均水平的需求，同时也可以防止低于平均水平的供给. 此外，有时大批量物资的订货或利用物资季节性价格的波动，可以得到价格上的优惠. 诸如此类，与存储量有关的问题，需要人们做出抉择，在长期实践中人们摸索到一些规律，也积累了一些经验. 把这类研究物资最优存储策略以及存储控制的理论称为存储论.

12.1.2 存储论的基本概念

企业为了生产,必需贮存一些原材料,把这些贮存物品简称存储.生产时从存储中取出一定数量的原料进行生产,使存储减少,生产不断进行,存储不断减少,到一定时刻必须对存储给以补充,否则存储用完了,生产无法进行.

例如,商店必须贮存一些商品(即存储),营业时卖掉一部分商品使存储减少,到一定的时候又必须进货来补充存储,否则因库存售空而无法继续营业.

很显然,存储量因需求而减少,因补充而增加.通过简单的分析可知,一个存储问题包括的基本要素有以下几个:

1. 需求

对存储来说,由于需求,须从库存中取出一定的数量,使存储量减少,这就是存储的输出.有的视为间断式的需求,有的视为连续均匀的需求.图 12.1 和图 12.2 分别表示 t 时间内的输出量皆为 $S-W$,但两者的输出方式不同.图 12.1 表示输出是间断的,图 12.2 表示输出是连续的.

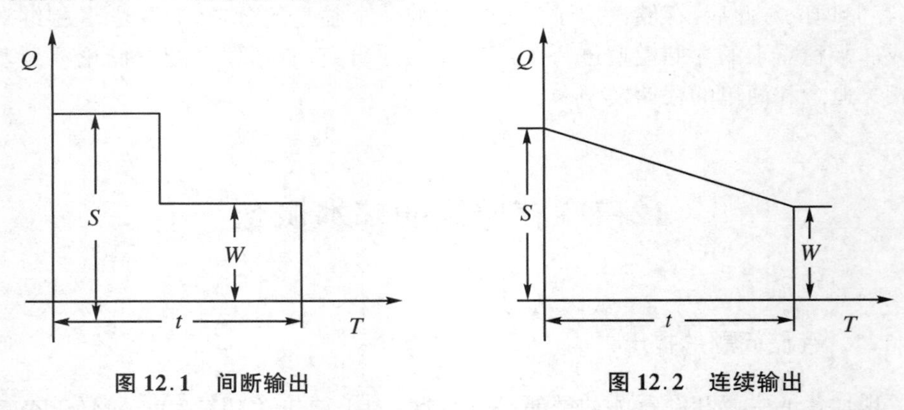

图 12.1 间断输出　　图 12.2 连续输出

有的需求是确定性的,如生产中对各种物料的需求,在合同环境下对商品的按时提供等都是确定性的;有的需求是随机性的,如在终端销售部门每日出售的商品是随机的,但是经过大量的统计以后,可能会发现每日出售某商品数量统计规律,称之为已知概率分布的需求.

2. 订货批量(或生产批量、或需求保障)

为了弥补因需求而减少了的存储,往往要预订购一定数量的物品来补充存储,在时间先后顺序上分批次的方式进行,一次订货中包含某种物品的数量称之为批量,通常用 Q 表示.另外从订货到存储实现往往需要一段时间,这段时间可以从两种不同的角度理解.

(1) 拖后时间是从订货时间点角度来说,从订货到货物进入"存储"往往需要一段时间,我们把这段时间称为拖后时间.

(2) 提前时间是从另一个角度,即从存储实现的时间点角度来说,为了能补充存储,必需提前在某一时刻订货,那么这段时间可称之为提前时间(或称备货时间).

实际上,很容易看出拖后时间和提前时间指的都是同一时间段,只是从两种不同的角度认识而已,这段时间可能很长,也可能很短;可以是随机性的,也可以是确定性的.例如某种物品的订货提前期为半个月,若希望在8月15日收到该批物品,那么最迟在8月1日提出订货.生活中这种例子很多,读者可以结合物流公司、超市、加油站等仔细想一下.

存储论要解决的问题是:多少时间补充一次,每次补充的数量应该是多少.决定提前多长时间订货以及订货的数量的方案称为存储策略(可能方案的全体称存储策略集或存储策略空间).存储问题主要讨论如何从存储策略空间选择存储策略,使得决策者所得最大或者投资最少,也就是决策者的利益最优化.而评价优劣最直接的衡量标准是计算该策略所耗用的平均费用.从而有必要对策略所需费用进行详细的分析.

3. 费用

主要包括下列一些费用支出:

(1) 存储费.包括货物占用资金应付的利息以及使用仓库、保管货物、货物损坏变质等要支出的费用综合.以每件存储物品在单位时间内所需的存储费用来计算.

(2) 订货费.指每组织一次订货或采购某种物品所必需的费用.包括两项费用,一项是订购费用也称固定费用,如手续费、派人员外出采购的差旅费等费用.订购费与订货次数有关而与订货量无关.另一项是货物的成本费用,它与订货数量有关.如货物本身的价格、运费等.如货物单价为 k 元,订购费用为 C_3 元,订货数量为 Q,则订货费用为 $C_3+k\cdot Q$.

(3) 生产费.补充存储时,如果不需向外厂订货,由本厂自行生产,这时需要支出两项费用.一项是装配费用,如更换零件、机器需要工时,或添置某些设备等属于这项费用.另一项是与生产产品的数量有关的费用,如进行生产所需要的材料费、加工费等.

(4) 缺货费.因存储物已耗尽,发生供不应求时所引起的损失.如失去销售机会的损失、原材料供应不上造成工人待料停工的损失等.

以上是存储问题中的主要费用项目,随实际问题的不同,所考虑的费用项目也有不同程度的差异.

4. 存储策略

前面已经说过,决定多长时间提出订货以及订货的数量的策略称为存储策略.常见的决定策略类型的思考方法有三种:

(1) t_0-循环策略.每隔 t_0 时间补充存储量 Q,即以 t_0 为周期进行定量 Q 的补充存储.

(2) (s,S)策略.每当存储量 $x>s$ 时不补充,当 $x\leqslant s$ 时补充存储.补充量为

$Q=S-x$,即存储空间的最大缺货量,其中,S 为存储空间的最大存储量,s 为是否需要补充的决策标准.

(3) (t_0,s,S)混合策略.每经过 t_0 时间检查存储量 x,当$x>s$时不补充,当$x\leqslant s$时,补充存储量到最大存储量 S.

对存储问题主要考虑的因素有:供应(需求)的量是多少,简称为量的问题;还有就是什么时候供应,也就是时间周期的问题.存储问题经长期研究已得出一些行之有效的模型.大体上可分为两大类:一类是确定性模型,即模型中的数据皆为确定的数值;另一类是随机性模型,即含有随机变量的模型(量和时间周期都可能是随机的).

12.2 确定性存储模型

12.2.1 模型一:不允许缺货,生产时间很短

为了便于对存储问题的分析和描述,我们对实际问题做如下合理假设:

(1) 需求上,假设需求是连续均匀的,即需求速度(单位时间的需求量)R 是常数.

(2) 时间上,假设补充可以瞬时实现,即补充时间(拖延时间或提前时间)几乎为 0.

(3) 费用上,假设单位存储费(单位时间内单位存储物的存储费用)为 C_1;由于不允许缺货,所以单位缺货费(单位时间内每缺少一单位存储物所带来的损失)C_2 为无穷大;订货费(每订购一次的固定费用)为 C_3;货物(存储物)单价为 k.

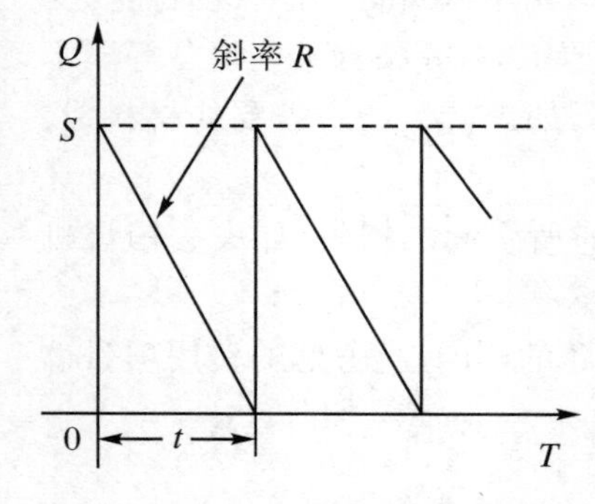

图 12.3 存储量变化情况

根据假设,得到存储量变化情况如图 12.3 表示.

假定每隔 t 时间补充一次存储,也就是考虑 t_0-循环策略,由于补充时间是瞬间的,那么订货量必须满足 t 时间段的需求Rt,记订货量为 Q,则 $Q=Rt$,订购费为 C_3,货物单价为 k,则订货费为 $C_3+k\cdot Q=C_3+k\cdot Rt$,$t$ 时间内的平均订货费为$\dfrac{C_3+k\cdot Rt}{t}=\dfrac{C_3}{t}+k\cdot R$,在图 12.3 中,利用微积分以及几何知识易得出 t 时间段内的平均存储量为$\dfrac{1}{t}\int_0^t RT\mathrm{d}T=\dfrac{1}{2}Rt$.

单位存储费用为 C_1,t 时间段内所需平均存储费用为$\dfrac{1}{2}RtC_1$.记 t 时间内总

的平均费用为$C(t)$,则有关于t的函数关系式

$$C(t) = \frac{C_3}{t} + k \cdot R + \frac{1}{2} C_1 R t \tag{12.1}$$

下面的问题是如何确定t的取值,使得总平均费用$C(t)$最小,即求函数$C(t)$关于t的最小值问题.

令

$$\frac{\mathrm{d}C(t)}{\mathrm{d}t} = \frac{C_3}{t^2} + \frac{1}{2} C_1 R = 0$$

得

$$t_0 = \sqrt{\frac{2C_3}{C_1 R}} \tag{12.2}$$

即每隔t_0时间补充缺货一次可使得总平均费用$C(t)$最小.此时订货批量为

$$Q_0 = R t_0 = \sqrt{\frac{2C_3 R}{C_1}} \tag{12.3}$$

公式(12.3)即存储论中著名的经济订购批量(Economic Ordering Quantity)公式,简称EOQ公式,也称平方根公式,或经济批量公式.将t_0代入公式(12.1)得出最佳费用

$$\begin{aligned} C_0 = C(t_0) &= C_3 \sqrt{\frac{C_1 R}{2C_3}} + kR + \frac{1}{2} C_1 R \sqrt{\frac{2C_3}{C_1 R}} \\ &= \sqrt{2C_1 C_3 R} + kR \end{aligned} \tag{12.4}$$

公式(12.2)是由于选t作为存储策略变量推导出来的.如果选订货批量Q作为存储策略变量也可以推导出上述公式.

例12.1 某煤矿每月按计划需产煤Q万吨,每万吨煤每月需保管费C_1万元,每次生产需要装配费C_3万元.试确定该煤矿的最优生产方案.

解 方案一:该矿厂每月生产煤的生产批量为Q万吨;每月需总费用$C_1 Q + C_3$(万元/月);全年需费用$12(C_1 Q + C_3)$(万元/年).

方案二:按EOQ公式计算每次生产批量$Q_0 = \sqrt{\frac{2C_3 Q}{C_1}}$,利用$Q_0$计算出全年应生产$n_0 = \frac{12 \times Q}{Q_0}$次,两次生产相隔的时间$t_0 = \frac{365}{n_0} = \frac{365 \times Q_0}{12 \times Q}$(天),$t_0$天的存储费$\frac{C_1}{Q} \times \frac{365 Q_0}{12Q}$(元/吨),共需费用$\frac{C_1}{Q} \times \frac{365 Q_0}{12Q} \times \sqrt{\frac{2C_3 Q}{C_1}} + C_3$(元),全年共需费用$\left(\frac{C_1}{Q} \times \frac{365 Q_0}{12Q} \times \sqrt{\frac{2C_3 Q}{C_1}} + C_3\right) \times \frac{12Q}{Q_0}$(元/年).

读者可以比较一下两种方案的费用差异.

12.2.2 模型二:允许缺货(需补足缺货),生产需一定时间

模型条件假设:

(1) 假设需求是连续均匀的,即需求速度是常数 R.

(2) 假设补充需要一定时间.不考虑拖后时间,只考虑生产时间,也就是只要需要,生产立即开始,但是生产需要一定周期.设生产是连续均匀的,即生产速度为常数 P,同时设 $P>R$.

(3) 单位存储费为 C_1,单位缺货费为 C_2,订购费为 C_3,不考虑货物价值.

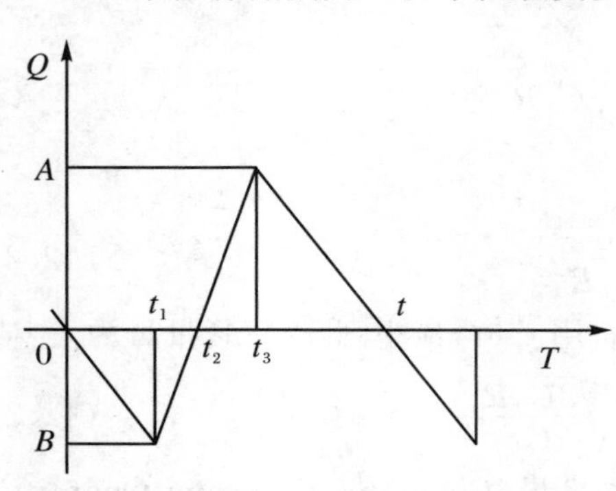

图 12.4 允许缺货存储

该假设下的存储情况分析如图 12.4 所示.

假设$[0,t]$为一个存储周期,设 t_1 时刻开始生产,t_3 时刻结束生产;从图 12.4 中可以分析得到如下情况:

$[0,t_2]$时间内存储为 0,t_1 时刻缺货量最大,B 表示最大缺货量.

$[t_1,t_2]$时间内产量一方面以速度 R 满足需求,另一方面以速度 $P-R$ 补充$[0,t_1]$时间内的缺货,t_2 时刻缺货补足.

$[t_2,t_3]$时间内一方面以速度 R 满足需求,另一方面以速度 $P-R$ 增加存储,t_3 时刻存储量达到最大 A,t_3 时刻停止生产.

$[t_3,t]$时间存储量以需求速度 R 减少,到时刻 t 存储减少到 0,进入下一个存储周期.

下面根据模型假设和存储情况分析图,导出$[0,t]$时间内的平均费用函数,从而确定该模型的最优存储策略.

从$[0,t_1]$时间段看,最大缺货量 $B=Rt_1$.

从$[t_1,t_2]$时间段看,最大缺货 $B=(P-R)(t_2-t_1)$.

故有恒等式

$$Rt_1=(P-R)(t_2-t_1)$$

从而解得

$$t_1=\frac{(P-R)}{P}t_2 \tag{12.5}$$

从$[t_2,t_3]$时间段看,最大存储量 $A=(P-R)(t_3-t_2)$.

从$[t_3,t]$时间段看,最大存储量 $A=R(t-t_3)$.

故有恒等式

$$(P-R)(t_3-t_2)=R(t-t_3)$$

从而解得

$$t_3=\frac{R}{P}t+\left(1-\frac{R}{P}\right)t_2 \quad 或 \quad t_3-t_2=\frac{R}{P}(t-t_2) \tag{12.6}$$

在$[0,t_1]$时间内所需费用分别为:

存储费：$\frac{1}{2}C_1(P-R)(t_3-t_2)(t-t_2)$.

将(12.6)式代入消去 t_3，整理得

$$\frac{1}{2}C_1(P-R)\frac{R}{P}(t-t_2)^2$$

缺货费：$\frac{1}{2}C_2Rt_1t_2$.

将(12.5)式代入消去 t_1，整理得

$$\frac{1}{2}C_1R\frac{(P-R)}{P}t_2^2$$

装配费：C_3.

在$[0,t_1]$时间内总平均费用为

$$C(t,t_2)=\frac{1}{t}\left[\frac{1}{2}C_1\frac{(P-R)R}{P}(t-t_2)^2+\frac{1}{2}C_2\frac{(P-R)R}{P}t_2^2+C_3\right]$$

$$=\frac{1}{2}\frac{(P-R)R}{P}\left[C_1t-2C_1t_2+(C_1+C_2)\frac{t_2^2}{t}\right]+\frac{C_3}{t^2}$$

为了确定 t,t_2 使得 $C(t,t_2)$最小，利用多元函数极值求解方法有

$$\frac{\partial C(t,t_2)}{\partial t}=\frac{1}{2}\frac{(P-R)R}{P}\left[C_1+(C_1+C_2)t_2^2(-\frac{1}{t^2})\right]-\frac{C_3}{t^2} \quad (12.7)$$

$$\frac{\partial C(t,t_2)}{\partial t_2}=\frac{1}{2}\frac{(P-R)R}{P}\left[-2C_1+2(C_1+C_2)t_2\cdot\frac{1}{t})\right] \quad (12.8)$$

解方程$\begin{cases}\dfrac{\partial C(t,t_2)}{\partial t}=0\\ \dfrac{\partial C(t,t_2)}{\partial t_2}=0\end{cases}$，得

$$t^*=\sqrt{\frac{2C_3}{C_1R}}\cdot\sqrt{\frac{C_1+C_2}{C_2}}\cdot\sqrt{\frac{P}{P-R}}$$

$$t_2{}^*=\left(\frac{C_1}{C_1+C_2}\right)\sqrt{\frac{2C_3}{C_1R}}\cdot\sqrt{\frac{C_1+C_2}{C_2}}\cdot\sqrt{\frac{P}{P-R}}=\left(\frac{C_1}{C_1+C_2}\right)t^*$$

依多元微积分的知识可以证明 $C(t,t_2)$在 t^*,t_2^* 处取得最小值，记为$C(t^*,t_2^*)$，此时，模型二的最优存储策略对应的各参数的取值分别为

最优存储周期：

$$t^*=\sqrt{\frac{2C_3}{C_1R}}\cdot\sqrt{\frac{C_1+C_2}{C_2}}\cdot\sqrt{\frac{P}{P-R}} \quad (12.9)$$

经济生产批量：

$$Q^*=R\cdot t^*=R\cdot\sqrt{\frac{2C_3}{C_1R}}\cdot\sqrt{\frac{C_1+C_2}{C_2}}\cdot\sqrt{\frac{P}{P-R}} \quad (12.10)$$

缺货补足时间：

$$t_2{}^* = \frac{C_1}{C_1 + C_2} t^* \tag{12.11}$$

开始生产时间：

$$t_1{}^* = \frac{P - R}{P} t_2{}^* \tag{12.12}$$

结束生产时间：

$$t_3{}^* = \frac{R}{P} t^* + \left(1 - \frac{R}{P}\right) t_2{}^* \tag{12.13}$$

最大存储量：

$$A^* = R(t^* - t_3{}^*) = \sqrt{\frac{2C_3R}{C_1}} \cdot \sqrt{\frac{C_2}{C_1 + C_2}} \cdot \sqrt{\frac{P - R}{P}} \tag{12.14}$$

最大缺货量：

$$B^* = Rt_1{}^* = \sqrt{\frac{2C_1C_3R}{(C_1 + C_2)C_2}} \cdot \frac{P - R}{P} \tag{12.15}$$

平均总费用：

$$C^* = 2\frac{C_3}{t^*} = \sqrt{2C_1C_3R} \cdot \sqrt{\frac{C_2}{C_1 + C_2}} \cdot \frac{P - R}{P} \tag{12.16}$$

例 12.2 某公司生产某产品，正常生产条件下每天可生产 100 件；根据供货合同，需要按每天 70 件供货；存储费每天每件 1.30 元，缺货费每天每件 5 元，每次生产装备费用（装配费）为 800 元. 求最优存储策略.

解 依题意，符合模型二的条件，且 $p = 100$ 件/天，$R = 70$ 件/天，$C_1 = 1.30$ 元/(天・件)，$C_2 = 5$ 元/(天・件)，$C_3 = 800$ 元/次. 利用上述公式可得

$$t^* = \sqrt{\frac{2 \times 800}{1.30 \times 70}} \cdot \sqrt{\frac{1.30 + 5}{5}} \cdot \sqrt{\frac{100}{100 - 70}} \approx 8.6(\text{天})$$

$$Q^* = 70 \times 8.6 = 602(\text{件}/\text{次})$$

$$t_2{}^* = \frac{1.30}{1.30 + 5} \times 27.2 \approx 1.8(\text{天})$$

$$t_1{}^* = \frac{1.30}{1.30 + 5} \times 1.8 \approx 0.53(\text{天})$$

$$t_3{}^* = \frac{70}{100} \times 8.6 + \left(1 - \frac{70}{100}\right) \times 1.8 = 6.5(\text{天})$$

$$A^* = 70 \times (8.6 - 6.5) \approx 143(\text{件})$$

$$B^* = 70 \times 0.53 = 37(\text{件})$$

$$C^* = 2 \times 800 \div 8.6 \approx 186.2(\text{元}/\text{天})$$

注意 实际生产中，在保证供需动态平衡的基础上，对最优存储策略的各个参数做适当调整，因为费用函数对最优存储策略的微小变化并不敏感（为什么?）.

12.2.3 模型三：不允许缺货，生产需一定时间

本模型的假设条件，除生产需要一定时间的条件外，其余皆与模型一的相同.

设生产批量为 Q,所需生产时间为 t_3,则生产速度为 $P = Q/t_3$,已知需求速度为 $R(P>R)$.生产的产品一部分以速度 R 满足需求,另一部分以速度 $P-R$ 作为存储,这时存储变化情况分析如图12.5所示.

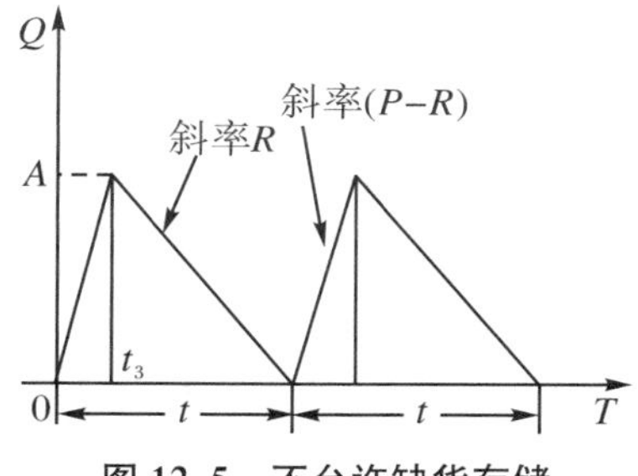

图12.5 不允许缺货存储

从图12.5中易知,在时间段$[0, t_3]$内,存储以 $P-R$ 速度增加,在时间段$[t_1, t]$内存储以速度 R 减少,t_3 与 t 皆为待定数.在单个的生产周期内,在时间段$[0, t_3]$,以速度 P 生产的产品等于在时间段$[0, t]$内的需求,故有关系式 $Pt_3 = Rt$.

从而在$[0, t]$时间段的平均存储量为$\frac{1}{2}(P-R)t_3$,在$[0, t]$时间段所需存储费为$\frac{1}{2}C_1(P-R)t_3 t$,在$[0, t]$时间段所需装配费为 C_3.

因此,在$[0, t]$时间段单位时间总费用 $C(t)$表示,即

$$C(t) = \frac{1}{t}\left[\frac{1}{2}C_1(P-R)t_3 t + C_3\right] = \frac{1}{t}\left[\frac{1}{2}C_1(P-R)\frac{Rt^2}{P} + C_3\right], \quad t_3 = \frac{Rt}{P}$$

利用微积分求极值的方法可求得稳定点

$$t^* = \sqrt{\frac{2C_3P}{C_1R(P-R)}} \tag{12.17}$$

所以,该模型的最优存储策略的相关参数的取值分别为

最优存储周期:

$$t^* = \sqrt{\frac{2C_3P}{C_1R(P-R)}} = \sqrt{\frac{2C_3}{C_1R}} \times \sqrt{\frac{P}{P-R}}$$

经济生产批量:

$$Q^* = Rt^* = R\sqrt{\frac{2C_3P}{C_1R(P-R)}} = \sqrt{\frac{2C_3RP}{C_1(P-R)}}$$

$$= \sqrt{\frac{2C_3R}{C_1}} \times \sqrt{\frac{P}{P-R}}$$

结束生产时间:

$$t_3{}^* = \frac{Rt^*}{P} = \frac{R}{P} \times \sqrt{\frac{2C_3P}{C_1R(P-R)}} = \sqrt{\frac{2C_3R}{C_1P(P-R)}}$$

最大存储量:

$$A^* = R(t^* - t_3) = R\left(\sqrt{\frac{2C_3P}{C_1R(P-R)}} - \sqrt{\frac{2C_3R}{C_1P(P-R)}}\right)$$

平均总费用:

$$C^* = \frac{2C_3}{t^*} = \sqrt{\frac{2C_1C_3R(P-R)}{P}} = \sqrt{2C_1C_3R} \times \sqrt{\frac{P-R}{P}}$$

将前面模型一中求得 t_0,Q_0 的公式与该模型中求得 t^*,Q^* 的公式相比较,即知它们只差一个因子$\sqrt{\frac{P}{P-R}}$.且当 $P\to+\infty$,即$\frac{P}{P-R}\to 1$ 时,两组公式就相同了,此处 $P\to+\infty$说明补充不需要时间.

例 12.3 某公司对某产品的需求量为 400 件/月,已知生产率为 800 件/月,每批订货费为 12 元,每月每件产品存储费为 0.6 元,求经济生产批量及最低费用.

解 已知 $C_1=0.6,C_3=12,P=800,R=400$,将各值代入模型三最优策略的各参数公式得

$$t^*=\sqrt{\frac{2C_3P}{C_1R(P-R)}}=\sqrt{\frac{2C_3}{C_1R}}\times\sqrt{\frac{P}{P-R}}\approx 0.45(\text{月})$$

$$Q^*=\sqrt{\frac{2C_3RP}{C_1(P-R)}}=\sqrt{32\ 000}\approx 179(\text{件})$$

$$C^*=\sqrt{\frac{2C_1C_3R(P-R)}{P}}=53.67(\text{元})$$

12.2.3 模型四:允许缺货(缺货需补足),生产时间很短

本模型的假设条件除允许缺货外,其余条件皆与模型一相同.

假设:单位存储费用为 C_1,缺货费用为 C_2(单位缺货损失),每次订购费用为 C_3,R 为需求速度.求最佳存储策略,使平均总费用最小.此模型的存储情况分析如图 12.6 所示.

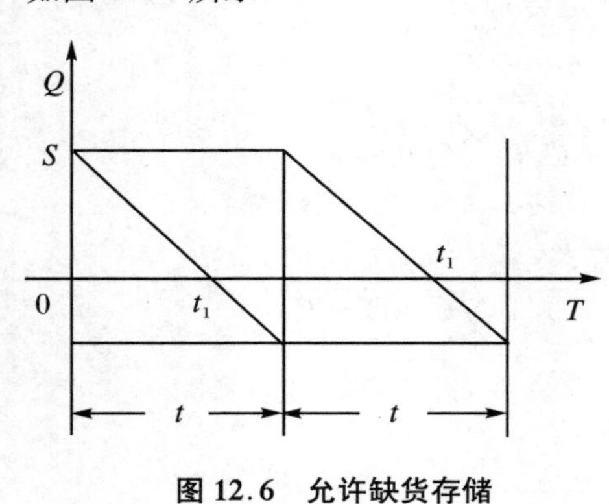

图 12.6 允许缺货存储

假设最初存储量为 S,可以满足 t_1 时间的需求,$[0,t_1]$ 时间段的平均存储量为 $\frac{1}{t_1}\int_0^{t_1}\left(S-\frac{S}{t_1}T\right)\mathrm{d}T=\frac{1}{2}S$,在$[t_1,t]$时间段的存储为 0,平均缺货量为$\frac{1}{2}R(t-t_1)$.由于 S 仅能满足$[0,t_1]$时间段的需求,所以 $S=Rt_1$,故有 $t_1=S/R$.

在$[0,t]$时间内所需存储费:$C_1\frac{1}{2}St_1=\frac{1}{2}C_1\frac{S^2}{R}$.

在$[0,t]$时间内的缺货费:$C_2\frac{1}{2}R(t-t_1)^2=\frac{1}{2}C_2\frac{(Rt-S)^2}{R}$.

订购费为:C_3.

平均总费用:$C(t,S)=\frac{1}{t}\left[C_1\frac{S^2}{2R}+C_2\frac{(Rt-S)^2}{2R}+C_3\right]$.

利用多元函数求极值的方法求 $C(t,S)$的最小值.

$$\frac{\partial C}{\partial S}=\frac{1}{t}\left[C_1\frac{S}{R}-C_2\frac{(Rt-S)}{R}\right]=0 \quad (R\neq 0,t\neq 0)$$

$$C_1S-C_2(Rt-S)=0$$

$$S=\frac{C_2Rt}{C_1+C_2} \tag{12.18}$$

$$\frac{\partial C}{\partial t}=-\frac{1}{t^2}\left[C_1\frac{S^2}{2R}+C_2\frac{(Rt-S)^2}{2R}+C_3\right]+\frac{1}{t}[C_2(Rt-S)]=0 \quad (R\neq 0,t\neq 0)$$

$$-C_1\frac{S^2}{2}-C_2\frac{(Rt-S)^2}{2}+C_3R+tR[C_2(Rt-S)]=0 \tag{12.19}$$

联立(12.18)式与(12.19)式及相应关系式解得该模型的最优策略参数公式为

最优存储周期：

$$t^*=\sqrt{\frac{2C_3(C_1+C_2)}{C_1RC_2}}$$

经济生产批量：

$$Q^*=Rt^*=R\sqrt{\frac{2C_3(C_1+C_2)}{C_1RC_2}}=\sqrt{\frac{2RC_3(C_1+C_2)}{C_1C_2}}$$

最初存储量：

$$S^*=\sqrt{\frac{2C_2C_3R}{C_1(C_1+C_2)}}$$

缺货时间：

$$t_1=\frac{S^*}{R}=\sqrt{\frac{2C_3(C_1+C_2)}{C_1RC_2}}$$

最大缺货量：

$$B^*=Q^*-S^*=\sqrt{\frac{2RC_3}{C_1}\cdot\frac{(C_1+C_2)}{C_2}}-\sqrt{\frac{2RC_3}{C_1}\cdot\frac{C_2}{(C_1+C_2)}}=\sqrt{\frac{2RC_1C_3}{C_2(C_1+C_2)}}$$

平均总费用：

$$C^*=\sqrt{\frac{2C_1C_2C_3R}{C_1+C_2}}$$

模型四中由于允许缺货最佳周期 t^* 为不允许缺货最佳周期的$\sqrt{\frac{C_2+C_1}{C_2}}$倍，而$\sqrt{\frac{C_2+C_1}{C_2}}>1$，所以在允许缺货的条件下两次订货间隔时间延长了.

在允许缺货条件下，经过研究而得出的存储策略是隔 t^* 时间订货一次，订货量为 Q^*，用 Q^* 中的一部分补足所缺货物，剩余部分 S^* 进入存储.很明显，在相同的时间段里，允许缺货的订货次数比不允许缺货时间订货次数减少了.

12.2.5　模型五：价格依赖订货批量有折扣的存储问题

我们常看到一种商品有所谓零售价、批发价和出厂价，购买同一种商品的数量不同，商品单价也不同，一般情况下购买数量越多，商品单价可能越低. 在少数情况下，某种商品限额供应，超过限额部分的商品单价要提高.

本模型除去订购数量对货物单价的刺激机制外，其余条件皆与模型一的假设相同，应如何制定相应的存储策略？

记货物单价为 $K(Q)$，设 $K(Q)$ 按 n 个数量等级变化，表示成分段函数：

$$K(Q)=\begin{cases} K_1 & (Q_0<Q\leqslant Q_1)\\ K_2 & (Q_1<Q\leqslant Q_2)\\ \cdots\cdots & \\ K_n & (Q_{n-1}<Q\leqslant Q_n)\end{cases}$$

当订购量为 Q 时，一个周期内所需费用为

$$C(t)=\frac{1}{2}C_1Rt+\frac{C_3}{t}+RK(Q)$$

其中 $Q=Rt$，所以有

$$C(t)=\begin{cases} \frac{1}{2}C_1Rt+\frac{C_3}{t}+RK_1 & (Q_0<Q\leqslant Q_1)\\ \frac{1}{2}C_1Rt+\frac{C_3}{t}+RK_2 & (Q_1<Q\leqslant Q_2)\\ \cdots\cdots & \\ \frac{1}{2}C_1Rt+\frac{C_3}{t}+RK_n & (Q_{n-1}<Q\leqslant Q_n)\end{cases}$$

如若不考虑货物总价 $RK(Q)$，则 $C(t)=\frac{1}{2}C_1Rt+\frac{C_3}{t}$，此时最小费用对应最优存储周期为 $\hat{t}$，但考虑货物总价时，$\hat{t}$ 未必是最小费用存储周期. 一般情况，模型五的平均最小总费用的订购批量 Q^* 按如下步骤确定：

(1) 计算 $\hat{Q}=R\hat{t}=\sqrt{\frac{2C_3R}{C_1}}$，若 $Q_{j-1}<\hat{Q}\leqslant Q_j$ 时，平均总费用 $\hat{C}=\sqrt{2C_1C_3R}+RK_j$.

(2) 计算 $C^{(i)}=\frac{1}{2}C_1Q_i+\frac{C_3R}{Q_i}+RK_i\,(i=j,j+1,\cdots,n)$.

(3) 记 $C^*=\min\{\hat{C},C^{(j)},C^{(j+1)},\cdots,C^{(n)}\}$，则 C^* 对应的订购批量为最小费用订购批量 Q^*，对应的订购周期为 $t^*=\frac{Q^*}{R}$.

例 12.4 某厂每年需某种元件 5 000 个，每次订购费 $C_3=50$ 元，保管费每件每年 $C_1=1$ 元，不允许缺货. 元件单价 K 随采购数量不同而有变化.

$$K(Q)=\begin{cases} 2.0\text{ 元} & (Q<1\,500)\\ 1.9\text{ 元} & (1\,500\leqslant Q)\end{cases}$$

解 利用 EOQ 公式计算

$$\hat{Q} = \sqrt{\frac{2C_2R}{C_1}} = \sqrt{\frac{2\times 50\times 5\ 000}{1}} = 707(\text{个})$$

分别计算每次订购 707 个和 1 500 个元件所需平均单位元件所需费用：

$$C(707) = \frac{1}{2}\times 1\times \frac{707}{1\ 500} + \frac{50}{707} + 2 = 2.141\ 4(\text{元}/\text{个})$$

$$C(1\ 500) = \frac{1}{2}\times 1\times \frac{1\ 500}{5\ 000} + \frac{50}{1\ 500} + 1.9 = 2.083\ 3(\text{元}/\text{个})$$

因为 $C(1\ 500)<C(707)$，知最佳订购量 $Q=1\ 500$.

由于订购批量不同，订货周期长短不一样，所以才利用平均单位货物所需费用比较优劣，当然也可以利用不同批量，计算其全年所需费用来比较优劣.

也有的折扣条件为

$$K(Q) = \begin{cases} K_1 & (Q < Q_1) \\ K_2 & (Q > Q_1) \end{cases}$$

超过 Q_1 部分$(Q-Q_1)$才按 K_2 计算货物单价.

如果 $K_1>K_2$，显然是鼓励大量购买货物. 在特殊情况下会出现 $K_1<K_2$，这时是利用价格的变化限制购货数量.

12.3　随机性存储模型

随机性存储模型的重要特点是需求为随机的，其概率或分布为已知. 在这种情况下，前面所介绍过的模型已经不能适用了. 例如商店对某种商品进货 500 件，这 500 件商品可能在一个月内售完，也有可能在两个月之后还有剩余. 商店如果既想不因缺货而失去销售机会，又不因滞销而过多积压资金，这时必须采用新的存储策略. 可供选择的策略主要有三种：

(1) 定期订货，但订货数量需要根据上一个周期末剩下货物的数量决定订货量. 剩下的数量少，可以多订货. 剩下的数量多，可以少订或不订货. 这种策略可称为定期订货法.

(2) 定点订货，存储降到某一确定的数量时即订货，不再考虑间隔的时间. 这一数量值称为订货点，每次订货的数量不变，这种策略可称之为定点订货法.

(3) 定期定量订货是把定期订货与定点订货综合起来的方法，隔一定时间检查一次存储，如果存储数量高于一个数值 s，则不定货. 小于 s 时则订货补充存储，订货量要使存储量达到 S，这种策略可以简称为(s,S)存储策略.

此外与确定性模型不同的特点还有：不允许缺货的条件只能从概率的意义方面理解，如不缺货的概率为 0.8 等. 存储策略的优劣，通常以赢利的期望值的大小作为衡量的标准.

12.3.1 模型六：需求是离散随机的随机变量

报童问题 报童每天售报数量 r 是一个随机变量，设 r 的概率分布 $P(r)$ 根据以往的经验是已知的. 报童每售出一份报纸赚 k 元. 如报纸未能售出，每份赔 h 元. 问报童每日最好准备多少份报纸?

解 这个问题可转化为报童每日报纸的订货量 Q 为何值时，赚钱的期望值最大? 反言之，如何适当地选择 Q 值，使得未能售完报纸的损失及因缺货失去销售机会的损失，两者期望值之和最小. 现在用计算损失期望值最小的办法分析求解该问题.

设售出报纸数量为 r，其概率分布 $P(r)$ 为已知，报童订购报纸数量为 Q. 则：

(1) 当供过于求($r \leqslant Q$)时，这时报纸因未能售完而承担的损失为随机变量 r 的函数 $h(Q-r)$，所以损失的期望值为

$$\sum_{r=0}^{Q} h(Q-r)P(r)$$

(2) 当供不应求($r>Q$)时，这时因缺货而少赚钱的损失为随机变量 r 的函数 $k(r-Q)$，所以少赚钱的期望值为

$$\sum_{r=Q+1}^{+\infty} k(r-Q)P(r)$$

综合(1)，(2)两种情况，当订货量为 Q 时，损失的期望值为两者之和，记为

$$C(Q)=h\sum_{r=0}^{Q}(Q-r)P(r)+k\sum_{r=Q+1}^{+\infty}(r-Q)P(r)$$

因此该问题要求选择适当的订货量 Q，使损失 $C(Q)$ 最小.

由于报童订购报纸的份数 Q 只能取整数，r 是离散型随机变量，所以不能用连续可导函数求极值的方法. 为此设报童每日订购报纸的最佳份数为 Q，则损失 $C(Q)$ 应满足：

(1) $C(Q) \leqslant C(Q+1)$.

(2) $C(Q)<C(Q-1)$.

由(1)推导有

$$\begin{aligned}&h\sum_{r=0}^{Q}(Q-r)P(r)+k\sum_{r=Q+1}^{+\infty}(r-Q)P(r)\\ &\quad\leqslant h\sum_{r=0}^{Q+1}(Q+1-r)P(r)+k\sum_{r=Q+2}^{+\infty}(r-Q-1)P(r)\end{aligned}$$

经化简后得

$$(k+h)\sum_{r=0}^{Q}P(r)-k \geqslant 0$$

即

$$\sum_{r=0}^{Q} P(r) \geqslant \frac{k}{k+h} \tag{12.20}$$

由(2)推导有

$$h\sum_{r=0}^{Q}(Q-r)P(r)+k\sum_{r=Q+1}^{+\infty}(r-Q)P(r)$$
$$<h\sum_{r=0}^{Q-1}(Q-1-r)P(r)+k\sum_{r=Q}^{+\infty}(r-Q+1)P(r)$$

经化简后得

$$(k+h)\sum_{r=0}^{Q-1}P(r)-k<0$$

即

$$\sum_{r=0}^{Q-1}P(r)<\frac{k}{(k+h)} \tag{12.21}$$

结合(12.20)式与(12.21)式可知模型六的最佳订购份数 Q 应该满足关系式

$$\sum_{r=0}^{Q-1}P(r)<\frac{k}{k+h}\leqslant\sum_{r=0}^{Q}P(r) \tag{12.22}$$

从赢利最大来考虑报童应准备的报纸数量.设报童订购报纸数量为 Q,获利的期望值为 $C(Q)$,当随机需求变量 $r\leqslant Q$ 时,报童只能售出 r 份报纸,每份赚 k(元),则共赚 $k\cdot r$(元).未售出的报纸随机剩余 $Q-r$ 份,每份赔 h(元),滞销损失为 $h(Q-r)$(元).此时赢利为随机变量 r 的函数 $kr-h(Q-r)$ 的期望为

$$\sum_{r=0}^{Q}[kr-h(Q-r)]P(r)$$

当随机需求变量 $r>Q$ 时,报童因为只有 Q 份报纸可供销售,赢利 $k\cdot Q$ 的期望值为 $\sum\limits_{r=Q+1}^{+\infty}k\cdot QP(r)$,无滞销损失.由以上分析知总的期望赢利为

$$C(Q)=\sum_{r=0}^{Q}k\cdot r\cdot P(r)-\sum_{r=0}^{Q}h(Q-r)P(r)+\sum_{r=Q+1}^{+\infty}k\cdot QP(r)$$

为使总的期望赢利 $C(Q)$ 最大,订购份数 Q 应满足下列关系式:

(1) $C(Q+1)\leqslant C(Q)$.

(2) $C(Q-1)<C(Q)$.

从(1)推导有

$$k\sum_{r=0}^{Q+1}rP(r)-h\sum_{r=0}^{Q+1}(Q+1-r)P(r)+k\sum_{r=Q+2}^{+\infty}(Q+1)P(r)$$
$$\leqslant k\sum_{r=0}^{Q}rP(r)-h\sum_{r=0}^{Q}(Q-r)P(r)+k\sum_{r=Q+2}^{+\infty}Q\cdot P(r)$$

经化简后得

$$kP(Q+1)-h\sum_{r=0}^{Q}P(r)+k\sum_{r=Q+2}^{+\infty}P(r)\leqslant 0$$

进一步化简得

$$k\left[1-\sum_{r=0}^{Q}P(r)\right]-h\sum_{r=0}^{Q}P(r)\leqslant 0$$

$$\sum_{r=0}^{Q}P(r)\geqslant\frac{k}{k+h}$$

同理从(2)推导出

$$\sum_{r=0}^{Q-1}P(r)<\frac{k}{k+h}$$

综合(1)与(2)知 Q 满足不等式

$$\sum_{r=0}^{Q-1}P(r)<\frac{k}{k+h}\leqslant\sum_{r=0}^{Q}P(r)$$

确定 Q 的值,这一公式与(12.22)式完全相同.

尽管报童问题中损失最小的期望值与赢利最大的期望值是不同的,但确定 Q 值的条件是相同的.无论从哪一个方面来考虑,报童的最佳订购份数 Q 是一个确定的数值.在下面的模型中将进一步说明这个问题.

例 12.5 某店拟出售甲商品,每单位甲商品成本 500 元,售价 700 元.如不能售出必须减价为 400 元,减价后一定可以售出.已知售货随机变量 r 的概率服从参数为 λ 的 Poisson 分布 $P(r)=\frac{e^{-\lambda}\lambda^{r}}{r!}$($\lambda$ 为平均售货量).根据以往经验,平均售货量为 6 单位(即 $\lambda=6$).问该店的最佳订购量为多少?

解 该店的缺货损失,每单位商品为 $700-500=200$.滞销损失,每单位商品为 $500-400=100$,现利用公式(12.22),其中 $k=200,h=100$.

$$\frac{k}{h+k}=\frac{200}{200+100}=0.667,\quad P(r)=\frac{e^{-6}6^{r}}{r!}$$

记 $F(Q)=\sum_{r=0}^{Q}P(r)$,通过查 Poisson 分布表得

$$F(6)=\sum_{r=0}^{6}\frac{e^{-6}6^{r}}{r!}=0.6063,\quad F(7)=\sum_{r=0}^{7}\frac{e^{-6}6^{r}}{r!}=0.7440$$

因 $F(6)<\frac{k}{k+h}<F(7)$,故订货量应为 7 单位,此时损失的期望值最小.

模型六只能解决一次订货问题,对报童问题实际上每日订货策略问题也应当认为解决了.但模型六中有一个严格的约定,即两次订货之间没有联系,都看作独立的一次订货.这种存储策略也可称之为定期定量订货.

12.3.2 模型七:需求是连续的随机变量

例 12.6 设货物单位成本为 k,货物单位售价为 p,单位存储费为 C_1,需求 r 是连续型随机变量,其概率密度函数为 $\varphi(r)$,对应分布函数

$F(a)=\int_0^a \varphi(r)\mathrm{d}r(a>0)$，生产或订购的数量为 Q，问如何确定 Q 的数值，使赢利的期望值最大？

解 当订购数量为 Q 时，则实际销售量应该是 $\min\{r,Q\}$. 因而需支付的存储费用

$$C(Q)=C_1\cdot(Q-\min\{r,Q\})=\begin{cases}C_1(Q-r) & (r\leqslant Q)\\ 0 & (r>Q)\end{cases}$$

货物的成本为 $k\cdot Q$，赢利随机变量 Q 的函数，记为随机赢利 $W(Q)$，赢利的期望值记为 $E(W(Q))$.

本阶段的随机赢利：

$$W(Q)=p\cdot\min\{r,Q\}-k\cdot Q-C(Q)=\begin{cases}p\cdot r-k\cdot Q-C_1(Q-r) & (r\leqslant Q)\\ p\cdot Q-k\cdot Q & (r>Q)\end{cases}$$

即赢利＝实际销售货物的收入－货物成本－支付的存储费用，赢利的期望值：

$$\begin{aligned}E[W(Q)]&=\int_0^Q(p\cdot r-k\cdot Q-C_1(Q-r))\cdot\varphi(r)\mathrm{d}r\\&\quad+\int_Q^{+\infty}(p\cdot Q-k\cdot Q)\cdot\varphi(r)\mathrm{d}r\\&=\int_0^{+\infty}p\cdot r\cdot\varphi(r)\mathrm{d}r\\&\quad-\int_Q^{+\infty}p\cdot(r-Q)\cdot\varphi(r)\mathrm{d}r-\int_0^Q C_1\cdot(Q-r)\cdot\varphi(r)\mathrm{d}r-k\cdot Q\\&=\underbrace{pE(r)}_{\text{常量(称为平均盈利)}}-\Big[p\cdot\underbrace{\int_Q^{+\infty}(r-Q)\varphi(r)\mathrm{d}r}_{\text{因缺货失去销售机会损失的期望值}}+\underbrace{\int_0^Q C_1(Q-r)\varphi(r)\mathrm{d}r}_{\text{因滞销受到损失的期望值(只考虑了存储费)}}+\underbrace{kQ}_{\text{常量}}\Big]\end{aligned}$$

记 $E[C(Q)]=p\cdot\int_Q^{+\infty}(r-Q)\cdot\varphi(r)\mathrm{d}r+C_1\cdot\int_0^Q(Q-r)\cdot\varphi(r)\mathrm{d}r+k\cdot Q$，为了使赢利期望值极大化，有下列等式：

$$\max E[W(Q)]=p\cdot E(r)-\min E[C(Q)] \tag{12.23}$$

$$\max E[W(Q)]+\min E[C(Q)]=p\cdot E(r) \tag{12.24}$$

(12.23)式表明了赢利极大与损失极小所得出的 Q 值相同.(12.24)式表明极大赢利期望值与损失极小期望值之和是常数.

根据上面的分析，求赢利极大可以转化为求 $E[C(Q)]$（损失期望值）极小. 当 Q 可以连续取值时，$E[C(Q)]$是 Q 是连续函数. 可利用连续可微函数求极值的方法求极小.

$$\begin{aligned}\frac{\mathrm{d}E[C(Q)]}{\mathrm{d}Q}&=\frac{\mathrm{d}}{\mathrm{d}Q}\Big[p\cdot\int_Q^{+\infty}(r-Q)\cdot\varphi(r)\mathrm{d}r+\int_0^Q C_1\cdot(Q-r)\cdot\varphi(r)\mathrm{d}r+k\cdot Q\Big]\\&=C_1\cdot\int_0^Q\varphi(r)\mathrm{d}r-p\cdot\int_Q^{+\infty}\varphi(r)\mathrm{d}r+k\end{aligned}$$

令$\dfrac{\mathrm{d}E[C(Q)]}{\mathrm{d}Q}=0$,记 $F(Q)=\int_0^Q\varphi(r)\mathrm{d}r$,则有

$$C_1F(Q)=p\cdot[1-F(Q)]-k$$

从中解得 $F(Q)=\dfrac{p-k}{C_1+p}$,也就是$\int_0^Q\varphi(r)\mathrm{d}r=\dfrac{p-k}{C_1+p}$,从此式中解出 Q,记为 Q^*,所以 Q^* 为 $E[C(Q)]$ 的驻点(稳定点),又因

$$\frac{\mathrm{d}^2E[C(Q)]}{\mathrm{d}Q^2}=C_1\cdot\varphi(Q)+p\cdot\varphi(Q)>0$$

知 Q^* 为 $E[C(Q)]$的极小值点,在本模型中也是最小值点(为什么?).

若 $p-k\leqslant 0$,而 $F(Q)\geqslant 0$,显然由等式 $F(Q)=\dfrac{p-k}{C_1+p}$知Q^*只能取0值,即售价低于成本时,不需要订货(或生产).

这里只考虑了失去销售机会的损失,如果缺货时要付出的缺货费用 $C_2>p$ 时,应有

$$E[C(Q)]=\underbrace{C_2\cdot\int_Q^{+\infty}(r-Q)\varphi(r)\mathrm{d}r}_{\text{缺货费}}+\underbrace{C_1\cdot\int_0^Q(Q-r)\cdot\varphi(r)\mathrm{d}r}_{\text{存储费}}+\underbrace{k\cdot Q}_{\text{货物价值}} \tag{12.25}$$

按上述办法推导得

$$F(Q)=\int_0^Q\varphi(r)\mathrm{d}r=\frac{C_2-k}{C_1+C_2}$$

模型六及模型七都是只解决一个阶段的问题,从一般情况来考虑,上一阶段未售出的货物可以在第二阶段继续出售.这时应该如何制定存储策略呢?

假设上一阶段未能售出的货物数量为 I,作为本阶段初的预库存,最大库存量为 S,则订货量 $Q=S-I$,每次订购费用为 C_3,则有

$$\begin{aligned}\min E[C(S)]&=k\cdot(S-I)+C_2\cdot\int_S^{+\infty}(r-S)\cdot\varphi(r)\mathrm{d}r\\&\quad+C_1\cdot\int_0^S(S-r)\cdot\varphi(r)\mathrm{d}r+C_3\\&=\underbrace{-k\cdot I}_{\text{常量}}+\min\{\underbrace{C_2\cdot\int_0^{+\infty}(r-S)\varphi(r)\mathrm{d}r}_{\text{缺货费}}\\&\quad+\underbrace{C_1\cdot\int_0^S(S-r)\cdot\varphi(r)\mathrm{d}r}_{\text{存储费}}+\underbrace{k\cdot S}_{\text{货物价值}}\}+\underbrace{C_3}_{\text{订购费}}\end{aligned}$$

利用$F(S)=\int_0^S\varphi(r)\mathrm{d}r=\dfrac{C_2-k}{C_1+C_2}$求出 S^* 值,相应的存储策略为:当 $I\geqslant S^*$ 时,本阶段不订货;当 $I<S^*$ 时,本阶段应订货,订货量为 $Q^*=S^*-I$,使本阶段的存储达到 S^*.这时赢利期望值最大.

这种策略也可以称作定期订货,订货量不定的存储策略.

12.3.3　模型八：需求 r 为连续型随机变量的 (s,S) 型存储策略

例 12.7　货物单位成本为 k，单位存储费为 C_1，单位缺货费为 C_2，每次订购费为 C_3，需求 r 是连续的随机变量，概率密度函数为 $\varphi(r)\left(\int_0^{+\infty}\varphi(r)\mathrm{d}r=1\right)$，概率分布函数 $F(a)=\int_0^a\varphi(r)\mathrm{d}r,(a>0)$，期初存储为 I，定货量为 Q，此时期初存储达到 $S=Q+I$. 问如何确定 Q 的值，使损失的期望值最小（赢利的期望值最大）？

解　设期初存储 I 在本阶段中为常量，订货量为 Q，则期初存储达到 $S=Q+I$. 本阶段需订货费（订购费和货物费）$C_3+k\cdot Q$.

本阶段需付存储费用的期望值为

$$\int_0^{I+Q=S}C_1(S-r)\varphi(r)\mathrm{d}r$$

需付缺货费用的期望值为

$$\int_{S=I+Q}^{+\infty}C_2(r-S)\varphi(r)\mathrm{d}r$$

本阶段所需订货费及存储费、缺货费期望值之和

$$\begin{aligned}C(I+Q)&=C(S)\\&=C_3+k\cdot Q+\int_0^S C_1\cdot(S-r)\cdot\varphi(r)\mathrm{d}r+\int_S^{+\infty}C_2\cdot(r-S)\cdot\varphi(r)\mathrm{d}r\\&=C_3+k\cdot(S+I)+\int_0^S C_1(S-r)\varphi(r)\mathrm{d}r+\int_S^{+\infty}C_2\cdot(r-S)\cdot\varphi(r)\mathrm{d}r\end{aligned}$$

Q 可以连续取值，$C(S)$ 是 S 的连续函数.

由 $\dfrac{\mathrm{d}C(S)}{\mathrm{d}S}=k+C_1\cdot\int_0^s\varphi(r)\mathrm{d}r-C_2\cdot\int_S^{+\infty}\varphi(r)\mathrm{d}r=0$，有

$$F(S)=\int_0^S\varphi(r)\mathrm{d}r=\frac{C_2-k}{C_1+C_2}\tag{12.26}$$

其中，$\dfrac{C_2-k}{C_1+C_2}$ 严格小于 1，称为临界值，以 N 表示：$\dfrac{C_2-k}{C_1+C_2}=N$.

为得出本阶段的存储策略，由 $\int_0^S\varphi(r)\mathrm{d}r=N$，确定 S 的值.

订货量 $Q=S-I$，本模型中有订购费 C_3，如果本阶段不订货可以节省订购费 C_3，因此我们设想是否存在一个数值 $s(s\leqslant S)$ 使下面不等式能成立.

$$\begin{aligned}&k\cdot s+C_1\cdot\int_0^s(s-r)\cdot\varphi(r)\mathrm{d}r+C_2\cdot\int_s^{+\infty}(r-s)\cdot\varphi(r)\mathrm{d}r\\&\quad\leqslant C_3+k\cdot S+C_1\cdot\int_0^S(S-r)\cdot\varphi(r)\mathrm{d}r+C_2\cdot\int_S^{+\infty}(r-S)\cdot\varphi(r)\mathrm{d}r\end{aligned}$$

当 $s=S$ 时，不等式显然成立.

当 $s<S$ 时，不等式右端存储费用期望值大于左端存储费用期望值，右端缺货费用期望值小于右端缺货费用期望值；一增一减后仍然使不等式成立的可能性是

存在的.如有不止一个 s 的值使下列不等式

$$C_3 + k(S - s) + C_1\left[\int_0^S (S - r)\varphi(r)\mathrm{d}r - \int_0^s (s - r)\varphi(r)\mathrm{d}r\right]$$
$$+ C_2\left[\int_S^{+\infty} (r - S)\varphi(r)\mathrm{d}r - \int_s^{+\infty} (r - s)\varphi(r)\mathrm{d}r\right] \geqslant 0$$

成立,则选其中最小者作为本模型(s,S)存储策略 s.

相应的存储策略是:每阶段初期检查存储,当库存 $I < s$ 时,需订货,订货的数量为 $Q = S - I$;当库存 $I \geqslant s$ 时,本阶段不订货.这种存储策略是定期订货但订货量不确定.订货数量的多少视上期末库存 I 来决定订货量 $Q = S - I$.

12.3.4 模型九:需求 r 为离散型随机变量的(s,S)型存储策略

设需求 r 为离散型随机变量,取值为 $r_0, r_1, \cdots, r_m (r_i < r_{i+1})$,其概率分布律为 $P(r_0), P(r_1), \cdots, P(r_m)$, $\sum_{i=0}^{m} P(r_i) = 1$.其他假设与模型八相同,原有存储量为 I(在本阶段内为常数),当本阶段开始时订货量为 Q,存储量达到 $Q + I$,本阶段所需的各种费用如下:

订货费:$C_3 + k \cdot Q$.

存储费:当需求 $r < I + Q$ 时,未能售出的存储部分需付存储费,$r \geqslant I + Q$ 时,不需要付存储费.所需存储费的期望值: $\sum_{r \leqslant I+Q} C_1(I + Q - r)P(r)$($r = I + Q$ 时,不付存储费及缺货费).

缺货费:当需求 $r > I + Q$ 时,$r - I - Q$ 部分需付缺货费.缺货费用的期望值:

$$\sum_{r > I+Q} C_2(r - I - Q)P(r)$$

本阶段所需总费用为订货费及存储费、缺货费期望之和:

$$C(I + Q) = \underbrace{C_3}_{\text{订购费}} + \underbrace{k \cdot Q}_{\text{货物价值}} + \underbrace{\sum_{r \leqslant I+Q} C_1 \cdot (I + Q - r) \cdot P(r)}_{\text{存储费}}$$
$$+ \underbrace{\sum_{r > I+Q} C_2 \cdot (r - I - Q) \cdot P(r)}_{\text{缺货费}}$$

$I + Q$ 表示存储所达到的水平,记 $S = I + Q$,上式可写为

$$C(S) = C_3 + k(S - I) + \sum_{r \leqslant S} {}_1(S - r)C_1P(r) + \sum_{r > S} C_2(r - S)P(r)$$

求出 S 值使 $C(S)$ 最小.解法如下:

(1) 将需求 r 的随机值按大小顺序排列为

$$r_0, r_1, \cdots, r_i, r_{i+1}, \cdots, r_m. r_i < r_{i+1}, r_{i+1} - r_i = \Delta r_i > 0 \quad (i = 0,1,\cdots,m - 1)$$

(2) S 只从 $r_0, r_1, \cdots, r_m$ 中取值.当 S 取值为 r_i 时,记为 S_i.

$$\Delta S_i = S_{i+1} - S_i = r_{i+1} - r_i = \Delta r_i > 0 \quad (i = 0,1,\cdots,m - 1)$$

(3) 求 S 的值使 $C(S)$ 最小.因为

$$C(S_{i+1}) = C_3 + k(S_{i+1} - I) + \sum_{r \leqslant S_{i+1}} C_1(S_{i+1} - r)P(r) + \sum_{r > S_{i+1}} C_2(r - S_{i+1})P(r)$$

$$C(S_i) = C_3 + k(S_i - I) + \sum_{r \leqslant S_i} C_1(S_i - r)P(r) + \sum_{r > S_i} C_2(r - S_i)P(r)$$

$$C(S_{i-1}) = C_3 + k(S_{i-1} - I) + \sum_{r \leqslant S_{i-1}} C_1(S_{i-1} - r)P(r) + \sum_{r > S_{i-1}} C_2(r - S_{i-1})P(r)$$

为选出使 $C(S)$最小的 S_i 值,S_i 应满足下列不等式:

(1) $C(S_{i+1}) - C(S_i) \geqslant 0$.

(2) $C(S_i) - C(S_{i-1}) \leqslant 0$.

记 $\Delta C(S_i) = C(S_{i+1}) - C(S_i)$,$\Delta C(S_{i-1}) = C(S_i) - C(S_{i-1})$.

由(1)可推导出

$$\begin{aligned}
\Delta C(S_i) &= k \cdot \Delta S_i + C_1 \cdot \Delta S_i \cdot \sum_{r \leqslant S_i} P(r) - C_2 \cdot \Delta S_i \cdot \sum_{r > S_i} P(r) \\
&= k \cdot \Delta S_i + C_1 \cdot \Delta S_i \cdot \sum_{r \leqslant S_i} P(r) - C_2 \cdot \Delta S_i \cdot \left[1 - \sum_{r \leqslant S_i} P(r)\right] \\
&= k \cdot \Delta S_i + (C_1 + C_2) \cdot \Delta S_i \cdot \sum_{r \leqslant S_i} P(r) - C_2 \cdot \Delta S_i \geqslant 0
\end{aligned}$$

因 $\Delta S_i \neq 0$,即

$$k + (C_1 + C_2) \cdot \sum_{r \leqslant S_i} P(r) - C_2 \geqslant 0$$

有

$$\sum_{r \leqslant S_i} P(r) \geqslant \frac{C_2 - k}{C_1 + C_2} = N$$

由(2)同理可以推导出

$$\sum_{r \leqslant S_{i-1}} P(r) < N = \frac{C_2 - k}{C_1 + C_2}$$

综合以上两式,得到为确定 S_i 的不等式

$$\sum_{r \leqslant S_{i-1}} P(r) < N = \frac{C_2 - k}{C_1 + C_2} \leqslant \sum_{r \leqslant S_i} P(r) \tag{12.27}$$

取满足(12.27)式的 S_i 为S.本阶段订货量为 $Q = S - I$.

习 题 12

1. 某货物每月的需求量为 1 200 件,每次订货的固定订货费为 45 元,单件货物每月保管费为 0.30 元,求最佳订货量及订货间隔时间.如果拖后时间为 4 天,确定什么时候发出订单.

2. 某企业每年对某种零件的需求量为 20 000 件,每次订货的固定订货费为 1 000 元,该零件的单价为 30 元,每个零件每年的保管费为 10 元,求最优订购批量及最小存储总费用.

3. 判断下列说法是否正确.

(1) 订货费为每订一次货发生的费用,它同每次订货的数量无关.

(2) 在同一存储模型中，可能既发生存储费用，又发生短缺费用.

4. 若某产品的一构件年需求量为 10 000 件，单价为 100 元. 由于该构件可在市场采购，故订货提前期为零，并设不允许缺货. 已知每组织一次采购需 2 000 元，每件每年的存储费为该构件单价的 20%，试求经济订货批量及每年最小的存储加上采购的总费用.

5. 某工厂向外订购一种零件以满足每年 3 600 件的需求，每次外出订购需耗费 10 元，每个零件每年要付存储费 0.8 元，若零件短缺，每年每件要付缺货费 3.2 元，求最佳订货量和最大缺货量.

6. 设工厂每月需要机械零件 2 000 件，每件成本 150 元，每件每年的存储费为成本的 16%，每次固定订货费为 100 元，若出现缺货，应付每件每月 5 元，求经济批量、最大缺货量和最小存储总费用.

7. 加工制作羽绒服的某厂预测下年度的销售量为 15 000 件，准备在全年的 300 个工作日内均衡组织生产. 假如为加工制作一件羽绒服所需的各种原材料成本为 48 元，又制作一件羽绒服所需原料的年存储费为其成本的 22%，提出一次订货所需费用为 250 元，订货提前期为零，不允许缺货，试求经济订货批量.

8. 某单位每年需零件 A 5 000 件，这种零件可在市场购买到，故订货提前期为零. 设该零件的单价为 5 元/件，年存储费为单价的 20%，不允许缺货. 若每组织采购一次的费用为 49 元，又一次购买 1 000～2 499 件时，给予 3%折扣，购买 2 500 件以上时，给予 5%折扣. 试确定一个使采购加存储费用之和为最小的采购批量.

9. 一条生产线如果全部用于某种型号产品生产时，其年生产能力为 600 000 台. 据预测对该型号产品的年需求量为 260 000 台，并在全年内需求基本保持平衡，因此该生产线将用于多品种的轮番生产. 已知在生产线上更换一种品种时，需准备结束费 1 350 元，该产品每台成本为 45 元，年存储费用为产品成本的 24%，不允许发生供应短缺，求使费用最小的该产品的生产批量.

10. 某生产线单独生产一种产品时的能力为 8 000 件/年，但对该产品的需求仅为 2 000 件/年，故在生产线上组织多品种的轮番生产. 已知该产品的存储费为 1.60 元/(件・年)，不允许缺货，更换生产品种时，需准备结束费 300 元. 目前该生产线上每季度安排生产该产品 500 件，问这样安排是否济济合理. 如不合理，提出你的意见，并计算你建议实施后可能节约的费用.

11. 某电子设备厂对一种元件的需求为 $R=2\ 000$ 件/年，订货提前期为零，每次订货费为 25 元. 该元件每件成本为 50 元，年存储费为成本的 20%. 如发生供应短缺，可在下批货到达时补上，但缺货损失为每件每年 30 元. 要求：

(1) 经济订货批量及全年的总费用.

(2) 如不允许发生供应短缺，重新求经济订货批量，并同(1)的结果进行比较.

12. 对某产品的需求量为 350 件/年(设一年以 300 工作日计)，已知每次订货费为 50 元，该产品的存储费为 13.75 元/(件・年)，缺货时的损失为 25 元/(件・年)，订货提前期为 5 天. 该种产品由于结构特殊，需用专门车辆运送，在向订货单位发货期间，每天发货量为 10 件. 试求：

(1) 经济订货批量及最大缺货量.

(2) 年最小费用.

第13章 对 策 论

13.1 引 言

13.1.1 对策现象

带有竞争或对抗性的现象称为对策现象.在日常生活中,经常可以看到一些具有对抗或竞争性质的现象,如下棋、打扑克、球类比赛以至战争等.竞争的各方都各有长处,也各有不足,即各有对方所不具备的特点.在竞争或竞赛过程中,各方都想方设法发挥自己的长处,攻击对方的弱点,尽最大可能去取得较好的结果.想要获得尽可能好的结局,必须考虑对手采取何种方案,从而选出对己方有利的策略.对策论是研究对策现象中各方是否存在最合理的行动方案,以及如何找到合理的行动方案的数学理论和方法.

一般公认,对策论研究始自冯·诺依曼于1928年和1937年先后发表的两篇文章,1944年,出版了冯·诺依曼与摩根斯特恩合写的著作《对策论与经济行为》,特别是1947年出版了该著作的第二版,对策论便真正形成了.

为说明对策现象,我们从中国一个有名的例子——齐王赛马说起.齐王有一天提出要与田忌进行赛马.双方约定:从各自的上、中、下三个等级的马中各选一匹参赛;每匹马均只能参赛一次;每一次比赛双方各出一匹马,负者要付给胜者千金.已知,在同等级的马中,田忌的马不如齐王的马,而若田忌的马比齐王的马高一等级,则田忌的马取胜.当时,田忌手下的一个谋士孙膑给田忌出了一个主意:每次比赛时先让齐王牵出他要参赛的马,然后用下马对齐王的上马,用中马对齐王的下马,用上马对齐王的中马.则比赛结果为:田忌二胜一负,可得千金.由此看来,两人各采取什么出马次序对胜负是很重要的.

13.1.2 对策论的基本概念

如果想用数学方法对对策问题进行分析,就需要对其建立数学模型,这样建立的模型称为对策模型,根据研究问题的不同性质,可建立不同的对策模型.但不论对策模型在形式上有何不同,都必须包含以下三个基本要素:

1. 局中人

竞争或斗争总有对立面(或对手),例如象棋比赛,参加对弈的两人就是比赛的对立面;一场战争,利益根本冲突的双方就是斗争的对立面;生产活动中,常常是人与大自然形成对立面.我们把介入竞争或斗争的对立面双方,称为局中人.若参入对策的各方(多于两方时)相互之间的利益是独立的,此时也称参入对策的各方为局中人,因此局中人有可能多于两个.通常用 I 表示局中人的集合,如果有 n 个局中人,则 $I=\{1,2,\cdots,n\}$.例如在"齐王赛马"中,局中人就是齐王和田忌.

对策论中对局中人有一个重要的假设——每个局中人都是"理智的",即对每一局中人来说,不能存在侥幸心理,不存在利用其他局中人决策的失误来扩大自身利益的行为,或者说其中一个局中人想采取什么方法使自己获得最好的收益另一局中人是知道的.

2. 策略

各局中人在竞争或斗争的过程中总希望自己取得尽可能大的胜利,这样,各方都想方设法选择对付他方的自己能实现的"办法".我们把这种"办法"称为该局中人的策略.一般地,在对策中,可供局中人选择的每一个实际可行的完整的行动方案称为一个策略.第 i 个策略常记为 $\alpha_i,\beta_i,\cdots$,局中人的一切可能的策略组成了该局中人的策略集合或策略集.策略集可能是有限的,也可能是无限的.矩阵对策将研究有限情况.参加对策的每一局中人 i 的策略集记为 S_i,一般每一局中人的策略集至少应包含两个策略.

在"齐王赛马"中,若用(上,中,下)表示以上马、中马、下马依次参赛,就是一个完整的行动方案,即为一个策略.所以齐王和田忌各有六个策略:(上,中,下)、(中,上,下)、(上,下,中)、(下,中,上)、(中,下,上)、(下,上,中).

3. 赢得函数(支付函数)

对策结束后,各个局中人都得到一份赢得.这赢得显然是各个局中人所出策略的函数,为了将该问题讲清楚我们引入局势的概念.在一个对策中,每一局中人所出策略形成的策略组称为一个局势.若设 s_i 是第 i 个局中人的一个策略,则 n 个局中人的策略形成的策略组 $s=(s_1,s_2,\cdots,s_n)$ 就是一个局势.若记 S 为全部局势的集合,则 $S=S_1\times S_2\times\cdots\times S_n$.当一个局势 s 出现后,应该为每一局中人 i 规定一个赢得值(或所失值)$H_i(s)$.显然,$H_i(s)$ 是定义在 S 上的函数,称为局中人 i 的赢得函数.在"齐王赛马"中,局中人集合 $I=\{1,2\}$,齐王和田忌的策略集可分别用 $S_1=\{\alpha_1,\alpha_2,\cdots,\alpha_6\}$ 和 $S_2=\{\beta_1,\beta_2,\cdots,\beta_6\}$ 表示,则齐王的任一策略 α_i 和田忌的任一策略 β_j 就构成一个局势 s_{ij}.若 $\alpha_1=$(下,中,上),$\beta_1=$(中,上,下),则在局势 s_{11} 下,齐王的赢得为 $H_1(s_{11})=-1$,田忌的赢得为 $H_2(s_{11})=1$.

以上的三个基本要素称为对策的三要素,它是对策的基本条件,缺少任何一条都不能构成完整的对策.一般情况下,只要这三个要素确定后,一个对策模型就给定了.

13.1.3 对策问题举例和对策的分类

对策论在社会的众多领域都有重要的应用.为了了解对策问题,我们先举几个简单的例子.

例 13.1(囚犯难题) 有两个狂徒甲和乙因共同参与了一起犯罪活动而被囚禁收审.他们可以选择合作,拒绝供出任何犯罪事实;也可以选择背叛,供出对方的犯罪行径.这就是所谓的囚徒对策,也叫作囚徒难题.对策的局中人甲和乙都有两种可选择的策略:合作与背叛.

表 13.1 给出了囚徒对策的局势表.

表 13.1 囚徒对策局势表

甲 \ 乙	合作	背叛
合作	(合作,合作)	(合作,背叛)
背叛	(背叛,合作)	(背叛,背叛)

例 13.2("剪刀、锤子、布"游戏) 锤子击败剪刀,剪刀胜布,布胜锤子.这里有两个局中人:局中人 1 和 2.双方各有三个策略:策略 1 代表出锤子,策略 2 代表出剪刀,策略 3 代表出布.假定胜者得 1 分,负者得 −1 分,则支付矩阵如表 13.2 所示.

表 13.2 游戏支付矩阵

局中人Ⅱ \ 局中人Ⅰ	1	2	3
1	0	1	−1
2	−1	0	−1
3	1	−1	0

1. 矩阵对策的纯策略

矩阵对策以研究二人零和对策为主,策略的选取主要是研究有限情况.所以,人们常称矩阵对策为二人有限零和对策."二人"是指参加对策的局中人有两个;"有限"是指每个局中人的策略集均为有限集;"零和"是指在任一局势下,两个局中人的赢得之和总等于零,即一个局中人的所得值恰好等于另一局中人的所失值,双方的利益是完全对抗的.

一般,用Ⅰ和Ⅱ分别表示两个局中人,并设局中人Ⅰ有 m 个纯策略 $\alpha_1,\alpha_2,\cdots,\alpha_m$,局中人Ⅱ有 n 个纯策略 $\beta_1,\beta_2,\cdots,\beta_n$,则局中人Ⅰ和Ⅱ的策略集分别为 $S_1=\{\alpha_1,\alpha_2,\cdots,\alpha_m\}$ 和 $S_2=\{\beta_1,\beta_2,\cdots,\beta_n\}$.

当局中人Ⅰ选定纯策略 α_i 和局中人Ⅱ选定纯策略 β_j 后,就形成了一个纯局势(α_i,β_j),这样的纯局势共有 $m\times n$ 个.对任一纯局势(α_i,β_j),记局中人Ⅰ的赢得值为 a_{ij},称

$$A=\begin{bmatrix} a_{11} & a_{12} & \cdots & a_{1n} \\ a_{21} & a_{22} & \cdots & a_{2n} \\ \vdots & \vdots & & \vdots \\ a_{m1} & a_{m2} & \cdots & a_{mn} \end{bmatrix}$$

为局中人Ⅰ的赢得矩阵.由于对策为零和的,故局中人Ⅱ的赢得矩阵为 $-\boldsymbol{A}$.

当给定局中人Ⅰ、Ⅱ的策略集 S_1,S_2 及局中人Ⅰ的赢得矩阵 $\boldsymbol{A}$ 后,一个矩阵对策就给定了,记为 $G=\{S_1,S_2;\boldsymbol{A}\}$.

当矩阵模型给定后,各局中人面临的问题是:如何选择对自己最有利的纯策略以取得最大的赢得(或最少所失)? 下面用一个例子来分析各局中人应如何选择最有利的策略.

例 13.3 设有一矩阵对策 $G=\{S_1,S_2;\boldsymbol{A}\}$,其中

$$\boldsymbol{A}=\begin{bmatrix} 1 & 0 & 0 & 3 \\ -2 & -3 & -1 & -3 \\ 2 & -2 & 3 & 4 \end{bmatrix}$$

由 $\boldsymbol{A}$ 可看出,局中人Ⅰ的最大赢得是 4,要想得到这个赢得,他就得选择纯策略 α_3.由于假定局中人Ⅱ也是理智的竞争者,他考虑到局中人Ⅰ打算出 α_3 的心理,便准备以 β_2 对付之,使局中人Ⅰ不但得不到 4,反而失掉 2.局中人Ⅰ当然也会猜到局中人Ⅱ的心理,故转而出 α_1 来对付,使局中人Ⅱ得不到 2,只能得到 0……所以,如果双方都不想冒险,都不存在侥幸心理,而是考虑到对方必然会设法使自己所得最少这一点,就应该从各自可能出现的最不利的情形中选择一个最有利的情形作为决策的依据,这就是矩阵对策中的"理智行为",即对策双方实际上可以接受并采取的一种稳妥的方法.

在例 13.3 中,局中人Ⅰ在各纯策略下可能得到的最少赢得分别为 0,-3,-2,其中最好的结果是 0.因此,无论局中人Ⅱ选择什么样的纯策略,局中人Ⅰ只要以 α_1 参加对策,就能保证他的收入不会少于 0,而提出其他任何纯策略,都有可能使局中人Ⅰ的收入少于 0,而输给对方.同理,对局中人Ⅱ来说,各纯策略可能带来的最不利的结果是:-2,0,-3,-4,其中最好的也是 0,即局中人Ⅱ只要选择纯策略 β_2,无论对方采取什么纯策略,他的所失值都不会大于 0,而选择任何其他的纯策略都有可能使自己的所失超过 0.上述分析表明,局中人Ⅰ和Ⅱ的"理智行为"分别是选择纯策略 α_1 和 β_2,这时,局中人Ⅰ的赢得值和局中人Ⅱ的所失值的绝对值相等,局中人Ⅰ得到了其预期的最少赢得 0,而局中人Ⅱ也不会给局中人Ⅰ带来比 0 更多的所得,相互的竞争使对策出现了一个平衡局势(α_1,β_2).因此,α_1 和 β_2 应分别是局中人Ⅰ和Ⅱ的最优纯策略.不难看到 $\max\limits_i \min\limits_j a_{ij}=0=\min\limits_j \max\limits_i a_{ij}$.对一般矩阵策略,有如下定义:

定义 13.1 设 $G=\{S_1,S_2;\boldsymbol{A}\}$为一矩阵对策,其中 $S_1=\{\alpha_1,\alpha_2,\cdots,\alpha_m\}$, $S_2=\{\beta_1,\beta_2,\cdots,\beta_n\}$, $\boldsymbol{A}=(a_{ij})_{m\times n}$,若

$$\max_i \min_j a_{ij} = \min_j \max_i a_{ij} \tag{13.1}$$

成立,记其值为 V_G,则称 V_G 为对策的值,称使(13.1)式成立的纯局势(α_{i^*}, β_{j^*})为 G 在纯策略意义下的解(或平衡局势),称 α_{i^*} 和 β_{j^*} 分别为局中人Ⅰ和Ⅱ的最优纯策略.

从例 13.3 还可看出,矩阵 $\boldsymbol{A}$ 中平衡局势(α_1, β_2)对应的元素 a_{12}既是其所在行的最小元素,又是其所在列的最大元素,即有

$$a_{i2} \leqslant a_{12} \leqslant a_{1j} \quad (i = 1,2,3;j = 1,2,3,4)$$

将这一事实推广到一般矩阵对策,可得定理 13.1.

定理 13.1 矩阵对策 $G=\{S_1,S_2;\boldsymbol{A}\}$在纯策略意义下有解的充要条件是:存在纯局势($\alpha_{i^*}$, β_{j^*}),使得对任意 i 和 j,有

$$a_{ij^*} \leqslant a_{i^*j^*} \leqslant a_{i^*j} \tag{13.2}$$

证明 充分性

$$\max_i a_{ij^*} \leqslant a_{i^*j^*} \leqslant \min_j a_{i^*j}$$

而

$$\min_j \max_i a_{ij} \leqslant \max_i a_{ij^*}, \quad \min_j a_{i^*j} \leqslant \max_i \min_j a_{ij}$$

所以

$$\min_j \max_i a_{ij} \leqslant a_{i^*j^*} \leqslant \max_i \min_j a_{ij}$$

另一方面,对任意 i,j,由

$$\min_j a_{ij} \leqslant a_{ij} \leqslant \max_i a_{ij}, \quad \max_i \min_j a_{ij} \leqslant \min_j \max_i a_{ij}$$

有

$$\max_i \min_j a_{ij} = \min_j \max_i a_{ij} = a_{i^*j^*}$$

且

$$V_G = a_{i^*j^*}$$

必要性

设有 i^*, j^*,使得

$$\min_j a_{i^*j} = \max_i \min_j a_{ij}, \quad \max_i a_{ij^*} = \min_j \max_i a_{ij}$$

则由

$$\max_i \min_j a_{ij} = \min_j \max_i a_{ij}$$

有

$$a_{ij^*} \leqslant \max_i a_{ij^*} = \min_j a_{i^*j} \leqslant a_{i^*j^*} \leqslant \max_i a_{ij^*} = \min_j a_{i^*j} \leqslant a_{i^*j}$$

证毕.

对任意矩阵 $\boldsymbol{A}$,使(13.2)式成立的元素 $a_{i^*j^*}$ 称为矩阵 $\boldsymbol{A}$ 的鞍点(Saddle Point).在矩阵对策中,矩阵 $\boldsymbol{A}$ 的鞍点也称为对策的鞍点.

定理 13.1 中(13.2)式的对策意义是：一个平衡局势$(\alpha_{i^*},\beta_{j^*})$应具有这样的性质：当局中人Ⅰ选择了纯策略 α_{i^*} 后，局中人Ⅱ为了使其所失最少，只能选择纯策略 β_{j^*}，否则就可能失去更多；反之，当局中人Ⅱ选择了纯策略 β_{j^*} 后，局中人Ⅰ为了得到最大的赢得也只能选择纯策略 α_{i^*}，否则就会赢得更少，双方的竞争在局势$(\alpha_{i^*},\beta_{j^*})$下达到了一个平衡状态.

一个矩阵对策如果有鞍点，鞍点可能不止一个.但是，在不同的鞍点处，支付值都相等，且都等于对策的值.

当矩阵对策的鞍点不止一个时，我们有：

定理 13.2 如果(i^*,j^*)和(i°,j°)都是矩阵对策(a_{ij})的鞍点，则(i^*,j°)和(i°,j^*)也都是它的鞍点，且在鞍点处的值相等，即

$$a_{i^*j^*}=a_{i^\circ j^\circ}=a_{i^*j^\circ}=a_{i^\circ j^*} \tag{13.3}$$

证明 因为(i^*,j^*)是鞍点，所以

$$a_{ij^*}\leqslant a_{i^*j^*}\leqslant a_{i^*j} \tag{13.4}$$

对一切 i 和 j 成立.又因为(i°,j°)是鞍点，所以

$$a_{ij^\circ}\leqslant a_{i^\circ j^\circ}\leqslant a_{i^\circ j} \tag{13.5}$$

对一切 i 和 j 成立.由(13.4)式、(13.5)式知

$$a_{i^*j^*}\leqslant a_{i^*j^\circ}\leqslant a_{i^\circ j^\circ}\leqslant a_{i^\circ j^*}\leqslant a_{i^*j^*} \tag{13.6}$$

所以(13.3)式成立.

由(13.3)式、(13.4)式、(13.5)式可知 $a_{ij^\circ}\leqslant a_{i^*j^\circ}\leqslant a_{i^*j}$ 对一切 i 和 j 成立.因此(i^*,j°)是鞍点.同理，(i°,j^*)也是鞍点.

该定理说明了具有鞍点的矩阵对策的两个性质：一是鞍点的可交换性；二是鞍点处的值都相等.

2. 矩阵对策的混合策略

由上节讨论可知，在一个矩阵对策 $G=\{S_1,S_2;\boldsymbol{A}\}$中，局中人Ⅰ能保证的至少赢得是 $v_1=\max\limits_i\min\limits_j a_{ij}$，局中人Ⅱ能保证的至多所失是 $v_2=\min\limits_j\max\limits_i a_{ij}$.一般，局中人Ⅰ的赢得不会多于局中人Ⅱ的所失，故总有 $v_1\leqslant v_2$.当 $v_1=v_2$ 时，矩阵对策在纯策略意义下有解，且 $V_G=v_1=v_2$，此即为如上所讲的二人零和对策.如果矩阵没有鞍点，即 $v_1<v_2$ 时，矩阵对策在纯策略意义下无解.

下面给出矩阵对策混合策略及其在混合策略意义下解的定义.

定义 13.2 设有矩阵对策 $G=\{S_1,S_2;\boldsymbol{A}\}$，其中 $S_1=\{\alpha_1,\alpha_2,\cdots,\alpha_m\}$，$S_2=\{\beta_1,\beta_2,\cdots,\beta_n\}$，$\boldsymbol{A}=(a_{ij})_{m\times n}$，记

$$S_1^*=\left\{\boldsymbol{x}\in\boldsymbol{E}^m\,\middle|\,x_i\geqslant 0,i=1,2,\cdots,m;\sum_{i=1}^m x_i=1\right\}$$

$$S_2^*=\left\{\boldsymbol{y}\in\boldsymbol{E}^n\,\middle|\,y_j\geqslant 0,j=1,2,\cdots,n;\sum_{i=1}^n y_j=1\right\}$$

(其中，$\boldsymbol{E}^m$ 为 m 维欧氏空间)则分别称 S_1^* 和 S_2^* 为局中人Ⅰ和Ⅱ的混合策略集

(或策略集);对 $\boldsymbol{x}\in S_1^*$ 和 $\boldsymbol{y}\in S_2^*$,称 $\boldsymbol{x}$ 和 $\boldsymbol{y}$ 为混合策略(或策略),$(\boldsymbol{x},\boldsymbol{y})$为混合局势(或局势).局中人Ⅰ的赢得函数记成

$$E(\boldsymbol{x},\boldsymbol{y})=\boldsymbol{x}^{\mathrm{T}}\boldsymbol{A}\boldsymbol{y}=\sum_i\sum_j a_{ij}x_iy_j$$

称 $G^*=\{S_1^*,S_2^*;E\}$为对策 G 的混合扩充.

显然,纯策略是混合策略的一个特殊情形.一个混合策略 $\boldsymbol{x}=(x_1,x_2,\cdots,x_m)^{\mathrm{T}}$ 可理解为:如果进行多局对策 G 的话,局中人Ⅰ分别选取纯策略 $\alpha_1,\alpha_2,\cdots,\alpha_m$ 的频率;若只进行一次对策,则反映了局中人Ⅰ对各纯策略的偏爱程度.

设两个局中人还是进行理智的对策,则局中人Ⅰ的期望赢得至少是$\min\limits_{y\in S_2^*}E(\boldsymbol{x},\boldsymbol{y})$,因此,局中人Ⅰ应选取 $\boldsymbol{x}\in S_1^*$,使得 $v_1=\max\limits_{x\in S_1^*}\min\limits_{y\in S_2^*}E(\boldsymbol{x},\boldsymbol{y})$,同理,局中人Ⅱ可保证的所失的期望值至多是 $v_2=\min\limits_{y\in S_2^*}\max\limits_{x\in S_1^*}E(\boldsymbol{x},\boldsymbol{y})$,显然 $v_1\leqslant v_2$.

定义 13.3 设 $G^*=\{S_1^*,S_2^*;E\}$是矩阵对策 $G=\{S_1,S_2;\boldsymbol{A}\}$的混合扩充.如果

$$\max_{x\in S_1^*}\min_{y\in S_2^*}E(\boldsymbol{x},\boldsymbol{y})=\min_{y\in S_2^*}\max_{x\in S_1^*}E(\boldsymbol{x},\boldsymbol{y})$$

记其值为 V_G,则称 V_G 为对策G 的值,称使上式成立的混合局势$(\boldsymbol{x}^*,\boldsymbol{y}^*)$为 G 在混合策略意义下的解(或平衡局势),称 $\boldsymbol{x}^*$ 和 $\boldsymbol{y}^*$ 分别为局中人Ⅰ和Ⅱ的最优混合策略.

以下约定,对矩阵策略 G 及其混合扩充G^*一般不加区分,都用 $G=\{S_1,S_2;\boldsymbol{A}\}$表示.当 G 在纯策略意义下的解不存在时,讨论的就是在混合策略意义下的解.

仿定理 13.1,可给出矩阵对策 G 在混合策略意义下解存在鞍点的充要条件.

定理 13.3 矩阵对策 G 在混合策略意义下有解的充要条件是:存在 $\boldsymbol{x}^*\in S_1^*$ 和 $\boldsymbol{y}^*\in S_2^*$,使得对任意 $\boldsymbol{x}\in S_1^*$ 和 $\boldsymbol{y}\in S_2^*$,有

$$E(\boldsymbol{x},\boldsymbol{y}^*)\leqslant E(\boldsymbol{x}^*,\boldsymbol{y}^*)\leqslant E(\boldsymbol{x}^*,\boldsymbol{y})$$

例 13.4 考虑矩阵对策 $G=\{S_1,S_2;A\}$,其中

$$\boldsymbol{A}=\begin{bmatrix}-1 & 1\\ 1 & -1\end{bmatrix}$$

解 易知 G 在纯策略意义下无解,故设 $\boldsymbol{x}=(x_1,x_2)$和 $\boldsymbol{y}=(y_1,y_2)$分别为局中人Ⅰ和Ⅱ的混合策略,则

$$S_1^*=\{(x_1,x_2)\mid x_1,x_2\geqslant 0,x_1+x_2=1\}$$
$$S_2^*=\{(y_1,y_2)\mid y_1,y_2\geqslant 0,y_1+y_2=1\}$$

局中人Ⅰ的赢得的期望是

$$E(\boldsymbol{x},\boldsymbol{y})=(x_1,x_2)\begin{bmatrix}-1 & 1\\ 1 & -1\end{bmatrix}\begin{bmatrix}y_1\\ y_2\end{bmatrix}=(1-2x_1)(2y_1-1)$$

取 $\boldsymbol{x}^*=\left(\frac{1}{2},\frac{1}{2}\right)$，$\boldsymbol{y}^*=\left(\frac{1}{2},\frac{1}{2}\right)$，则 $E(\boldsymbol{x}^*,\boldsymbol{y}^*)=0$，$E(\boldsymbol{x}^*,\boldsymbol{y})=E(\boldsymbol{x},\boldsymbol{y}^*)=0$.

因有$E(\boldsymbol{x},\boldsymbol{y}^*)\leqslant E(\boldsymbol{x}^*,\boldsymbol{y}^*)\leqslant E(\boldsymbol{x}^*,\boldsymbol{y})$，故 $\boldsymbol{x}^*=\left(\frac{1}{2},\frac{1}{2}\right)$，$\boldsymbol{y}^*=\left(\frac{1}{2},\frac{1}{2}\right)$分别为局中人Ⅰ和Ⅱ的最优策略，对策的值(局中人Ⅰ的赢得的期望值)为 $V_G=0$.

3. 矩阵对策的基本定理

以下，记 $E(i,\boldsymbol{y})=\sum_j a_{ij}y_j$，$E(\boldsymbol{x},j)=\sum_i a_{ij}x_i$，则 $E(i,\boldsymbol{y})$ 为局中人 Ⅰ 取纯策略 α_i 时的赢得值，$E(\boldsymbol{x},j)$ 为局中人 Ⅱ 取纯策略 β_j 时的赢得值，故

$$E(\boldsymbol{x},\boldsymbol{y})=\sum_i\sum_j a_{ij}x_iy_j=\sum_i\left(\sum_j a_{ij}y_j\right)x_i=\sum_i E(i,\boldsymbol{y})x_i$$

和

$$E(\boldsymbol{x},\boldsymbol{y})=\sum_i\sum_j a_{ij}x_iy_j=\sum_i\left(\sum_j a_{ij}x_i\right)y_j=\sum_i E(\boldsymbol{x},j)y_j$$

根据上面的记号，可给出定理 13.3 的另一等价形式：

定理 13.4 设 $\boldsymbol{x}^*\in S_1^*$，$\boldsymbol{y}^*\in S_2^*$，则$(\boldsymbol{x}^*,\boldsymbol{y}^*)$为对策 G 的解的充要条件是：对任意 $i=1,\cdots,m$ 和$j=1,\cdots,n$，有

$$E(i,\boldsymbol{y}^*)\leqslant E(\boldsymbol{x}^*,\boldsymbol{y}^*)\leqslant E(\boldsymbol{x}^*,j)$$

证明　必要性 设$(\boldsymbol{x}^*,\boldsymbol{y}^*)$是对策 G 的解，则由定理 13.3 知

$$E(\boldsymbol{x},\boldsymbol{y}^*)\leqslant E(\boldsymbol{x}^*,\boldsymbol{y}^*)\leqslant E(\boldsymbol{x}^*,\boldsymbol{y})$$

由于纯策略是混合策略的特殊情况，故

$$E(i,\boldsymbol{y}^*)\leqslant E(\boldsymbol{x}^*,\boldsymbol{y}^*)\leqslant E(\boldsymbol{x}^*,j).$$

充分性 设 $E(i,\boldsymbol{y}^*)\leqslant E(\boldsymbol{x}^*,\boldsymbol{y}^*)\leqslant E(\boldsymbol{x}^*,j)$，由

$$E(\boldsymbol{x},\boldsymbol{y}^*)=\sum_i E(i,\boldsymbol{y}^*)x_i\leqslant E(\boldsymbol{x}^*,\boldsymbol{y}^*)\sum_i x_i=E(\boldsymbol{x}^*,\boldsymbol{y}^*)$$

$$E(\boldsymbol{x}^*,\boldsymbol{y})=\sum_j E(\boldsymbol{x}^*,j)y_j\geqslant E(\boldsymbol{x}^*,\boldsymbol{y}^*)\sum_j y_j=E(\boldsymbol{x}^*,\boldsymbol{y}^*)$$

即得

$$E(\boldsymbol{x},\boldsymbol{y}^*)\leqslant E(\boldsymbol{x}^*,\boldsymbol{y}^*)\leqslant E(\boldsymbol{x}^*,\boldsymbol{y})$$

证毕.

由定理 13.4 可知，当验证$(\boldsymbol{x}^*,\boldsymbol{y}^*)$是否为对策 G 的解时，只需验证 $m\times n$ 个不等式，使对解的验证大为简化. 由此得到定理 13.4 的如下的等价定理.

定理 13.5 设 $\boldsymbol{x}^*\in S_1^*$，$\boldsymbol{y}^*\in S_2^*$，则$(\boldsymbol{x}^*,\boldsymbol{y}^*)$为对策 G 的解的充要条件是：存在数 v，使得 $\boldsymbol{x}^*$ 和 $\boldsymbol{y}^*$ 分别是不等式组(13.6)和(13.7)的解，且 $v=V_G$.

$$\begin{cases}\sum_i a_{ij}x_i\geqslant v & (j=1,2,\cdots,n)\\ \sum_i x_i=1 & \\ x_i\geqslant 0 & (i=1,2,\cdots,m)\end{cases}\tag{13.6}$$

$$\begin{cases} \sum_j a_{ij} y_j \leqslant v & (i = 1,2,\cdots,m) \\ \sum_j y_j = 1 & \\ y_j \geqslant 0 & (j = 1,2,\cdots,n) \end{cases} \tag{13.7}$$

证明 由定理12.4,设 $\boldsymbol{x}^* \in S_1^*, \boldsymbol{y}^* \in S_2^*$,则$(\boldsymbol{x}^*, \boldsymbol{y}^*)$为对策 G 的解的充要条件是:对任意 $i=1,2,\cdots,m$ 和 $j=1,2,\cdots,n$,有

$$E(i, \boldsymbol{y}^*) \leqslant E(\boldsymbol{x}^*, \boldsymbol{y}^*) \leqslant E(\boldsymbol{x}^*, j)$$

而

$$E(i, \boldsymbol{y}) = \sum_j a_{ij} y_j \quad (i = 1,2,\cdots,m)$$

$$E(\boldsymbol{x}, j) = \sum_i a_{ij} x_i \quad (j = 1,2,\cdots,n)$$

则 $E(i, \boldsymbol{y}^*) \leqslant E(\boldsymbol{x}^*, \boldsymbol{y}^*)$ 等价于不等式组$\begin{cases} \sum_j a_{ij} y_j \leqslant v & (i = 1,2,\cdots,m) \\ \sum_j y_j = 1 & \\ y_j \geqslant 0 & (j = 1,2,\cdots,n) \end{cases}$的解;

$E(\boldsymbol{x}^*, j) \geqslant E(\boldsymbol{x}^*, \boldsymbol{y}^*)$ 等价于不等式组$\begin{cases} \sum_i a_{ij} x_i \geqslant v & (j = 1,2,\cdots,n) \\ \sum_i x_i = 1 & \\ x_i \geqslant 0 & (i = 1,2,\cdots,m) \end{cases}$的解.

下面给出矩阵对策的基本定理.

定理 13.6 对任一矩阵对策 $G = \{S_1, S_2; \boldsymbol{A}\}$,一定存在混合策略意义下的解.

证明 由定理13.4知,只需要证明存在 $\boldsymbol{x}^* \in S_1^*, \boldsymbol{y}^* \in S_2^*$,使得 $E(i, \boldsymbol{y}^*) \leqslant E(\boldsymbol{x}^*, \boldsymbol{y}^*) \leqslant E(\boldsymbol{x}^*, j)$成立.为此,考虑如下的两个线性规划问题:

$$\mathrm{P}\begin{cases} \max w \\ \sum_i a_{ij} x_i \geqslant w & (j = 1,2,\cdots,n) \\ \sum_i x_i = 1 & \\ x_i \geqslant 0 & (i = 1,2,\cdots,m) \end{cases} \quad \text{和} \quad \mathrm{D}\begin{cases} \min v \\ \sum_j a_{ij} y_j \leqslant v & (i = 1,2,\cdots,m) \\ \sum_j y_j = 1 & \\ y_j \geqslant 0 & (j = 1,2,\cdots,n) \end{cases}$$

易知,问题P和D是互为对偶的线性规划,而且

$$\boldsymbol{x} = (1,0,\cdots,0)^{\mathrm{T}} \in \boldsymbol{E}^m, \quad w = \min_j a_{1j}$$

是问题P的一个可行解;

$$\boldsymbol{y} = (1,0,\cdots,0)^{\mathrm{T}} \in \boldsymbol{E}^n, \quad v = \max_i a_{i1}$$

是问题D的一个可行解.由线性规划对偶定理可知,问题P和D分别存在最优解

$(\boldsymbol{x}^*, w^*)$和$(\boldsymbol{y}^*, v^*)$，且 $w^* = v^*$. 即存在 $\boldsymbol{x}^* \in S_1^*$，$\boldsymbol{y}^* \in S_2^*$ 和数 v^*，使得对任意 $i = 1,2,\cdots,m$ 和 $j = 1,2,\cdots,n$，有

$$\sum_j a_{ij} y_j^* \leqslant v^* \leqslant \sum_i a_{ij} x_i^*$$

或

$$E(i, \boldsymbol{y}^*) \leqslant v^* \leqslant E(\boldsymbol{x}^*, j)$$

又由

$$E(\boldsymbol{x}^*, \boldsymbol{y}^*) = \sum_i E(i, \boldsymbol{y}^*) x_i^* \leqslant v^* \sum_i x_i^* = v^*$$

$$E(\boldsymbol{x}^*, \boldsymbol{y}^*) = \sum_j E(\boldsymbol{x}^*, j) y_j^* \geqslant v^* \sum_j y_j^* = v^*$$

得到

$$v^* = E(\boldsymbol{x}^*, \boldsymbol{y}^*)$$

故 $E(i, \boldsymbol{y}^*) \leqslant E(\boldsymbol{x}^*, \boldsymbol{y}^*) \leqslant E(\boldsymbol{x}^*, j)$成立，证毕.

该定理不仅证明了矩阵对策解的存在性，同时给出了线性规划方法求解矩阵对策的思路.

下面的定理讨论了矩阵对策及其解的若干重要性质，他们在矩阵对策的求解时将起重要作用.

定理 13.7 设$(\boldsymbol{x}^*, \boldsymbol{y}^*)$是矩阵对策 G 的解，$v = V_G$，则

(1) 若 $x_i^* > 0$，则$\sum_j a_{ij} y_j^* = v$.

(2) 若 $y_j^* > 0$，则$\sum_i a_{ij} x_i^* = v$.

(3) 若$\sum_j a_{ij} y_j^* < v$，则 $x_i^* = 0$.

(4) 若$\sum_i a_{ij} x_i^* > v$，则 $y_j^* = 0$.

以下，记 $T(G)$为矩阵对策 G 的解集，下面的定理是关于矩阵对策解的性质的主要结果.

定理 13.8 设有两个矩阵对策 $G_1 = \{S_1, S_2; \boldsymbol{A}_1\}$，$G_2 = \{S_1, S_2; \boldsymbol{A}_2\}$，其中，$\boldsymbol{A}_1 = (a_{ij})$，$\boldsymbol{A}_2 = (a_{ij} + L)$，$L$ 为一任意常数，则

(1) $V_{G_2} = V_{G_1} + L$.

(2) $T(G_1) = T(G_2)$.

定理 13.9 设有两个矩阵对策 $G_1 = \{S_1, S_2; \boldsymbol{A}\}$，$G_2 = \{S_1, S_2; \alpha\boldsymbol{A}\}$，其中，$\alpha > 0$为一任意常数，则

(1) $V_{G_2} = \alpha V_{G_1}$.

(2) $T(G_1) = T(G_2)$.

定理 13.10 设 $G = \{S_1, S_2; \boldsymbol{A}\}$为一矩阵对策，且 $\boldsymbol{A} = -\boldsymbol{A}^{\mathrm{T}}$ 为斜对称矩阵(亦称这种对策为对称对策)，则

(1) $V_G = 0$.

(2) $T_1(G)=T_2(G)$.

其中,$T_1(G)$和$T_2(G)$分别为局中人Ⅰ和Ⅱ的最优策略集.

13.2　矩阵对策的求解

13.2.1　图解法

图解法不仅为赢得矩阵为$2\times n$或$m\times 2$阶的对策问题提供了一个简单直观的解法,而且通过这种方法可以使我们从几何上理解对策论的思想.

我们首先来求解$2\times n$矩阵对策.

设矩阵对策$G=\{S_1,S_2;\boldsymbol{A}\}$中,$\boldsymbol{A}=(a_{ij})_{2\times n}$,则对策称为$2\times n$对策.由混合解定义及$G$有解的充要条件,以局中人Ⅰ的观点,求解过程就是对下式求极大值的过程

$$\widetilde{V}(x,y)=\min_j\{a_{1j}x+a_{2j}y\}$$

因为$y=1-x$,所以

$$\widetilde{V}(x)=\min_j\{a_{1j}x+a_{2j}y\}=\min_j\{(a_{1j}-a_{2j})x+a_{2j}\}$$

显然对每一个j,可以得出$V(x)=(a_{1j}-a_{2j})x+a_{2j}$在$V(x)\times x$平面的直线方程,那么此对策的值和局中人Ⅰ的最优策略就是这一族直线中最大最小值和它所对应的x值.下面我们用例子来说明图解法.

例 13.5　用图解法求解矩阵对策$G=\{S_1,S_2;\boldsymbol{A}\}$,其中

$$\boldsymbol{A}=\begin{bmatrix}3&1&5\\1&6&0\end{bmatrix}$$

解　设局中人Ⅰ的混合策略为$(x,1-x)^{\mathrm{T}}$,$x\in[0,1]$.过数轴上坐标为0和1的两点分别做两条垂线Ⅰ-Ⅰ和Ⅱ-Ⅱ.垂线上的纵坐标分别表示局中人Ⅰ采取纯策略α_1和α_2时,局中人Ⅱ采取各纯策略时的赢得值(图13.1).当局中人Ⅰ选取每一策略$(x,1-x)^{\mathrm{T}}$后,他的最少可能的收入为由β_1,β_2,β_3所确定的三条直线在x处的纵坐标中之最小者决定.所以,对局中人Ⅰ来说,他的最优选择是确定x,使三个纵坐标中的最小者尽可能的大,从图13.1上来看,就是使得$x=OA$,这时,B点的纵坐标即为对策的值.为求x和对策的值V_G,可联立过B点的任意两条直线的方程:

$$\begin{cases}2x+1=V_G\\-5x+6=V_G\end{cases}$$

解得$x=\dfrac{5}{7}$,$V_G=\dfrac{17}{7}$.所以局中人Ⅰ的最优策略为$\boldsymbol{x}^*=\left(\dfrac{5}{7},\dfrac{2}{7}\right)^{\mathrm{T}}$.从图13.1上还

可看出，局中人Ⅱ的最优混合策略只由 β_2,β_3 组成.

事实上，若设 $\boldsymbol{y}^*=(y_1^*,y_2^*,y_3^*)^{\mathrm{T}}$ 为局中人Ⅱ的最优混合策略，则由

$$E(\boldsymbol{x}^*,3)=5\times\frac{5}{7}+0\times\frac{2}{7}=\frac{25}{7}>\frac{17}{7}=V_G$$

所以 $y_3^*=0$.

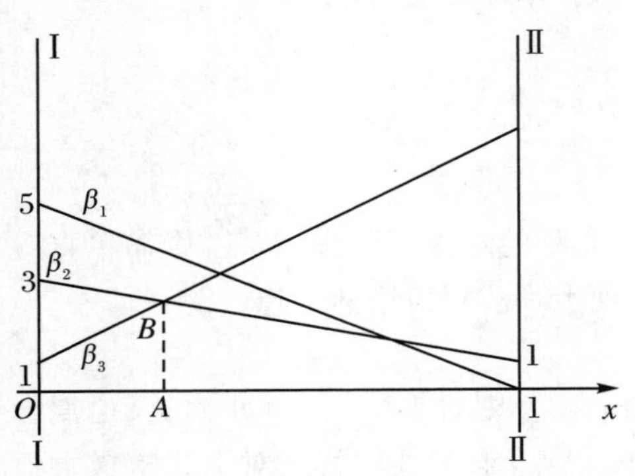

图 13.1 纯策略赢得值

又因

$$x_1^*=\frac{5}{7}>0,\quad x_2^*=\frac{2}{7}>0$$

且

$$\begin{cases}3y_1+y_2=\dfrac{17}{7}\\ y_1+6y_2=\dfrac{17}{7}\\ y_1+y_2=1\end{cases}$$

求得 $y_1^*=\frac{5}{7},y_2^*=\frac{2}{7}$.

所以，局中人Ⅱ的最优混合策略为 $\boldsymbol{y}^*=\left(\frac{5}{7},\frac{2}{7},0\right)^{\mathrm{T}}$.

13.2.2 优超原则法

优超原则法是一种简化效用矩阵，降低阶数便于求解的方法.

定义 13.4 设矩阵对策 $G=\{S_1,S_2;\boldsymbol{A}\}$，其中，$S_1=\{\alpha_1,\alpha_2,\cdots,\alpha_m\}$，$S_2=\{\beta_1,\beta_2,\cdots,\beta_n\}$，$\boldsymbol{A}=(a_{ij})_{m\times n}$，如果对于一切 $j(1\leqslant j\leqslant n)$，均有 $a_{ij}\geqslant a_{kj}$，则称局中人Ⅰ的纯策略 α_i 优超于 α_k；若对于一切 $i(1\leqslant i\leqslant m)$，均有 $a_{ij}\leqslant a_{il}$，则称局中人Ⅱ的纯策略 β_j 优超于 β_l.

定理 13.11 设矩阵对策 $G=\{S_1,S_2;\boldsymbol{A}\}$，其中，$S_1=\{\alpha_1,\alpha_2,\cdots,\alpha_m\}$，$S_2=\{\beta_1,\beta_2,\cdots,\beta_n\}$，$\boldsymbol{A}=(a_{ij})_{m\times n}$，如果 α_1 被其余的纯策略 $\alpha_i(2\leqslant i\leqslant m)$ 之一所优超，由 G 可得出一个新的对策 $G'=\{S_1',S_2;\boldsymbol{A}'\}$，其中 $S_1'=\{\alpha_2,\alpha_3,\cdots,\alpha_m\}$，$\boldsymbol{A}'=(a_{ij}')_{(m-1)\times n}$，$a_{ij}'=a_{ij}(i=2,3,\cdots,m;j=1,2,\cdots,n)$，则

(1) $V_G'=V_G$.

(2) G' 中局中人Ⅱ的最优策略就是 G 中局中人Ⅱ的最优策略.

(3) 若 $(x_2^*,x_3^*,\cdots,x_m^*)$ 是 G' 中局中人Ⅰ的最优策略，则 $(0,x_2^*,\cdots,x_m^*)$ 是 G 中局中人Ⅰ的最优策略.

这说明当矩阵对策中如果存在着被优超的策略时，在求解过程中可以删除对应的行或列而不影响求解结果.

例 13.6 求解矩阵对策 $G=\{S_1,S_2;\boldsymbol{A}\}$，其中

$$A = \begin{bmatrix} 2 & 2 & 0 & 3 & 0 \\ 5 & 0 & 2 & 5 & 9 \\ 7 & 3 & 9 & 5 & 9 \\ 4 & 6 & 8 & 7 & 5.5 \\ 6 & 0 & 8 & 8 & 3 \end{bmatrix}$$

求解这个矩阵对策.

解 设赢得矩阵为

$$A = \begin{bmatrix} 2 & 2 & 0 & 3 & 0 \\ 5 & 0 & 2 & 5 & 9 \\ 7 & 3 & 9 & 5 & 9 \\ 4 & 6 & 8 & 7 & 5.5 \\ 6 & 0 & 8 & 8 & 3 \end{bmatrix}$$

由于第4行优于第1行、第3行优于第2行,故可划去第1行和第2行,得到新的赢得矩阵

$$A_1 = \begin{bmatrix} 7 & 3 & 9 & 5 & 9 \\ 4 & 6 & 8 & 7 & 5.5 \\ 6 & 0 & 8 & 8 & 3 \end{bmatrix}$$

由于 A_1第1列优超于第3列,第2列优超于第4列.

$\frac{1}{3}\times$(第1列)$+\frac{2}{3}\times$(第2列)优超于第5列,因此去掉第3,4,5列,得到

$$A_2 = \begin{bmatrix} 7 & 3 \\ 4 & 6 \\ 6 & 0 \end{bmatrix}$$

这时第1行又优超于第3行,故从 A_2 中划去第3行,得到 $A_3 = \begin{pmatrix} 7 & 3 \\ 4 & 6 \end{pmatrix}$. 对于 A_3,易知无鞍点存在,应用定理13.4,求解不等式组得解为

$$x_3^* = \frac{1}{3}, \quad x_4^* = \frac{2}{3}; \quad y_1^* = \frac{1}{2}, \quad y_2^* = \frac{1}{2}$$

于是原矩阵对策的一个解就是

$$x^* = \left(0,0,\frac{1}{3},\frac{2}{3},0\right)^{\mathrm{T}}, \quad y^* = \left(\frac{1}{2},\frac{1}{2},0,0,0\right)^{\mathrm{T}}, \quad V_G = 5$$

13.2.3 线性方程组法

线性方程组法,是一种依赖于经验的算法——将不等式方程组化为等式线性方程组,求解对策.其主要思路是:根据矩阵对策基本定理及混合解的性质定理,如果 x_i, y_j 均不等于零,可以将两组不等式写成等式,从而求出最优策略;如果求出的解不符合要求,可将某些不等式看成等式,而保留另一些不等式继续求解,进行

这样的试验,最后求得对策的解.

这种方法由于事先假定 x_i^*, y_j^* 均不为 0,故当最有策略的某些分量实际为 0 时,可能无解,因此,这种方法在实际应用中有一定的局限性.但对于 2×2 矩阵,当局中人Ⅰ的赢得矩阵

$$\boldsymbol{A} = \begin{bmatrix} a_{11} & a_{12} \\ a_{21} & a_{22} \end{bmatrix}$$

不存在鞍点时,则容易证明:各局中人的最优混合策略中的 x_i^*, y_j^* 均大于 0.于是

$$\begin{cases} a_{11}x_1 + a_{21}x_2 = v \\ a_{12}x_1 + a_{22}x_2 = v; \\ x_1 + x_2 = v \end{cases} \quad \begin{cases} a_{11}y_1 + a_{12}y_2 = v \\ a_{21}y_1 + a_{22}y_2 = v \\ y_1 + y_2 = v \end{cases}$$

一定有严格的非负解(即两个局中人的最优策略):

$$x_1^* = \frac{a_{22} - a_{21}}{(a_{11} + a_{22}) - (a_{12} + a_{21})}$$

$$x_2^* = \frac{a_{11} - a_{12}}{(a_{11} + a_{22}) - (a_{12} + a_{21})}$$

$$y_1^* = \frac{a_{22} - a_{12}}{(a_{11} + a_{22}) - (a_{12} + a_{21})}$$

$$y_2^* = \frac{a_{11} - a_{21}}{(a_{11} + a_{22}) - (a_{12} + a_{21})}$$

$$v^* = \frac{a_{11}a_{22} - a_{12}a_{21}}{(a_{11} + a_{22}) - (a_{12} + a_{21})} = V_G$$

13.3.4 线性规划法

用线性规划法可以求得任一矩阵对策.由定理 13.6 我们知道,求解矩阵对策可等价地转化为求解互为对偶的线性规划问题 P,D.故在问题 P 中,令(不妨设 $w>0$)

$$x'_i = \frac{x_i}{w} \quad (i = 1,2,\cdots,m)$$

则问题 P 的约束条件变为

$$\begin{cases} \sum_i a_{ij}x'_i \geqslant 1 & (j = 1,2,\cdots,n) \\ \sum_i x'_i = \dfrac{1}{w} \\ x'_i \geqslant 0 & (i = 1,2,\cdots,m) \end{cases}$$

故问题 P 等价于线性规划问题 P′:

$$
\mathrm{P}'\begin{cases}\min\sum_i x_i' \\ \sum_i a_{ij}x_i' \geqslant 1 \quad (j=1,2,\cdots,n) \\ x_i' \geqslant 0 \quad (i=1,2,\cdots,m)\end{cases}
$$

同理,令

$$
y_j' = \frac{y_j}{w} \quad (j=1,2,\cdots,n)
$$

可知问题 D 等价于线性规划问题 D′:

$$
\mathrm{D}'\begin{cases}\max\sum_j y_j' \\ \sum_j a_{ij}y_j' \quad (i=1,2,\cdots,m) \\ y_j' \geqslant 0 \quad (j=1,2,\cdots,n)\end{cases}
$$

显然,问题 P′和 D′是互为对偶的线性规划,可利用单纯形或对偶单纯形方法求解,求解后,再由上变换,即可得到原对策问题的解和对策的值.

13.3　其他类型对策简介

在对策论中可以根据不同方式对对策问题进行分类,通常分类的方式有:

(1) 根据局中人的个数,分为二人对策和多人对策.

(2) 根据各局中人的赢得函数的代数和是否为零,可分为零和对策和非零和对策.

(3) 根据局中人是否合作,又可分为合作对策和非合作对策.

(4) 根据局中人的策略集中个数,又分为有限对策和无限对策(或连续对策).

(5) 也可根据局中人掌握信息的情况及决策选择是否和时间有关可分为完全信息静态对策、完全信息动态对策、非完全信息静态对策及非完全信息动态对策;也可以根据对策模型的数字特征又分为矩阵对策、连续对策、微分对策、阵地对策、凸对策、随机对策.

13.3.1　完全信息静态对策

该对策是指掌握了参与人的特征、战略空间、支付函数等知识和信息并且参与人同时选择行动方案或虽非同时但后行动者并不知道前行动者采取了什么行动方案.

纳什均衡是一个重要概念.在一个战略组合中,给定其他参与者战略的情况下,任何参与者都不愿意脱离这个组合,或者说打破这个僵局,这种均衡就称为纳什均衡.下面以著名的"囚徒困境"来进一步阐述.

"囚徒困境"说的是两个囚犯的故事.这两个囚徒一起做坏事,结果被警察发现抓了起来,分别关在两个独立的不能互通信息的牢房里进行审讯.在这种情形下,两个囚犯都可以做出自己的选择:或者坦白(即与警察合作,从而背叛他的同伙),或者抵赖(也就是与他的同伙合作,而不是与警察合作).这两个囚犯都知道,如果他俩都能抵赖的话,就都会被释放,因为只要他们拒不承认,警方无法给他们定罪.但警方也明白这一点,所以他们就给了这两个囚犯一点儿刺激:如果他们中的一个人坦白,即告发他的同伙,那么他就可以被无罪释放,而他的同伙就会被按照最重的罪来判决.当然,如果这两个囚犯都坦白,两个人都会被按照轻罪来判决.

上例中每个囚犯都会选择坦白,因此这个战略组合是固定的,(坦白,坦白)就是纳什均衡解.而这个均衡是不会被打破的,即使他们在坐牢之前达成协议.

囚徒困境反映了个人理性和集体理性的矛盾.对于双方(抵赖,抵赖)的结果是最好的,但因为每个囚徒都是理性人,他们追求自身效应的最大化,结果就变成了(坦白,坦白).个人理性导致了集体不理性.

13.3.2 完全信息动态对策

在完全信息静态对策中,假设各方都同时选择行动.现在情况稍复杂一些.如果各方行动存在先后顺序,后行的一方会参考先行者的策略而采取行动,而先行者也会知道后行者会根据他的行动采取何种行动,因此先行者会考虑自己行动会对后行者的影响后选择行动.这类问题称为完全信息动态对策问题.

如某行业中只有一个垄断企业 A,有一个潜在进入者——企业 B.B 可以选择进入或不进入该行业这两种行动,而 A 当 B 进入时,可以选择默认或者报复两种行动.如果 B 进入后 A 企业报复,将造成两败俱伤的结果,但如果 A 默认 B 进入,必然对 A 的收益造成损失.同样的,如果 B 进入而 A 报复,则 B 受损,反之,将受益.

如果(B 选择不进入,A 选择报复)和(B 选择进入,A 选择默许)都是纳什均衡解.但在实际中(B 选择不进入,A 选择报复),这种情况是不可能出现的.因为 B 知道他如果进入,A 只能默许,所以只有(B 选择进入,A 选择默许)会发生.或者说,A 选择报复行动是不可置信的威胁.对策论的术语中,称(A 选择默许,B 选择进入)为精练纳什均衡.只有当参与人的战略在每一个子对策中都构成纳什均衡,这个纳什均衡才称为精练纳什均衡.

当然,如果 A 下定决心一定要报复 B,即使自己暂时损失.这时威胁就变成了可置信的,B 就会选择不进入(B 选择不进入,A 选择报复),就成为精练纳什均衡.

军事交战时,"破釜沉舟"讲的就是一种可置信威胁.实际企业经营中也有很多类似的例子.

13.3.3　多人非合作对策

有三个或三个以上对策方参加的对策就是“多人对策”.多人对策同样也是对策方在意识到其他对策方的存在,意识到其他对策方对自己决策的反应和反作用存在的情况下寻求自身最大利益的决策活动.因而,它们的基本性质和特征与两人对策是相似的,我们常常可以用研究两人对策同样的思路和方法来研究它们,或将两人对策的结论推广到多人对策.不过,毕竟多人对策中出现了更多的追求各自利益的独立决策者,因此,策略的相互依存关系也就更为复杂,对任一对策方的决策引起的反应也就要比两人对策复杂得多.并且,在多人对策中还有一个与两人对策有本质区别的特点,即可能存在“破坏者”.所谓破坏者即一个对策中具有下列特征的对策方:其策略选择对自身的得益没有任何影响,但却会影响其他对策方的得益,有时这种影响甚至有决定性的作用.例如有三个城市争夺某届奥运会的主办权.

非合作对策中,局中人之间不存在一种具有约束力的协议,而强调个人理性、个人最优决策.已进入主流经济学内容的对策理论主要指这种对策,而信息经济学通常主要指非对称信息对策论.非合作对策包含的主要内容如图13.2所示.

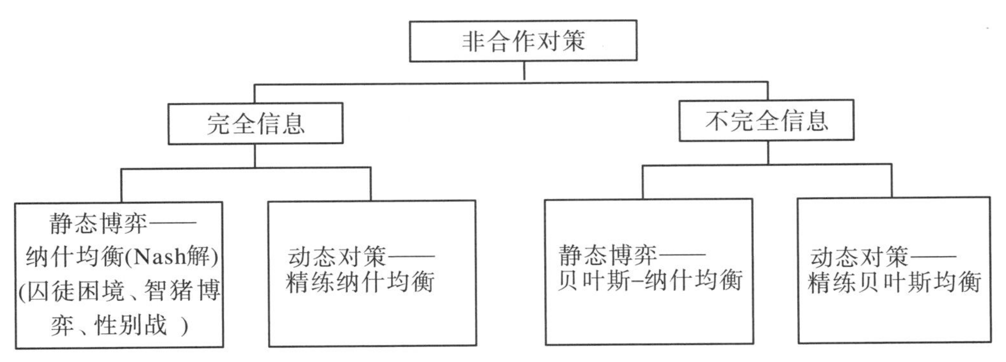

图13.2　非合作对策包含的主要内容

13.3.4　二人有限非零和对策

局中人双方在任何局势下的赢得值的代数和不等于零也不等于某一常数的对策称为二人有限非零和对策.此时,赢得函数必须分别写出来或写成双矩阵形式

$$\begin{bmatrix} a_{11} & a_{12} & \cdots & a_{1n} \\ a_{21} & a_{22} & \cdots & a_{2n} \\ \vdots & \vdots & & \vdots \\ a_{m1} & a_{m2} & \cdots & a_{mn} \end{bmatrix} \begin{bmatrix} b_{11} & b_{12} & \cdots & b_{1n} \\ b_{21} & b_{22} & \cdots & b_{2n} \\ \vdots & \vdots & & \vdots \\ b_{m1} & b_{m2} & \cdots & b_{mn} \end{bmatrix}$$

或

$$\begin{bmatrix} a_{11} & b_{11} & \cdots & a_{1n} & b_{1n} \\ a_{21} & b_{21} & \cdots & a_{2n} & b_{2n} \\ \vdots & \vdots & & \vdots & \vdots \\ a_{m1} & b_{m1} & \cdots & a_{mn} & b_{mn} \end{bmatrix}$$

当对策双方有信息交流，认为双方均会得益于商谈交流时会产生合作解，但若一方占有明显优势，可以威胁另一方接受自己的安排时，则有可能产生威胁解.

习　题　13

1. 求解下列矩阵对策，其中赢得矩阵 $\boldsymbol{A}$ 分别为

(1) $\begin{bmatrix} -2 & 12 & -4 \\ 1 & 4 & 8 \\ -5 & 2 & 3 \end{bmatrix}$　　(2) $\begin{bmatrix} 2 & 7 & 2 & 1 \\ 2 & 2 & 3 & 4 \\ 3 & 5 & 4 & 4 \\ 2 & 3 & 1 & 6 \end{bmatrix}$

2. 设一对策的赢得矩阵

$$\boldsymbol{A} = \begin{bmatrix} 9 & 7 \\ 2 & 8 \end{bmatrix}$$

试用公式法确定双方的最优策略.

3. 一矩阵对策的赢得矩阵为 $\boldsymbol{A}$，先尽可能利用优超原则简化，再用图解法确定双方的最优策略和对策值.

$$\boldsymbol{A} = \begin{bmatrix} -1 & 3 & -5 & 7 & -9 \\ 2 & -4 & 6 & -8 & 10 \end{bmatrix}$$

4. 利用优超原则求解下面的矩阵对策.

$$\boldsymbol{A} = \begin{bmatrix} 3 & 4 & 0 & 3 & 0 \\ 5 & 0 & 2 & 5 & 9 \\ 7 & 3 & 9 & 5 & 9 \\ 4 & 6 & 8 & 7 & 6 \\ 6 & 0 & 8 & 8 & 3 \end{bmatrix}$$

5. 用线性规划法求解下列矩阵对策问题.

$$\boldsymbol{A} = \begin{bmatrix} 3 & -1 & -3 \\ -3 & 3 & -1 \\ -4 & -3 & 3 \end{bmatrix}$$

6. 用图解法求解矩阵对策 $G = \{S_1, S_2; \boldsymbol{A}\}$，其中

$$\boldsymbol{A} = \begin{bmatrix} 2 & 7 \\ 6 & 6 \\ 11 & 2 \end{bmatrix}$$

7. 现有一大型零件需要加工，在加工某零件时，将会有意想不到的问题出现.工厂在加工前根据以往经验估计到可能出现的问题分别记为情况 $\beta_1, \beta_2, \beta_3$（出现任何情况是随机的），有三套

方案 $\alpha_1, \alpha_2, \alpha_3$ 用以对付这三种情况.厂方的效用表如表13.3所示.效用不仅是经济方面的,也要考虑到心理、技术训练等方面,要求一组较为合理的对付可能出现问题的策略.

表 13.3　厂方的效用表

厂方效用 情况 方案	β_1	β_2	β_3
α_1	4	−1	5
α_2	0	5	3
α_3	3	3	7

8. 用等式试算法求齐王与田忌的最优策略和对策值,已知齐王的赢得矩阵为 $\boldsymbol{A}$.

$$\boldsymbol{A} = \begin{bmatrix} 3 & 1 & 1 & 1 & 1 & -1 \\ 1 & 3 & 1 & 1 & -1 & 1 \\ 1 & -1 & 3 & 1 & 1 & 1 \\ -1 & 1 & 1 & 3 & 1 & 1 \\ 1 & 1 & -1 & 1 & 3 & 1 \\ 1 & 1 & 1 & -1 & 1 & 3 \end{bmatrix}$$

9. 利用线性规划方法求解下列矩阵对策,其赢得矩阵为

$$\begin{bmatrix} 7 & 2 & 9 \\ 2 & 9 & 0 \\ 9 & 0 & 11 \end{bmatrix}$$

第 14 章　决　策　论

决策,简单地说,就是人们从若干个供选择方案中选取达到自己某个目的效果最好的方案的行为.生活中经常需要做出选择,特别是当面临较为复杂且不确定的决策环境时,在保持自身判断及偏好一致的条件下,如何进行正确决策尤为重要.本章主要介绍决策的基本概念和基本方法,重点介绍风险型决策方法和不确定型决策方法;结合实际例子给出决策问题的解法并对各种方法进行比较和分析.另外还介绍了效用函数,分层分析及多目标决策问题.

14.1　决策的基本概念及分类

14.1.1　决策的基本概念

决策是指人们为达到某一目标从几种不同的行动方案中选出最优方案做出的抉择,决策分析研究从多种可供选择的行动方案中选择最优方案的方法.

决策的思想自古就有,但在落后的生产方式下,古时候所采取的方法主要凭借个人的知识、智慧和经验,没有其他工具借鉴.随着科学技术水平的发展,人们所面临的情况也千变万化,在复杂且有多种不确定因素的环境中进行决策就迫切需要一套科学的决策方法、理论.在现代科学技术管理,经济、企业管理及其他许多领域里,都离不开决策.下到基层的车间、班组管理,如每天的作业任务如何安排,出现了意外的情况该怎么办;中到中层的生产管理方向,如中、短期的计划安排,产品质量的管理,原材料的供应;上到高层管理的许多战略性问题,如生产方向、技术革新、新产品开发、长期规划、干部培训等都需要作出合理的决策等.决策的结果关系到整个企业的生死存亡,"管理即是决策".

一个完整的决策问题包括以下要素:决策者,多于一种可供选择的方案、行动或策略,存在决策者无法掌握的未知状态,可预知每种决策的后果和决策准则.

一个完整的决策过程通常包括以下几个步骤:确定目标、收集信息、制订方案、选择方案、执行决策并利用反馈信息进行控制.

14.1.2 决策的分类

从不同角度出发可得不同的决策分类.例如,按性质的重要性,可分为战略决策、策略决策和执行决策;按重复程度,可分为程序性决策和非程序性决策;按问题的性质和条件,可分为确定型、不确定型和风险型决策等.下面我们着重说明上述最后一种分类方法.

决策的过程中有些事物的发展是动态的,不确定的,这些随机性和可能性对决策分析的方法和结果有着重大的影响.根据对决策未来情况的掌握的程度的不同,决策问题又可分为三类:确定型决策、风险型决策和不确定型决策.

确定型决策是指决策环境完全确定的,决策者完全掌握确定的信息,决策者可供选择的方案也只有一种,在这样的情况下决策者很容易做出决策.

风险型决策是指决策的环境不是完全确定的,其发生的概率是已知的,决策者根据概率分布做出决策.这种决策具有一定的风险,故称为风险型决策.

不确定型决策是指决策环境完全不确定,决策者对其发生的概率一无所知,只凭决策者的主观倾向进行决策.

对于确定型决策,本书前面已经介绍了一些,如 LP 问题,多目标规划问题等都可视为确定型决策问题.决策分析主要是为了分析具有不确定性或风险性决策问题而提出的一套概念和系统分析方法,本章我们主要讨论风险型决策和不确定型决策.

14.1.3 决策的举例与模型

例 14.1 某人早上出门时对带不带雨具要做出决定.天气预报报道今天下雨的概率为 p,不下雨的概率为 $1-p$,如果此人带雨具而没有下雨会损失 2 元,如果他不带雨具而碰到下雨会损失 5 元.问此人该怎样决策?

从例 14.1 中我们可以看到此人在决策中面对两种不同的状况“下雨”“不下雨”,它由不可控制的自然因素所引起,我们把这两种不同的状况称为自然状态,把自然状态数量化得到一个状态变量,所有可能的自然状态所构成的集合称为状态集,记为 $S=\{x\}$,其中 x 是状态变量,每个状态发生的概率记为 $p(x)$.此人的选择有“带雨具”“不带雨具”,我们把它称为策略,将策略数量化后成为策略变量,策略变量的全体称为策略集,记为 $A=\{a\}$.不同策略在不同自然状态下的收益值或损失值称为益损值,益损值是策略和自然状态的函数.在状态 x 出现时,决策者采取策略 a 得到一个收益值或损失值 r,我们用一个定义在(S,A)的二元实值函数来表示,记为 $R(a,x)=r$.

状态集、策略集和益损值是构成一个决策问题的最基本的要素.

下面我们可以建立一个决策表来表示这个决策问题的数学模型.

表 14.1 状态集、策略集和益损值表

益损值 \ 自然状态 / 策略	下雨 x_1	不下雨 x_2
	p	$1-p$
带雨具 a_1	0	2
不带雨具 a_2	5	0

选定了决策准则，便可据此求出最优方案和最优值.

14.2 风险型决策方法

进行风险型决策时，被决策的问题应具备下列条件：

(1) 存在决策者希望达到的确定目标.

(2) 存在两种及以上的自然状态.

(3) 存在着不同的选择方案.

(4) 可以计算不同行动方案在不同自然状态下的报酬值.

(5) 可以确定各种自然状态出现的概率.

进行风险型决策分析时的步骤是：先搜集材料，然后建立决策的数学模型，再根据选择决策准则，找出最优决策. 下面介绍两种最基本的风险型决策分析方法.

14.2.1 最大可能法

此方法的思想原理是一个事件的发生可能性大小与其概率大小成正比，即概率越大，发生的可能性也越大. 所以在风险型决策中选择一个概率最大的自然状态进行决策. 定这种状态的概率为 1，其他状态的概率为 0，这样就将风险型决策化为只有一种确定的自然状态的确定型决策问题了.

例 14.2 某工厂要建仓库，仓库的规模有三种可供选择的方案，即建大型、中型或小型. 根据过去的经验和调查研究发现货物量大的可能性是 70%，货物量中的可能性是 20%，货物量小的可能性是 10%，每种方案的费用如表 14.2，为使获得最大利润，该如何决策？

解 该问题的决策目标是获得最大利润，状态集 $S=\{x_1,x_2,x_3\}$，其中，x_1，x_2，x_3 分别表示货物量大、货物量中和货物量小. 三种自然状态产生的概率分别为 $p(x_1)=0.7$，$p(x_2)=0.2$，$p(x_3)=0.1$，决策集 $A=\{a_1,a_2,a_3\}$，其中 a_1，a_2，a_3 分别表示建大型仓库、建中型仓库和建小型仓库三种方案.

表 14.2 货物仓库状态、收益和方案表

收益 方案 \ 状态	货物量大	货物量中	货物量小
	0.7	0.2	0.1
建大型仓库	100	50	30
建中型仓库	60	80	50
建小型仓库	40	60	70

$$R(a_1,x_1)=100, R(a_1,x_2)=50, R(a_1,x_3)=30$$
$$R(a_2,x_1)=60,\ R(a_2,x_2)=80, R(a_2,x_3)=50$$
$$R(a_3,x_1)=40,\ R(a_3,x_2)=60, R(a_3,x_3)=70$$

概率最大的自然状态 x_1,它发生的概率是 0.7,即货物量大的可能性最大.用最大可能法进行决策.我们只考虑这一种自然状态.易见决策的最优值是 $R\{a_1, x_1\}=100$,对应的最优方案为 a_1,即建大型仓库.

一般地,用最大可能法进行风险型决策分析的步骤是:

(1) 明确决策目标,收集与决策问题有关的信息.

(2) 找出可能出现的自然状态 $S=\{x_i\}$,并根据有关资料和经验确定各种自然状态发的概率 $p(x_i)$.

(3) 列出可供选择的不同方案 $A=\{a_i\}$.

(4) 确定报酬函数 $R(a_i,x_i)$.

(5) 建立决策模型,通常列出决策表计算出每个方案在概率最大的自然状态下的报酬值.

(6) 确定决策准则,找出最优方案.

14.2.2 期望值法

计算各种方案在各种自然状态下的期望益损值,按照不同的决策标准,对益损值进行比较和分析,最后选出最优方案.

例 14.3 用期望值法解例 14.2.

解 状态集 $S=\{x_1,x_2,x_3\}$,决策集 $A=\{a_1,a_2,a_3\}$. x_i 发生的概率和益损值如表 13.2 所示,下面计算每个方案的期望益损值.

$$E(R(a_1,x))=0.7\times100+0.2\times50+0.1\times30=83$$
$$E(R(a_2,x))=0.7\times60+0.2\times80+0.1\times50=63$$
$$E(R(a_3,x))=0.7\times40+0.2\times60+0.1\times70=47$$

决策者的目标是获得利润最大,所以决策的最优值是 83,对应的最优决策是 a_1,即应建大型仓库.

对例 14.2 用期望值法和最大可能法进行决策分析得到的最优方案是相同的.

但最优值并不相同.这是因为风险型决策得到的最优值与决策者的主观意志有关.这种决策方法有一定的风险.另一方面要注意,并不是所有的问题用期望值法和最大可能法都能得到同样的最优方案.一般来说,当各种自然状态中有一种状态发生的概率特别大,而每个方案在各种自然状态下的益损值差别又不是很大的情况下,用最大可能法效果较好,否则,用期望值法效果较好.

14.3 不确定型决策方法

不确定型决策的问题是决策过程中含有不确定性因素,且无法确定其发生的概率,这种情形下更取决于决策者的个人素质和能力.本节主要介绍五种不确定型决策分析的方法:乐观法、悲观法、乐观系数法、等可能法和后悔值法.这些决策均从支付方案、支付表出发进行分析.

一个不确定型决策问题应具备下列条件:

(1) 存在决策者希望达到的目标.

(2) 存在两种或两种以上的自然状态.

(3) 存在两个以上的行动方案供决策者选择.

(4) 可以计算不同行动方案在不同自然状态下的益损值.

例 14.4 某企业有三种方案可供选择:方案 S_1 是对原厂进行扩建;方案 S_2 是对原厂进行技术改造;方案 S_3 是建新厂,而未来市场可能出现滞销(E_1)、一般(E_2)和畅销(E_3)三种状态,其收益矩阵如表 14.3 所示,其中负数表示亏损.为获得最大利润,问该公司应如何决策?

此问题中状态集 $S=\{x_1,x_2,x_3\}$,x_1,x_2,x_3 分别表示 E_1,E_2,E_3,决策集 $A=\{a_1,a_2,a_3\}$,a_1,a_2,a_3 分别表示方案 S_1,S_2,S_3.益损值如表 14.3 所示.

表 14.3 收益矩阵

利润 状态 方案	E_1	E_2	E_3
S_1	−4	13	15
S_2	4	7	8
S_3	−6	12	17

决策者希望获得最大利润,但又不知道各种市场销售情况发生的可能性,这是一个不确定型决策.对这类问题,决策者无法计算出每个方案的期望报酬值.在理论上没有一个最优决策让决策者选择.对于这类问题存在几种不同的决策方法.这些方法都有其合理性,具体选择哪一种,要取决于决策者的态度和经济

实力等.

14.3.1 乐观法

乐观法又称最大准则.决策者从最乐观的观点出发,总假设出现了对自己最有利的状态,找出各方案在不同自然状态下的最大益损值,取各方案最大益损值中的最大者为决策方案.

下面用乐观法解例 14.4.

解 (1) 找出各方案在不同自然状态下的最大益损值.

$$\max_{x_j \in S}\{R(a_1,x_j)\} = \max\{-4,13,15\} = 15$$

$$\max_{x_j \in S}\{R(a_2,x_j)\} = \max\{4,7,8\} = 8$$

$$\max_{x_j \in S}\{R(a_3,x_j)\} = \max\{-6,12,17\} = 17$$

(2) 找出各方案最大益损值中的最大者.

$$\max_{a_i \in A}\max_{x_j \in S}\{R(a_i,x_j)\} = \max\{15,8,17\} = 17$$

所以决策方案是 a_3,即建新厂.

14.3.2 悲观法

悲观法又称最大-最小(max-min)准则.决策者从最悲观的观点出发,假设可能出现最差结果,在最坏的情况下争取最好的可能,即找出各方案在不同自然状态下的最小益损值,取各方案最小益损值中的最大者为决策方案.

下面用悲观法解例 14.4.

解 (1) 找出各方案在不同自然状态下的最大益损值.

$$\min_{x_j \in S}\{R(a_1,x_j)\} = \min\{-4,13,15\} = -4$$

$$\min_{x_j \in S}\{R(a_2,x_j)\} = \min\{4,7,8\} = 4$$

$$\min_{x_j \in S}\{R(a_3,x_j)\} = \min\{-6,12,17\} = -6$$

(2) 找出各方案最大益损值中的最大者.

$$\max_{a_i \in A}\min_{x_j \in S}\{R(a_i,x_j)\} = \max\{-4,4,-6\} = 4$$

所以决策方案是 a_2,即对原厂进行技术改造.

14.3.3 乐观系数法

乐观系数法又称折中主义准则或 Harwicz 决策法.在 Harwicz 看来,单纯用乐观法或悲观法来处理问题太极端了,决策者的目光可以放在过分乐观和过分悲观之间进行决策.这种决策方法的客观基础是形势既不太乐观也不太悲观.因此,需要对乐观程度有一个基本估计,这个估计值称乐观系数.若以 α 表示乐观系数,

$0<\alpha<1$,则 $1-\alpha$ 就是悲观系数.以 α 和 $1-\alpha$ 为权数对每一方案的最大效益值和最小效益值进行加权平均,便得到每一方案可能的效益值,即 $E_i=\alpha \max\limits_{x_j\in S}\{R(a_i,x_j)\}+(1-\alpha)\min\limits_{x_j\in S}\{R(a_i,x_j)\}$,然后取各方案的可能效益值中最大者为决策者的目标值,即为 $\max\{E_i\}$

设乐观系数 $\alpha=0.6$.下用乐观系数法解例 14.4.

解 $\alpha=0.6$,则 $1-\alpha=0.4$.由表 14.3 中数据知,

$$E_1=0.6\times 15+0.4\times(-4)=7.4$$
$$E_2=0.6\times 8+0.4\times 4=6.4$$
$$E_3=0.6\times 17+0.4\times(-6)=7.8$$

E_3 最大,故 a_3 为最优方案,即当乐观系数为 0.6 时,方案 S_3 建新厂为最优方案.

14.3.4 等可能法

等可能法也称决策法.这个方法的出发点是既然不知道各自然状态出现的概率,就假定各种自然状态出现的概率相同,这样就把一个不确定型决策化为一个风险型决策,选择期望益损值最大的方案为最优方案.

下面用等可能法解例 14.4.

解 由表 14.3 中数据知,

$$\frac{1}{3}\sum_{j=1}^{3}R(a_1,x_j)=\frac{1}{3}(-4+13+15)=8$$
$$\frac{1}{3}\sum_{j=1}^{3}R(a_2,x_j)=\frac{1}{3}(4+7+8)=6\frac{1}{3}$$
$$\frac{1}{3}\sum_{j=1}^{3}R(a_3,x_j)=\frac{1}{3}(-6+12+17)=7\frac{2}{3}$$

这样最优方案为 a_1,即对原厂进行扩建.

14.3.5 后悔值法

后悔值法也称 Savage 决策法.所谓后悔值是指由于决策者不知道实际上将发生哪一种自然状态,致使所做的决策不是最优决策所带来的损失.后悔值法就是把每一个自然状态对应的最大收益值视为理想目标,把它与该状态下的其他益损值之差作为未达到理想目标的后悔值,这样得到一个后悔矩阵,再把后悔矩阵中每行的最大值求出来,这些最大值中的最小者对应的方案即为最优方案.

下面用后悔值法解例 14.4.

解 根据后悔准则有后悔值矩阵如表 14.4 所示.

表 14.4 后悔值矩阵

后悔值 状态 方案	E_1	E_2	E_3	max
S_1	8	0	2	8←min
S_2	0	6	9	9
S_3	10	1	0	10

由表 14.4 中的分析知，最优决策方案为 S_1.

综上所述，根据不同决策准则得到的结果并不完全一致，决策的准则只是辅助决策者决策，但不是代替决策者进行决策.处理实际问题时，可同时采用几个准则来进行分析和比较.

14.4 效用函数

决策者对自然状态所持的态度在决策中起到举足轻重的作用，为了提高决策分析的准确性，有必要引入对决策者态度的度量，效用理论即为决策者对风险的态度量化的一个方法.效用理论里包含效用函数及效用曲线，本节主要阐述效用函数的概念，并讨论效用函数在风险型决策分析中的应用.

用期望值法进行决策分析求得的最优方案是期望益损值最优意义下的方案，当决策问题多次反复出现时，用期望益损值最优来指导决策效果较好.在一次具体实践中，期望益损值不一定是实际益损值.因此，追求期望益损值是有风险的，而不同的决策者对待风险的态度是不同的.例如，有一个风险型决策问题，其中状态集 $S=\{x_1,x_2\}$，发生的概率分别是 $p(x_1)=0.7$，$p(x_2)=0.3$，决策集 $A=\{a_1,a_2\}$.益损值为 $R(a_1,x_1)=2\ 000$，$R(a_1,x_2)=-1\ 000$，$R(a_2,x_1)=R(a_2,x_2)=500$，单位为元.用期望法进行决策分析，应取方案为 a_1 最优方案，它的期望益损值为 1 100.实施方案，由 70%的可能获得 2 000 元，但也有 30%的可能损失 1 000 元.不同的决策者会采取不同的态度.对于不愿冒险的决策者来说，它宁愿采取方案 a_2，而舍弃方案 a_1.这样他肯定能得到 500 元的收入.在他看来方案 a_2 比 a_1 好.对别的决策者来说，可能选择 a_1，因为有很大可能收入 2 000 元，即他会认为 a_1 比 a_2 好.另外，同一个结果，不同人会有不同的看法.例如某个方案能收入 2 000 元，对于一个拥有 500 万元的人来说，他可能会放弃.但对于一个只有 5 000 元的人来说，他很可能会采取.不同的决策者对同一报酬值的看法可能不同，为了把决策者对益损值的偏好程度给出一个数量标志，就引入了效用函数的概念，它表示决策者对风险的态度.

一个决策问题中所有益损值的集合记为 R. 设 $r_1, r_2 \in R$. 如果一个决策者认为 r_1 优于 r_2,则说他对 r_1 比 r_2 偏好,用 $r_1 \succ r_2$ 或 $r_2 \prec r_1$ 表示. 如果他认为 r_1 与 r_2 相当,则称 r_1 和 r_2 等价,记为 $r_1 \sim r_2$. 这样就在的元素之间建立了一种偏好关系.

效用函数是定义在 $\mathbf{R}$ 上的一个实值函数 $u(r)$. 它满足下面条件:当 $r_1 \succ r_2$ 或 $r_2 \prec r_1$ 时,则 $u(r_1) > u(r_2)$;当 $r_1 \sim r_2$ 时,则 $u(r_1) = u(r_2)$. $u(r)$称为 r 的效用值,它反映了决策者对 r 的偏好程度.

下面给出确定效用函数值的方法. 设 r_{max} 和 r_{min} 分别是 $\mathbf{R}$ 中的最大元和最小元,为了方便起见,不妨设 $u(r_{max}) = 1$, $u(r_{min}) = 0$,则 $0 \leqslant u(r) \leqslant 1$. 下面说明如何确定 $u(r)$. 在上述决策问题中,不妨令 $u(2\ 000) = 1$, $u(-1\ 000) = 0$,如果决策者认为方案 a_2 比 a_1 方案好,即他认为 500 元的效用值大于 a_1 的效用值. 调整方案 a_2 的益损值直到决策者认为两个方案相当为止. 例如,方案 a_2'表示以概率 1 得到 400 元收入,决策者认为与之相当,这是 400 元的效用值等于方案 a_1 的效用值,即 $u(400) = 1 \times 0.7 + 0 \times 0.3 = 0.7$. 另一方面,可以调整方案 a_1 中的概率,直到决策者认为两个方案相当为止. 例如,方案 a_1'表示收入 2 000 元的概率是 0.8,而亏损 1 000元的概率是 0.2,而决策者认为 a_1'与 a_2 相当,则他认为 500 元的效用值与方案 a_1'的效用值相等,即 $u(500) = 1 \times 0.8 + 0 \times 0.2 = 0.8$.

一般地,设 $r_1, r_2 \in \mathbf{R}$, $r_1 \prec r \prec r_2$. 如果决策者认为以概率 p 得到 r_1 而以概率 $1-p$ 得到 r_2 与以概率 1 得到 r 等价,则 $u(r) = pu(r_1) + (1-p)u(r_2)$. 同理,若 $u(r_1)$和 $u(r_2)$已知且 $r_1 \prec r_2 \prec r$,则 $u(r) = \dfrac{u(r_2) - pu(r_1)}{1-p}$;同理,若 $u(r_1)$和 $u(r_2)$已知且 $r \prec r_1 \prec r_2$,则 $u(r) = \dfrac{u(r_1) - (1-p)u(r_2)}{p}$. 用这种方法可以得到一个决策者的效用函数. 在直角坐标系里,用横坐标表示 r,纵坐标表示效用函数值,画出的曲线称为效用曲线.

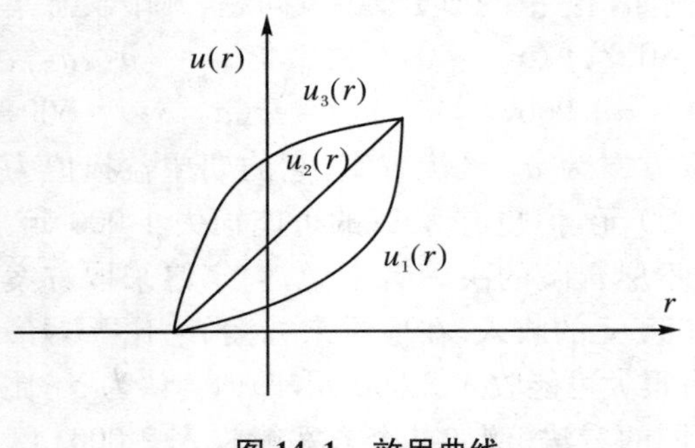

图 14.1 效用曲线

效用曲线分为三种基本类型,如图 14.1 所示,其中是 $u_1(r)$曲线是凹的,称为保守型效用曲线,$u_2(r)$是一条直线,称为中间型效用曲线;$u_3(r)$曲线是凸的,称为冒险型效用曲线. 在实际中,效益函数很复杂,由决策者的意志所决定,在某些区间可能是凹的,在某些区间可能是凸的.

14.5 序列决策

有些决策问题在进行决策后又产生一些新情况，并需要进行新的决策，之后又产生一些新情况，又需要进行新的决策.这样决策、新情况、决策……构成一个序列，称为序列决策.决策树是描述序列决策的有力工具之一.

14.5.1 决策树的概念

决策树是一棵水平的树，如图 14.2 所示，由决策点、状态点及结果点构成的树形图.

(1) 决策点.一般用方形节点表示，从此节点引出的直线表示不同的决策方案.

(2) 状态点.一般用圆形节点表示，从此节点引出的直线表示不同的状态，线上标状态对应的概率.

(3) 结果点.一般用三角形节点表示，位于末端，节点旁边标上益损值.

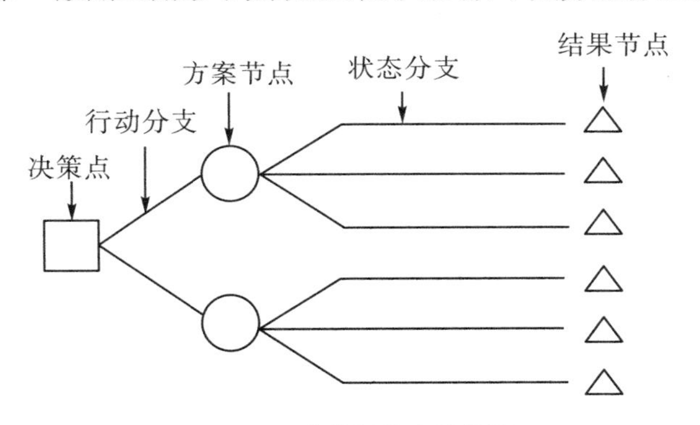

图 14.2 决策树基本结构图

决策树法是解决风险型决策的一种行之有效的方法，将决策对象连续地分为各级各单元.将损益期望值法中的各个方案的情况用一个概率树来表示，就形成了决策树.它是模拟树木生长的过程，从出发点开始不断分支来表示所分析问题的各种发展可能性，并以各分支的损益期望值中的最大者作为选择的依据.

14.5.2 决策树法进行决策的步骤

首先，绘制决策树.一般是从左向右绘制，先绘制决策点"□"，再绘制由决策点引出的方案分支，有几个备选方案，就要画几个分支；

然后，计算方案的期望益损值.在决策树中从末梢开始按从右向左的顺序，利用决策树上标出的益损值和它们相应的概率计算出每个方案的期望益损值；

最后，根据期望益损值进行决策，选择收益期望值最大(或损失期望值最小)的行动作为最优行动方案保留.

例 14.5 假设有一项工程，施工管理人员需要决定下月是否开工. 如果开工后天气好，则可为国家创收 4 万元，若开工后天气不好，将给国家造成损失 1 万元，不开工则损失 1 000 元. 根据过去的统计资料，下月天气好的概率是 0.3，天气不好的概率是 0.7，请做出决策.

解 (1) 将题意表格化，见表 14.5.

表 14.5 方案状态及概率收益表

自然状态	概率	行动方案	
		开工	不开工
天气好	0.3	40 000	−1 000
天气坏	0.7	−10 000	−1 000

(2) 画决策树图形. 根据第一步所列的表格，再绘制决策树，如图 14.3 所示.

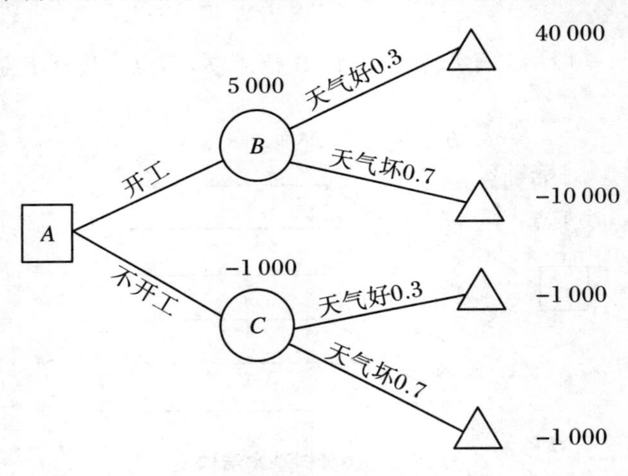

图 14.3 工程决策树

(3) 计算期望值. 一般按反向的时间程序逐步计算，将各方案的几种可能结果的数值和它们各自的概率相乘，并汇总所得之和，其和就是该方案的期望值.

(4) 确定决策方案. 在比较方案考虑的是受益值时，则取最大期望值；若考虑的是损失时，则取最小期望值.

根据计算出期望值分析，本题采取开工方案较好.

上述案例分析是用决策树法进行统计决策分析时最简单的一个例子，只需要进行一次决策活动便可选出最优方案，达到决策目的，称单级决策. 在实际的信息分析时，遇到的问题可能要复杂得多. 通常用决策树方法来解决问题需要进行两次或两次以上决策活动才能选出最优方案，达到决策目的，称为做多级决策.

14.5.3 用决策树分类

决策树方法的最大优点在于它的可理解性和直观性.它需要逐步构建一棵树对分类过程进行建模.建好一棵树后，即得到分类结果和分类规则.

ID3 算法是国际上最有影响和最早的决策树方法.ID3 算法首先检验数据列表中的所有字段，找出具有最大信息增益 $I(X;a)$的字段作为决策树的一个根结点.再根据字段的不同取值建立树的分支，对每个子集分支重复建立树的下层结点和分支，直到某一子集的结果同于同一类.该方法应用的信息增益公式如：

$$I(X;a) = H(X) - H(X/a)$$

就是选择使得 $I(X;a)$最大的字段作为测试字段，即选择使 $H(X/a)$最小的字段 a.

例 14.6 下表给出了一个老妇人对天气和她是否从家里去镇上的记录的数据集，它有六个字段：记录号，天气，温度，湿度，刮风和出行.它被分为两类："是"与"否"，分别表示"出行"与"在家".将数据集构造决策树进行分类，可以得出老妇人的出行规律.参见表 14.6 出行记录数据集.

表 14.6 出行记录数据集

记录号	天气	温度	湿度	刮风	出行
1	阴天	热	大	无风	否
2	阴天	热	大	大风	否
3	阴天	热	大	微风	否
4	晴天	热	大	无风	是
5	晴天	热	大	微风	是
6	下雨	舒适	大	无风	否
7	下雨	舒适	大	微风	否
8	下雨	热	一般	无风	是
9	下雨	冷	一般	微风	否
10	下雨	热	一般	大风	否
11	晴天	冷	一般	大风	是
12	晴天	冷	一般	微风	是
13	阴天	舒适	大	无风	否
14	阴天	舒适	大	微风	否
15	阴天	冷	一般	无风	是
16	阴天	冷	一般	微风	是

续表

记录号	天气	温度	湿度	刮风	出行
17	下雨	舒适	一般	无风	否
18	下雨	舒适	一般	微风	否
19	阴天	舒适	一般	微风	是
20	阴天	舒适	一般	大风	是
21	晴天	舒适	大	大风	是
22	晴天	舒适	大	微风	是
23	晴天	热	一般	无风	是
24	下雨	舒适	大	大风	否

解 略去计算过程，直接得出决策树结构，如图 14.4 所示.

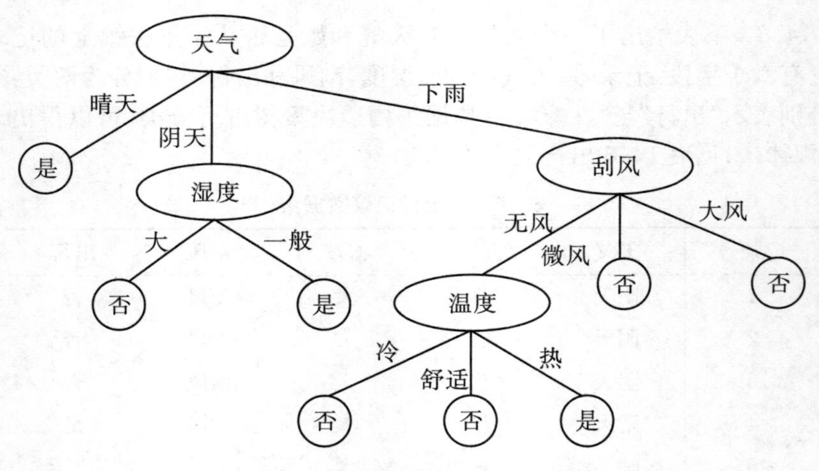

图 14.4 例 14.6 所生成的决策树

从图 14.4 生成的决策树中很容易看出，老妇人下雨一般不出行，阴天并且空气湿度大可能因为怕下雨，也不会出行. 老妇人出行主要在晴天. 这就是这棵决策树告诉我们的知识.

从此案例分析可以看出，决策树之所以能成为一种可靠的高效的信息分析方法，是因为它具有以下三个优点：① 将所要解决的问题以及所有可以采取的措施清晰地展现在人们面前. ② 可以帮助我们分析问题的每一种可能情况. ③ 帮助人们在现有信息以及最合理估算的基础上做出最佳的决策.

习 题 14

1. 某厂考虑生产甲乙两种产品，根据过去市场需求统计如表 14.7 所示.

表 14.7 产品需求表

方案＼需求＼概率	旺季 $\alpha_1 = 0.7$	淡季 $\alpha_2 = 0.3$
甲种	4	3
乙种	7	2

用最大可能性法进行决策.

2. 某企业生产一种季节性商品.当需求量为 D 时,企业生产 x 件商品时获得的利润为(单位:元):

$$f(x) = \begin{cases} 2x & (0 \leqslant x \leqslant D) \\ 3D - x & (x \geqslant D) \end{cases}$$

设 D 只有五个可能的值:1 000 件、2 000 件、3 000 件、4 000 件和 5 000 件,并且它们出现的概率均为 0.2.问若企业追求最大的期望利润,那么最佳生产量为多少?

3. 某企业要确定下一计划期内产品批量.根据以往经验及市场调查,已知产品销路较好,一般和较差的概率分别为 0.3,0.5 和 0.2,采用大批量生产时可能获得的利润分别为 20 万元、12 万元和 8 万元;采用中批量生产时可能获得的利润分别为 16 万元、16 万元和 10 万元;采用小批量生产时可能获得的利润分别为 12 万元、12 万元和 12 万元.试用期望损失准则做出最优决策.

4. 某农场要在一块地里种一种农作物,有三种可供选择的方案即种蔬菜、小麦或棉花.根据过去的经验和大量调查研究发现天气干旱、天气正常和天气多雨的概率分别为 0.2,0.7,0.1.每种农作物在三种天气下获利情况如表 14.8 所示.

表 14.8 方案、天气、概率利润表

方案＼利润＼天气	干燥 0.2	正常 0.7	多雨 0.1
种蔬菜	1 000	4 000	7 000
种小麦	2 000	5 000	3 000
种棉花	3 000	6 000	2 000

(1) 分别用最大可能法和期望值法进行决策分析,找出最优方案.

(2) 如果决策者的效用函数 $u(7\,000) = 0.8$,$u(6\,000) = 0.7$,$u(5\,000) = 0.6$,$u(4\,000) = 0.5$,$u(3\,000) = 0.4$,$u(2\,000) = 0.2$,$u(1\,000) = 0$.试用效用函数法进行决策分析,找出最优方案.

5. 某公司拟定扩大再生产的三种方案.未来市场需求状态为:无需求(E_1)、低需求(E_2)、中需求(E_3)和高需求(E_4),每个方案在四种自然状态下的损失如表 14.9 所示(单位:万元).

表 14.9 方案、状态损失表

损失 自然状态 / 方案	E_1	E_2	E_3	E_4
S_1	130	65	-70	-160
S_2	40	5	-45	-100
S_3	95	50	-60	-120

试分别依据以下决策准则选择扩大再生产的方案.

(1) 悲观准则.

(2) 乐观准则.

(3) 折中准则($\alpha=0.7$).

(4) 等可能准则.

(5) 后悔值准则.

6. 计算下列人员的效用值:

(1) 某甲失去500元时效用值为1,得到1 000元时效用值为10;又肯定能得到5元与发生下列情况对他无差别:以概率0.3失去500元和概率0.7得到1 000元.问某甲5元的效用值有多大?

(2) 某乙-10元的效用值为0.1;200元的效用值为0.5,他自己解释肯定能得到200元和以下情况无差别:0.7的概率失去10元和0.3的概率得到2 000元.问对某乙2 000元效用值为多少?

(3) 某丙1 000元的效用值为0;500元的效用值为-150,并且对以下事件上效用值无差别:肯定得到500元或0.8机会得到1 000元和0.2机会失去1 000元,则某丙失去1 000元的效用值为多大?

参 考 答 案

习 题 2

1. (1) 最优解为(4,2),(2,3).　(2) 最优解为(0,2).

2. (1) 有可行解,但 max z 无界.　(2) 无可行解.

(3) 无穷多最优解,$z^* = 66$.　(4) 唯一最优解,$z^* = 3, x_1 = 1/2, x_2 = 0$.

3. (1)、(2) 答案如表 1 所示,其中打三角符号的是基本可行解,打星号的为最优解.

表 1

	x_1	x_2	x_3	x_4	x_5	z	x_1	x_2	x_3	x_4	x_5	
△	0	0	4	12	18	0	0	0	0	-3	-5	
△	4	0	0	12	6	12	3	0	0	0	-5	
	6	0	-2	12	0	18	0	0	1	0	-3	
△	4	3	0	6	0	27	$-\frac{9}{2}$	0	$\frac{5}{2}$	0	0	
△	0	6	4	0	6	30	0	$\frac{5}{2}$	0	-3	0	
*△	2	6	2	0	0	36	0	$\frac{3}{2}$	1	0	0	△*
	4	6	0	0	-6	42	3	$\frac{5}{2}$	0	0	0	△*
	0	9	4	-6	0	45	0	0	$\frac{5}{2}$	$\frac{9}{2}$	0	△

4. (1) 最优解为 $\boldsymbol{x}^* = \left(\frac{30}{7}, 0, \frac{18}{7}, 0, 0, \frac{93}{7}\right)$,最优值为 $z = \frac{48}{7}$.

(2) 最优解为 $\boldsymbol{x}^* = (0, 8/3, 0, 4)$,最优值为 $z = -\frac{68}{3}$.

(3) 无解.

5. (1) 无可行解.　(2) 无界解.　(3) 唯一最优解 $\boldsymbol{X}^* = (24, 33)$.

6. (1) $d \geqslant 0, c_1 < 0, c_2 < 0$;　(2) $d \geqslant 0, c_1 \leqslant 0, c_2 \leqslant 0$,但 c_1, c_2 中至少一个为 0.

(3) $d = 0$ 或 $d > 0$,而 $c_1 > 0$ 且 $d/4 = 3/a_2$.　(4) $c_1 > 0, d/4 > 3/a_2$.

(5) $c_2 > 0, a_1 \leqslant 0$.　(6) x_5 为人工变量,且 $c_1 \leqslant 0, c_2 \leqslant 0$.

7. 设各生产 x_1, x_2, x_3,

$$\max z = 1.2x_1 + 1.175x_2 + 0.7x_3$$

$$\text{s.t.}\begin{cases}0.6x_1+0.15x_2\leqslant 2\,000\\0.2x_1+0.25x_2+0.5x_3\leqslant 2\,500\\0.2x_1+0.6x_2+0.5x_3\leqslant 1\,200\\x_1,x_2,x_3\geqslant 0\end{cases}$$

8. 设男生中挖坑、栽树、浇水的人数分别为 x_{11},x_{12},x_{13}，女生中挖坑、栽树、浇水的人数分别为 x_{21},x_{22},x_{23}，S 为植树棵数. 由题意，模型为

$$\max S=20x_{11}+10x_{21}$$

$$\text{s.t.}\begin{cases}x_{11}+x_{12}+x_{13}=30\\x_{21}+x_{22}+x_{23}=20\\20x_{11}+10x_{21}=30x_{12}+20x_{22}=25x_{13}+15x_{23}\\x_{ij}\geqslant 0\quad(i=1,2;j=1,2,3)\end{cases}$$

9. 设 x_i 表示第 i 年生产出来分配用于作战的战斗机数，y_i 为第 i 年已培训出来的驾驶员，(a_i-x_i) 为第 i 年用于培训驾驶员的战斗机数，z_i 为第 i 年用于培训驾驶员的战斗机总数. 则模型为

$$\max z=nx_1+(n-1)x_2+\cdots+2x_{n-1}+x_n$$

$$\text{s.t.}\begin{cases}z_i=z_{i-1}+(a_i-x_i)\\y_i=y_{i-1}+k(a_i-x_i)\\x_1+x_2+\cdots+x_i\leqslant y_i\\x_i,y_i,z_i\geqslant 0\quad(j=1,2,\cdots,n)\end{cases}$$

习 题 3

1. (1)

$$\min w=4y_1+12y_2+3y_3$$

$$\text{s.t.}\begin{cases}-y_1+3y_2+y_3\geqslant 3\\2y_1+2y_2-y_3\geqslant 2\\y_i\geqslant 0\quad(i=1,2,3)\end{cases}$$

(2)

$$\max z=24y_1+15y_2+30y_3$$

$$\text{s.t.}\begin{cases}-4y_1-3y_2\geqslant 7\\2y_1-6y_2+5y_3=4\\-6y_1-4y_2+3y_3\leqslant -3\\y_1\leqslant 0,y_2\geqslant 0,y_3\ \text{无约束}\end{cases}$$

(3)

$$\min w=5y_1+8y_2+20y_3$$

$$\text{s.t.}\begin{cases}-y_1+6y_2+12y_3\geqslant 1\\y_1+7y_2-9y_3\geqslant 2\\-y_1+3y_2-9y_3\leqslant 3\\-3y_1-5y_2+9y_3=4\\y_1\ \text{无约束},y_2\leqslant 0,y_3\geqslant 0\end{cases}$$

(4)

$$\max z=\sum_{i=1}^{m}a_iy_i+\sum_{j=1}^{n}b_jy_{m+j}$$

$$\text{s.t.}\begin{cases}y_i+y_{m+j}\leqslant c_{ij}\\y_i,y_{m+j}\ \text{无约束}\quad(i=1,2,\cdots,m;j=1,2,\cdots,n)\end{cases}$$

2. 题 1 中问题(1) 的最优解为 $\boldsymbol{X}^*=(3.6,0.6,3.6,0,0)^{\mathrm{T}}$，最优值为 $z^*=12$；其对偶问题的最优解为 $\boldsymbol{Y}^*=(0,1,0,0,0)^{\mathrm{T}}$，最优值为 $\omega^*=1\times 12=12$.

3. (1) 对. (2) 对. (3) 错. (4)错. (5)错. (6)对.

4. $z^* = \omega^* = 34$.

5. $\max z = 2x_1 + 5x_2$

$$\text{s.t.}\begin{cases} x_1 \leqslant 4 \\ x_2 \leqslant 6 \\ x_1 + x_2 \leqslant 8 \\ x_1, x_2 \geqslant 0 \end{cases}$$

7. 先写出其对偶问题，易看出 $\boldsymbol{Y} = (1, 3/2)^{\mathrm{T}}$ 是一个可行解，代入目标函数得 $\omega = 25$，因 $\max z \leqslant \omega$，故原问题最优解不超过 25.

8. (1) $\max z = 4y_1 + 3y_2$

$$\text{s.t.}\begin{cases} y_1 + 2y_2 \leqslant 2 \\ y_1 - y_2 \leqslant 3 \\ 2y_1 + 3y_2 \leqslant 5 \\ y_1 + y_2 \leqslant 2 \\ 3y_1 + y_2 \leqslant 3 \\ y_1, y_2 \geqslant 0 \end{cases}$$

(2) 原问题的最优解为 $\boldsymbol{X}^* = (1,0,0,0,1)^{\mathrm{T}}$，$\omega^* = 5$.

9. (1) 最优解：$y_1 = 0, y_2 = \dfrac{1}{4}, y_3 = \dfrac{1}{2}$；目标值：$\omega^* = \dfrac{17}{2}$.

(2) 最优解：$y_1 = 1, y_2 = 0, y_3 = \dfrac{1}{5}$；目标值：$\omega^* = 15$.

10. (1) 原问题的最优解为 $\boldsymbol{X}^* = (0,0,2,0,6)^{\mathrm{T}}$，对偶问题的最优解为 $\boldsymbol{Y}^* = (2,0,12,5,0)^{\mathrm{T}}$.

(2) $c_1 \leqslant 16, c_3 \geqslant \dfrac{1}{2}$.

(3) $0 \leqslant b_1 \leqslant 8, b_2 \geqslant 2$.

11. 原问题的最优解为 $\boldsymbol{X}^* = (0,20,0,0,10)^{\mathrm{T}}$，目标函数的最优值为 $z^* = 100$.

(1) 最优解发生了变化，新的最优解为 $\boldsymbol{X}^* = (0,0,9,3,0)^{\mathrm{T}}$，最优值为 $z^* = 117$.

(2) 最优解发生了变化，新的最优解为 $\boldsymbol{X}^* = (0,5,5,0,0)^{\mathrm{T}}$，最优值为 $z^* = 90$.

(3) 最优解不变.

(4) 最优解不变.

(5) 最优解改变了，新最优解为 $\boldsymbol{X}^* = \left(0, \dfrac{25}{2}, \dfrac{5}{2}, 0, 15, 0\right)^{\mathrm{T}}$，最优值为 $z^* = 95$.

(6) 最优解为 $\boldsymbol{X}^* = (0,20,0,0,0,0)^{\mathrm{T}}$，$z^* = 5 \times 20 = 100$.

12. (1) 当 $-\dfrac{16}{41} \leqslant \lambda \leqslant \dfrac{2}{5}$ 时：

最优解为 $\boldsymbol{X}^* = (0,100,230,0,0,20)^{\mathrm{T}}$，目标最优值为 $z^* = 1\,350 - 40\lambda$.

当 $-\dfrac{20}{31} \leqslant \lambda < -\dfrac{16}{41}$ 时：

最优解为 $\boldsymbol{X}^* = \left(10, \dfrac{205}{2}, 215, 0, 0, 0\right)^{\mathrm{T}}$，最优值为 $z^* = 1\,310 - \dfrac{285}{2}\lambda$.

当 $-\infty \leqslant \lambda < -\dfrac{20}{31}$ 时：

最优解为 $\boldsymbol{X}^* = \left(\dfrac{460}{3}, \dfrac{200}{3}, 0, \dfrac{430}{3}, 0, 0\right)^{\mathrm{T}}$，最优值为 $z^* = \dfrac{1\,780}{3} - \dfrac{3\,760}{3}\lambda$.

当 $\lambda>\frac{2}{5}$时：

最优解为 $\boldsymbol{X}^*=(0,0,230,200,0,420)^{\mathrm{T}}$，最优值为 $z^*=1\ 150+460\lambda$.

(2) 当 $0\leqslant\lambda\leqslant5$ 时：

最优解为 $\boldsymbol{X}^*=(10+2\lambda,10+2\lambda,0,5-\lambda,0)^{\mathrm{T}}$，最优目标值为 $z^*=6\lambda+30$.

当 $5<\lambda\leqslant25$ 时：

最优解为 $\boldsymbol{X}^*=(10+2\lambda,15+\lambda,0,0,\lambda-5)^{\mathrm{T}}$，最优值为 $z^*=35+5\lambda$.

习　题　4

5. 最优解 $x_{11}=6,x_{22}=2,x_{24}=2,x_{31}=0,x_{33}=7,x_{34}=5$，其余 $x_{ij}=0$，最优值为 78.

6. 最优解 $x_{11}=4,x_{13}=10,x_{21}=1,x_{22}=9,x_{32}=7,x_{34}=1$，其余 $x_{ij}=0$，最优值为 179.

7. 最优解 $x_{11}=5,x_{23}=1,x_{24}=2,x_{31}=0,x_{32}=2,x_{34}=4$，其余 $x_{ij}=0$，最优值为 46.

9. (1) 最优解不变，但总运费增加.　(2) 最优解可能发生改变.　(3) 最优解不变.

习　题　5

1. 设每日牛奶、牛肉、鸡蛋的需求量分别为 x_1,x_2,x_3 斤，三个优先级分别为：

p_1：满足每日最低需求量；p_2：每日摄入胆固醇量最小；p_3：每日费用最小.

$$\min z=p_1(d_1^-+d_2^-+d_3^-)+p_2d_4^++p_3d_5^+$$

$$\text{s.t.}\begin{cases}x_1+x_2+10x_3+d_1^--d_1^+=1\\100x_1+10x_2+10x_3+d_2^--d_2^+=30\\10x_1+100x_2+10x_3+d_3^--d_3^+=10\\70x_1+50x_2+120x_3+d_4^--d_4^+=0\\1.5x_1+8x_2+4x_3+d_5^--d_5^+=0\\x_1,x_2,x_3\geqslant0,d_i^-,d_i^+\geqslant0\quad(i=1,2,\cdots,5)\end{cases}$$

2. (1) $\min z=p_1d_1^++p_2d_2^++p_3d_3^+$

$$\text{s.t.}\begin{cases}20x_A+20x_B+d_1^--d_1^+=400\\40-3x_A+d_2^--d_2^+=5\\50-4x_B+d_3^--d_3^+=5\\x_A,x_B\geqslant0,d_i^-,d_i^+\geqslant0\quad(i=1,2,3)\end{cases}$$

(2) $\min z=p_1d_2^++p_2d_3^++p_3d_1^+$

$$\text{s.t.}\begin{cases}20x_A+20x_B+d_1^--d_1^+=400\\40-3x_A+d_2^--d_2^+=5\\50-4x_B+d_3^--d_3^+=5\\x_A,x_B\geqslant0,d_i^-,d_i^+\geqslant0\quad(i=1,2,3)\end{cases}$$

3. (1) 满意解为点(12,10).　(2) 满意解为点(30,10).

4. (1) 满意解 $\boldsymbol{X}^*=(15,10)^{\mathrm{T}}$.　(2) 满意解 $\boldsymbol{X}^*=(44,4)^{\mathrm{T}}$.

5. (1) 满意解为(70,20). (2) 满意解为(70,45).

6. 设生产甲产品 x_1 件,乙产品 x_2 件,则该问题的目标规划模型为

$$\min z = p_1(d_1^- + d_2^-) + p_2(d_3^+ + d_4^+ + d_5^+) + p_3 d_6^-$$

$$\text{s.t.}\begin{cases} x_1 + d_1^- - d_1^+ = 7 \\ x_2 + d_2^- - d_2^+ = 10 \\ 7x_1 + 5x_2 + d_3^- - d_3^+ = 95 \\ 3x_1 + 5x_2 + d_4^- - d_4^+ = 125 \\ 6x_1 + 4x_2 + d_5^- - d_5^+ = 110 \\ 3\,000x_1 + 2\,500x_2 + d_6^- - d_6^+ = 55\,000 \\ x_1, x_2, d_i^-, d_i^+ \geqslant 0 \quad (i = 1,2,\cdots,6) \end{cases}$$

满意解为 $x_1 = 7, x_2 = 10$.

习 题 6

1. (1) $\boldsymbol{X}^* = (2,2)^{\mathrm{T}}, \min z = 10$. (2) $\boldsymbol{X}^* = (1,2)^{\mathrm{T}}, \max z = 10$.

2. (1) $\boldsymbol{X}^* = (1,1)^{\mathrm{T}}, \max z = 2$. (2) $\boldsymbol{X}^* = (1,2)^{\mathrm{T}}, \min z = -1$.

3. (1) $\boldsymbol{X}^* = (1,0,0)^{\mathrm{T}}, \max z = 2$. (2) $\boldsymbol{X}^* = (1,0,1)^{\mathrm{T}}, \min z = -8$.

4. 设 $x_i = \begin{cases} 1, & \text{选择 } i \text{ 地建厂} \\ 0, & \text{否} \end{cases}$; $i = 1,2,3,4,5$ 分别表示甲、乙、丙、丁、戊.

则该问题的数学模型为

$$\max z = 7x_1 + 5x_2 + 9x_3 + 6x_4 + 3x_5$$

$$\text{s.t.}\begin{cases} 56x_1 + 20x_2 + 54x_3 + 42x_4 + 15x_5 \leqslant 100 \\ x_i = 0 \text{ 或 } 1 \quad (i = 1,2,3,4,5) \end{cases}$$

$$\boldsymbol{X}^* = (0,1,0,1)^{\mathrm{T}}, \quad \max z = 17$$

5. 由于学生数少于试验数,假设有第五个人 A_5 参与试验,他完成试验所需时间为 A_1, A_2, A_3, A_4 中的最少者,再用匈牙利解法求解,得最优方案 $A_1 - B_2, A_2 - B_3, B_4, A_3 - B_5, A_4 - B_1$,总计需 131 分钟.

6. 钢管下料的合理切割模式,见表 2.

表 2 钢管下料切割模式

	4 m 钢管数	6 m 钢管数	8 m 钢管数	余料(m)
模式 1	4	0	0	3
模式 2	3	1	0	1
模式 3	2	0	1	3
模式 4	1	2	0	3

续表

	4 m钢管数	6 m钢管数	8 m钢管数	余料(m)
模式5	1	1	1	1
模式6	0	3	0	1
模式7	0	0	2	3

用 x_i 表示按照第 i 种模式($i=1,2,\cdots,7$)切割的原料钢管的根数,它们应为非负整数.

决策目标:以切割后剩余的总余料最小为目标,由上表得

$$\min z_1 = 3x_1 + x_2 + 3x_3 + 3x_4 + x_5 + x_6 + 3x_7$$

约束条件:为满足客户的要求,按照上表应有

$$\text{s.t.}\begin{cases}4x_1 + 3x_2 + 2x_3 + x_4 + x_5 \geqslant 50 \\ x_2 + 2x_4 + x_5 + 3x_6 \geqslant 20 \\ x_3 + x_5 + 2x_7 \geqslant 15 \\ x_1, x_2, x_3, x_4, x_5, x_6, x_7 \text{ 为整数且} \geqslant 0\end{cases}$$

用 LINDO 软件或 LINGO 软件解得 $x_2=12, x_5=15$.

若切割原料钢管的总根数最小为目标,则有

$$\min z_2 = x_1 + x_2 + x_3 + x_4 + x_5 + x_6 + x_7$$

约束条件同上.可解得 $x_1=5, x_2=5, x_5=15$.

习 题 7

1. 图解下列非线性规划.

(1) $(x_1, x_2)=(2,1)$, $\min f(x)=2$.

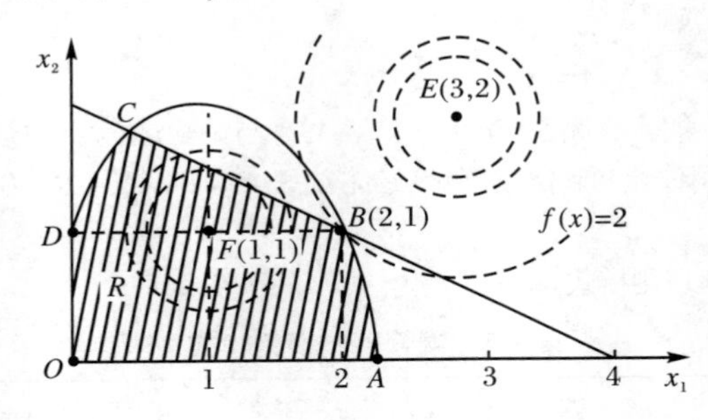

(2) $(x_1, x_2)=\left(\frac{1}{2}, \frac{1}{2}\right)$, $\min f(X)=\frac{1}{2}$.

2. (略)

3. 斐波拉契法:区间为[2.942,3.236],近似极小点 $x=2.947$,极小值 $f(2.947)=-6.997$.

0.618 法:区间为[2.918,3.131],近似极小点 $x=3.05$,极小值 $f(3.05)=-6.998$.

4. $\boldsymbol{X}^*=(2.28,1.15)^{\mathrm{T}}$ 为近似最优解.原问题的近似最优值为 0.007.

5. (1) 极大点 $(2.0)^{\mathrm{T}}$.

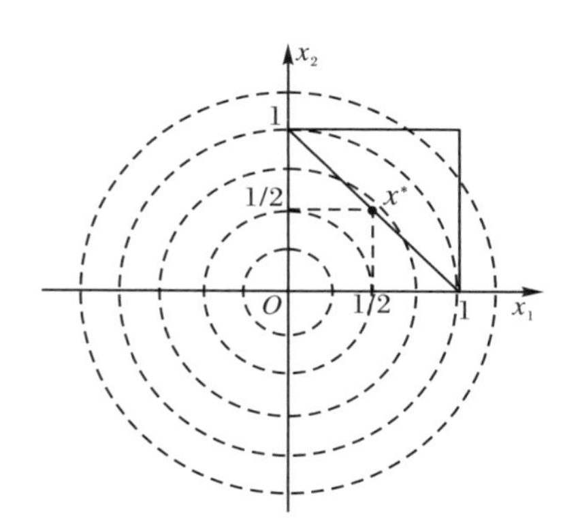

(2) 极大点$\left(\frac{16}{9},-\frac{1}{9}\right)$.

(3) 比较:对于目标函数的等值线为椭圆的问题来说,椭圆的圆心即为最小值,负梯度方向指向圆心,但初值点与圆心在同一水平直线上时,收敛很快,即尽量使搜索路径呈现较少的直角锯齿状.

6. 最优解为$\left(\frac{1}{20},-\frac{1}{20},-\frac{1}{20}\right)$.

由$(4,-4,4)$,$(1,-1,2)$,$\left(\frac{1}{5},-\frac{1}{5},\frac{1}{5}\right)$,$\left(\frac{1}{10},-\frac{1}{10},-\frac{1}{5}\right)$,可知相邻两步的搜索方法正交.

7. 本题的 K-T 点为 $\boldsymbol{X}^*=(1,2)^{\mathrm{T}}$.

8. 给出二次规划:

(1) K-T 条件可以写为

$$\begin{cases}2x_1-4x_2-10+\gamma_1+4\gamma_2-\gamma_3=0\\-4x_1+8x_2-4+\gamma_1+\gamma_2-\gamma_4=0\\\gamma_1(6-x_1-x_2)=0\\\gamma_2(18-4x_1-x_2)=0\\\gamma_3x_1=0\\\gamma_4x_2=0\\\gamma_1,\gamma_2,\gamma_3,\gamma_4\geqslant 0\end{cases}$$

解得 $x_1=4,x_2=2,\gamma_1=2,\gamma_2=0,\gamma_3=0,\gamma_4=0$.

(2) 等价的线性规划问题为

$$\min\omega(z)=z_1+z_2$$
$$\text{s.t.}\begin{cases}2x_1-4x_2-y_1+y_3+4y_4+z_1=10\\4x_1-8x_2-y_1+y_3+y_4+z_2=4\\x_1+x_2+x_3=6\\4x_1+x_2+x_4=18\\x_1,x_2,x_3,x_4\geqslant 0,y_1,y_2,y_3,y_4\geqslant 0,z_1,z_2\geqslant 0\end{cases}$$

解得$(x_1,x_2,x_3,x_4)=(4,2,0,0)$,$(y_1,y_2,y_3,y_4)=(0,0,2,2)$,$(z_1,z_2)=(0,0)$.

9. $\boldsymbol{X}^*=(0,0)^{\mathrm{T}}$

习 题 8

1. 最佳路线:A→B_2→C_1→D_1→E,或者 A→B_3→C_2→D_2→E.

2. 也即当该药厂下年度的第一、二、三、四季度的生产计划分别为 2 000 件、5 000 件、0 件、4 000件时,全年总的费用达到最小值 33 000 元,且年初年末无库存.

3. (1) 以 $f_k(s_k)$ 表示第 k 阶段到第 n 阶段的状态 $s_k = \sum_{k=1}^{n} x_k$ 时,使 $z = \sum_{i=1}^{n} y_i(x_i)$ 最优的值,动态规划的基本方程为

$$f_k(s_k) = \max_{0 \leqslant x_i \leqslant x_k} \{y_k(s_k) + f_{k+1}(s_k - x_k)\}, k = n, n-1, \cdots, 1$$

$$f_n(s_n) = \max_{x_k = s_k} y_n(s_n) \text{ 或 } f_{n+1}(s_{n+1}) = 0$$

状态转移方程为

$$s_{k+1} = s_k - x_k, \quad s_1 = b$$

(2) 设状态变量为 $s_k(k = 1,2,\cdots,n)$,并记 $s_k = \sum_{i=k}^{n} a_i x_i, s_1 \geqslant b$.

状态转移方程为 $s_{k+1} = s_k - a_k s_k$;

决策变量为 $x_k(k=1,2,\cdots,n)$;

最优值函数 $f_k(s_k)$表示在 s_k 状态下从第k 到第n 阶段的指标函数的最小值,有

$$f_k(s_k) = \min_{0 \leqslant x_k \leqslant s_k a_k} \{c_k x_k^2 + f_{k+1}(s_k - a_k x_k)\}$$

$$f_{n+1}(s_n - a_n x_n) = 0$$

4. (1) (0,0,10)最大值:200.

(2) (0.816 5,2,4.183 5)最小值:4.734.

(3) $\left(\frac{c}{n},\frac{c}{n},\cdots,\frac{c}{n}\right)\left(\frac{c}{n},\frac{c}{n},\cdots,\frac{c}{n}\right)$,最小值:$\frac{c^p}{n^{p-1}}$.

5. 把两名高级科学家分派到第 1 和第 3 两小组各一名,可使三个小组都失败的概率减小到 0.060.

6. 最优线路为 $s_1 = 3, s_2 = 0, s_3 = 0, s_4 = 0$,最优值为 10,即将所有资金全部投入第 1 个工厂,可使公司总的利润增长额最大,最大利润增长额为 1 万元.

7. 最优更新策略是现机龄为 1 的旧机器继续使用到第五年末,可使 5 年内的总利润最大,最大总利润为 42 万元.

8. 最优策略为:第一个月生产 200 件,第二个月生产 400 件,第三个月生产 350 件,最后一个月生产 300 件.

9. 最短旅行路线是:1→3→4→2→1;最短距离为 23.

习 题 9

1. $W(T) = 14$.

2. v_1 至各点的最短路长为:$v_2(8)$,$v_4(9)$,$v_3(14)$,$v_5(11)$,$v_6(10)$,$v_7(13)$.

3. (1) $V(f)=13$,最小割集为(v_s,v_1),(v_s,v_3),(v_4,v_5).

(2) $V(f)=16$,最小割集为(v_2,v_t),(v_3,v_4),(v_6,v_4).

4. 最优方案有三个:

(1) 第一年初买新电脑,年末卖掉再买新的,一直用到第四年年末卖掉.

(2) 第一年初买新电脑,用两年后在第二年年末卖掉更换新的,用两年后在第四年末卖掉.

(3) 第一年初买新电脑,年末卖掉再买新的,用一年后在第二年年末卖掉更换新的,用两年后在第四年年末卖掉.

每个最优方案的总支出费用均为 3.7 万元.

5. $v(f)=18$,最小割集$\{(v_s,v_2),(v_s,v_3)\}$.

6. 流量$=21$;

费用$=11\times2+10\times6+0\times3+7\times8+4\times9+4\times5+6\times3+11\times3+10\times2=265$.

习 题 10

1. (1)

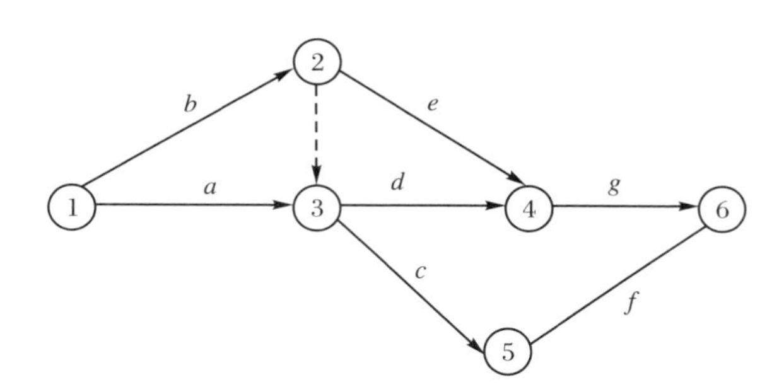

(2)

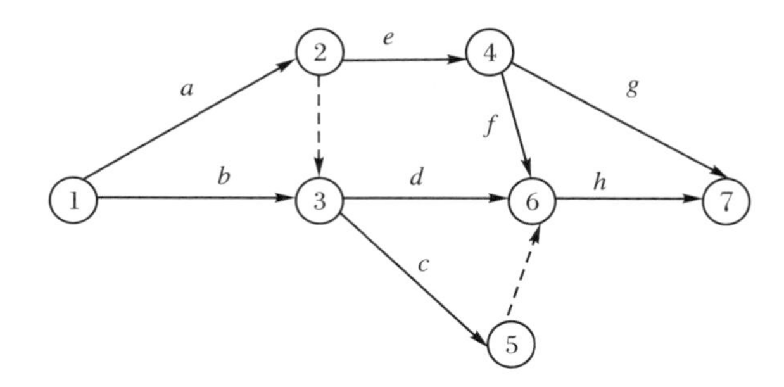

(3)

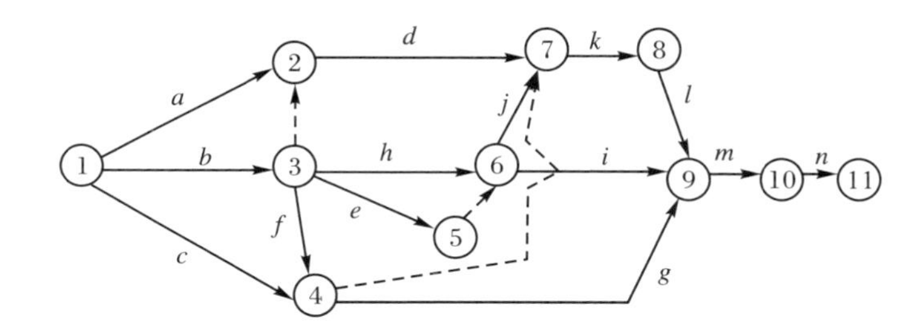

2. 网络图如下，粗线为关键路径.

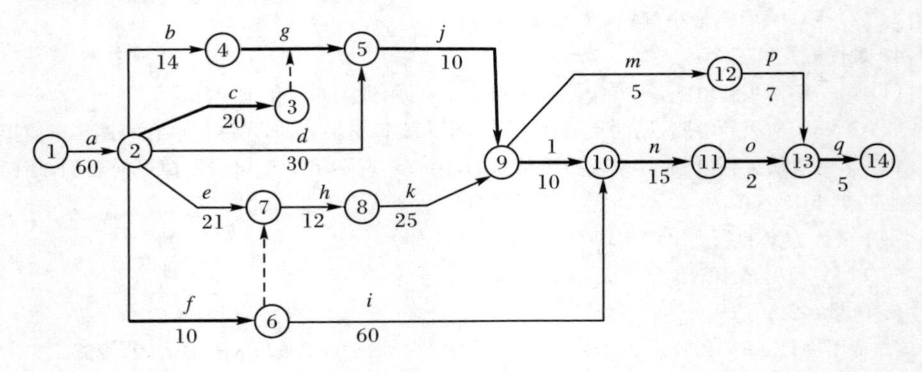

工序	最早开始时间（ES）	最晚开始时间（LS）	最早完成时间（EF）	最晚完成时间（LF）	总时差（$LS-ES$）	自由时差	是否为关键工序
a	0	0	10	10	0	0	是
b	10	17	18	25	7	7	否
c	10	10	25	25	0	0	是
d	10	33	22	45	23	23	否
e	10	20	16	26	10	2	否
f	10	18	18	26	8	0	否
g	25	25	45	45	0	0	是
h	18	26	36	44	8	0	否
i	18	58	28	68	40	40	否
j	45	45	60	60	0	0	是
k	36	44	52	60	8	8	否
l	60	60	68	68	0	0	是
m	60	70	66	76	10	0	否
n	68	68	78	78	0	0	是
o	78	78	90	90	0	0	是
p	66	76	80	90	10	10	否
q	90	90	98	98	0	0	是

3．网络图如下，粗线为关键路径．

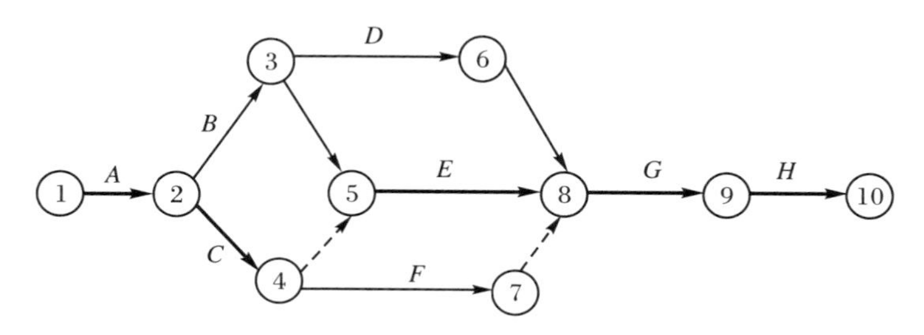

工序代号	工序时间 $T(ij)$	紧前作业	最早时间		最迟时间		总时差
			开始	结束	开始	结束	
A	4	–	0	4	0	4	0
B	7	A	4	11	7	14	3
C	10	A	4	14	4	14	0
D	8	B	11	19	18	26	7
E	12	B,C	14	26	14	26	5
F	7	C	14	21	19	26	5
G	5	D,E,F	26	31	26	31	0
H	4	G	31	35	31	35	0

4．完工期 $T=38$(天)；关键路：$D\to E\to F\to G\to H\to I\to K\to N$．

5．(1) 网络图如下，粗线为关键路径．

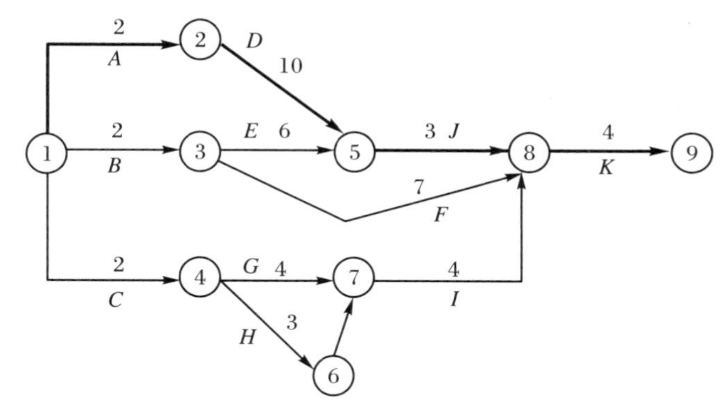

期望工期 19；关键路：$A\to D\to J\to K$．

(2) 工程在 20 周内完工的概率为 0.629 3．

6．首先将工序 c 压缩 2 天、工序 a 压缩 1 天，工期变为 21 天；然后再将工序 b 压缩 1 天、工序 e 压缩 1 天，工期变为 20 天．最小总费用为 34 300 元．

7．该项目的最低成本日程为 35 天，项目总费用 39 400 元．

习 题 11

1. (1) $\frac{1}{4}$. (2) 3(人). (3) 1(小时). (4) 3.2(人/小时).

2. 可采用.

3. (1) 0.029 1. (2) 0.097 0. (3) $\lambda \geqslant 10$(人/小时).

5. (2) $P_0 = \frac{1}{3} P(n \geqslant 2) = \frac{1}{3}$.

(3) $L_q = \frac{1}{3} L = \frac{4}{3} W = \frac{1}{3} W_q = \frac{1}{12}$.

11. (1) 8.326 2. (2) ≈ 1. (3) ≈ 1; (4)0.002 1.

12. (1) ① $W_q = \frac{\lambda}{\mu(\mu - \lambda)}$;② $W_q = \frac{1}{2}\left[\frac{\lambda}{\mu(\mu - \lambda)}\right]$;③ $W_q = \frac{5}{8}\left[\frac{\lambda}{\mu(\mu - \lambda)}\right]$.

(2) 平均等待时间分别都为原来的$\frac{1}{2}$.

13. (1) $c = \frac{c_1 \rho}{1 - \rho} + c_2(1 - \rho)$. (2) $1 - \sqrt{\frac{c_1}{c_2}}$.

习 题 12

1. 600 件; 4 天.

2. 2 000 件; 62 000 元.

4. $Q_0 = 1414, C_0 = 28\ 284.27$.

5. 335 件; 67 件.

6. 530 元; 152 元; 755.93 元.

7. $Q_0 = 844$.

8. 该单位应采用每次购 1 000 件,享受 3%折扣的优惠.

9. $Q_0 = 33\ 870$.

10. 总费用为 1 500,故每半年组织生产一批,每批生产 1 000 件,全年可以节约费用 300 元.

11. (1) $Q_0 = 115, C_0(t_0, S_0) = 886$. (2) $Q_0 = 1\ 000, C_0 = 1\ 000$.

12. (1) $Q_0 = 67$,最大缺货量为 20.94. (2) 年最小费用为 523.69.

习 题 13

1. (1) (α_2, β_1)是对策的解,且 $V_G = 1$.

(2) (α_3, β_1)是对策的解,且 $V_G = 3$.

2. $\boldsymbol{x}^* = \left(\frac{3}{4}, \frac{1}{4}\right)^{\mathrm{T}}, \boldsymbol{y}^* = \left(\frac{1}{8}, \frac{7}{8}\right)^{\mathrm{T}}, V_G = 7\frac{1}{4}$.

3. 对策双方的最优策略分别为 $x^* = \left[\frac{7}{13}, \frac{6}{13}\right]^T$ 和 $y^* = \left[0, \frac{19}{26}, 0, 0, \frac{7}{26}\right]^T$，对策值为 $V_G = -\frac{3}{13}$.

4. 矩阵对策的最优解为

$$X^* = \left(0, 0, \frac{1}{3}, \frac{2}{3}, 0\right)^T, \quad Y^* = \left(\frac{1}{2}, \frac{1}{2}, 0, 0, 0\right)^T$$

$$V_G = 0 \times 3 + 0 \times 5 + \frac{1}{3} \times 7 + \frac{2}{3} \times 4 + 0 \times 6 = 5$$

5. 局中人Ⅱ的最优混合策略为

$$y^* = \frac{106}{45}\left[\frac{7}{53} \ \frac{11}{106} \ \frac{10}{53}\right]^T = \left[\frac{14}{45} \ \frac{11}{45} \ \frac{20}{45}\right]^T$$

局中人Ⅰ的最优混合策略为

$$x^* = \frac{106}{45}\left[\frac{10}{53} \ \frac{11}{106} \ \frac{7}{53}\right]^T = \left[\frac{20}{45} \ \frac{11}{45} \ \frac{14}{45}\right]^T$$

对策值为

$$V_G = \frac{106}{45} - 3 = -\frac{29}{45}.$$

6. 局中人Ⅱ的最优混合策略是 $y^* = (y, 1-y)^T$，其中，$\frac{1}{5} \leqslant y \leqslant \frac{4}{9}$.

局中人Ⅰ的最优策略是 $(0,1,0)^T$，即取纯策略 α_2.

7. 工厂应以(0,0,1)的概率来准备加工方案，就是用第三方案来对付可能出现的情况. $\left(\frac{2}{5}, \frac{3}{5}, 0\right)$为被加工零件的最优策略.

8. 齐王的最优混合策略是 $x^* = \left(\frac{1}{6}, \frac{1}{6}, \frac{1}{6}, \frac{1}{6}, \frac{1}{6}, \frac{1}{6}\right)$，田忌的最优混合策略是 $y^* = \left(\frac{1}{6}, \frac{1}{6}, \frac{1}{6}, \frac{1}{6}, \frac{1}{6}, \frac{1}{6}\right)$.

9. 对策问题的解为

$$V_G = \frac{1}{w} = \frac{1}{v} = 5, \quad x^* = V_G x = 5\left(\frac{1}{20}, \frac{1}{10}, \frac{1}{20}\right)^T = \left(\frac{1}{4}, \frac{1}{2}, \frac{1}{4}\right)^T$$

$$y^* = V_G y = 5\left(\frac{1}{20}, \frac{1}{10}, \frac{1}{20}\right)^T = \left(\frac{1}{4}, \frac{1}{2}, \frac{1}{4}\right)^T$$

习　题　14

1. 乙种方案.
2. 4 000 件.
3. 中批量生产.
4. (1) 种棉花. (2) 种棉花.
5. (1) 选方案 S_2. (2) 选方案 S_1. (3) 选方案 S_1.
   (4) 选方案 S_1 或 S_2. (5) 选方案 S_3.
6. (1) 7.3. (2) 1.433. (3) −750.

参考文献

[1] Render B, Stair R M. Quantitative Analysis for Management[M]. 7th ed. London: Prentice Hall, 2001.

[2] Anderson D R, Dennis J. 数据模型与决策[M]. 北京：机械工业出版社，2003.

[3] Gross D. Fundamentals of Queueing Theory[M]. 2nd ed. New York: John Wiley & Sons, 1985.

[4] Gibbons A. Algorithmic Graph Theory [M]. Cambridge: Cambridge University Press, 1985.

[5] Wayne W L. Operations Research: Mathematical Programming[M]. 3rd ed. 北京：清华大学出版社，2004.

[6] 郭耀煌，钱颂迪，胡运权，等. 运筹学[M]. 北京：清华大学出版社，1990.

[7] 胡运权，郭耀煌. 运筹学教程[M]. 北京：清华大学出版社，2001.

[8] 郭友中，毛经中，潘光奎，等. 运筹学[M]. 武汉：武汉工业大学出版社，1992.

[9] 胡运权. 运筹学教程[M]. 3 版. 北京：清华大学出版社，2007.

[10] 徐玖平，胡知能，王绥. 运筹学[M]. 2 版. 北京：科学出版社，2004.

[11] 周华任. 运筹学解题指导[M]. 北京：清华大学出版社，2006.

[12] 卢向南，李俊杰，寿涌毅. 应用运筹学[M]. 杭州：浙江大学出版社，2005.

[13] 何坚勇. 最优化方法[M]. 北京：清华大学出版社，2007.

[14] 魏权龄，胡显佑，黄志民. 运筹学简明教程[M]. 北京：中国人民大学出版社，1987.

[15] 谢胜智，陈戈止. 运筹学[M]. 成都：西南财经大学出版社，1999.

[16] 冯杰，黄力伟. 数学建模原理与案例[M]. 北京：科学出版社，2007.

[17] 张盛开，张亚东. 现代对策(博弈)论与工程决策方法[M]. 大连：东北财经大学出版社，2005.

[18] 梁工谦. 运筹学典型题解析及自测试题[M]. 西安：西北工业大学出版社，2002.

[19] 王建华. 对策论[M]. 北京：清华大学出版社，1986.

[20] 托马斯. 对策论及其应用[M]. 靳敏，王辉青，译. 北京：解放军出版社，1988.

[21] 李登峰. 微分对策及其应用[M]. 北京：国防工业出版社，2000.

[22] 徐渝,何正文.运筹学:下册[M].北京:清华大学出版社,2005.
[23] 宋学锋.运筹学[M].南京:东南大学出版社,2003.
[24] 胡运权.运筹学习题集[M].3版.北京:清华大学出版社,2003.
[25] 张晋东,孙成功.运筹学全程导学及习题全解[M].3版.北京:中国时代经济出版社,2006.
[26] 邓成梁.运筹学的原理和方法[M].2版.武汉:华中科技大学出版社,2002.
[27] 周维,杨鹏飞.运筹学[M].北京:科学出版社,2008.
[28] 罗万钧,王健,赵可培.运筹学习题与解答[M].上海:上海财经大学出版社,2003.
[29] 塔哈.运筹学[M].吴立煦,朱幼文译.上海:上海人民出版社,1985.
[30] 李书波.运筹学教程[M].北京:中国建筑工业出版社,1998.
[31] 陈珽.决策分析[M].北京:科学出版社,1987.